应用型本科精品规划教材

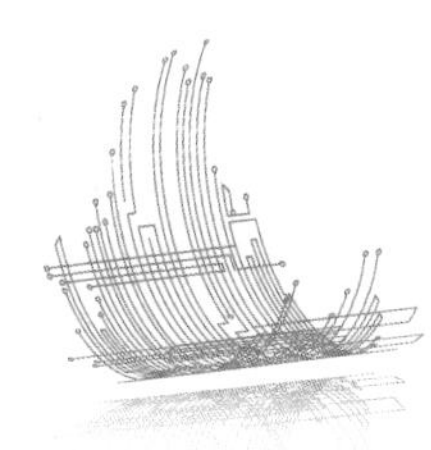

Excellent Electrical
& Mechanical Engineer

卓越机电工程师

互换性与技术测量

主　编　刘　璇
副主编　刘鹏鑫　丁海娟　张　韬
主　审　杨培中

上海交通大学出版社
SHANGHAI JIAO TONG UNIVERSITY PRESS

内容提要

本书根据最新的几何产品技术规范标准编写而成，全书共分11章，主要内容包括：概论、尺寸基本术语及测量基础、公差与配合、几何公差检测、表面粗糙度测量、角度、锥度测量、螺纹误差测量、齿轮误差测量、键和花键的公差配合及测量、滚动轴承的公差与配合、机械零件精度设计实例等。

本书可作为工科高等院校包括高职高专机械类、近机类、仪器仪表类专业"互换性与技术测量"课程教学与实验教材使用。本书可单独使用，也可与上海交通大学出版社出版的《互换性与技术测量习题解析》配套使用，满足教学、实验、题库的全面需求，还可供生产企业和计量、检验机构的专业人员使用。

图书在版编目(CIP)数据

互换性与技术测量／刘　璇主编.—上海：上海交通大学出版社，2016
ISBN 978-7-313-14649-6

Ⅰ.①互…　Ⅱ.①刘…　Ⅲ.①零部件—互换性—高等学校—教材　②零部件—测量技术—高等学校—教材　Ⅳ.①TG801

中国版本图书馆CIP数据核字(2016)第052026号

互换性与技术测量

主　　编：刘　璇
出版发行：上海交通大学出版社　　地　　址：上海市番禺路951号
邮政编码：200030　　电　　话：021-64071208
出 版 人：韩建民
印　　制：昆山市亭林印刷责任有限公司　　经　　销：全国新华书店
开　　本：787 mm×1092 mm　1/16　　印　　张：17
字　　数：384千字
版　　次：2016年8月第1版　　印　　次：2016年8月第1次印刷
书　　号：ISBN 978-7-313-14649-6/TG　　ISBN 978-7-89424-149-8
定　　价：48.00元

《卓越机电工程师》系列教材

编写指导委员会成员

（排名不分先后）

总　　序

随着制造业将再次成为全球经济稳定发展的引擎，世界各主要工业国家都加快了工业发展的步伐。从美国的“制造业复兴”计划到德国的“工业 4.0”战略，从日本的“智能制造”到中国的《中国制造 2025》发布，制造业正逐步成为世界各国经济发展的重中之重。我国在不久的未来，将从“制造业大国”走向“制造业强国”，社会和企业对工程技术应用型人才的需求也将越来越大，从而也大大推进了应用型本科教育的改革。

本套“卓越机电工程师系列教材”的编辑和出版就是为了迎接制造业的迅猛发展对工程技术应用型人才培养所提出的挑战。同时，我们也希望它能够积极地抓住当前世界范围内工程教育改革和发展的机遇。

参加编写这套教材的教师无不在高等职业教育领域工作多年，尤其在工程实践和教学中饶有心得体会。首先，我们将教材的编写内容聚焦在“机电”工程领域。传统意义上讲，这似乎是两大机电类工程技术领域，但从今天“工业 4.0”意义上来讲，其内涵将会在机械制造理论与技术、机电一体化技术、电子与微电子技术、传感器与测量技术、高端装备制造与应用、智能制造技术、控制通讯与网络、计算机与软件及“云”服务技术等各个方面将融为一体。因此，这套“卓越机电工程师系列教材”将对于现在和未来从事于制造业的工程型、技术型人才来说是不可或缺的重要参考资料之一。

其次，我们要求教材的编写内容做到“必要、前沿、实用”。应用型人才也必须掌握相应领域的基础理论知识。因此，在这套教材中，我们要求涉及必要的基础理论，但以“够用”为度，重“叙述”少“推导”；为了适应时代发展的需要，应用型人才还必须掌握本领域的最新技术。在这套教材中，我们还要求介绍最前沿的发展技术和最新颖的机电产品，让学生了解现代制造业的发展态势；为了突出本科工程教育的应用型特点，我们要求本套教材内容的选择要面向工程、面向技术、面向实际、面向地区经济发展的需求。能让学生缩短上岗工作时间、快速适应以及胜任工作岗位的挑战应该是这套教材编写的特色和创新之所在。

本系列教材的编者们非常感谢上海交通大学出版社。感谢他们做了充分的策划和出版方面的支持。我们愿意和出版社一起，响应《关于加快发展现代职业教育的决定》号召，为“试点推动、示范引领”做出我们绵薄的贡献。鉴于编者们的学识，我们非常欢迎广大同仁们在使用后提出建议、意见和批评，我们一定会认真分析，不断提高这套教材的水平，为迎接应用型本科教育春天的到来提供正能量。

何亚飞

2015 年 12 月 6 日于上海

前　言

《互换性与技术测量》是高等工科院校包括高职高专机械类、近机类、仪器仪表类专业的重要技术基础课，是联系机械设计和机械制造工艺等课程的桥梁和纽带。

近年来，学生在《互换性与技术测量》课程的学习过程中普遍反映：标准多，概念杂，章节内容关联性不强，学习目的性不明确，课内实验远离生产实际，因而学习积极性不高。针对这一现状，本书采用新颖的编书思路，提出有效的解决措施：

（1）明确课程任务：① 总结各章节的学习目标和教学要点；② 以企业一线产品的检测为实例，在每章首次课中将检测任务布置下去，使学生明确企业的需求和课程的关联性，意识到此门课对于未来就业和发展的重要意义。

（2）培养学生零件测量和产品检测的专业技能。结合企业需求，拟定合理的检测流程，将检测流程分解，贯穿入本书各大章节的授课任务中，可最大限度的激发和调动学生的学习积极性，并做到持之以恒。既可使学生明确各个章节对于完成整个检测任务的重要性，缺一不可，保证出勤率；又可将全书内容以一个检测对象为主体进行有机结合，使学生完整系统的掌握零件的检测过程，达到适应产品质量检测岗位的要求。

（3）培养学生具备产品的综合设计能力。零件测量和产品检测是学完这门课所具备的专业基础技能，而综合应用全书理论知识，对产品进行综合设计是学生能力的一个提升，对学生来讲是一个挑战，非常有必要。

本书由刘璇任主编，刘鹏鑫、丁海娟等任副主编。全书共包含概论和10章内容。其中，概论和第1、2、3、4章为刘璇编写，第5、6、7章为刘鹏鑫编写，第8、9、10章为丁海娟编写，实验指导书由张韬老师编写，由刘璇对全书内容进行统稿，由杨培中教授进行主审。

在编写过程中，李光霞老师、胡应松老师等参与了修改工作，李庆军老师等参与了实验部分的编写和校对工作，并提出了许多宝贵的意见，在此向他们表示感谢。

本书尤其感谢苏州万工集团有限公司的大力支持，对于顺利完成实验部分的编写提供了无私的帮助，在此表示深深地谢意。

受编者的水平所限，书中难免存在疏漏和不当之处，恳请读者及同行批评指正。

编者

2016 年 7 月

目　　录

概　论

【本章学习目标】

★ 明确总体的检测任务；

★ 了解结合企业生产实际的检测流程；

★ 了解企业的检测方法和评定标准。

【本章教学要点】

知　识　要　点	能　力　要　求	相　关　知　识
总体的检测任务	明确检测零件的结构及功用	零件检测的重要性
结合企业生产实际的检测流程	掌握零件的检测流程；将检测流程分解贯穿入全书各个章节	了解全书各个章节的重要性
企业的检测方法和评定标准	掌握企业部门检测成绩表的制作及填写方法	了解企业的检测质量评定标准

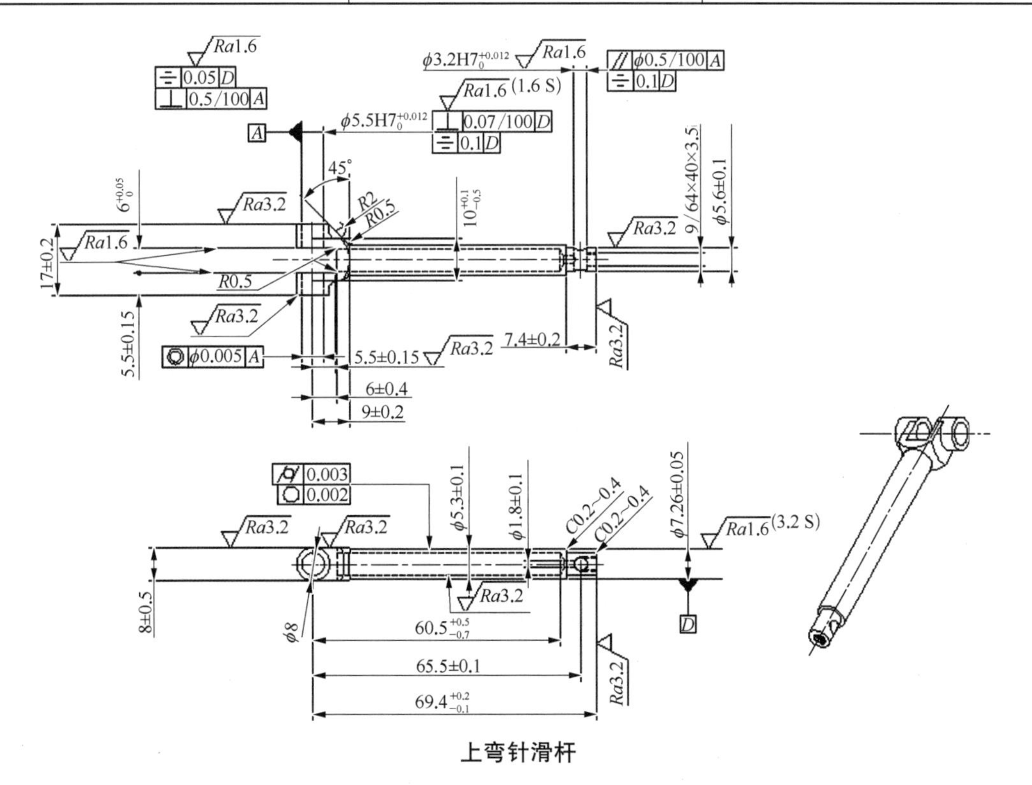

上弯针滑杆

0.1 总体的检测任务

以某缝纫机的上弯针滑杆为检测对象，结合企业目前的需求，拟定相应的检测流程，经企业实际生产验证完全合理。

在首次课堂教学中，通过检测任务的布置，学生可明确本课程的重要性及其对于未来就业和发展的重要意义，最大限度地激发和调动学生学习此门课程的积极性。

将此检测流程分解，贯穿于本书各大章节的授课任务。既可使学生明确各个章节对于完成整个检测任务的重要性，从而端正学习态度，保证出勤率；又可将全书内容以一个检测对象为主体进行有机结合，使学生完整系统地掌握零件的检测过程，培养零件测量和产品检测的专业技能，达到适应产品质量检测岗位的要求。

0.2 结合企业生产实际的检测流程

序号	检查项目	序号	检查项目
1	无裂痕	22	宽 17±0.2
2	无毛刺、刀痕、伤痕	23	宽 $10^{+1}_{-0.5}$
3	无铁锈、变色	24	槽位置 5.5±0.15
4	无铁屑、污物、异物附着	25	槽深度 6±0.4
5	孔径 $\phi5.5H7^{+0.012}_{0}$(孔 A)	26	形状 9±0.2
6	孔(A)对 ϕ5.5H7 孔同轴度 ϕ0.005	27	轴径 ϕ5.6±0.1
7	孔径 $\phi3.2H7^{+0.012}_{0}$	28	长度 7.4±0.2
8	槽宽 $6^{+0.05}_{0}$	29	形状 8±0.5
9	螺孔 9/64×40	30	孔径 ϕ5.3±0.1
10	轴径 ϕ7.26±0.005(轴 D)	31	孔径 ϕ1.8±0.1
11	轴圆柱度 0.003	32	倒角 2−C0.2～C0.4
12	轴圆度 0.002	33	形状 3−R0.5
13	孔(A)对轴(D)垂直度 0.07/100	34	ϕ5.6 与 ϕ7.26 连接处镀层膜落确认
14	槽宽对孔(A)垂直度 0.5/100	35	ϕ3.2 孔面倒角不可确认
15	ϕ3.2H7 孔对孔(A)平行度 ϕ0.5/100	36	EP/ICr 被膜厚度 0.06 以上
16	ϕ5.5H7 孔对轴(D)对称度 0.1	37	表面处理 EP/ICr(硬质镀铬)
17	ϕ3.2H7 孔对轴(D)对称度 0.1	38	表面粗糙度 3.2SRa3.2
18	槽对轴(D)对称度 0.05	39	表面粗糙度 1.6SRa3.2
19	孔心距 ϕ5.5±0.1	40	表面粗糙度(槽两面)Ra3.2
20	先端位置 $69.4^{+0.2}_{-0.1}$	41	表面粗糙度(ϕ3.2 孔)Ra3.2
21	ϕ5.3 孔深度 $60.5^{+0.5}_{-0.7}$		
材质：热处理检查结果			
1	材质 SCr420	3	硬度 700 Hv 以上
2	热处理局部渗碳淬火回火	4	硬化层 0.05～0.25

0.3　企业的检测方法和评定标准

部品检查成绩表

型号												
品名												

序号	检查项目	测定结果										项目判定	不良数/n	最终判定等级		
		1	2	3	4	5	6	7	8	9	10			A	S2	S1
1																
2																
3																
4																
5																
6																
7																
8																
9																
10																
11																
12																
13																
14																
15																
16																
17																
18																
19																
20																
21																
22																
23																
24																

续　表

<table>
<tr><th rowspan="2">序号</th><th rowspan="2">检 查 项 目</th><th colspan="10">测 定 结 果</th><th rowspan="2">项目判定</th><th rowspan="2">不良数/n</th><th colspan="3">最终判定等级</th></tr>
<tr><th>1</th><th>2</th><th>3</th><th>4</th><th>5</th><th>6</th><th>7</th><th>8</th><th>9</th><th>10</th><th>A</th><th>S2</th><th>S1</th></tr>
<tr><td colspan="17">材质：热处理检查结果</td></tr>
<tr><td>1</td><td></td><td></td><td></td><td></td><td></td><td></td><td></td><td></td><td></td><td></td><td></td><td></td><td></td><td></td><td></td><td></td></tr>
<tr><td>2</td><td></td><td></td><td></td><td></td><td></td><td></td><td></td><td></td><td></td><td></td><td></td><td></td><td></td><td></td><td></td><td></td></tr>
<tr><td>3</td><td></td><td></td><td></td><td></td><td></td><td></td><td></td><td></td><td></td><td></td><td></td><td></td><td></td><td></td><td></td><td></td></tr>
<tr><td>4</td><td></td><td></td><td></td><td></td><td></td><td></td><td></td><td></td><td></td><td></td><td></td><td></td><td></td><td></td><td></td><td></td></tr>
<tr><td>5</td><td></td><td></td><td></td><td></td><td></td><td></td><td></td><td></td><td></td><td></td><td></td><td></td><td></td><td></td><td></td><td></td></tr>
<tr><td colspan="14" rowspan="5">记　事：</td><td colspan="2">纳入数</td><td></td></tr>
<tr><td colspan="2">一部返品</td><td></td></tr>
<tr><td colspan="2">非误造数</td><td></td></tr>
<tr><td colspan="2">合格数</td><td></td></tr>
<tr><td colspan="2">检查日</td><td></td></tr>
</table>

检查员：　　　　　　　　　　　　　　判定：　　合格

第 1 章　尺寸基本术语及测量基础

【本章学习目标】

★ 掌握有关尺寸、偏差及公差的基本概念；
★ 了解标准公差、基本偏差的概念及其系列特点；
★ 会查标准公差表和基本偏差表；
★ 了解外圆和长度测量常用量具和测量方法；
★ 掌握测量误差及数据处理的方法
★ 根据要求选用合适规格的外圆和长度测量量具

【本章教学要点】

知识要点	能力要求	相关知识
基本术语	掌握孔、轴、偏差、公差等基本术语，能通过相关术语之间的关系进行必要的计算；能够绘制尺寸公差带图	公差带的画法
常用尺寸孔、轴的公差与国家标准	了解标准公差各等级数值的确定方法；了解轴、孔基本偏差的确定方法；了解基本偏差系列的特点；能够正确标注零件尺寸；会查标准公差表和基本偏差表，并确定零件极限尺寸和极限偏差；了解线性尺寸的一般公差	标准公差系列的由来
外圆和长度测量常用量具和测量方法	掌握游标卡尺和千分尺的规定、结构、读数原理和使用方法，能够根据测量要求选用合适规格的量具	计量器具的分类及选择；常用的测量方法；其他常用计量器具
测量误差及数据处理	了解测量误差的分类；了解测量误差产生的原因；掌握数据处理的基本方法，并能够根据测量结果判定零件是否合格	不确定度的评定方法

【导入检测任务】

如图所示为上弯针滑杆对其外圆和长度进行检测，图中有外圆尺寸轴径 ϕ(7.26±0.005)mm 和 ϕ(5.6±0.1)mm，长度尺寸孔深度 $60.5^{+0.5}_{-0.7}$ mm、颈宽 $10^{+0.1}_{-0.5}$ mm、槽位置 5.5±0.15 mm、槽形状 8±0.5 mm 和孔两端宽 17±0.2 mm 等的标注，请同学们主要从以下几方面进行学习：

(1) 分析图纸，搞清楚精度要求。

(2) 理解以上外圆和长度尺寸的标注含义。

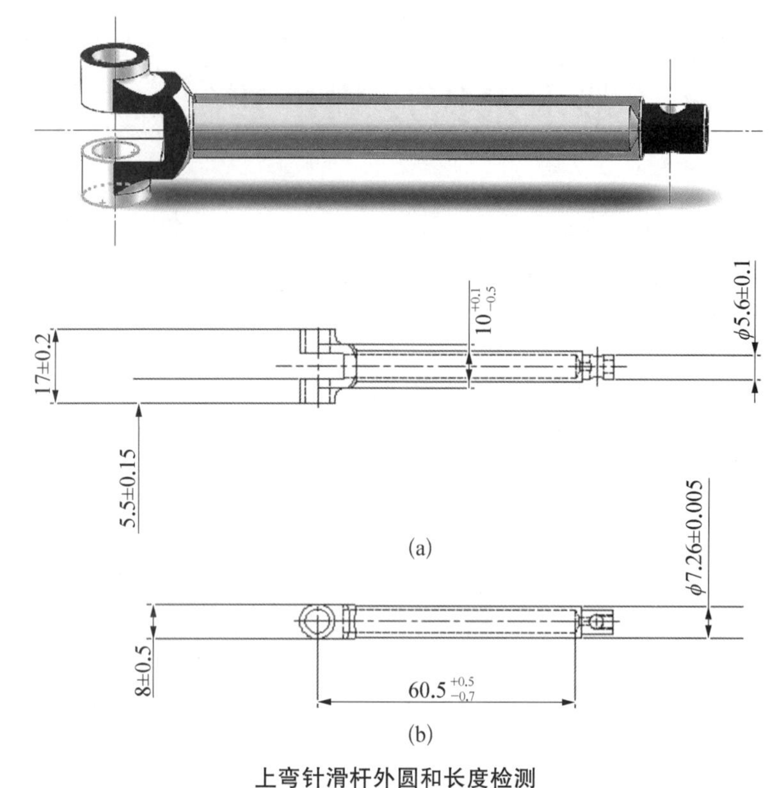

上弯针滑杆外圆和长度检测

(a) 三维图 (b) 二维图

(3) 选择计量器具,确定测量方案。

(4) 填写检测报告与数据处理。

【具体检测过程见实验部分】

1.1 基本术语与定义

1.1.1 尺寸基本术语

1. 孔和轴

孔通常指工件的圆柱形内表面,也包括非圆柱形的内表面(由两平行平面或切面形成的包容面)。

轴通常指工件的圆柱形外表面,也包括非圆柱形的外表面(由两平行平面或切面形成的被包容面)。

由此定义可知,这里所说的孔、轴并非仅指圆柱形体的内、外表面,也包括任意形体的内、外表面,如图 1-1 中的 D_1、D_2、D_3、D_4、D_5 均为孔;而 d_1、d_2、d_3、d_4、d_5 均为轴。

孔的内部没有材料,而轴的内部有材料。从装配关系上看孔是包容面,轴是被包容面;从加工过程看,孔的尺寸越加工越大,而轴的尺寸越加工越小。

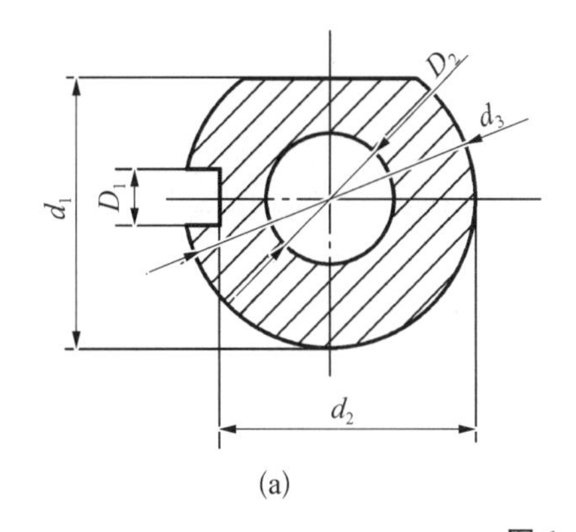

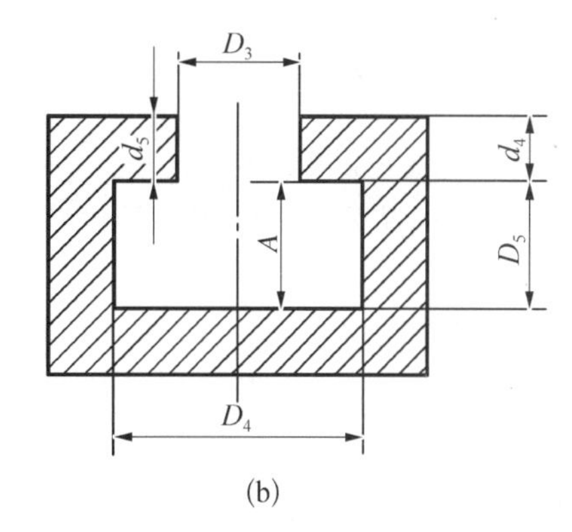

图1-1　孔和轴

(a) 带键槽空心轴　(b) T形槽

2. 公称尺寸(曾被称为基本尺寸、名义尺寸)

公称尺寸指设计给定的尺寸。即由设计人员根据使用要求,通过强度、刚度计算和按结构位置确定后的尺寸。

公称尺寸可以是一个整数或一个小数,一般按标准尺寸系列选取,以减少定值刀具、量具和夹具的规格和数量。孔的公称尺寸用大写字母"D"来表示,轴的公称尺寸用小写字母"d"来表示。

3. 实际(组成)要素

实际(组成)要素是指通过测量所得的尺寸。

由于存在测量误差,测量所得的尺寸并非被测尺寸的真值。此外,由于工件存在着形状误差,所以不同部位的尺寸真值也不完全相同。

孔和轴的实际(组成)要素分别用 D_a 和 d_a 表示。

4. 极限尺寸

极限尺寸是指允许尺寸变化的两个界限值。孔或轴允许的最大尺寸称为上极限尺寸;孔或轴允许的最小尺寸称为下极限尺寸。

孔的上、下极限尺寸分别用 D_{max} 和 D_{min} 表示;轴的上、下极限尺寸分别用 d_{max} 和 d_{min} 表示。

加工完的零件尺寸合格条件是:任一位置的实际(组成)要素均不得超出上、下极限尺寸,表示式为

孔径　$$D_{max} \geqslant D_a \geqslant D_{min} \quad (1-1)$$

轴径　$$d_{max} \geqslant d_a \geqslant d_{min} \quad (1-2)$$

5. 最大实体尺寸

最大实体尺寸是实际要素在最大实体状态下的极限尺寸。内表面(孔)为下极限尺寸($MMS_D = D_{min}$);外表面(轴)为上极限尺寸($MMS_d = d_{max}$)。

6. 最小实体尺寸

最小实体尺寸是实际要素在最小实体状态下的极限尺寸。内表面(孔)为上极限尺寸($LMS_D = D_{max}$);外表面(轴)为下极限尺寸($LMS_d = d_{min}$)。

1.1.2 偏差、公差术语

1. 尺寸偏差(简称偏差)

某一尺寸减其公称尺寸所得的代数差称为偏差。偏差可以为正、负或零。偏差还分为实际偏差和极限偏差。

1) 实际偏差

实际(组成)要素减其公称尺寸所得的代数差称为实际偏差。分别用 E_a 和 e_a 来表示孔和轴的实际偏差。

2) 极限偏差

上极限尺寸减其公称尺寸所得的代数差称为上极限偏差,用 ES 和 es 分别表示孔和轴的上极限偏差。

下极限尺寸减其公称尺寸所得的代数差称为下极限偏差,用 EI 和 ei 分别表示孔和轴的下极限偏差。

根据上、下极限偏差的定义,上、下极限偏差可用下列公式计算:

孔
$$ES = D_{max} - D \tag{1-3}$$
$$EI = D_{min} - D \tag{1-4}$$

轴
$$es = d_{max} - d \tag{1-5}$$
$$ei = d_{min} - d \tag{1-6}$$

2. 尺寸公差(简称公差)

尺寸公差是指允许尺寸的变动量。尺寸公差是上极限尺寸减下极限尺寸之差,或上极限偏差减下极限偏差之差。

孔和轴的公差分别用 T_D 和 T_d 表示。公差、极限尺寸、极限偏差的关系如下:

孔
$$T_D = | D_{max} - D_{min} | = | ES - EI | \tag{1-7}$$

轴
$$T_d = | d_{max} - d_{min} | = | es - ei | \tag{1-8}$$

需要注意的是:公差与偏差是两个不同的概念。公差表示制造精度的要求,反映加工的难易程度;偏差表示与公称尺寸的偏离程度,主要反映公差带的位置,影响配合的松紧程度。公差是绝对值,不能为负值,也不能为零(公差若为零,零件将无法加工);而偏差可以为正值、负值或零。

图 1-2 给出了孔和轴的极限尺寸、偏差与公差的关系示例。

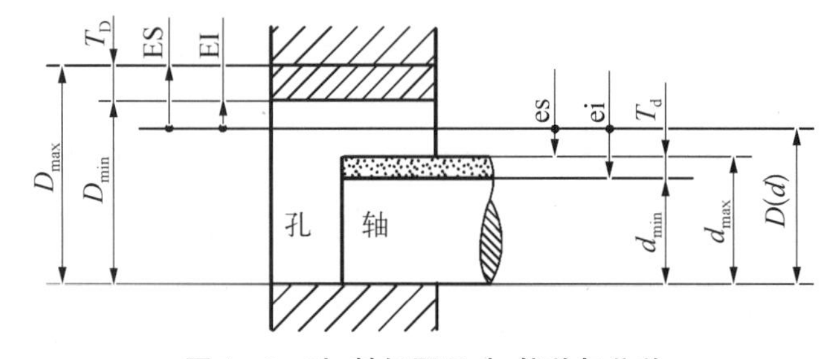

图 1-2　孔、轴极限尺寸、偏差与公差

3. 尺寸公差带

由于公差及偏差的数值与公称尺寸数值相比差别很大，不便用同一比例表示，故采用公差带图来表示，如图1-3所示。通过该图可看出，公差带图是由零线和公差带两部分组成。

(1) 零线。指在公差带图中，表示公称尺寸的一条直线，以其为基准确定偏差和公差。通常零线沿水平方向绘制，正偏差位于其上，负偏差位于其下。

(2) 公差带。指在公差带图中，由代表上极限偏差和下极限偏差或上极限尺寸和下极限尺寸的两条直线所限定的一个区域。它是由公差大小和其相对零线的位置如基本偏差来确定(见图1-3)。

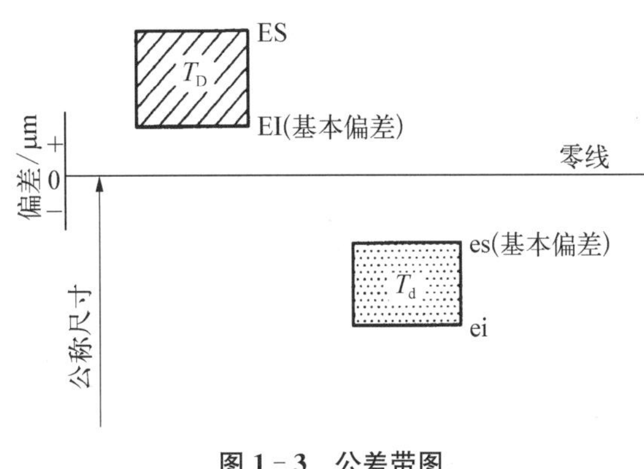

图1-3　公差带图

在绘制公差带图时，应该用不同的方式来区分孔、轴公差带(例如，图1-3中，孔、轴公差带用不同的剖面线区分)；公差带的位置和大小应按比例绘制；公差带的横向宽度没有实际意义，可在图中适当选取。

在公差带图中，公称尺寸单位默认为mm，偏差及公差的单位默认为μm。

例1-1　已知孔、轴公称尺寸 $D = d = 40$ mm，孔的极限尺寸 $D_{max} = 40.039$ mm，$D_{min} = 40$ mm；轴的极限尺寸 $d_{max} = 39.991$ mm，$d_{min} = 39.975$ mm。现测得孔、轴的实际尺寸分别为 $D_a = 40.015$ mm，$d_a = 39.982$ mm。求孔、轴的极限偏差、实际偏差和公差。

解：根据式(1-3)～式(1-8)及实际偏差的定义可得：

孔的极限偏差：　$\mathrm{ES} = D_{max} - D = 40.039 - 40 = +0.039(\mathrm{mm})$

$\mathrm{EI} = D_{min} - D = 40 - 40 = 0$

轴的极限偏差：　$\mathrm{es} = d_{max} - d = 39.991 - 40 = -0.009(\mathrm{mm})$

$\mathrm{ei} = d_{min} - d = 39.975 - 40 = -0.025(\mathrm{mm})$

孔的实际偏差：　$E_a = D_a - D = 40.015 - 40 = +0.015(\mathrm{mm})$

轴的实际偏差：　$e_a = d_a - d = 39.982 - 40 = -0.018(\mathrm{mm})$

孔的公差：　$T_D = |D_{max} - D_{min}| = |\mathrm{ES} - \mathrm{EI}| = |+0.039 - 0| = 0.039(\mathrm{mm})$

轴的公差：　$T_d = |d_{max} - d_{min}| = |\mathrm{es} - \mathrm{ei}| = |-0.009 + 0.025| = 0.016(\mathrm{mm})$

1.1.3　常用尺寸孔、轴的公差与国家标准

《极限与配合》国家标准GB/T 1800—2009对形成各种孔、轴配合的公差带进行了标准化，它的基本构成是"标准公差系列"和"基本偏差系列"，前者确定了公差带的大小，后者确定公差带的位置。它们可以构成不同种类的公差带和配合，以满足不同需要。

1. 标准公差系列

标准公差系列是由不同公差等级和不同公称尺寸的标准公差构成的。标准公差是指大小已经标准化的公差值，即标准表中所列的，用以确定公差带大小(宽度)的任一公差。

国标规定在公称尺寸≤500 mm内，标准公差分为20个等级，以IT(ISO Tolerance)

后加阿拉伯数字表示，即 IT01、IT0、IT1、IT2、…、IT18。在公称尺寸 500～3 150 mm 内规定了 IT1～IT18 共 18 个标准公差等级。从 IT01 到 IT18，公差等级依次降低，而相应的标准公差值依次增大。

在确定孔、轴公差值时，应按标准公差等级取值，以满足标准化与互换性的要求，标准公差数值如表 1-1 所示。

表 1-1　公称尺寸至 3 150 mm 的标准公差数值(摘自 GB/T 1800.1—2009)

公称尺寸/mm		标准公差等级																	
		IT1	IT2	IT3	IT4	IT5	IT6	IT7	IT8	IT9	IT10	IT11	IT12	IT13	IT14	IT15	IT16	IT17	IT18
大于	至	μm											mm						
—	3	0.8	1.2	2	3	4	6	10	14	25	40	60	0.1	0.14	0.25	0.4	0.6	1	1.4
3	6	1	1.5	2.5	4	5	8	12	18	30	48	75	0.12	0.18	0.3	0.48	0.75	1.2	1.8
6	10	1	1.5	2.5	4	6	9	15	22	36	58	90	0.15	0.22	0.36	0.58	0.9	1.5	2.2
10	18	1.2	2	3	5	8	11	18	27	43	70	110	0.18	0.27	0.43	0.7	1.1	1.8	2.7
18	30	1.5	2.5	4	6	9	13	21	33	52	84	130	0.21	0.33	0.52	0.84	1.3	2.1	3.3
30	50	1.5	2.5	4	7	11	16	25	39	62	100	160	0.25	0.39	0.62	1	1.6	2.5	3.9
50	80	2	3	5	8	13	19	30	46	74	120	190	0.3	0.46	0.74	1.2	1.9	3	4.6
80	120	2.5	4	6	10	15	22	35	54	87	140	220	0.35	0.54	0.87	1.4	2.2	3.5	5.4
120	180	3.5	5	8	12	18	25	40	63	100	160	250	0.4	0.63	1	1.6	2.5	4	6.3
180	250	4.5	7	10	14	20	29	46	72	115	185	290	0.46	0.72	1.15	1.85	2.9	4.6	7.2
250	315	6	8	12	16	23	32	52	81	130	210	320	0.52	0.81	1.3	2.1	3.2	5.2	8.1
315	400	7	9	13	18	25	36	57	89	140	230	360	0.57	0.89	1.4	2.3	3.6	5.7	8.9
400	500	8	10	15	20	27	40	63	97	155	250	400	0.63	0.97	1.55	2.5	4	6.3	9.7
500	630	9	11	16	22	32	44	70	110	175	280	440	0.7	1.1	1.75	2.8	4.4	7	11
630	800	10	13	18	25	36	50	80	125	200	320	500	0.8	1.25	2	3.2	5	8	12.5
800	1 000	11	15	21	28	40	56	90	40	230	360	560	0.9	1.4	2.3	3.6	5.6	9	14
1 000	1 250	13	18	24	33	47	66	105	165	260	420	660	1.05	1.65	2.6	4.2	6.6	10.5	16.5
1 250	1 600	15	21	29	39	55	78	125	195	310	500	780	1.25	1.95	3.1	5	7.8	12.5	19.5
1 600	2 000	18	25	35	46	65	92	150	230	370	600	920	1.5	2.3	3.7	6	9.2	15	23
2 000	2 500	22	30	41	55	78	110	175	280	440	700	1 100	1.75	2.8	4.4	7	11	17.5	28
2 500	3 150	26	36	50	68	96	135	210	330	540	860	1 350	2.1	3.3	5.4	8.6	13.5	21	33

注：公称尺寸大于 500 mm 的 IT1～IT5 的标准公差数值为试行的。
　　公称尺寸小于或等于 1 mm 时，无 IT14～IT18。

1) 公称尺寸≤500 mm 的标准公差值的由来

等级 IT01、IT0 和 IT1 的标准公差值是由表 1-2 给出的公式计算得出的。等级

IT2、IT3 和 IT4 没有给出计算公式，其标准公差值在 IT1 和 IT5 的数值之间大致按几何级数递增。

表 1-2　IT01、IT0 和 IT1 的标准公差计算公式(摘自 GB/T 1800.1—2009)

单位：μm

标准公差等级	计　算　公　式
IT01	$0.3+0.008D$
IT0	$0.5+0.012D$
IT1	$0.8+0.02D$

注：式中 D 为公称尺寸段的几何平均值，单位为 mm。

等级 IT5 和 IT18 的标准公差值作为标准公差因子的函数，由表 1-3 所列计算公式求得。

标准公差因子 i 由下式计算：

$$i = 0.45\sqrt[3]{D} + 0.001D \tag{1-9}$$

式中：i——标准公差因子，单位为 μm；

D——公称尺寸段的几何平均值，$D=\sqrt{D_1 D_2}$（D_1 和 D_2 是表 1-4 中每一尺寸段首尾两个尺寸)，单位为 mm。

表 1-3　IT1～IT18 的标准公差计算公式(摘自 GB/T 1800.1—2009)

公称尺寸/mm		标准公差等级																	
		IT1	IT2	IT3	IT4	IT5	IT6	IT7	IT8	IT9	IT10	IT11	IT12	IT13	IT14	IT15	IT16	IT17	IT18
大于	至	标准公差计算公式/μm																	
	500	—	—	—	—	$7i$	$10i$	$16i$	$25i$	$40i$	$64i$	$100i$	$160i$	$250i$	$400i$	$640i$	$1\,000i$	$1\,600i$	$2\,500i$
500	3 150	$2I$	$2.7I$	$3.7I$	$5I$	$7I$	$10I$	$16I$	$25I$	$40I$	$64I$	$100I$	$160I$	$250I$	$400I$	$640I$	$1\,000I$	$1\,600I$	$2\,500I$

注：公称尺寸至 500 mm 的 IT1～IT4 的标准公差计算见 A.2.2.1。
从 IT6 起，其规律为：每增 5 个等级，标准公差增加至 10 倍，也可用于延伸超过 IT18 的 IT 等级。

2）公称尺寸＞500～3 150 mm 的标准公差的由来

等级 IT1 和 IT18 的标准公差值作为标准公差因子的函数，由表 1-3 所列计算公式求得。

标准公差因子 I 由下式计算：

$$I = 0.004D + 2.1 \tag{1-10}$$

式中：I——标准公差因子，单位为 μm；

D——公称尺寸段的几何平均值，$D=\sqrt{D_1 D_2}$，单位为 mm。

例 1-2　计算公称尺寸为 ϕ50 mm 的 6 级标准公差值。

解：由表 1-4 可知 ϕ50 mm 属于大于 30～50 mm 的尺寸段(注意：ϕ50 mm 不属于大

于 50～80 mm 尺寸段)。

计算直径的几何平均值　　$D=\sqrt{30\times 50}\approx 38.73(\mathrm{mm})$

由式(1-9)得公差标准单位　$i=0.45\sqrt[3]{D}+0.001D$

$$=0.45\sqrt[3]{38.73}+0.001\times 38.73\approx 1.56(\mu\mathrm{m})$$

由表 1-3 可得 $\mathrm{IT6}=10i=10\times 1.56=15.6(\mu\mathrm{m})$，化整为 16 μm。

该例题说明了标准公差数值是如何计算出来的。为方便使用，在实际应用中不必自行计算，只要直接查表 1-1 即可。

表 1-4　公称尺寸分段(摘自 GB/T 1800.1—2009)　　单位：mm

<table>
<tr><th colspan="2">主段落</th><th colspan="2">中间段落</th><th colspan="2">主段落</th><th colspan="2">中间段落</th></tr>
<tr><th>大于</th><th>至</th><th>大于</th><th>至</th><th>大于</th><th>至</th><th>大于</th><th>至</th></tr>
<tr><td rowspan="2">—</td><td rowspan="2">3</td><td rowspan="6" colspan="2">无细分段</td><td rowspan="3">250</td><td rowspan="3">315</td><td rowspan="3">250
280</td><td rowspan="3">280
315</td></tr>
<tr></tr>
<tr><td rowspan="2">3</td><td rowspan="2">6</td></tr>
<tr><td rowspan="3">315</td><td rowspan="3">400</td><td rowspan="3">315
355</td><td rowspan="3">355
400</td></tr>
<tr><td rowspan="2">6</td><td rowspan="2">10</td></tr>
<tr></tr>
<tr><td>10</td><td>18</td><td>10
14</td><td>14
18</td><td>400</td><td>500</td><td>400
450</td><td>450
500</td></tr>
<tr><td>18</td><td>30</td><td>18
24</td><td>24
30</td><td>500</td><td>630</td><td>500
560</td><td>560
630</td></tr>
<tr><td>30</td><td>50</td><td>30
40</td><td>40
50</td><td>630</td><td>800</td><td>630
710</td><td>710
800</td></tr>
<tr><td>50</td><td>80</td><td>50
65</td><td>65
80</td><td>800</td><td>1 000</td><td>800
900</td><td>900
1 000</td></tr>
<tr><td>80</td><td>120</td><td>80
100</td><td>100
120</td><td>1 000</td><td>1 250</td><td>1 000
1 120</td><td>1 120
1 250</td></tr>
<tr><td rowspan="2">120</td><td rowspan="2">180</td><td rowspan="2">120
140
160</td><td rowspan="2">140
160
180</td><td>1 250</td><td>1 600</td><td>1 250
1 400</td><td>1 400
1 600</td></tr>
<tr><td>1 600</td><td>2 000</td><td>1 600
1 800</td><td>1 800
2 000</td></tr>
<tr><td rowspan="2">180</td><td rowspan="2">250</td><td rowspan="2">180
200
225</td><td rowspan="2">200
225
250</td><td>2 000</td><td>2 500</td><td>2 000
2 240</td><td>2 240
2 500</td></tr>
<tr><td>2 500</td><td>3 150</td><td>2 500
2 800</td><td>2 800
3 150</td></tr>
</table>

2. 基本偏差系列

基本偏差是指零件公差带靠近零线位置的上极限偏差或下极限偏差，它是决定公差带位置的参数。

为了满足各种不同配合的需要，国标规定了孔和轴各有 28 种基本偏差，如图 1-4 所示。这些不同的基本偏差便构成了基本偏差系列。

1）基本偏差代号

由图 1－4 可见，基本偏差代号用拉丁字母表示，大写表示孔，小写表示轴。26 个字母中去掉 5 个易与其他参数相混淆的字母：I、L、O、Q、W(i、l、o、q、w)，为满足某些配合的需要，又增加了 7 个双写字母：CD、EF、FG、ZA、ZB、ZC(cd、ef、fg、za、zb、zc)及 JS(js)，即得孔、轴各有 28 个基本偏差代号。

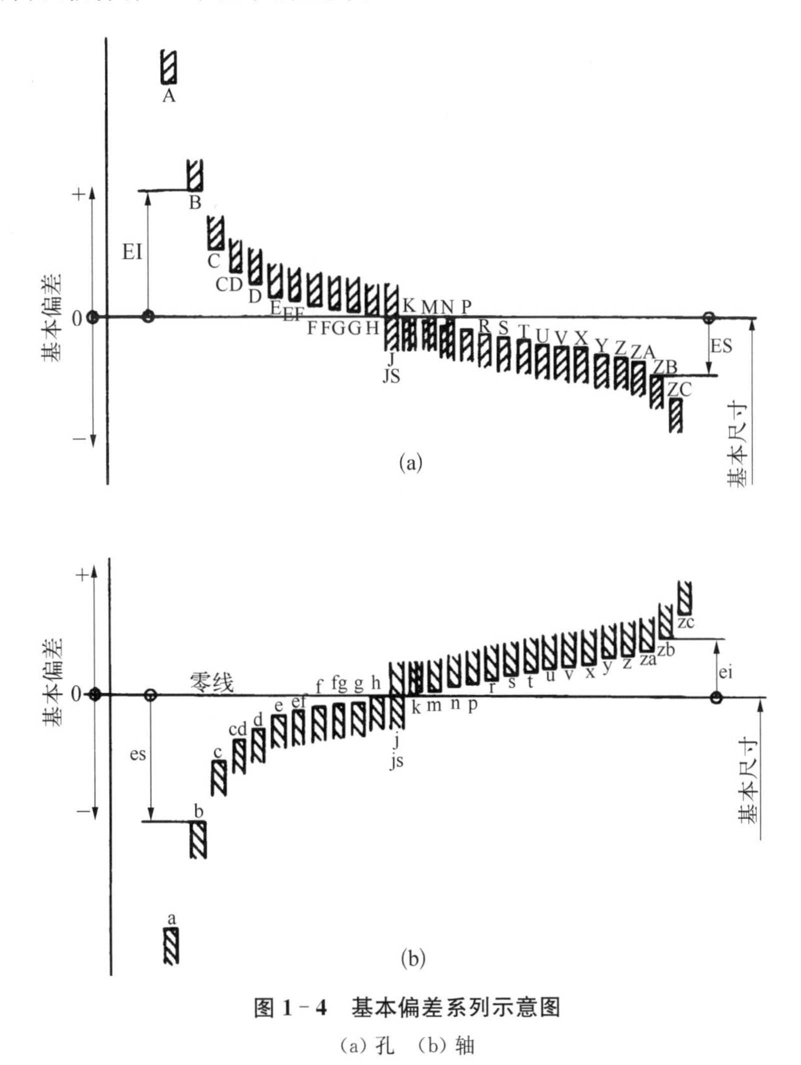

图 1－4　基本偏差系列示意图

(a) 孔　(b) 轴

2）基本偏差的构成规律

(1) 轴的基本偏差。

轴的基本偏差数值应根据轴与基准孔的各种配合要求来制订。经过大量科学试验和生产实践，总结出了轴的各种基本偏差的计算公式，如表 1－5 所示。

根据图 1－3 和表 1－6 可见：

① a～h 的基本偏差为轴的上极限偏差(es)，k～zc 的基本偏差为轴的下极限偏差(ei)。

② 代号为 h 的轴的基本偏差为零，即 h 的上极限偏差 es=0，称为基准轴。

③ js 在各公差等级中，标准公差(IT)带完全对称分布于零线的两侧，因此它的基本偏差可以是上极限偏差(+IT/2)，也可以是下极限偏差(−IT/2)。

④ 除 j 和 js 外，轴的基本偏差的数值与选用的标准公差等级无关。

国家标准列出了公称尺寸≤500 mm 轴的基本偏差数值表(见表 1－6)，它是以尺寸段的几何平均值 D 代入表 1－5 中计算后，再经尾数化整得出的。实际使用时，均采用表中所列数值，不需再按公式计算。而轴的另一个极限偏差可根据基本偏差和标准公差的关系，按照

$$es = ei + IT \tag{1-11}$$

或

$$ei = es - IT \tag{1-12}$$

求出。

表 1－5　轴的基本偏差计算公式(D≤500 mm)

偏差代号	适用范围	基本偏差为上偏差(es)	偏差代号	适用范围	基本偏差为上偏差(ei)
a	$D \leq 120$ mm	$-(265+1.3D)$	k	≤IT3 及>IT7	0
	$D > 120$ mm	$-3.5D$		IT4～IT7	$+0.6\sqrt[3]{D}$
b	$D \leq 160$ mm	$-(140+0.85D)$	m		+(IT7−IT6)
	$D > 160$ mm	$-1.8D$	n		$+5D^{0.34}$
c	$D \leq 40$ mm	$-52D^{0.2}$	P		+IT7+(0 至 5)
	$D > 40$ mm	$-(95+0.8D)$	R		$+\sqrt{ps}$
cd		$-\sqrt{cd}$	S	$D \leq 50$ mm	+IT8+(1 至 4)
d		$-16D^{0.44}$		$D > 50$ mm	$+IT7+0.4D$
e		$-11D^{0.41}$	t		$+IT7+0.63D$
ef		$-\sqrt{ef}$	u		$+IT7+D$
f		$-5.5D^{0.41}$	v		$+IT7+1.25D$
fg		$-\sqrt{fg}$	x		$+IT7+1.6D$
g		$-2.5D^{0.34}$	y		$+IT7+2D$
h		0	z		$+IT7+2.5D$
j	IT5～IT8	经验数据	za		$+IT8+3.15D$
			zb		$+IT9+4D$
			zc		$+IT10+5D$
js=±IT/2					

(2) 孔的基本偏差。

孔的基本偏差是在基轴制基础上确定的。由于基轴制和基孔制是两种平行等效的配合制度，所以孔的基本偏差可以直接由轴的基本偏差换算得到。

换算的原则是：应保证同名代号（如 D 和 d，T 和 t）的基本偏差，构成基孔制与基轴制的同名配合（如 H/d 和 D/h，H/t 和 T/h）的配合性质（极限间隙或极限过盈）相等。

根据这一原则，在公称尺寸≤500 mm 范围内，孔的基本偏差按以下两种规则换算。

① 通用规则。同名代号的孔与轴的基本偏差绝对值相等，而符号相反。也就是说，孔的基本偏差是轴的基本偏差相对零线的倒影（见图 1-2）。

对于各种公差等级的 A～H 孔的基本偏差均为

$$EI = -es \tag{1-13}$$

对于标准公差等级大于 IT8 的 K、M、N 和标准公差等级大于 IT7 的 P～ZC 孔的基本偏差为

$$ES = -ei \tag{1-14}$$

但其中有一个例外：对于公称尺寸大于 3 mm，标准公差等级大于 IT8 的 N 孔，其基本偏差 $ES = 0$。

② 特殊规则。对于公称尺寸大于 3～500 mm，标准公差等级≤IT8 的孔的基本偏差 K、M、N 和标准公差等级≤IT7 的 P～ZC 孔的基本偏差 ES，与其同名代号轴的基本偏差 ei 的符号相反，而绝对值相差一个 Δ 值。因为在精度较高的公差等级中，孔比轴加工困难，一般采用孔比轴低一个公差等级相配合，使孔、轴工艺上等价。并要求具有同等的间隙或过盈。此时孔的基本偏差为

$$ES = -ei + \Delta \tag{1-15}$$

式中：Δ 是公称尺寸段内给定的某一标准公差等级 ITn 与更精一级的标准公差等级 IT(n−1) 的差值，即 $\Delta = ITn - IT(n-1)$。

代号为 H 的孔的基本偏差为下极限偏差，它总是等于零，称为基准孔。

用上述公式计算出孔的基本偏差按一定规则化整，标准化后编制出孔的基本偏差数值表，如表 1-7 所示。

实际使用时，均采用表中所列数值，不需再按公式计算。而孔的另一个极限偏差可根据基本偏差和标准公差的关系，按照

$$ES = EI + IT \tag{1-16}$$

或

$$EI = ES - IT \tag{1-17}$$

求出。

例 1-3　查表确定轴 ϕ35g11 的极限偏差和极限尺寸。

解：公称尺寸 ϕ35 属于 30～50 mm 尺寸段（查表 1-4 得到）

标准公差　IT11 = 160 μm（查表 1-1 得到）

基本偏差为　−9 μm（查表 1-6 得到）

上极限偏差 es = 基本偏差 = −9 μm

下极限偏差 ei = es − IT11 = −9 − 160 = −169（μm）

上极限尺寸 $d_{max} = 35 + (-0.009) = 34.991$（mm）

下极限尺寸 $d_{min} = 35 + (-0.169) = 34.831$（mm）

表 1-6　轴的基本偏差数值(摘自 GB/T 1800.1—2009)

单位：μm

基本尺寸/mm		基本偏差数值(上极限偏差 es)											
		所有标准公差等级											
大于	至	a	b	c	cd	d	e	ef	f	fg	g	h	js
—	3	−270	−140	−60	−34	−20	−14	−10	−6	−4	−2	0	偏差＝$\pm\frac{IT_n}{2}$，式中 IT_n 是 IT 数值
3	6	−270	−140	−70	−46	−30	−20	−14	−10	−6	−4	0	
6	10	−280	−150	−80	−56	−40	−25	−18	−13	−8	−5	0	
10	14	−290	−150	−95		−50	−32		−16		−6	0	
14	18												
18	24	−300	−160	−110		−65	−40		−20		−7	0	
24	30												
30	40	−310	−170	−120		−80	−50		−25		−9	0	
40	50	−320	−180	−130									
50	65	−340	−190	−140		−100	−60		−30		−10	0	
65	80	−360	−200	−150									
80	100	−380	−220	−170		−120	−72		−36		−12	0	
100	120	−410	−240	−180									
120	140	−460	−260	−200		−145	−85		−43		−14	0	
140	160	−520	−280	−210									
160	180	−580	−310	−230									
180	200	−660	−340	−240		−170	−100		−50		−15	0	
200	225	−740	−380	−260									
225	250	−820	−420	−280									
250	280	−920	−480	−300		−190	−110		−56		−17	0	
280	315	−1 050	−540	−330									

续　表

基本尺寸/mm		基本偏差数值(上极限偏差 es)											
		所　有　标　准　公　差　等　级											
大于	至	a	b	c	cd	d	e	ef	f	fg	g	h	js
315	355	−1 200	−600	−360		−210	−125		−62		−18	0	偏差＝ $+\frac{IT_n}{2}$，式中 IT_n 是 IT 数值
355	400	−1 350	−680	−400									
400	450	−1 500	−760	−440		−230	−135		−68		−20	0	
450	500	−1 650	−840	−480									
500	560					−260	−145		−76		−22	0	
560	630												
630	710					−290	−160		−80		−24	0	
710	800												
800	900					−320	−170		−86		−26	0	
900	1 000												
1 000	1 120					−350	−195		−98		−28	0	
1 120	1 250												
1 250	1 400					−390	−220		−110		−30	0	
1 400	1 600												
1 600	1 800					−430	−240		−120		−32	0	
1 800	2 000												
2 000	2 240					−480	−260		−130		−34	0	
2 240	2 500												
2 500	2 800					−520	−290		−145		−38	0	
2 800	3 150												

续 表

基于尺寸/mm		基本偏差数值(下极限偏差 ei)																		
		IT5 和 IT6	IT7	IT8	IT4～IT7	≤IT3 >IT7	所有标准公差等级													
大于	至	j			k		m	n	p	r	s	t	u	v	x	y	z	za	zb	zc
—	3	−2	−4	−6	0	0	+2	+4	+6	+10	+14		+18		+20		+26	+32	+40	+60
3	6	−2	−4		+1	0	+4	+8	+12	+15	+19		+23		+28		+35	+42	+50	+80
6	10	−2	−5		+1	0	+6	+10	+15	+19	+23		+28		+34		+42	+52	+67	+97
10	14	−3	−6		+1	0	+7	+12	+18	+23	+28		+33		+40		+50	+64	+90	+130
14	18													+39	+45		+60	+77	+108	+150
18	24	−4	−8		+2	0	+8	+15	+22	+28	+35		+41	+47	+54	+63	+73	+98	+136	+188
24	30											+41	+48	+55	+64	+75	+88	+118	+160	+218
30	40	−5	−10		−2	0	+9	+17	+26	+34	+43	+48	+68	+68	+80	+94	+112	+148	+200	+274
40	50											+54	+70	+81	+97	+114	+136	+180	+242	+325
50	65	−7	−12		−2	0	+11	+20	+32	+41	+53	+66	+87	+102	+122	+144	+172	+226	+300	+405
65	80									+43	+59	+75	+102	+120	+146	+174	+210	+274	+360	+480
80	100	−9	−15		+3	0	+13	+23	+37	+51	+71	+91	+124	+146	+178	+214	+258	+335	+445	+585
100	120									+54	+79	+104	+144	+172	+210	+254	+310	+400	+525	+690
120	140	−11	−18		+3	0	+15	+27	+43	+63	+92	+122	+170	+202	+248	+300	+365	+470	+620	+800
140	160									+65	+100	+134	+190	+228	+280	+340	+415	+535	+700	+900
160	180									+68	+108	+146	+210	+252	+310	+380	+465	+600	+780	+1 000
180	200	−13	−21		+4	0	+17	+31	+50	+77	+122	+166	+236	+284	+350	+425	+520	+670	+880	+1 150
200	225									+80	+130	+180	+258	+310	+385	+470	+575	+740	+960	+1 250
225	250									+84	+140	+196	+284	+340	+425	+520	+640	+820	+1 050	+1 350
250	280	−16	−26		+4	0	+20	+34	+56	+94	+158	+218	+315	+385	+475	+580	+710	+920	+1 200	+1 550
280	315									+98	+170	+240	+350	+425	+525	+650	+790	+1 000	+1 300	+1 700

续 表

基于尺寸/mm		基本偏差数值(下极限偏差 ei)																		
		IT5 和 IT6	IT7	IT8	IT4～IT7	≤IT3 >IT7	所 有 标 准 公 差 等 级													
大于	至	j			k		m	n	p	r	s	t	u	v	x	y	z	za	zb	zc
315	355	−18	−28		+4	0	+21	+37	+62	+108	+190	+268	+390	+475	+590	+730	+900	+1 150	+1 500	+1 900
355	400									+114	+208	+294	+435	+530	+660	+820	+1 000	+1 300	+1 650	+2 100
400	450	−20	−32		+5	0	+23	+40	+68	+126	+232	+330	+490	+595	+740	+920	+1 100	+1 450	+1 850	+2 400
450	500									+132	+252	+360	+540	+660	+820	+1 000	+1 250	+1 600	+2 100	+2 600
500	560				0	0	+26	+44	+78	+150	+280	+400	+600							
560	630									+155	+310	+450	+660							
630	710				0	0	+30	+50	+88	+175	+340	+500	+740							
710	800									+185	+380	+560	+840							
800	900				0	0	+34	+56	+100	+210	+430	+620	+940							
900	1 000									+220	+470	+680	+1 050							
1 000	1 120				0	0	+40	+66	+120	+250	+520	+780	+1 150							
1 120	1 250									+260	+580	+840	+1 300							
1 250	1 400				0	0	+48	+78	+140	+300	+640	+960	+1 450							
1 400	1 600									+330	+720	+1 050	+1 600							
1 600	1 800				0	0	+58	+92	+170	+370	+820	+1 200	+1 850							
1 800	2 000									+400	+920	+1 350	+2 000							
2 000	2 240				0	0	+68	+110	+195	+440	+1 000	+1 500	+2 300							
2 240	2 500									+460	+1 100	+1 650	+2 500							
2 500	2 800				0	0	+76	+135	+240	+550	+1 250	+1 900	+2 900							
2 800	3 150									+580	+1 400	+2 100	+3 200							

注：基本尺寸小于或等于 1 mm 时，基本偏差 a 和 b 均不采用。公差带 js7～js11，若 IT_n 数值是奇数，则取偏差$=\frac{IT_n-1}{2}$。

表 1-7　孔的基本偏差数值(摘自 GB/T 1800.1—2009)

单位：μm

公称尺寸/mm		基本偏差数值																					
		下极限偏差 EI												上极限偏差 ES									
		所有标准公差等级												IT6	IT7	IT8	≤IT8	>IT8	≤IT8	>IT8	≤IT8	>IT8	≤IT7
大于	至	A	B	C	CD	D	E	EF	F	FG	G	H	JS	J			K		M		N		P至ZC
—	3	+270	+140	+60	+34	+20	+14	+10	+6	+4	+2	0		+2	+4	+6	0	0	−2	−2	−4	−4	
3	6	+270	+140	+70	+46	+30	+20	+14	+10	+6	+4	0		+5	+6	+10	−1+Δ		−4+Δ	−4	−8+Δ	0	
6	10	+280	+150	+80	+56	+40	+25	+18	+13	+8	+5	0		+5	+8	+12	−1+Δ		−6+Δ	−6	−10+Δ	0	
10	14	+290	+150	+95		+50	+32		+16		+6	0		+6	+10	+15	−1+Δ		−7+Δ	−7	−12+Δ	0	在大于IT7的相应数值上增加一个Δ值
14	18																						
18	24	+300	+160	+110		+65	+40		+20		+7	0		+8	+12	+20	−2+Δ		−8+Δ	−8	−15+Δ	0	
24	30																						
30	40	+310	+170	+120		+80	+50		+25		+9	0	偏差=$\pm\frac{IT_n}{2}$，式中IT_n是IT数值	+10	+14	+24	−2+Δ		−9+Δ	−9	−17+Δ	0	
40	50	+320	+180	+130																			
50	65	+340	+190	+140		+100	+60		+30		+10	0		+13	+18	+28	−2+Δ		−11+Δ	−11	−20+Δ	0	
65	80	+360	+200	+150																			
80	100	+380	+220	+170		+120	+72		+36		+12	0		+16	+22	+34	−3+Δ		−13+Δ	−13	−23+Δ	0	
100	120	+410	+240	+180																			
120	140	+460	+260	+200		+145	+85		+43		+14	0		+18	+26	+41	−3+Δ		−15+Δ	−15	−27+Δ	0	
140	160	+520	+280	+210																			
160	180	+580	+310	+230																			
180	200	+660	+340	+240		+170	+100		+50		+15	0		+22	+30	+47	−4+Δ		−17+Δ	−17	−31+Δ	0	
200	225	+740	+380	+260																			
225	250	+820	+420	+280																			
250	280	+920	+480	+300		+190	+110		+56		+17	0		+25	+36	+55	−4+Δ		−20+Δ	−20	−34+Δ	0	
280	315	+1 050	+540	+330																			

续 表

公称尺寸/mm		基本偏差数值																					
		下极限偏差EI												上极限偏差ES									
大于	至	所有标准公差等级												IT6	IT7	IT8	≤IT8	>IT8	≤IT8	>IT8	≤IT8	>IT8	≤IT7
		A	B	C	CD	D	E	EF	F	FG	G	H	JS	J			K		M		N		P至ZC
315	355	+1 200	+600	+360		+210	+125		+62		+18	0	偏差=$\pm\frac{IT_n}{2}$，式中IT_n是IT数值	+29	+39	+60	−4+Δ		−21+Δ	−21	−37+Δ	0	在大于IT7的相应数值上增加一个Δ值
355	400	+1 350	+680	+400																			
400	450	+1 500	+760	+440		+230	+135		+68		+20	0		+33	+43	+66	−5+Δ		−23+Δ	−23	−40+Δ	0	
450	500	+1 650	+840	+480																			
500	560					+260	+145		+76		+22	0					0		−26		−44		
560	630																						
630	710					+290	+160		+80		+24	0					0		−30		−50		
710	800																						
800	900					+320	+170		+86		+26	0					0		−34		−56		
900	1 000																						
1 000	1 120					+350	+195		+98		+28	0					0		−40		−66		
1 120	1 250																						
1 250	1 400					+390	+220		+110		+30	0					0		−48		−78		
1 400	1 600																						
1 600	1 800					+430	+240		+120		+32	0					0		−58		−92		
1 800	2 000																						
2 000	2 240					+480	+260		+130		+34	0					0		−68		−110		
2 240	2 500																						
2 500	2 800					+520	+290		+145		+38	0					0		−76		−135		
2 800	3 150																						

续 表

公称尺寸/mm		基本偏差数值												Δ值					
		上极限偏差 ES																	
		标准公差等级大于 IT7												标准公差等级					
大于	至	P	R	S	T	U	V	X	Y	Z	ZA	ZB	ZC	IT3	IT4	IT5	IT6	IT7	IT8
—	3	−6	−10	−14		−18		−20		−26	−32	−40	−60	0	0	0	0	0	0
3	6	−12	−15	−19		−23		−28		−35	−42	−50	−80	1	1.5	1	3	4	6
6	10	−15	−19	−23		−28		−34		−42	−52	−67	−97	1	1.5	2	3	6	7
10	14	−18	−23	−28		−33		−40		−50	−64	−90	−130	1	2	3	3	7	9
14	18						−39	−45		−60	−77	−108	−150						
18	24	−22	−28	−35		−41	−47	−54	−63	−73	−98	−136	−188	1.5	2	3	4	8	12
24	30				−41	−48	−55	−64	−75	−88	−118	−160	−218						
30	40	−26	−34	−43	−48	−60	−68	−80	−94	−112	−148	−200	−274	1.5	3	4	5	9	14
40	50				−54	−70	−81	−97	−114	−136	−180	−242	−325						
50	65	−32	−41	−53	−66	−87	−102	−122	−144	−172	−226	−300	−405	2	3	5	6	11	16
65	80		−43	−59	−75	−102	−120	−146	−174	−210	−274	−360	−480						
80	100	−37	−51	−71	−91	−124	−146	−178	−214	−258	−335	−445	−585	2	4	5	7	13	19
100	120		−54	−79	−104	−144	−172	−210	−254	−310	−400	−525	−690						
120	140	−43	−63	−92	−122	−170	−202	−248	−300	−365	−470	−620	−800	3	4	6	7	15	23
140	160		−65	−100	−134	−190	−228	−280	−340	−415	−535	−700	−900						
160	180		−68	−108	−146	−210	−252	−310	−380	−465	−600	−780	−1 000						
180	200	−50	−77	−122	−166	−236	−284	−350	−425	−520	−670	−880	−1 150	3	4	6	9	17	26
200	225		−80	−130	−180	−258	−310	−385	−470	−575	−740	−960	−1 250						
225	250		−84	−140	−196	−284	−340	−425	−520	−640	−820	−1 050	−1 350						
250	280	−56	−94	−158	−218	−315	−385	−475	−580	−710	−920	−1 200	−1 550	4	4	7	9	20	29
280	315		−98	−170	−240	−350	−425	−525	−650	−790	−1 000	−1 300	−1 700						

续　表

公称尺寸/mm		基本偏差数值 上极限偏差 ES												Δ值					
		标准公差等级大于 IT7												标准公差等级					
大于	至	P	R	S	T	U	V	X	Y	Z	ZA	ZB	ZC	IT3	IT4	IT5	IT6	IT7	IT8
315	355	−62	−108	−190	−268	−390	−475	−590	−730	−900	−1 150	−1 500	−1 900	4	5	7	11	21	32
355	400		−114	−208	−294	−435	−530	−660	−820	−1 000	−1 300	−1 650	−2 100						
400	450	−68	−126	−232	−330	−490	−595	−740	−920	−1 100	−1 450	−1 850	−2 400	5	5	7	13	23	34
450	500		−132	−252	−360	−540	−660	−820	−1 000	−1 250	−1 600	−2 100	−2 600						
500	560	−78	−150	−280	−400	−600													
560	630		−155	−310	−450	−660													
630	710	−88	−175	−340	−500	−740													
710	800		−185	−380	−560	−840													
800	900	−100	−210	−430	−620	−940													
900	1 000		−220	−470	−680	−1 050													
1 000	1 120	−120	−250	−520	−780	−1 150													
1 120	1 250		−260	−580	−840	−1 300													
1 250	1 400	−140	−300	−640	−960	−1 450													
1 400	1 600		−330	−720	−1 050	−1 600													
1 600	1 800	−170	−370	−820	−1 200	−1 850													
1 800	2 000		−400	−920	−1 350	−2 000													
2 000	2 240	−195	−440	−1 000	−1 500	−2 300													
2 240	2 500		−460	−1 100	−1 650	−2 500													
2 500	2 800	−240	−550	−1 250	−1 900	−2 900													
2 800	3 150		−580	−1 400	−2 100	−3 200													

注：公称尺寸小于或等于 1 mm 时，基本偏差 A 和 B 及大于 IT8 的 N 均不采用。公差带 JS7 至 JS11，若 IT_n 数值是奇数，则取偏差 $=\pm\frac{IT_{n-1}}{2}$。

对小于或等于 IT8 的 K、M、N 和小于或等于 IT7 的 P 至 ZC，所需 Δ 值从表内右侧选取。例如：18 mm～30 mm 段的 K7，$\Delta=8\ \mu m$，所以 $ES=-2+8=+6\ \mu m$；18 mm～30 mm 段的 S6，$\Delta=4\ \mu m$，所以 $ES=-35+4=-31\ \mu m$。特殊情况：250 mm～315 mm 段的 M6，$ES=-9\ \mu m$（代替 $-11\ \mu m$）。

例 1-4 查表确定孔 $\phi150N4$ 的极限偏差和极限尺寸。

解：公称尺寸 $\phi150$ 属于 120 mm～180 mm 尺寸段(查表 1-4 得到)

标准公差 $IT4 = 12\ \mu m$ (查表 1-1 得到)

基本偏差为 $-27+\Delta=-27+4=-23(\mu m)$ (查表 1-7 得到)

上极限偏差 $ES=$ 基本偏差 $=-23\ \mu m$

下极限偏差 $EI=ES-IT4=-23-12=-35(\mu m)$

上极限尺寸 $D_{max}=150+(-0.023)=149.977(mm)$

下极限尺寸 $D_{min}=150+(-0.035)=149.965(mm)$

3. 线性尺寸的一般公差

1) 一般公差的概念

一般公差(也称未注公差)是指在车间普通工艺条件下，机床设备可保证的公差，它包括线性和角度的尺寸公差。在正常维护和操作情况下，它代表车间一般的加工精度。

线性尺寸的一般公差主要用于低精度的非配合尺寸。采用一般公差的要素在图样上可不单独注出其公差，而是在图样上、技术文件中作出总的说明。

采用一般公差可带来以下好处：

(1) 简化制图，使图样清晰易读。

(2) 突出了图样上注出公差的尺寸，在加工和检验时可以引起足够的重视。

(3) 节省图样设计时间。设计人员不必逐一考虑或计算公差值，只需了解某要素在功能上是否允许采用大于或等于一般公差的公差值。

(4) 可简化检验要求，有助于质量管理。采用一般公差的尺寸在保证正常车间精度的条件下，一般不用检验。

2) 一般公差的国家标准

国家标准 GB/T 1804—2000 将一般公差分为精密 f、中等 m、粗糙 c、最粗 v 共 4 个公差等级。按未注公差的线性尺寸和角度尺寸分别给出了各公差等级的极限偏差数值，如表 1-8～表 1-10 所示。

3) 一般公差的图样表示方法

采用一般公差时，应在图样标题栏附近或技术要求、技术文件(如企业标准)中注出本标准号及公差等级代号。例如选取精密级时，标注为：GB/T 1804—f。

表 1-8 线性尺寸的极限偏差数值(摘自 GB/T 1804—2000) **单位：mm**

公差等级	尺寸分段							
	0.5～3	>3～6	>6～30	>30～120	>120～400	>400～1 000	>1 000～2 000	>2 000～4 000
f(精密级)	±0.05	±0.05	±0.1	±0.15	±0.2	±0.3	±0.5	—
m(中等级)	±0.1	±0.1	±0.2	±0.3	±0.5	±0.8	±1.2	±2
c(粗糙级)	±0.2	±0.3	±0.5	±0.8	±1.2	±2	±3	±4
v(最粗级)	—	±0.5	±1	±1.5	±2.5	±4	±6	±8

表1-9 倒圆半径和倒角高度尺寸的极限偏差数值(摘自GB/T 1804—2000)

单位：mm

公差等级	尺寸分段			
	0.5～3	>3～6	>6～30	>30
f(精密级) m(中等级)	±0.2	±0.5	±1	±2
c(粗糙级) v(最粗级)	±0.4	±1	±2	±4

表1-10 角度尺寸的极限偏差数值(摘自GB/T 1804—2000)

公差等级	长度分段/mm				
	−10	>10～50	>50～120	>120～400	>400
f(精密级) m(中等级)	±1°	±30′	±20′	±10′	±5′
c(粗糙级)	±1°30′	±1°	±30′	±15′	±10′
v(最粗级)	±3°	±2°	±1°	±30′	±20′

1.2 测量技术基础

1.2.1 测量技术的基本概念

在工业生产中，测量技术是进行质量管理的手段，是贯彻质量标准的技术保证。加工后的零件几何量合格与否，需要通过检测方能确定。

检测是测量与检验的总称。测量是指将被测量与具有计量单位的标准量进行比较，从而确定被测量的实验过程，而检验则是判断零件是否合格而不需要测出具体数值。例如用光滑极限量规检验零件等。

一个完整的几何量测量过程应包括被测对象、计量单位、测量方法及测量精度4个要素。

1. 被测对象

被测对象是指几何量，即长度(包括角度)、表面粗糙度、形状和几何误差以及螺纹、齿轮、轴承等典型零件的几何参数。

2. 计量单位

长度单位为米(m)，毫米(mm)，微米(μm)等；角度单位为弧度(rad)、度(°)、分(′)、秒(″)等。

3. 测量方法

测量方法是指在进行测量时所采用的测量原理、计量器具和测量条件的综合，亦即获得测量结果的方式。例如,用千分尺测量轴径是直接测量法,用正弦尺测量圆锥体的圆锥角是间接测量法。

4. 测量精度

指测量结果与零件真值的接近程度。与之相对应的概念即测量误差。由于各种因素的影响,任何测量过程总不可避免地会出现测量误差。测量误差大,说明测量结果与真值的接近程度低,则测量精度低;测量误差小,则测量精度高。

1.2.2 计量器具与测量方法的分类

1. 计量器具的分类

测量仪器和测量工具可统称为计量器具。按计量器具的原理、结构特点及用途可分为以下三类:

1) 基准量具

基准量具是指用来校对或调整测量器具,或作为标准尺寸进行相对测量的量具。如量块、角度块等。

2) 通用计量器具

是指将被测量转换成可直接观测的指示值或等效信息的测量工具,按其工作原理可分为:

(1) 游标类量具。利用游标读数原理制成的一种常用量具。如游标卡尺、游标高度尺、游标深度尺和游标量角器等。

(2) 螺旋测微类量具。利用螺旋副测微原理进行测量的一种量具。根据不同用途可分为外径千分尺、杠杆千分尺、深度千分尺、公法线千分尺和螺纹千分尺等。

(3) 机械比较仪类。利用机械传动方法实现信息转换的量仪,如杠杆指示表、内径指示表、杠杆齿轮比较仪等。

(4) 光学式量仪。利用光学原理制成的量仪,如光学投影仪、测长仪、干涉仪等。

(5) 气动式量仪。通过气动系统的流量或压力变化,实现原始信号转换的仪器,如水柱式气动量仪、浮标式气动量仪等。

(6) 电动式量仪。将原始信号转换为电学参数的量仪,如电感测微仪、电感内径比较仪等。

(7) 光电式量仪。利用光学方法放大或瞄准,通过光电元件再转换为电量进行检测,如光电显微镜、光栅测长机、激光准直仪等。

(8) 微机化量仪。在微机系统控制下可实现测量数据的自动采集、处理、显示和打印的机电一体化量仪,如三坐标测量机、数显万能测长仪等。

3) 极限量规类

是一种没有刻度(线)的用于检验被测量是否处于给定的极限偏差之内的专用量具,如光滑极限量规、螺纹量规等。

2. 计量器具的主要技术指标

(1) 刻度间距:指计量器具刻度标尺或刻度盘上两相邻刻线间的距离。为适于人眼观察,刻度间距一般为 1~2.5 mm。

(2) 分度值：是指计量器具标尺或分度盘上每一刻度间距所代表的量值。一般分度值有 0.1 mm、0.05 mm、0.02 mm 等。一般来说分度值越小，计量器具的精度就越高。

(3) 示值范围：指计量器具所能显示(或指示)的最低值到最高值的范围。例如，立式光学比较仪的示值范围为±100 μm。

(4) 测量范围：指在允许误差限度内，测量器具所能测量的最小值到最大值的范围。例如，千分尺的测量范围有 0～25 mm、25～50 mm、50～75 mm 等多种。

(5) 灵敏度：指计量器具示值装置对被测量变化的反应能力。

(6) 示值误差：是指计量器具上的示值与被测量真值之间的代数差。示值误差越小计量器具精度越高。

(7) 修正值：指为清除或减少计量器具的系统误差，用代数法加到未修正测量结果上的数值。其大小与示值误差的绝对值相等，而符号相反。例如，示值误差为+0.01 mm，则修正值为−0.01 mm。

(8) 测量力：测量过程中计量器具与被测表面之间的接触力。

(9) 不确定度：指在规定条件下测量时，由于测量误差的存在，对测量值不能肯定的程度。

3. *测量方法的分类*

测量方法可按各种不同的形式进行分类。

1) 按是否直接测量出所需的量值，分直接测量和间接测量

(1) 直接测量：能直接从测量器具上得到被测量尺寸的数值或偏差。例如，用千分尺测轴径，用比较仪和标准件测轴径等。

直接测量又可分为绝对测量和相对测量。

若测量读数可直接表示出被测量的全值，则这种测量方法就称为绝对测量法。例如，用游标卡尺测量零件尺寸。若测量读数仅表示被测量相对于已知标准量的偏差值，则这种测量方法称为相对测量法。例如，用立式光学比较仪测量轴径，测量时先用量块调整示值零位，比较仪指示出的示值为被测轴径相对于量块尺寸的偏差。

(2) 间接测量：通过测量与被测量有函数关系的其他量，来得到被测量值的测量方法。例如，用正弦规测量工件角度。

一般情况下，直接测量比间接测量的精度高。所以应尽量采用直接测量，对于受条件所限无法进行直接测量的场合可以采用间接测量。

2) 按零件被测参数的多少，可分为综合测量和单项测量

(1) 单项测量：分别测量零件上彼此没有联系的各个参数。例如，分别测量螺纹的单一中径、螺距和牙型半角误差。

(2) 综合测量：测量被测零件上与几个参数有关联的综合参数，从而综合判断零件的合格性。例如，用螺纹量规检验螺纹单一中径、螺距和牙型半角的综合结果(作用中径)是否合格。

3) 按被测零件的表面与测头是否有机械接触，分为接触测量与非接触测量

(1) 接触测量：量具的测头与被测表面直接接触，并有机械作用的测量力。如用千分尺、游标卡尺测量轴径。

(2) 非接触测量：量具的测头与被测表面不直接接触，无机械作用的测量力。例如，

用光切显微镜测量表面粗糙度。

4）按测量技术在制造工艺中所起的作用，可分为主动测量和被动测量

（1）主动测量：零件在加工过程中进行的测量。这种测量方法可以直接控制零件的加工过程，能及时防止废品的产生。

（2）被动测量：零件加工完毕后所进行的测量。这种测量方法仅能发现和剔除废品。

1.2.3　游标卡尺和千分尺的基本结构与原理

1. 游标卡尺

游标卡尺是一种较精密的量具，它利用主尺和游标尺相互配合进行测量和读数。游标卡尺构造简单，使用方便，测量范围大，用途广泛。

根据游标卡尺结构的不同一般可分为三用游标卡尺（见图 1－5）、双面量爪游标卡尺（见图 1－6）和单面量爪游标卡尺（见图 1－7）三种形式。其中，三用游标卡尺既可测量零件的内径和外径，还能测量零件的深度。

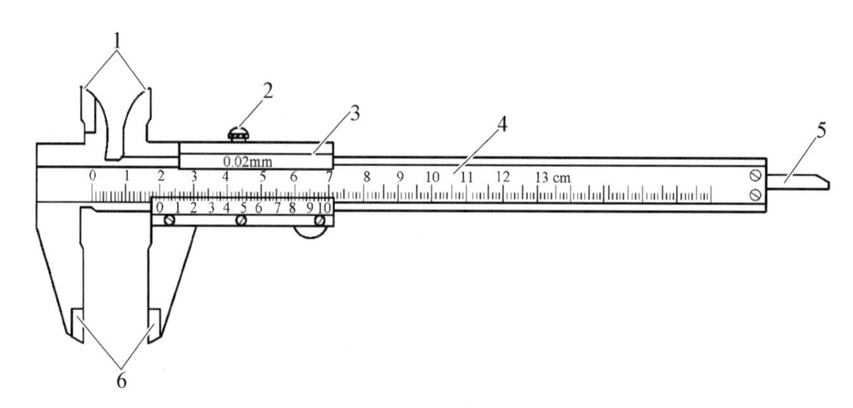

图 1－5　三用游标卡尺

1、6—量爪；2—紧固螺钉；3—游标尺；4—主尺；5—深度尺

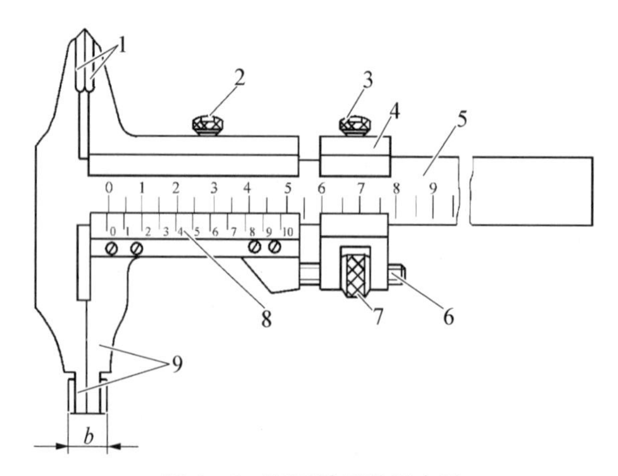

图 1－6　双面量爪游标卡尺

1、9—量爪；2—游标尺紧固螺钉；3—微动框紧固螺钉；4—微动框；5—主尺；6—螺杆；7—螺母；8—游标尺；

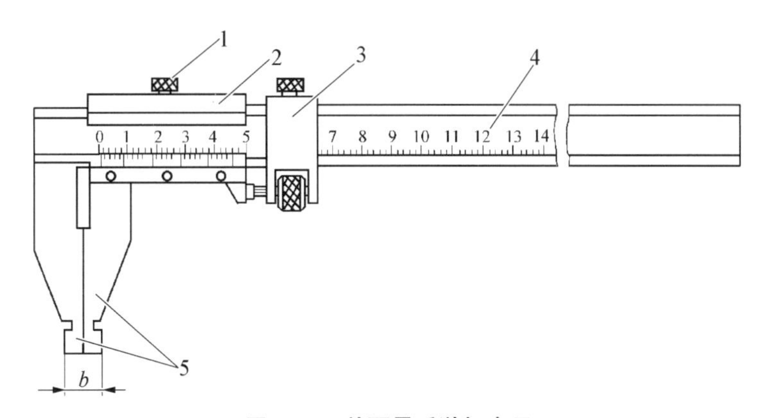

图 1-7　单面量爪游标卡尺

1—紧固螺钉；2—游标尺；3—微动框；4—主尺；5—量爪

1）读数原理和读数方法

游标卡尺的游标尺读数值可制成 0.1 mm、0.05 mm 和 0.02 mm 三种。游标尺读数值是指使用这种游标卡尺测量零件尺寸时，卡尺上能够读出的最小数值。

以读数值为 0.1 mm 的游标卡尺为例，说明其读数原理和读数方法。主尺的刻度间距为 1 mm，游标尺刻度间距为 0.9 mm，两者刻度间距之差值为 1－0.9＝0.1 mm，游标尺共分 10 格，当主尺上的 0 刻线和游标尺上的 0 刻线对准时，除了游标尺上的最后一根刻线与主尺的第 9 根刻线对准外，其余刻线都不对准，如图 1-8(a)所示。当游标尺向右移动 0.1 mm 时，游标尺上 0 刻线后第 1 根刻线就与主尺上刻线对准；当游标尺向右移动 0.2 mm时，游标尺上 0 刻线后第 2 根刻线就与主尺上刻线对准，以此类推。

在游标卡尺上读尺寸时，先读出主尺上尺寸的整数部分，再看游标尺上第几根刻线与主尺刻线对齐，读出尺寸的小数，两者之和即为被测零件的尺寸，如图 1-8(b)所示，主尺整数是 27 mm，游标尺上 0 刻线后第 5 根刻线与主尺上的刻线对齐即为 0.5 mm，故其读数为 27 mm＋0.5 mm ＝ 27.5 mm。

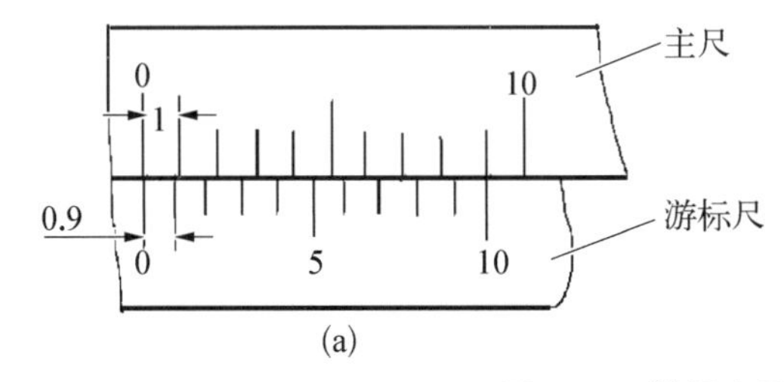

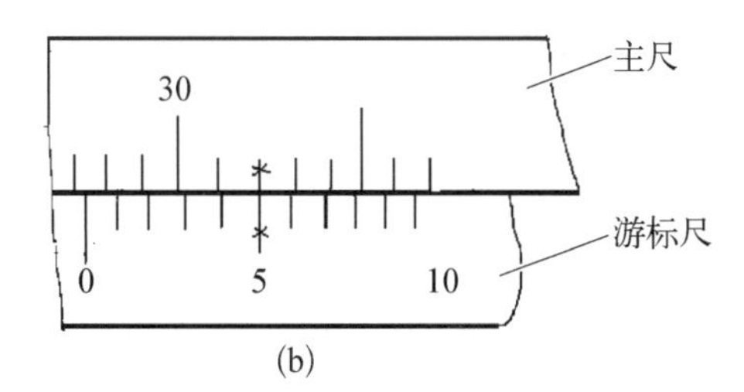

图 1-8　游标卡尺的读数原理和方法

为了易于辨别游标尺与主尺刻线对齐情况和读数方便，还可采用所谓“扩展”的游标尺读数方式，即将游标尺上的刻度间距由 0.9 mm 扩大为 2.9 mm，刻线总长度为 19 mm，主尺刻度间距仍为 1 mm。这样，当主尺与游标尺上的刻线对准 0 位时，游标尺上最后那根刻线与主尺上的 19 刻线正好对齐，其余刻线均不对齐，如图 1-9(a)所示。读数时仍按游标尺上对齐的那条刻线读取毫米的小数部分，如图 1-9(b)所示，主尺整数是 2 mm，游标尺上 0 刻线后第 3 根刻线与主尺上的刻线对齐即为 0.3 mm，故其读数为 2 mm＋0.3 mm ＝2.3 mm。

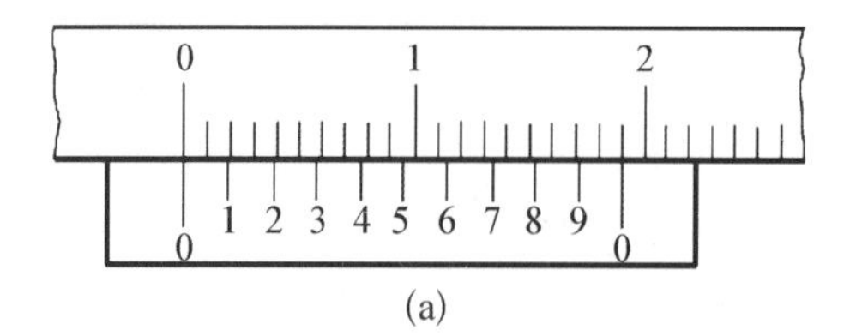

(a)

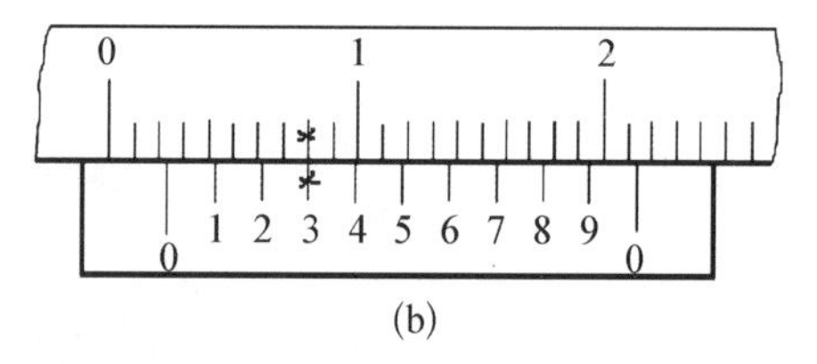

(b)

图 1-9　0.1 mm“扩展”的游标尺读数原理

读数值为 0.05 mm 和 0.02 mm 的游标卡尺刻度间距分别为 0.95 mm 和 0.98 mm，主尺和游标尺每格之差分别是 1－0.95＝0.05 mm 和 1－0.98＝0.02 mm，因此可测量出 0.05 mm 或 0.02 mm 的小数。其读数原理和读数方法与读数值为 0.1 mm 的基本相同。

2）使用时的注意事项

（1）使用前应擦净测量面，检查两测量爪间不能存在显著的间隙，并校对零位。

（2）移动游标尺时力量要适度，测量力不宜过大。量爪应慢且轻地接触测量表面，卡尺不能偏斜。

（3）防止温度对测量精度的影响，特别是量具与被测件不等温产生的测量误差。

（4）读数时其视线要与标尺刻度线方向一致，以免造成视差。

2. 千分尺

千分尺又称螺旋测微器，是应用螺旋副读数原理进行测量的精密量具，按结构、用途不同分为外径千分尺、内径千分尺、深度千分尺、公法线千分尺和螺纹千分尺等。其中外径千分尺应用较广，它可以测量零件的各种外形尺寸，如外径、长度、厚度等。测量范围分为：0～25 mm、25～50 mm、50～75 mm 等多种，大型千分尺可达几米。

1）工作原理及读数方法

图 1-10 所示为测量范围 0～25 mm 的外径千分尺，其测微螺杆 3 是和微分筒 6、测力装置 7 连在一起的。使用时转动测力装置 7，测微螺杆 3 便和微分筒 6 一同向左或向右移动，测微螺杆的螺距为 0.5 mm，故测力装置转一转，测微螺杆和微分筒便轴向移动 0.5 mm。当测微螺杆端面的测量头和被测表面接触时，达到一定测量力，测力装置里的棘轮盘就会打滑空转，测微螺杆不再轴向前进，棘轮发出咔咔的声音，表明测量压力合适。

千分尺固定套筒上刻有轴向中线，如图 1-11 所示，作为微分筒读数的基准线。在中

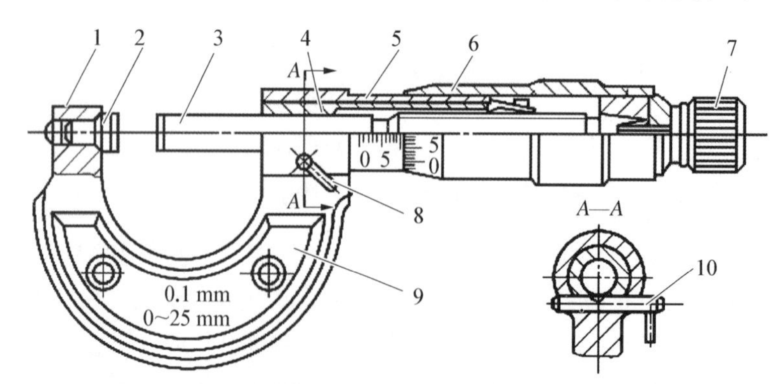

图 1-10　外径千分尺

1—尺架；2—固定测砧；3—测微螺杆；4—测微轴套；5—固定套筒；
6—微分筒；7—测力装置；8—锁紧装置；9—绝热板；10—锁紧轴

线的上、下两侧，刻有两排刻线，刻线间距均为 1 mm，上下两排相互错开 0.5 mm。微分筒的圆周刻度共分 50 格，每格代表 $\frac{0.5}{50}=0.01$ mm。测量时，先读出固定套筒上露出的刻线尺寸（应为 0.5 mm 的整数倍），再看微分筒圆周上哪一格与基准线对齐，两者读数和即为千分尺上测得尺寸。图 1－11 上固定套筒的读数为 8 mm，微分筒上的读数为 0.350 mm，所以测得尺寸是 $8+0.350=8.350$ mm。

在读固定套筒上的尺寸时，一定要注意有无半毫米刻度出现。例如图 1－12 中固定套筒上有半毫米刻度出现，所以固定套筒上的读数是 14.5 mm 而不是 14 mm，微分筒上的读数为 0.180 mm，故测得尺寸是 $14.5+0.180=14.680$ mm。（注：由于千分尺精确到 0.01 mm，且可估读，所以如果以 mm 为单位，最后读数中小数点后一定有三位数，不够三位的，要用零补齐。）

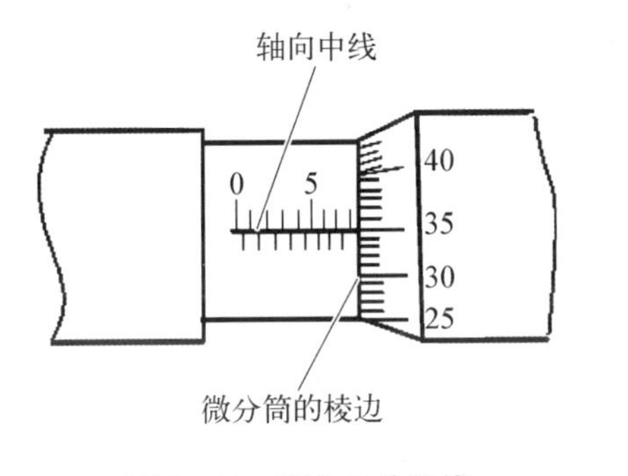

图 1－11　千分尺的刻线

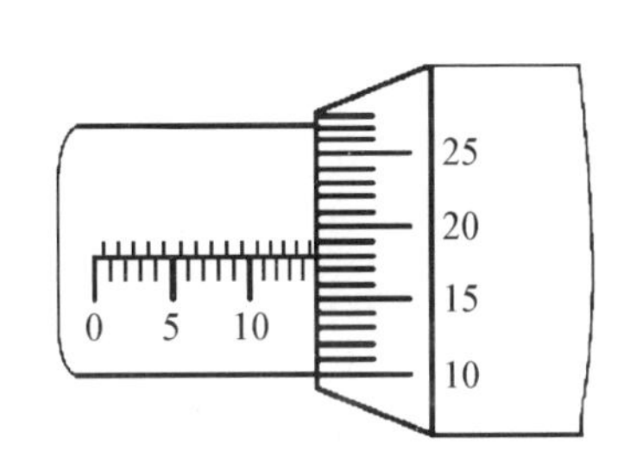

图 1－12　千分尺读数举例

2）使用时的注意事项

（1）测量前，应擦净千分尺的两个测砧面和零件的被测量表面；转动测力装置校对零位。

（2）测量时手应握在绝热板处，千分尺与被测件必须等温，以减小温度对测量精度的影响。

（3）当测砧面与零件被测表面将接触时，必须使用测力装置，以免因测量压力不等而产生测量误差。

（4）在读数时，要特别注意固定套筒上半毫米刻线是否已经露出，以免造成误读。

1.2.4　测量误差及数据处理

测量中，无论采用多么完善的测量方法，多么准确的测量仪，想要绝对避免产生测量误差是不可能的。为了能得到相应精度的测量结果，就必须客观而科学地分析和估算出测量误差。

1. 测量误差

测量误差是指实际测得值与被测量真值在数值上相差的程度。测量误差可以用绝对误差或相对误差来表示。

1）绝对误差

绝对误差是指被测几何量的测得值与其真值之差，即

$$\delta = x - x_0 \tag{1-18}$$

式中：δ——绝对误差；

x——被测几何量的测得值；

x_0——被测几何量的真值。

绝对误差 δ 是代数值，可能是正值或负值。这样，被测几何量的真值可以用下式来表示：

$$x_0 = x \pm |\delta| \tag{1-19}$$

按照此式，可以由测得值和测量误差来估计真值存在的范围。测量误差的绝对值越小，则被测几何量的测得值就越接近真值，表明测量精度越高，反之，则表明测量精度越低。

对于大小不相同的被测几何量，用绝对误差表示测量精度不方便，所以需要用相对误差来表示或比较它们的测量精度。

2）相对误差

相对误差 ε 是指绝对误差（取绝对值）与真值之比，常用百分数来表示，即

$$\varepsilon = \frac{|x - x_0|}{x_0} \times 100\% = \frac{|\delta|}{x_0} \times 100\% \approx \frac{|\delta|}{x} \times 100\% \tag{1-20}$$

由于被测几何量的真值 x_0 无法得到，因此在实际应用中常以被测几何量的测得值 x 代替真值进行估算。

在实际生产中，为了提高测量精度，就应该减小测量误差。要减小测量误差，就必须了解误差产生的原因、变化规律及误差的处理方法。

2. 测量误差产生的原因

产生测量误差的原因主要有以下几个方面：

1）测量器具误差

指测量器具的设计、制造和装配调整不准确而产生的误差，分为设计原理误差、制造和装配调整误差。例如测量器具读数装置中刻线尺、刻线盘等的刻线误差和装配时的偏心引起的误差；仪器传动装置中杠杆、齿轮副的制造以及装配误差等，都属于测量器具的制造和装配误差。又如在设计测量器具时，为了简化测量器具的结构，采用近似设计所产生的误差，属设计原理误差。

2）测量方法误差

指测量时选用的测量方法不正确或不完善而引起的误差。如测量基准不统一而引起的误差、被测件安装、定位不合理引起的误差、测量力引起的测量误差等。

3）环境误差

指测量时的环境条件不符合标准条件所引起的误差，包括温度、湿度、气压、振动、灰尘等因素引起的测量误差。

4）人员误差

指测量人员人为的差错，如测量瞄准不准确、读数或估读错误等，都会产生人为的测量误差。

3. 测量误差的分类

根据测量误差出现的规律，可以将其分成三种基本类型：随机误差、系统误差和粗大误差。

1）随机误差

指在一定测量条件下，多次测量同一量值时，测量误差的绝对值和符号以不可预定的方式变化的误差。

随机误差的产生主要是由测量过程中各种随机因素而引起的。例如，测量过程中，温度的波动、振动、测量力不稳，以及观察者的视差等。

随机误差的数值通常不大，虽然某一次测量的随机误差大小、符号不能预料，但进行多次重复测量，对测量结果进行统计、计算，就可看出随机误差总体存在着一定的规律性。实践表明，在大多数情况下，随机误差符合正态分布规律。正态分布曲线如图 1－13 所示，横坐标表示随机误差 δ，纵坐标表示概率密度 y。

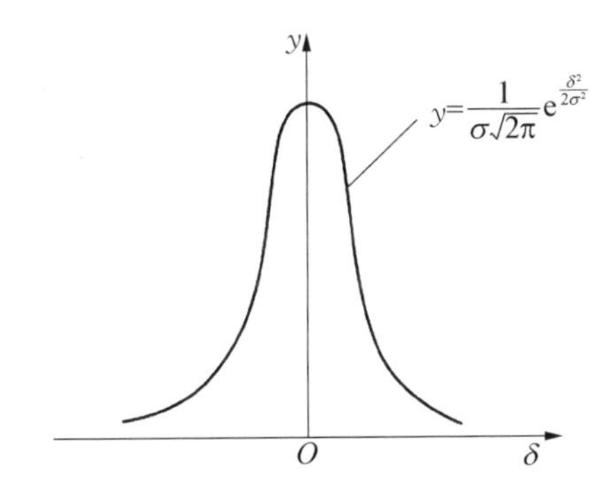

图 1－13　正态分布曲线

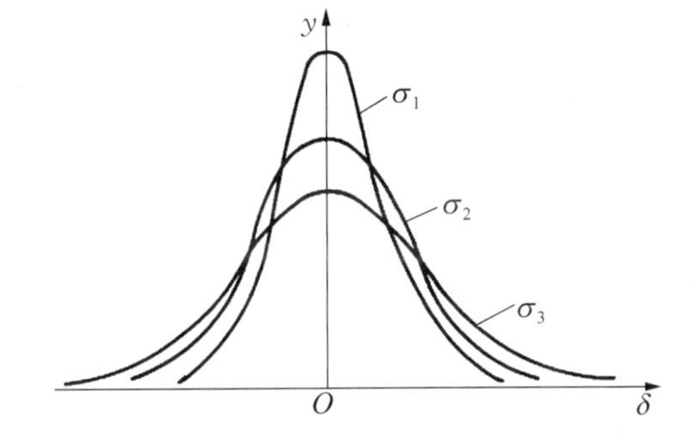

图 1－14　三种不同测量精度的分布曲线

正态分布的随机误差具有下列四个基本特性：

(1) 单峰性。绝对值小的误差比绝对值大的误差出现的概率大。

(2) 对称性。绝对值相等，符号相反的误差出现的次数大致相等。

(3) 有界性。在一定测量条件下，随机误差的绝对值不会超过一定界限。

(4) 抵偿性。随着测量的次数增加，随机误差的算术平均值趋于零。

正态分布曲线的数学表达式为

$$y=\frac{1}{\sigma\sqrt{2\pi}}e^{-\frac{(x-x_0)^2}{2\sigma^2}}=\frac{1}{\sigma\sqrt{2\pi}}e^{-\frac{\delta^2}{2\sigma^2}} \qquad (1-21)$$

式中：y——概率密度；

x——被测几何量的测得值；

x_0——被测几何量的真值（由于真值是未知量，在实际应用中常用测量中的算术平均值 $\bar{x}$ 作为真值）；

σ——标准偏差；

δ——随机误差；

e——自然对数的底，e＝2.718 28。

由图 1－13 可见，当 $\delta=0$ 时，概率密度最大，且有 $y_{max}=1/\sigma\sqrt{2\pi}$，概率密度的最大值 y_{max} 与标准偏差 σ 成反比，即 σ 越小，y_{max} 越大，分布曲线越陡峭，测得值越集中，亦即测量精度越高；反之，σ 越大，y_{max} 越小，分布曲线越平坦，测得值越分散，亦即测量精度越低。图 1－14 所示为三种不同测量精度的分布曲线，$\sigma_1<\sigma_2<\sigma_3$，所以标准偏差 σ 表征了随机误差的分散程度，也就是测量精度的高低。

标准偏差 σ 的估计值 σ' 和算术平均值 $\bar{x}$ 可用下式计算：

$$\sigma'=\sqrt{\frac{\sum_{i=1}^{n}(x_i-\bar{x})^2}{n-1}} \tag{1-22}$$

$$\bar{x}=\frac{1}{n}\sum_{i=1}^{n}x_i \tag{1-23}$$

式中：$\bar{x}$ ——n 次测量的算术平均值；

x_i——第 i 次测量值；

n——测量次数。

由概率论可知，全部随机误差的概率之和为 1，即

$$P=\int_{-\infty}^{+\infty}y\mathrm{d}\delta=\int_{-\infty}^{+\infty}\frac{1}{\sigma\sqrt{2\pi}}\mathrm{e}^{-\frac{\delta^2}{2\sigma^2}}\mathrm{d}\delta=1 \tag{1-24}$$

随机误差出现在区间($-\delta$，$+\delta$)内的概率为

$$P=\frac{1}{\sigma\sqrt{2\pi}}\int_{-\infty}^{+\infty}\mathrm{e}^{-\frac{\delta^2}{2\sigma^2}}\mathrm{d}\delta \tag{1-25}$$

若令 $t=\delta/\sigma$，则 $\mathrm{d}t=\frac{\mathrm{d}\delta}{\sigma}$，于是有

$$P=\frac{1}{\sqrt{2\pi}}\int_{-t}^{+t}\mathrm{e}^{-\frac{t^2}{2}}\mathrm{d}t=\frac{2}{\sqrt{2\pi}}\int_{0}^{t}\mathrm{e}^{-\frac{t^2}{2}}\mathrm{d}t=2\varphi(t) \tag{1-26}$$

式中：

$$\varphi(t)=\frac{1}{\sqrt{2\pi}}\int_{0}^{t}\mathrm{e}^{-\frac{t^2}{2}}\mathrm{d}t \tag{1-27}$$

函数 $\varphi(t)$ 称为拉普拉斯函数，在已知 t 时，可从现成的拉普拉斯函数表中查得 $\varphi(t)$ 值。表 1－11 是从拉普拉斯函数表中查得的四个特殊 t 值对应的概率。

从表 1－11 中可见，随机误差在 $\pm2\sigma$ 范围内出现的概率为 95.44%，在 $\pm3\sigma$ 范围内出现的概率为 99.97%(即在 370 次测量中仅有一次测量的误差不在此范围内)，可以近似地认为超出 $\pm3\sigma$ 的可能性为零。所以，通常评定误差时就以 $\pm3\sigma$ 作为单次测量的极限误差。即

$$\delta_{\lim}=\pm3\sigma \tag{1-28}$$

表 1-11　四个特殊 t 值对应的概率

t	$\delta = \pm t\sigma$	不超出 $\|\delta\|$ 的概率 $P = 2\varphi(t)$	超出 $\|\delta\|$ 的概率 $\alpha = 1 - 2\varphi(t)$
1	1σ	0.682 6	0.317 4
2	2σ	0.954 4	0.045 6
3	3σ	0.997 3	0.002 7
4	4σ	0.999 36	0.000 64

为了减小随机误差的影响，可以采用多次测量并取算术平均值作为测量结果，显然，算术平均值 $\bar{x}$ 比单次测量 x_i 更加接近被测量真值 x_0，但 $\bar{x}$ 也是具有分散性的，不过它的分散程度小，用 $\sigma_{\bar{x}}$ 表示算术平均值的标准偏差，其估计值为

$$\sigma'_{\bar{x}} = \frac{\sigma'}{\sqrt{n}} \tag{1-29}$$

若以多次测量的算术平均值 $\bar{x}$ 表示测量结果，则 $\bar{x}$ 与真值 x_0 之差不会超过 $\pm 3\sigma_{\bar{x}}$，即

$$\delta_{\lim(\bar{x})} = \pm 3\sigma_{\bar{x}} \tag{1-30}$$

2) 系统误差

指在实际测量条件下，多次重复测量同一量值，测量误差的大小和符号固定不变或按一定规律变化。前者称为定值系统误差，后者称为变值系统误差。例如，千分尺的零位不正确引起的误差属定值系统误差；在万能工具显微镜上测量长丝杠的螺距误差时，由于温度有规律地升高，而引起丝杠长度变化的误差则属变值系统误差。

在实际测量中，应想方设法避免产生系统误差。如果难以避免，则应设法加以消除或减小系统误差。主要方法有：

(1) 从产生系统误差的根源消除。如调整好测量器具的零位，正确选择测量基准，保证被测件和测量器具都处于标准温度条件等。

(2) 用加修正值的方法消除。例如，一把 0～25 mm 的千分尺两测量面合拢时读数不对准零位，而是 +0.005 mm，用此千分尺测量零件时，每个测得值都将大了 0.005 mm。此时可用加修正值 −0.005 mm 对每个测量值进行修正。

(3) 用两次读数法消除。例如，用水平仪测量某一平面倾角，由于水平仪气泡原始零位不准确而产生系统误差为正值，若将水平仪调头再测一次，则产生系统误差为负值，且大小相等。因此可取两次读数之算术平均值作结果。

(4) 利用被测量之间的内在联系消除。如用自准直仪检定多面棱体的各角度时，可根据其角度之和为 360°这一封闭条件，消除检定中的系统误差。

3) 粗大误差

粗大误差也称过失误差，是指超出在规定条件下预期的误差。粗大误差的产生是由于某些不正常的原因所造成的。例如，测量者的粗心大意，测量仪器和被测件的突然振动，以及读数记录错误等。由于粗大误差数值较大，它会显著地歪曲测量结果，因此在处理测量数据时，应按一定准则加以剔除。常用的方法是按 3σ 准则，即在测量列中，当

$|x_i-\overline{x}|>3\sigma$时，即认为该测量值具有粗大误差，应从测量列中将其剔除。

4. 测量结果的数据处理

对直接测量列的综合数据处理应按以下步骤进行：

(1) 判断测量列中是否存在系统误差，若存在则应设法加以剔除或减少。

(2) 计算测量列的算术平均值、残余误差 ($\nu_i=x_i-\overline{x}$) 和标准偏差的估计值σ'。

(3) 判断粗大误差，若存在则应剔除并重新组成测量列，重复上述步骤(2)，直至无粗大误差为止。

(4) 计算测量列算术平均值的标准偏差估计值$\sigma'_{\overline{x}}$和测量极限误差。

(5) 确定测量结果。

例 1-5 用立式光学计对轴进行 10 次等精度测量，所得数据列如表 1-12 所示，求测量结果。

表 1-12 10 次测量数据整理

序 号	测得值 x_i /mm	残余误差 v_i/μm $\nu_i=x_i-\overline{x}$	残余误差的平方 ν_i^2 /μm^2
1	40.051	+3	9
2	40.047	−1	1
3	40.049	+1	1
4	40.043	−5	25
5	40.049	+1	1
6	40.046	−2	4
7	40.045	−3	9
8	40.048	0	0
9	40.052	+4	16
10	40.050	+2	4
	算术平均值 $\overline{x}=40.048$	$\sum_{i=1}^{n}\nu_i=0$	$\sum_{i=1}^{n}\nu_i^2=70$

解：(1) 判断是否存在系统误差。

根据系统误差的定义判断，测量列中无系统误差。

(2) 求算术平均值$\overline{x}$。

根据式(1-23)得
$$\overline{x}=\frac{1}{n}\sum_{i=1}^{n}x_i=\frac{1}{10}\times 400.48=40.048\ (\text{mm})$$

(3) 计算残余误差ν_i。

根据$\nu_i=x_i-\overline{x}$计算出各测量值的残余误差，并列入表 1-12 中。

(4) 计算单次测量的标准偏差的估计值σ'。

根据式(1-22)得

$$\sigma' = \sqrt{\frac{\sum_{i=1}^{n}(x_1 - \bar{x})^2}{n-1}} = \sqrt{\frac{70}{10-1}} = 2.8(\mu\text{m})$$

(5) 判断是否存在粗大误差。

因表 1 - 12 中第二列残余误差 ν_i 中最大绝对值

$$|\nu_4| = 5\ \mu\text{m} < 3\sigma' = 3 \times 2.8 = 8.49(\mu\text{m}),$$

因此测量列中不存在粗大误差。

(6) 计算测量列平均值的标准偏差的估计值 $\sigma'_{\bar{x}}$。

根据式(1 - 29)得　　$\sigma'_{\bar{x}} = \dfrac{\sigma'}{\sqrt{n}} = \dfrac{2.8}{\sqrt{10}} = 0.89(\mu\text{m})$

(7) 计算测量列极限误差。

根据式(1 - 28)得单次测量的极限偏差：

$$\delta_{\lim} = \pm 3\sigma = \pm 3\sigma' = \pm 3 \times 2.8 = \pm 8.4(\mu\text{m}) = \pm 0.008\,4\ (\text{mm})$$

根据式(1 - 30)得算术平均值的极限偏差：

$$\delta_{\lim(\bar{x})} = \pm 3\sigma_{\bar{x}} = \pm 3\sigma'_{\bar{x}} = \pm 3 \times 0.89 = \pm 2.67(\mu\text{m}) \approx \pm 0.002\,7(\text{mm})$$

(8) 确定测量结果。

用平均值表示：　　$x = \bar{x} \pm 3\sigma'_{\bar{x}} = (40.048 \pm 0.002\,7)\text{mm}$

用单次测量值表示：$x'_4 = x_4 \pm 3\sigma' = (40.043 \pm 0.008\,4)\text{mm}$

比较两式可见，单次测量结果的误差大，测量的可靠性差。因此精密测量中常用重复测量的算术平均值作为测量结果，用算术平均值的标准偏差或算术平均值的极限误差评定算术平均值的精密度。

第2章 公差与配合

【本章学习目标】

★ 掌握配合的基本术语与定义；

★ 掌握孔轴配合时的基准制、公差等级以及配合的选择方法。

【本章教学要点】

知识要点	能力要求	相关知识
配合的基本术语与定义	掌握配合的基准术语与定义；能够根据孔轴配合代号计算出极限间隙或过盈并绘制配合公差带图	根据孔轴的基本尺寸及极限偏差确定配合种类
孔轴配合时的基准制、公差等级以及配合的选择方法	掌握两种基准值的定义及特点；掌握孔、轴公差带的选用原则；掌握公差与配合的标注方法；掌握孔、轴配合的选择方法；能够根据测量任务设计并校验工作量规	基本偏差和标准偏差的查表；公称尺寸≤500 mm的孔、轴优先、常用和一般三种公差带的由来

【导入检测任务】

如图所示上弯针滑杆内孔和中心距检测，图中有内孔尺寸ϕ5.5H7孔、孔A对ϕ5.5H7孔同轴度、ϕ3.2H7孔、孔径ϕ5.3±0.1和孔径ϕ1.8±0.1，中心距尺寸ϕ5.5与ϕ3.2的孔心距65.5±0.1 mm、先端位置(ϕ5.5 mm孔中心到ϕ5.6 mm轴外端面距离)$69.4^{+0.2}_{-0.1}$ mm、槽深(ϕ5.5 mm孔中心到槽底距离)6±0.4 mm、槽形状(ϕ5.5 mm孔中心到颈端距离)9±0.2 mm等的标注，请同学们主要从以下几方面进行学习：

(1) 分析图纸，搞清楚精度要求。

(2) 理解以上内孔和中心距尺寸的标注含义，理解公差带代号基本含义，确定基准制。

(3) 选择计量器具，确定测量方案。

(4) 填写检测报告与数据处理。

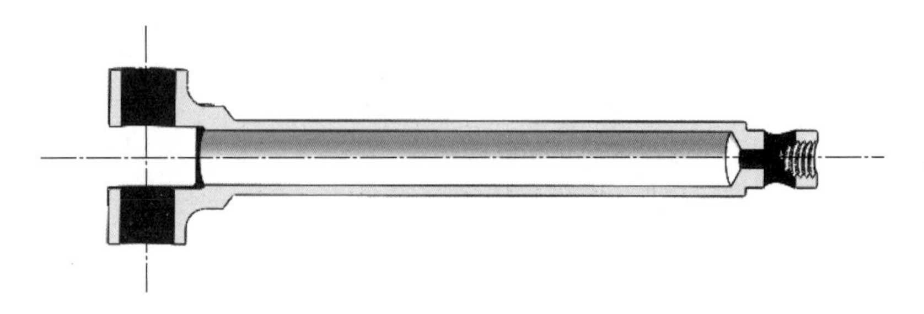

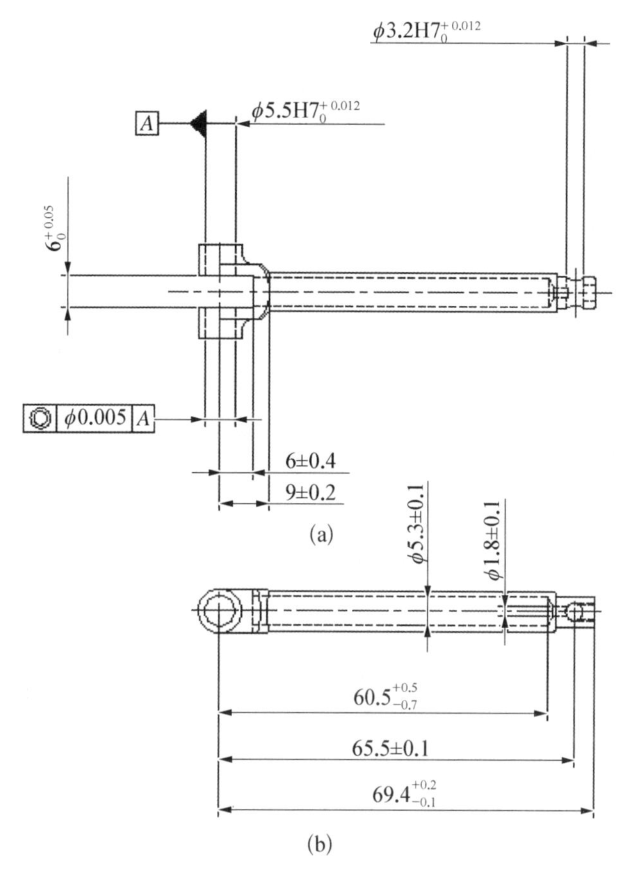

上弯针滑杆内孔和中心距检测

(a) 三维图　(b) 二维图

【具体检测过程见实验部分】

圆柱体结合是机械制造中应用最广泛的一种结合形式，通常指孔与轴的结合。为使加工后的孔与轴能满足互换性要求，必须在结构设计中统一其公称尺寸，在尺寸精度设计中采用公差与配合标准。因此，圆柱体结合的公差与配合标准是一项最基本、最重要的标准。

国标 GB/T 1800—2009、GB/T 1801—2009、GB/T 1802—2003、GB/T 4458.5—2003 和 GB/T 5371—2004 对极限与配合制的基本术语、公差、偏差和配合的代号、公差带和配合的选择、公差与配合的标注等都作了具体的规定。它们不仅用于圆柱体的结合，也适用于具有两平行平面型的线性尺寸要素，例如键结合中键与槽宽、花键结合中的外径、内径及键与槽宽等。

2.1　配合基本术语和定义

2.1.1　配合的术语及其定义

配合是指公称尺寸相同的并且相互结合的孔与轴公差带之间的关系。

1. 间隙与过盈

孔轴配合中，孔的尺寸减去轴的尺寸所得的代数差，其值为正时称为间隙，其值为负时称为过盈。

通常用大写字母 X、Y 分别表示间隙和过盈，如图 2-1 所示。

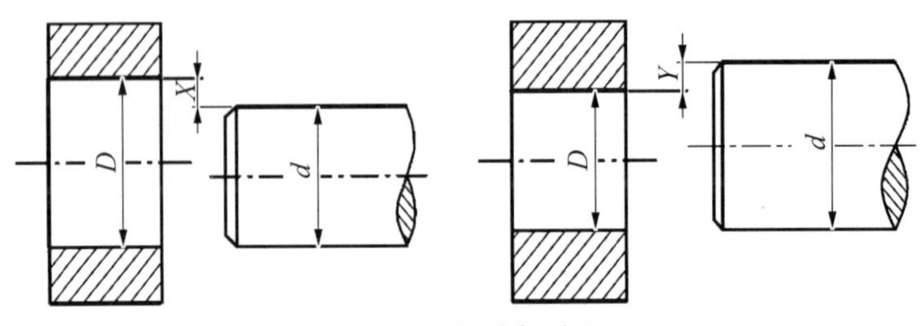

图 2-1　间隙与过盈

2. 配合的种类

根据孔、轴公差带相对位置的不同，配合可分为三大类，即间隙配合、过盈配合和过渡配合。

1）间隙配合

具有间隙（包括最小间隙等于零）的配合称为间隙配合。间隙配合时孔的公差带在轴的公差带之上，如图 2-2 所示。

间隙配合的性质可用最大间隙 X_{max}、最小间隙 X_{min} 和平均间隙 X_{av} 来表示。计算公式如下：

$$X_{max}=D_{max}-d_{min}=(D+\mathrm{ES})-(d+\mathrm{ei})=\mathrm{ES}-\mathrm{ei} \tag{2-1}$$

$$X_{min}=D_{min}-d_{max}=(D+\mathrm{EI})-(d+\mathrm{es})=\mathrm{EI}-\mathrm{es} \tag{2-2}$$

$$X_{av}=(X_{max}+X_{min})/2 \tag{2-3}$$

式中：D、d 分别为孔、轴的公称直径。

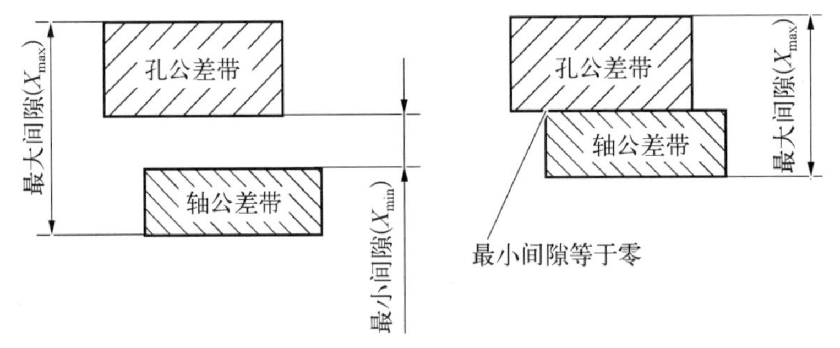

图 2-2　间隙配合示意图

2）过盈配合

具有过盈（包括最小过盈等于零）的配合称为过盈配合。过盈配合时孔的公差带在轴的公差带之下，如图 2-3 所示。

过盈配合的性质可用最大过盈 Y_{max}、最小过盈 Y_{min} 和平均过盈 Y_{av} 来表示。计算公式如下：

$$Y_{max}=D_{min}-d_{max}=(D+EI)-(d+es)=EI-es \tag{2-4}$$

$$Y_{min}=D_{max}-d_{min}=(D+ES)-(d+ei)=ES-ei \tag{2-5}$$

$$Y_{av}=(y_{max}+y_{min})/2 \tag{2-6}$$

式中：D、d 分别为相互配合的孔、轴的公称直径。

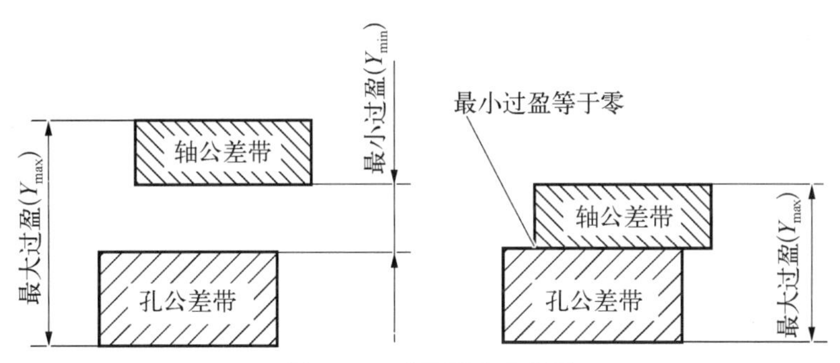

图 2-3　过盈配合示意图

3）过渡配合

过渡配合是指可能具有间隙或者过盈的配合。这种配合的特点是孔的公差带与轴的公差带相互交叠，如图 2-4 所示。

过渡配合的性质用最大间隙 X_{max}、最大过盈 Y_{max} 和平均间隙 X_{av}（或过盈 Y_{av}）表示。计算公式如下：

$$X_{max}=D_{max}-d_{min}=(D+ES)-(d+ei)=ES-ei$$

$$Y_{max}=D_{min}-d_{max}=(D+EI)-(d+es)=EI-es$$

$$X_{av}(Y_{av})=(X_{max}+Y_{max})/2 \tag{2-7}$$

按过渡配合的孔、轴图样加工出来的一批合格的孔和轴（假设均无形状误差），在装配时即可能出现间隙，也可能出现过盈。

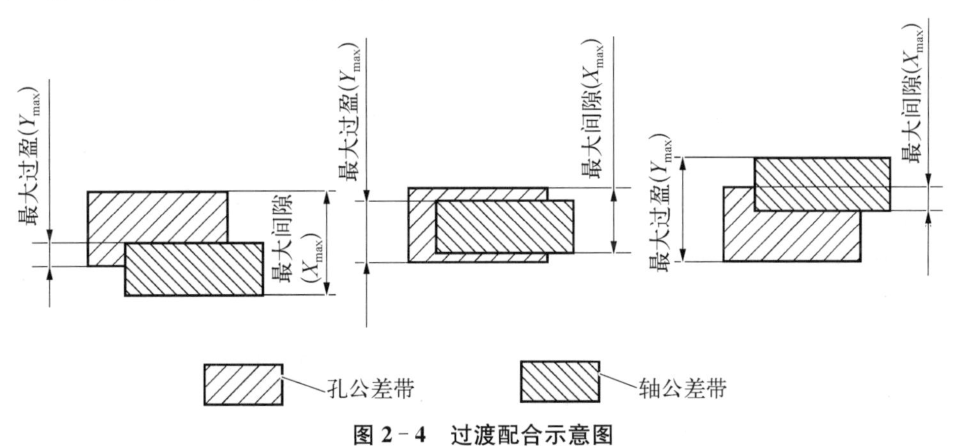

图 2-4　过渡配合示意图

2.1.2　配合公差

配合公差是指允许间隙或过盈的变动量，是一个没有符号的绝对值，用 T_f 表示。

配合公差表明孔与轴装配后的配合精度，是设计人员根据零件的使用要求所确定的。

1. 间隙配合时的配合公差

间隙配合时的配合公差是指允许间隙的变动量，它等于最大间隙 X_{max} 与最小间隙 X_{min} 之差的绝对值，可用下式表示：

$$T_f = | X_{max} - X_{min} | \tag{2-8}$$

根据式(2-7)、(2-8)、(2-1)、(2-2)可得：

$$T_f = | X_{max} - X_{min} | = T_D + T_d \tag{2-9}$$

2. 过盈配合时的配合公差

过盈配合时的配合公差是指允许过盈的变动量，它等于最大过盈 Y_{max} 与最小过盈 Y_{min} 之差的绝对值，也等于孔、轴的公差之和。可用下式表示：

$$T_f = | Y_{max} - Y_{min} | \tag{2-10}$$

根据式(2-7)、(2-8)、(2-4)、(2-5)可得：

$$T_f = | Y_{max} - Y_{min} | = T_D + T_d \tag{2-11}$$

3. 过渡配合时的配合公差

过渡配合时的配合公差是指允许间隙和过盈的变动量，它等于最大间隙与最大过盈之差的绝对值，也等于孔、轴的公差之和。可用下式表示：

$$T_f = | X_{max} - Y_{max} | \tag{2-12}$$

根据式(2-7)、(2-8)、(2-1)、(2-4)可得：

$$T_f = | X_{max} - Y_{max} | = T_D + T_d \tag{2-13}$$

式(2-9)、(2-11)和(2-13)表明，无论何种配合，其配合公差均等于孔与轴公差之和。这说明孔、轴的装配质量与孔、轴公差的大小关系密切。设计时，可根据要求配合公差的大小，来确定孔和轴的尺寸公差。

例 2-1 孔 $\phi 50^{+0.039}_{0}$ mm 与轴 $\phi 50^{-0.025}_{-0.050}$ mm 配合，求 X_{max}、X_{min}、X_{av}、T_f，并画出公差带图。

解：先画出公差带图，如图 2-5(a)所示。因孔的公差带在轴的公差带之上，所以该配合为间隙配合。

利用公式(2-1)、(2-2)、(2-3)、(2-9)计算：

$$X_{max} = D_{max} - d_{min} = ES - ei = +0.039 - (-0.050) = +0.089(mm)$$
$$X_{min} = D_{min} - d_{max} = EI - es = 0 - (-0.025) = +0.025(mm)$$
$$X_{av} = (X_{max} + X_{min})/2 = [(+0.089) + (+0.025)]/2 = +0.057(mm)$$
$$T_f = | X_{max} - X_{min} | = T_D + T_d = | (+0.089) - (+0.025) | = 0.064(mm)$$

例 2-2 孔 $\phi 50^{+0.039}_{0}$ mm 与轴 $\phi 50^{+0.079}_{+0.054}$ mm 配合，求 Y_{max}、Y_{min}、Y_{av}、T_f，并画出公

差带图。

解：先画出公差带图，如图 2-5(b)所示。因轴的公差带在孔的公差带之上，所以该配合为过盈配合。

利用公式(2-4)、(2-5)、(2-6)、(2-11)计算：

$$Y_{max}=D_{min}-d_{max}=EI-es=0-(+0.079)=-0.079(mm)$$

$$Y_{min}=D_{max}-d_{min}=ES-ei=+0.039-(+0.054)=-0.015(mm)$$

$$Y_{av}=(Y_{max}+Y_{min})/2=[(-0.079)+(-0.015)]/2=-0.047(mm)$$

$$T_f=|Y_{max}-Y_{min}|=T_D+T_d=|(-0.079)-(-0.015)|=0.064(mm)$$

例 2-3　孔 $\phi 50^{+0.039}_{0}$ mm 与轴 $\phi 50^{+0.034}_{+0.009}$ mm 配合，求 X_{max}、Y_{max}、Y_{av}、T_f，并画出公差带图。

解：先画出公差带图，如图 2-5(c)所示。因孔和轴的公差带交叠，所以为过渡配合。

利用公式(2-1)、(2-4)、(2-7)、(2-13)计算：

$$X_{max}=D_{max}-d_{min}=ES-ei=+0.039-(+0.009)=+0.030(mm)$$

$$Y_{max}=D_{min}-d_{max}=EI-es=0-(+0.034)=-0.034(mm)$$

$$Y_{av}=(X_{max}+Y_{max})/2=[(+0.030)+(-0.034)]/2=-0.002(mm)$$

$$T_f=|X_{max}-Y_{max}|=T_D+T_d=|(+0.030)-(-0.034)|=0.064(mm)$$

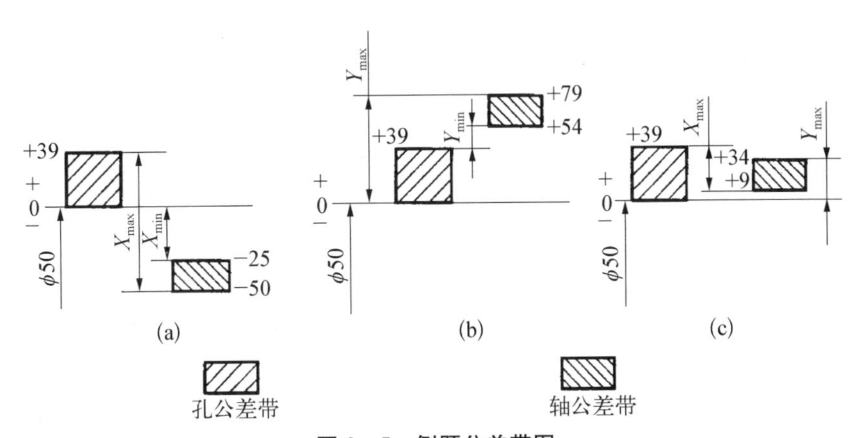

图 2-5　例题公差带图

2.1.3　配合代号

1. 公差带代号

孔、轴公差带代号由基本偏差代号和公差等级数字组成。例如，H7、G8、K6 等为孔的公差带代号；h6、k5、f8 等为轴的公差带代号。

2. 配合代号

配合代号用孔、轴公差带代号的组合表示，写成分数形式，分子为孔公差带代号，分母为轴公差带代号。例如$\frac{H7}{g6}$或 H7/g6。如指某公称尺寸的配合，则公称尺寸标在配合代号之前，如 $\phi50\ \frac{H7}{g6}$或 ϕ50H7/g6。

例 2-4 已知孔和轴的配合为 ϕ20H7/g6，试画出它们的公差带图，并计算它们的最大间隙（或过盈）、最小间隙（或过盈）和平均间隙（或过盈）。

解：(1) 查表 2-1 得 IT6 = 13 μm，IT7 = 21 μm；

(2) 查表 2-6 得 g 的基本偏差为上极限偏差 es =− 7 μm；

(3) 查表 2-7 得 H 的基本偏差为下极限偏差 EI=0；

(4) g6 的另一个极限偏差 ei = es − IT6 =− 7 − 13 =− 20 μm；

即 ϕ20g6 可以写成 $\phi\,20^{-0.007}_{-0.020}$ 或 $\phi20g6\left(^{-0.007}_{-0.020}\right)$；

(5) H7 的另一个极限偏差 ES = EI + IT7 = 0 + 21 =+ 21 μm；

即 ϕ20H7 可以写成 $\phi\,20^{+0.021}_{\ 0}$ 或 $\phi20H7\left(^{+0.021}_{\ 0}\right)$；

(6) 画出公差带图，如图 2-6 所示。由于孔的公差带在轴的公差带之上，所以该配合为间隙配合。根据式(2-1)～(2-3)可得：

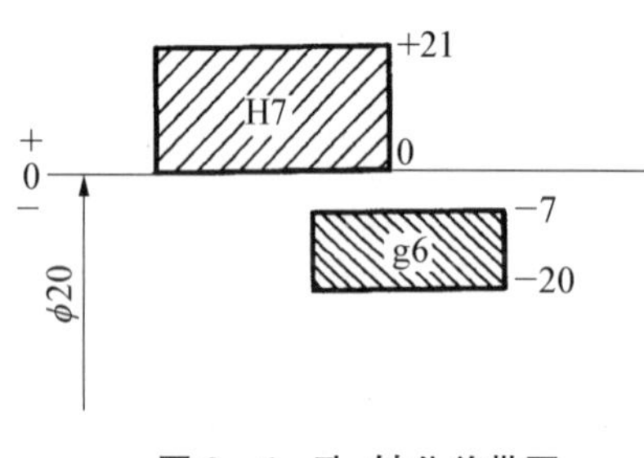

图 2-6 孔、轴公差带图

$$X_{max} = D_{max} - d_{min} = ES - ei = +0.021 - (-0.020) = +0.041(mm)$$
$$X_{min} = D_{min} - d_{max} = EI - es = 0 - (-0.007) = +0.007(mm)$$
$$X_{av} = (X_{max} + X_{min})/2 = [(+0.041) + (+0.007)]/2 = +0.024(mm)$$

2.2 配合制

2.2.1 基孔制和基轴制

根据配合的定义和三类配合的公差带图解可以知道，配合的性质由孔、轴公差带的相对位置决定，因而改变孔和(或)轴的公差带位置，就可以得到不同性质的配合。从理论上讲任何一种孔的公差带和任何一种轴的公差带都可以形成一种配合，但实际上并不需要同时变动孔、轴的公差带，只要固定一个，改变另一个，既可得到满足不同使用性能要求的配合，又便于生产加工。因此，国标 GB/T 1800.1—2009 对孔和轴公差带之间的相互位置关系，规定了两种配合制，即基孔制和基轴制。

1. 基孔制

基孔制是指基本偏差为一定值的孔的公差带，与不同的基本偏差的轴的公差带所形成的各种配合的一种制度，如图 2-7(a)所示。

从图 2-7(a)可知，基孔制是将孔的公差带位置固定不变，而变动轴的公差带位置，来获得各种配合。基孔制的孔称为基准孔，也称为配合中的基准件，用 H 表示。

国标规定基准孔的公差带位于零线的上侧，其基本偏差为下极限偏差，数值为零，即 $EI = 0$。

基孔制配合中由于轴的基本偏差不同，使它们的公差带和基准孔公差带形成以下不同的配合：

H/a～h　间隙配合

H/js～m　过渡配合

H/n、p　过渡或过盈配合

H/r～zc　过盈配合

2. 基轴制

基轴制是指基本偏差为一定值的轴的公差带，与不同基本偏差的孔的公差带形成各种配合的一种制度，如图 2-7(b)所示。

从图 2-7(b)可知，基轴制是将轴的公差带位置固定不变，而变动孔的公差带位置，来获得各种配合。基轴制的轴称为基准轴，用 h 表示。基准轴的公差带位于零线的下侧，其基本偏差为上极限偏差，数值为零，即 $es = 0$。

基轴制配合中，由于孔的基本偏差不同，形成以下配合：

A～H/h　间隙配合

JS～M/h　过渡配合

N、P/h　过渡或过盈配合

R～ZC/h　过盈配合

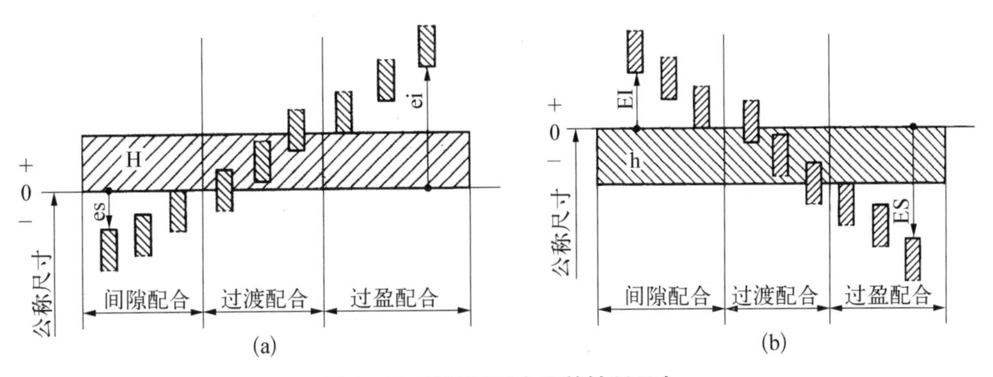

图 2-7　基孔制配合和基轴制配合

(a) 基孔制　(b) 基轴制

2.2.2 优先配合和常用配合

国标 GB/T 1800.1—2009 对基本尺寸≤500 mm 的孔、轴规定了 20 个公差等级和 28 种基本偏差，其中基本偏差 J 限用于(IT6、IT7、IT8)3 个标准公差等级，基本偏差 j 限用于(IT5、IT6、IT7、IT8)4 个标准公差等级。如将任一基本偏差与任一标准公差组合，其孔公差带有 20×(28－1)＋3(J6、J7、J8)＝543 种，而轴公差带有 20×(28－1)＋4(j5、j6、j7、j8)＝544 种。这么多孔、轴公差带如都得到应用，可组成近 30 万对配合，将导致定值刀具和量具规格的繁多，显然这是不经济的。因此，国标 GB/T 1801—2009《极限与配

合　公差带和配合的选择》根据我国工业生产的实际需要，并考虑今后的发展，对公称尺寸≤500 mm 的孔、轴规定了优先、常用和一般三种公差带，如图 2-8 和图 2-9 所示。图中圆圈内的为优先选用的公差带，方框中的为常用公差带。

选用公差带时应按优先、常用、一般、任意公差带的顺序选用，特别是优先和常用公差带，它反映了长期生产实践中积累的较丰富使用经验，应尽量选用。

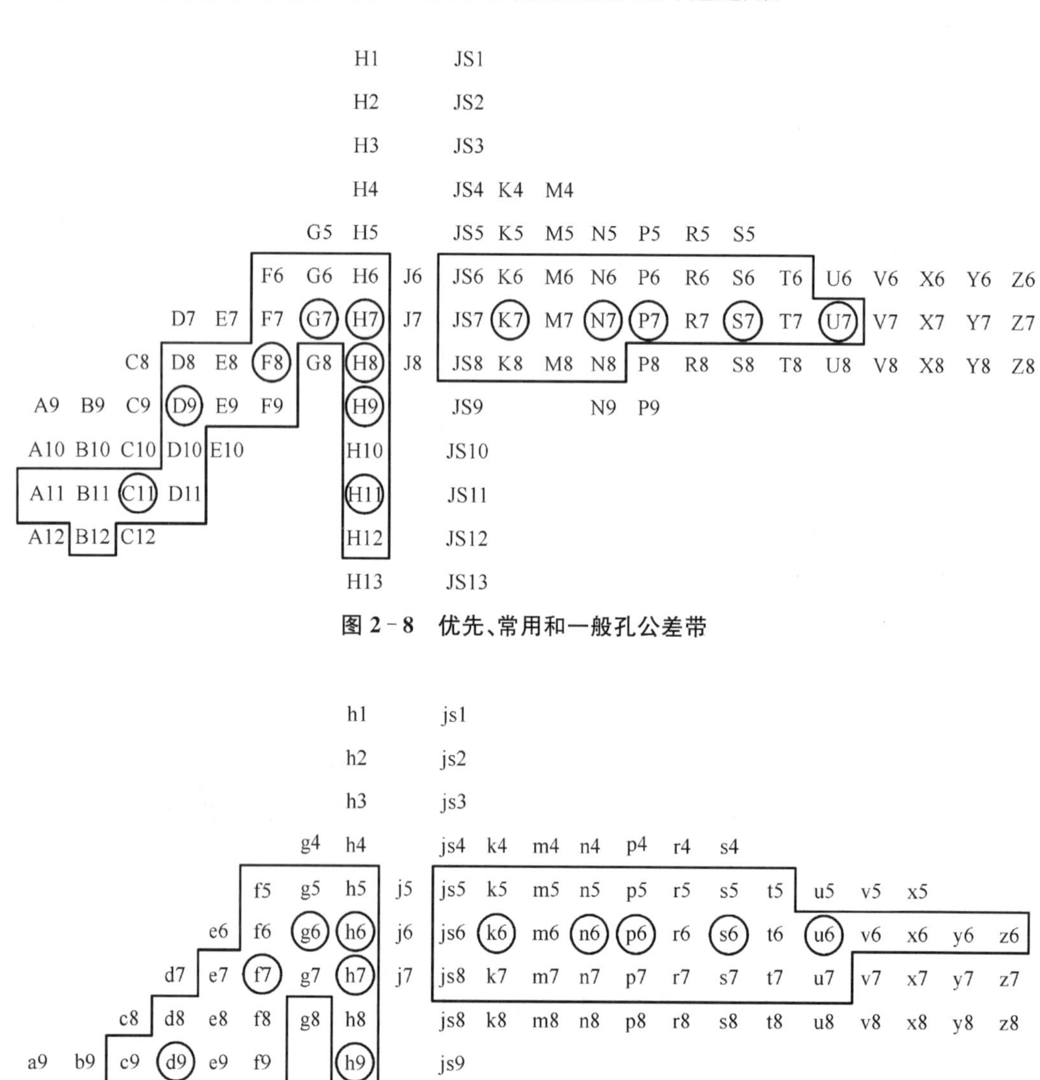

图 2-8　优先、常用和一般孔公差带

图 2-9　优先、常用和一般轴公差带

国标还规定了基孔制常用配合 59 种，其中优先配合 13 种，见表 2-1。基轴制常用配合 47 种，其中优先配合 13 种，见表 2-2。

表 2-1　基孔制优先、常用配合　　(摘自 GB/T 1801—2009)

基准孔	轴																				
	a	b	c	d	e	f	g	h	js	k	m	n	p	r	s	t	u	v	x	y	z
	间隙配合								过渡配合			过盈配合									
H6						$\frac{H6}{f5}$	$\frac{H6}{g5}$	$\frac{H6}{h5}$	$\frac{H6}{js5}$	$\frac{H6}{k5}$	$\frac{H6}{m5}$	$\frac{H6}{n5}$	$\frac{H6}{p5}$	$\frac{H6}{r5}$	$\frac{H6}{s5}$	$\frac{H6}{t5}$					
H7						$\frac{H7}{f6}$	◤$\frac{H7}{g6}$	◤$\frac{H7}{h6}$	$\frac{H7}{js6}$	◤$\frac{H7}{k6}$	$\frac{H7}{m6}$	◤$\frac{H7}{n6}$	◤$\frac{H7}{p6}$	$\frac{H7}{r6}$	◤$\frac{H7}{s6}$	$\frac{H7}{t6}$	◤$\frac{H7}{u6}$	$\frac{H7}{v6}$	$\frac{H7}{x6}$	$\frac{H7}{y6}$	$\frac{H7}{z6}$
H8					$\frac{H8}{e7}$	◤$\frac{H8}{f7}$	$\frac{H8}{g7}$	◤$\frac{H8}{h7}$	$\frac{H8}{js7}$	$\frac{H8}{k7}$	$\frac{H8}{m7}$	$\frac{H8}{n7}$	$\frac{H8}{p7}$	$\frac{H8}{r7}$	$\frac{H8}{s7}$	$\frac{H8}{t7}$	$\frac{H8}{u7}$				
				$\frac{H8}{d8}$	$\frac{H8}{e8}$	$\frac{H8}{f8}$		$\frac{H8}{h8}$													
H9			$\frac{H9}{c9}$	◤$\frac{H9}{d9}$	$\frac{H9}{e9}$	$\frac{H9}{f9}$		◤$\frac{H9}{h9}$													
H10			$\frac{H10}{c10}$	$\frac{H10}{d10}$				$\frac{H10}{h10}$													
H11	$\frac{H11}{a11}$	$\frac{H11}{b11}$	◤$\frac{H11}{c11}$	$\frac{H11}{d11}$				◤$\frac{H11}{h11}$													
H12		$\frac{H12}{b12}$						$\frac{H12}{h12}$													

注：① $\frac{H6}{n5}$、$\frac{H7}{p6}$在公称尺寸小于或等于 3 mm 和$\frac{H8}{r7}$在公称尺寸小于或等于 100 mm 时，为过渡配合；
② 标注◤的配合为优先配合。

表 2-2　基轴制优先、常用配合　　(摘自 GB/T 1801—2009)

基准轴	孔																				
	A	B	C	D	E	F	G	H	JS	K	M	N	P	R	S	T	U	V	X	Y	Z
	间隙配合								过渡配合			过盈配合									
h5						$\frac{F6}{h5}$	$\frac{G6}{h5}$	$\frac{H6}{h5}$	$\frac{JS6}{h5}$	$\frac{K6}{h5}$	$\frac{M6}{h5}$	$\frac{N6}{h5}$	$\frac{P6}{h5}$	$\frac{R6}{h5}$	$\frac{S6}{h5}$	$\frac{T6}{h5}$					
h6						$\frac{F7}{h6}$	◤$\frac{G7}{h6}$	◤$\frac{H7}{h6}$	$\frac{JS7}{h6}$	◤$\frac{K7}{h6}$	$\frac{M7}{h6}$	◤$\frac{N7}{h6}$	◤$\frac{P7}{h6}$	$\frac{R7}{h6}$	◤$\frac{S7}{h6}$	$\frac{T7}{h6}$	◤$\frac{U7}{h6}$				
h7					$\frac{E8}{h7}$	◤$\frac{F8}{h7}$		◤$\frac{H8}{h7}$	$\frac{JS8}{h7}$	$\frac{K8}{h7}$	$\frac{M8}{h7}$	$\frac{N8}{h7}$									
h8				$\frac{D8}{h8}$	$\frac{E8}{h8}$	$\frac{F8}{h8}$		$\frac{H8}{h8}$													
h9				◤$\frac{D9}{h9}$	$\frac{E9}{h9}$	$\frac{F9}{h9}$		◤$\frac{H9}{h9}$													
h10				$\frac{D10}{h10}$				$\frac{H10}{h10}$													
h11	$\frac{A11}{h11}$	$\frac{B11}{h11}$	◤$\frac{C11}{h11}$	$\frac{D11}{h11}$				◤$\frac{H11}{h11}$													
h12		$\frac{B12}{h12}$						$\frac{H12}{h12}$													

注：标注◤的配合为优先配合。

2.3 公差与配合在图样上的标注

国家标准 GB/T 4458.5—2003 规定了尺寸公差与配合在机械图样上的标注方法。

2.3.1 公差在零件图上的标注

(1) 当采用公差带代号标注尺寸公差时，公差带的代号应注在公称尺寸的右边，如图 2-10(a)所示。

(2) 当采用极限偏差标注尺寸公差时，标注方式如图 2-10(b)所示。

(3) 当同时标注公差带代号和相应的极限偏差时，极限偏差应加圆括号，如图 2-10(c)所示。

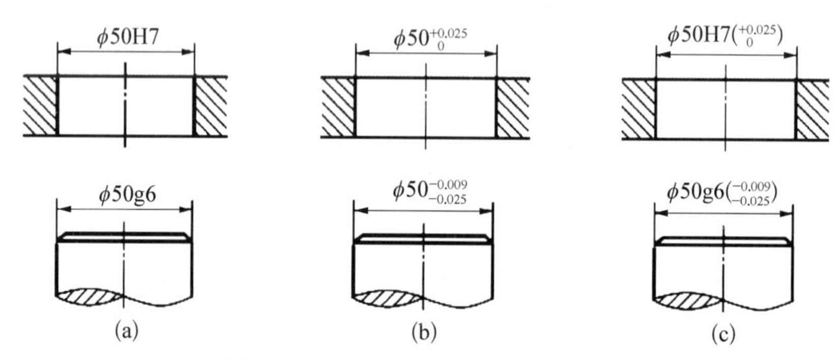

图 2-10 公差在零件图上的标注方法

2.3.2 配合在装配图上的标注

(1) 在装配图上标注孔、轴配合代号时，必须在公称尺寸的右边用分数的形式注出，分子位置注孔的公差带代号，分母位置注轴的公差带代号，如图 2-11(a)所示。必要时也允许按图 2-11(b)和 2-11(c)所示的形式标注。

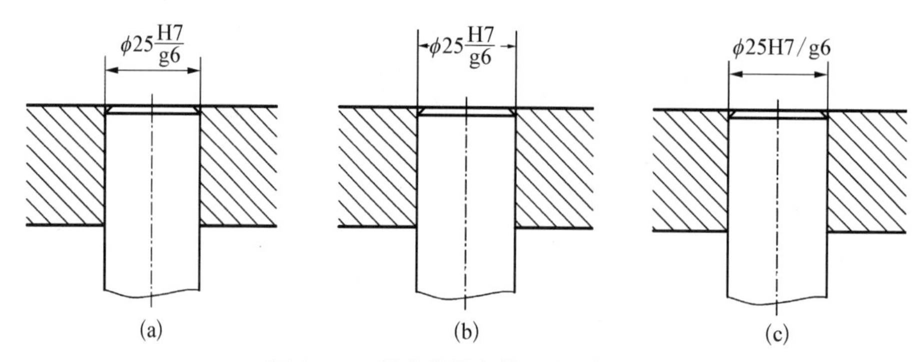

图 2-11 配合代号在装配图上的标注

(2) 标注相配零件极限偏差。在装配图上标注相配零件极限偏差时，一般按图 2-12(a)所示的方式标注。也允许按图 2-12(b)的形式标注。若需要明确指出装配件的代号时，可按图2-12(c)所示的方式标注。

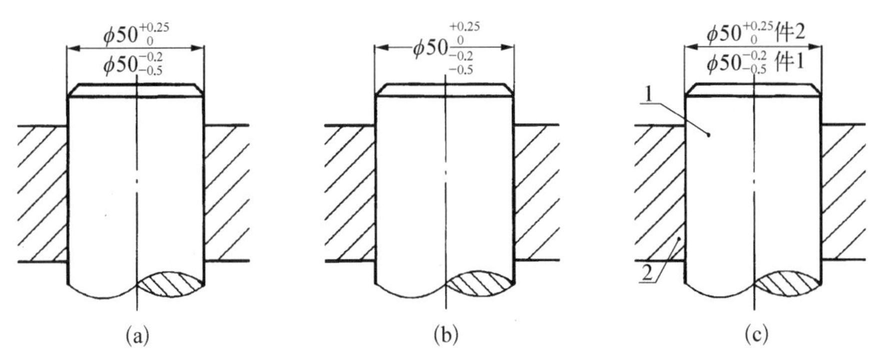

图2-12　采用相配零件极限偏差标注配合

(3) 标注与标准件配合的零件(轴或孔)的配合要求时，可仅标注该零件的公差带代号，如图2-13所示。该图中滚动轴承内圈与轴的配合、外圈与机座孔的配合，不需标注出轴承的公差带代号，只标注轴和机座孔的公差带代号。因为滚动轴承是一个标准件，它的尺寸精度有专门的标准规定，不需另行设计。

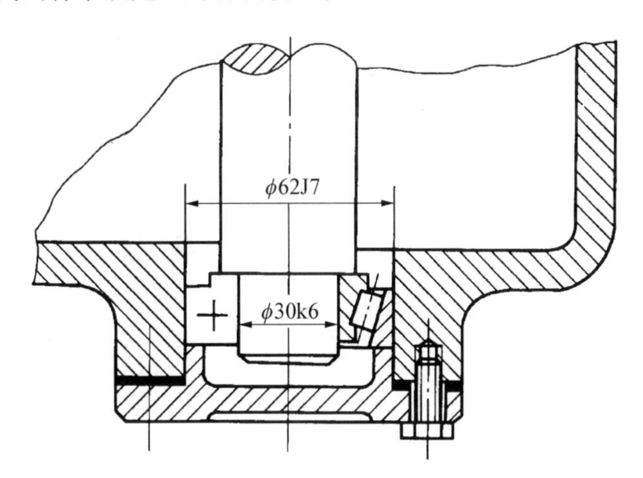

图2-13　与标准件有配合要求时的标注

2.4　公差与配合的选用

公差与配合的选用是机械设计与制造中的一个很重要的环节。公差与配合选择得是否恰当，直接影响到机械产品的使用性能、质量、互换性和经济性。

在机械设计中，选择公差与配合总的原则是在满足使用要求的前提下，获得最佳的技术经济效益。

公差与配合的选用主要包括配合制、公差等级和配合种类的选用三个方面的内容。

2.4.1　配合制的选用

选用配合制时，主要应从零件的结构、工艺、经济等方面综合考虑。

1. 优先选用基孔制

在机械制造中，一般优先选用基孔制，这主要是从工艺上和宏观经济效益来考虑的。用钻头、铰刀、拉刀等定值刀具加工小尺寸高精度的孔，每一把刀具只能加工某一尺寸的孔，而用同一把车刀或一个砂轮，可以加工大小不同尺寸的轴。因此，改变轴的极限尺寸在工艺上产生的困难和增加的费用，同改变孔的极限尺寸相比要小得多。因此采用基孔制，可以减少定值刀具(如钻头、铰刀、拉刀等)和极限量规的规格和数量，从而能获得显著的经济效益。

2. 下列情况应选用基轴制

(1) 直接采用冷拉棒料做轴(不经切削加工)。此时采用基轴制配合可避免冷拉钢材的尺寸规格过多。

(2) 在同一公称尺寸的轴上需要装配几个具有不同配合性质的零件时，应采用基轴制配合。如图 2-14(a)所示为发动机活塞连杆机构，根据使用要求，活塞销 2 与活塞 1 应为过渡配合，而活塞销与连杆 3 之间有相对运动，应为间隙配合。若采用基孔制配合，三个孔的公差带一样，活塞销却要制成中间小的台阶形，如图 2-14(b)所示，这样做既不便于加工，又不利于装配。如果选用基轴制配合，如图 2-14(c)所示，则活塞销可制成一根

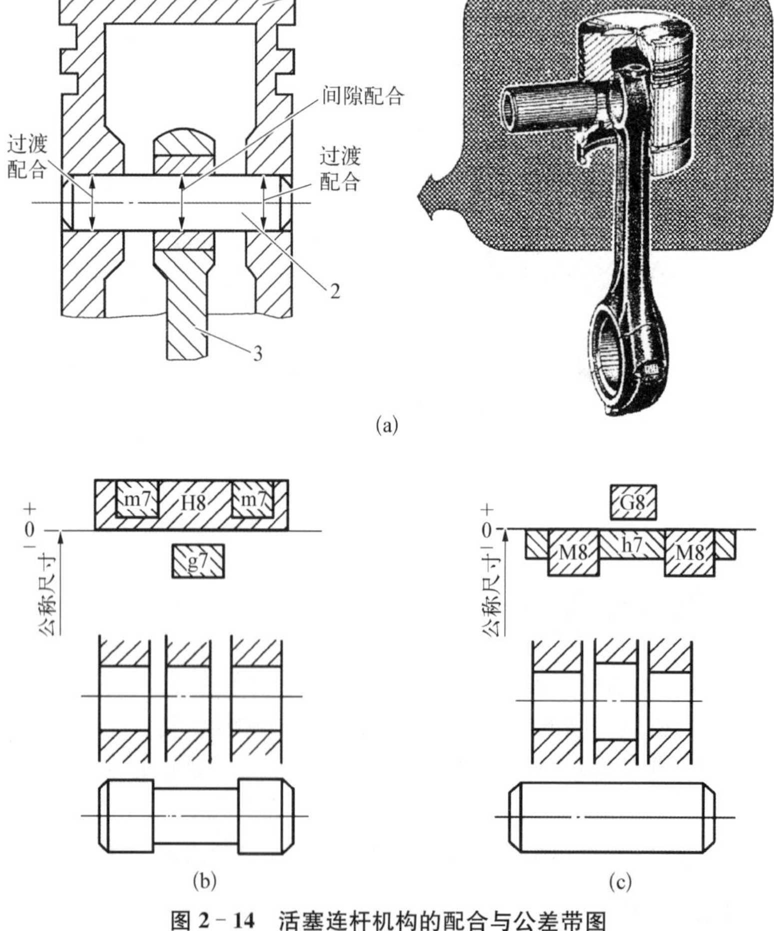

图 2-14　活塞连杆机构的配合与公差带图

(a) 发动机活塞连杆机构　(b) 采用基孔制　(c) 采用基轴制

1—活塞；2—活塞销；3—连杆

光轴，既便于加工又利于保证装配质量。

3. 与标准件(零件或部件)配合

当设计的零件需要与标准件配合时，应以标准件为基准件来确定配合制。例如，滚动轴承内圈与轴颈的配合应采用基孔制，而滚动轴承外圈与外壳体孔的配合则应采用基轴制。如图 2-15 所示为滚动轴承与轴颈和外壳体孔的配合情况，轴颈应按 ϕ50k7 制造，外壳体孔应按 ϕ100J8 制造。

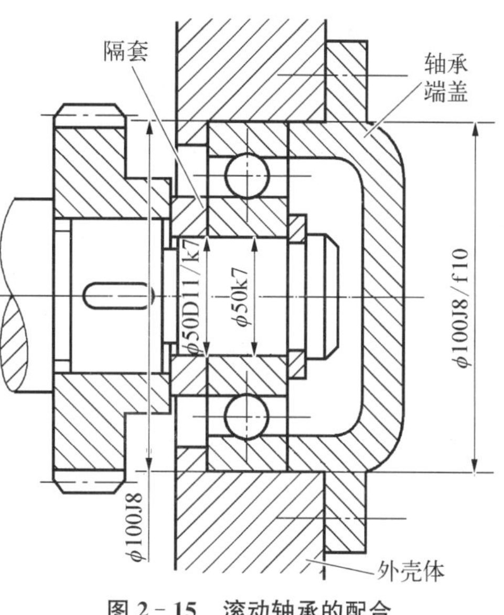

图 2-15　滚动轴承的配合

此外，为满足配合的特殊要求，允许采用非基准制，即不包含基本偏差为 H 和 h 的任一孔、轴公差带组成的配合。例如图 2-15 中，轴承端盖与外壳体孔的配合为 ϕ100J8/f10，用于轴向定位的隔套孔与轴颈的配合为 ϕ50D11/k7，都属于任意孔、轴公差带组成的配合。

2.4.2　公差等级的选用

公差等级的选择是一项重要且较困难的工作，因为公差等级的高低直接影响产品使用性能和加工的经济性。所以在选用公差等级时，要正确处理使用要求、加工工艺及生产成本之间的关系。

选用公差等级的原则是：在充分满足使用要求的前提下考虑工艺的可能性，尽量选用精度较低的公差等级。

公差等级的选用通常采用类比法，即根据工艺、配合及参考从生产实践中总结出来的经验汇编资料，进行比较选择。用类比法选用公差等级时，应掌握各个公差等级的应用范围和各种加工方法所能达到的公差等级，以便有所依据。表 2-3 为公差等级的应用范围，表 2-4 为常用加工方法可能达到的公差等级，表 2-5 为常用公差等级的应用。

表 2-3　公差等级的应用范围

公差等级 应用范围	IT 01	IT 0	IT 1	IT 2	IT 3	IT 4	IT 5	IT 6	IT 7	IT 8	IT 9	IT 10	IT 11	IT 12	IT 13	IT 14	IT 15	IT 16	IT 17	IT 18
量块	—	—	—																	
量规			—	—	—	—	—	—	—											
配合尺寸							—	—	—	—	—	—	—	—	—					
特别精密零件的配合				—	—	—	—													
非配合尺寸(大制造公差)														—	—	—	—	—	—	—
原材料公差										—	—	—	—	—	—	—				

表 2-4　常用加工方法可能达到的公差等级

加工方法	公差等级(IT)																	
	01	0	1	2	3	4	5	6	7	8	9	10	11	12	13	14	15	16
研磨	—	—	—	—	—	—	—											
珩磨						—	—	—	—									
圆磨							—	—	—	—								
平磨							—	—	—	—								
金刚石车							—	—	—									
金刚石镗							—	—	—									
拉削							—	—	—	—								
铰孔								—	—	—	—	—						
车									—	—	—	—	—					
镗									—	—	—	—	—					
铣										—	—	—	—					
刨、插												—	—					
钻孔												—	—	—	—			
滚压、挤压												—	—					
冲压												—	—	—	—	—	—	
压铸													—	—	—	—	—	
粉末冶金成型								—	—	—								
砂型铸造、气割																		—
锻造																	—	

表 2-5　常用公差等级的应用

公差等级	应用条件说明	应　用　举　例
IT5	用于机床、发动机和仪表中特别重要的配合，在配合公差要求很小，形状公差要求很高的条件下，能使配合性质比较稳定(相当于旧国标中最高精度即1级精度轴)，它对加工要求较高，一般机械制造中较少应用	与6级滚动轴承孔相配的机床主轴，机床尾架套筒，高精度分度盘轴颈，分度头主轴，精密丝杆基准轴颈，精度镗套的外径等，发动机主轴的外径，活塞销外径与塞的配合，精密仪器的轴与各种传动件轴承的配合，航空、航海工业中仪表中重要的精密孔的配合，精密机械及高速机械的轴颈，5级精度齿轮的基准孔及5级、6级精度齿轮的基准轴
IT6	广泛用于机械制造中的重要配合，配合表面有较高均匀性的要求，能保证相当高的配合性质，使用可靠(相当于旧国标中2级精度轴和1级精度孔的公差)	机床制造中，装配式齿轮、蜗轮、联轴器、带轮、凸轮的孔径，机床丝杆支轴承轴颈，矩形花键的定心直径，摇臂钻床的主轴等，精密仪器、光学仪器、计量仪器的精密轴、无线电工业、自动化仪表、电子仪、邮电机械及手表中特别重要的轴，医疗器械中的X线机齿轮箱的精密轴，缝纫机中重要轴类，发动机的汽缸外套外径，曲轴主轴颈，活塞销，连杆衬套，连杆和轴瓦外径等，6级精度齿轮的基准孔和7级、8级精度齿轮的基准轴颈，以及1、2级精度齿轮顶圆直径

续　表

公差等级	应用条件说明	应　用　举　例
IT7	应用条件与 IT6 相类似，但精度要求可比 IT6 稍低一点，在一般机械制造业中应用相当普遍	机械制造中装配式表铜蜗轮轮缘孔径、联轴器、皮带轮、凸轮等的孔径，机床卡盘座孔、摇臂钻床的摇臂孔、车床丝杆轴承孔、发动机的连杆孔、活塞孔、铰制螺栓定位孔等，纺织机械、印染机械中要求的较高的零件，手表的高合杆压簧等，自动化仪表、缝纫机、邮电机械中重要零件的内孔，7 级、8 级精度齿度的基准孔和 9 级、10 级精度齿轮的基准轴
IT8	在机械制造中属中等精度，在仪度、仪表及钟表制造中，由于公称尺寸较小，属于较高精度范围。是应用较多的一个等级，尤其是在农业机械、纺织机械、印染机械、自行车、缝纫机械、医疗器械中应用最广	轴承座衬套沿宽度方向的尺寸配合，手表中棘轮，棘爪拔针轮等与夹板的配合，无线电仪表工业中的一般配合，电子仪器仪表中较重要的内孔，计算机中变数齿轮孔和轴的配合，医疗器械中牙科车头的钻头套的孔与车针柄部的配合，电机制造业中铁芯与机座的配合，发动机活塞油环槽宽，连杆轴瓦内径，低精度(9～12 级精度)齿轮的基准孔和 11～12 级精度齿轮和基准轴，6～8 级精度齿轮的顶圆
IT9	应用条件与 IT8 相类似，但精度要求低于 IT8	机床制造中轴套外径与孔，操作件与轴、空转皮带轮与轴，操纵系统的轴与轴承等的配合，纺织机械、印染机械中的一般配合零件，发动机中机油泵体内孔，飞轮与飞轮套、汽缸盖孔径、活塞槽环的配合等，光学仪器、自动化仪表中的一般配合，手表中要求较高零件的未注公差尺寸的配合，单键连接中链宽配合尺寸，打字机中的运动件配合等
IT10	应用条件与 IT9 相类似，但精度要求低于 IT9	电子仪器仪表中支架上的配合，打字机中铆合件的配合尺寸，闹钟机构中的中心管与前夹板，轴套与轴，手表中的未注公差尺寸，发动机中油封挡圈孔与曲轴皮带轮毂
IT11	配合精度要求较粗糙，装配后可能有较大的间隙，特别适用于要求间隙较大且有显著变动面不会引起危险的场合	机床上法兰盘止口与孔、滑块与滑移齿轮、凹槽等，农业机械、机车车箱部件及冲压加工的配合零件，钟表制造中不重要的零件，手表制造用的工具及设备中的未注公差尺寸，纺织机械中铰的活动配合，印染机械中要求较低的配合，医疗器械中手术刀片的配合，不作测量基准用的齿轮顶圆直径公差
IT12	配合精度要求很低，装配后有很大的间隙	非配合尺寸及工序间尺寸，发动机分离杆，手表制造中工艺装备的未注公差尺寸，计算机行业切削加工中未注公差尺寸的极限偏差，医疗器械中手术刀柄的配合，机床制造中扳手孔与扳手座的连接

在选用公差等级时还应注意以下几个问题：

1）孔和轴的工艺等价性

孔和轴的工艺等价性是指组成配合的孔、轴加工难易程度应相当。在公差等级≤8级时，中小尺寸的孔加工比相同等级的轴加工要困难，加工成本也要高，其工艺性是不等价的。为了使组成配合的孔、轴工艺等价，孔的公差等级比轴要低一级。但对公差等级>8级或公称尺寸>500 mm 的配合，由于孔的测量精度比轴容易保证，孔、轴的公差等级应相同。

2）相关件和相配件的精度

例如，齿轮孔和轴的配合，它们的公差等级决定于相关件齿轮的精度等级；与滚动轴承相配合的外壳孔和轴颈的公差等级决定于相配合件滚动轴承的等级。

2.4.3 配合种类的选用

配合种类的选择是在确定了基准制的基础上，根据机器或部件的性能允许间隙或过盈的大小情况，选定非基准件的基本偏差。有的配合也同时确定基准件与非基准件的公差等级。

标准规定有间隙、过渡和过盈三大类配合。在机械设计中选用哪类配合，主要决定于使用要求，如孔、轴间有相对运动要求时，应选间隙配合；当孔、轴间无相对运动时，应根据具体工作条件不同，可从三大类配合中选取：若要传递足够大的扭矩，且又不要求拆卸时，一般应选过盈配合；当需要传递一定的扭矩，但又要求能够拆卸的情况下，应选过渡配合；有些配合，对同轴度要求不高，只为了拆卸方便，应选间隙较大的间隙配合。

用类比法选择配合种类时，要着重掌握配合的特征和应用场合，尤其是对国标所规定的常用与优先配合的特点要熟悉。表 2-6 所列为尺寸≤500 mm 基孔制常用和优先配合的特征及应用，表 2-7 所列为轴的基本偏差选用说明，可供选择时参考。

表 2-6　尺寸≤500 mm 基孔制常用和优先配合的特征及应用

配合类别	配合特征	配合代号	应用
间隙配合	特大间隙	$\frac{H11}{a11}$ $\frac{H11}{b11}$ $\frac{H12}{b12}$	用于高温或工作时要求大间隙的配合
	很大间隙	$\left(\frac{H11}{c11}\right)$ $\left(\frac{H11}{d11}\right)$	用于工作条件较差、受力变形或为了便于装配而需要大间隙的配合和高温工作的配合
	较大间隙	$\frac{H9}{c9}$ $\frac{H10}{c10}$ $\frac{H8}{d8}$ $\left(\frac{H9}{d9}\right)$ $\frac{H10}{d10}$ $\frac{H8}{e7}$ $\frac{H8}{e8}$ $\frac{H9}{e9}$	用于高速重载的滑动轴承或大直径的滑动轴承，也可用于大跨距或多支点支承的配合
	一般间隙	$\frac{H6}{f5}$ $\frac{H7}{f6}$ $\left(\frac{H8}{f7}\right)$ $\frac{H8}{f8}$ $\frac{H9}{f9}$	用于一般转速的动配合。当温度影响不大时，广泛应用于普通润滑油润滑的支承处
	较小间隙	$\left(\frac{H7}{g6}\right)$ $\frac{H8}{g7}$	用于精密滑动零件或缓慢间歇回转的零件配合
	很小间隙和零间隙	$\frac{H6}{g5}$ $\frac{H6}{h5}$ $\left(\frac{H7}{h6}\right)$ $\left(\frac{H8}{h7}\right)$ $\frac{H8}{h8}$ $\left(\frac{H9}{h9}\right)$ $\frac{H10}{h10}$ $\left(\frac{H11}{h11}\right)$ $\frac{H12}{h12}$	用于不同精度要求的一般定位件的配合和缓慢移动和摆动零件的配合

续　表

配合类别	配合特征	配合代号	应用
过渡配合	绝大部分有微小间隙	$\frac{H6}{js5}$ $\frac{H7}{js6}$ $\frac{H8}{js7}$	用于易于装拆的定位配合或加紧固件后可传递一定静载荷的配合
	大部分有微小间隙	$\frac{H6}{k5}$ $\left(\frac{H7}{k6}\right)$ $\frac{H8}{k7}$	用于稍有振动的定位配合。加紧固件可传递一定载荷,装拆方便,可用木锤敲入
	大部分有微小过盈	$\frac{H6}{m5}$ $\frac{H7}{m6}$ $\frac{H8}{m7}$	用于定位精度较高且能抗振的定位配合。加键可传递较大载荷。可用铜锤敲入或小压力压入
	绝大部分有微小过盈	$\left(\frac{H7}{n6}\right)$ $\frac{H8}{n7}$	用于精确定位或紧密组合件的配合。加键能传递大力矩或冲击性载荷。只在大修时拆卸
	绝大部分有较小过盈	$\frac{H8}{p7}$	加键后能传递很大力矩,且承受振动和冲击的配合,装配后不再拆卸
过盈配合	轻型	$\frac{H6}{n5}$ $\frac{H6}{p5}$ $\left(\frac{H7}{p6}\right)$ $\frac{H6}{r5}$ $\frac{H7}{r6}$ $\frac{H8}{r7}$	用于精确的定位配合,一般不能靠过盈传递力矩。要传递力矩尚需加紧固件
	中型	$\frac{H6}{s5}$ $\left(\frac{H7}{s6}\right)$ $\frac{H8}{s7}$ $\frac{H6}{t5}$ $\frac{H7}{t6}$ $\frac{H8}{t7}$	不需加紧固件就可传递较小力矩和轴向力。加紧固件后可承受较大载荷或动载荷的配合
	重型	$\left(\frac{H7}{u6}\right)$ $\frac{H8}{u7}$ $\frac{H7}{v6}$	不需加紧固件就可传递和承受大的力矩和动载荷的配合。要求零件材料有高强度
	特重型	$\frac{H7}{x6}$ $\frac{H7}{y6}$ $\frac{H7}{z6}$	能传递和承受很大力矩和动载荷的配合,须经试验后方可应用

注:① 括号内的配合为优先配合;
② 国家标准规定的 44 种基轴制配合的应用与本表中的同名配合相同。

表 2－7　为轴的基本偏差选用说明

配合	基本偏差	特性及应用
间歇配合	a、b	可得到特别大的间隙,应用很少
	c	可得到很大的间隙,一般适用于缓慢、松弛的动配合,用于工作较差(或农业机械)、受力变形或为了便于装配,而必须有较大的间隙。也用于热动间隙配合
	d	适用于松的转动配合,如密封、滑轮、空转皮带轮与轴的配合,也适用于大直径滑动轴承配合以及其他重型机械中的一些滑动支承配合。多用 IT7 级～IT11 级
	e	适用于要求有明显间隙,易于转动的支承配合,如大跨距支承、多支点支承等配合。高等级的 e 轴适用于大的、高速、重载支承。多用 IT7 级～IT9 级
	f	适用于一般转动配合,广泛用于普通润滑油(或润滑脂)润滑的轴承,如齿轮箱、小电动机、泵等的转轴与滑动支承的配合。多用 IT6 级～IT8 级

续　表

配合	基本偏差	特　性　及　应　用
间歇配合	g	配合间隙很小，制造成本高，除很轻负荷的精密装置外，不推荐用于转动配合。最适合不回转的精密滑动配合，也用于插销等定位配合。多用 IT5 级～IT7 级
	h	广泛用于无相对转动的零件，作为一般的定位配合；若没有温度、变形影响，也用于精密滑动配合。多用 IT4 级～IT11 级
过渡配合	js	平均间隙较小，多用于要求间隙比 h 轴小，并允许略有过盈的定位配合，如联轴节、齿圈与钢制轮毂等，一般可用于手或木榔头装配。多用 IT4 级～IT7 级
	k	平均间隙接近于零，推荐用于要求稍有过盈的定位配合，如为了消除振动用的定位配合。一般可用木榔头装配。多用 IT4 级～IT7 级
	m	平均过盈较小，适用于不允许活动的精密定位配合。一般可用木榔头装配。多用 IT4 级～IT7 级
	n	平均过盈比 m 稍大，很少得到间隙，适用于定位要求较高且不常拆的配合，用锤或压力机装配。多用 IT4 级～IT7 级
过盈配合	p	用于小过盈配合。与 H6 或 H7 配合时是过盈配合，而与 H8 配合时为过渡配合。对非铁类零件，为轻的压入配合；对钢、铸铁或铜—钢组件装配，为标准压力配合。多用 IT5 级～IT7 级
	r	用于传递大扭矩或受冲击载荷需要加键的配合。对铁类零件，为中等打入配合；对非铁类零件，为轻的打入配合。多用 IT5 级～IT7 级
	s	用于钢制和铁制零件的永久性和半永久性结合，可产生相当大的结合力。用压力机或热胀冷缩法装配。多用 IT5 级～IT7 级
	t～z	过盈量依次增大，除 u 外，一般不推荐

采用类比法选择配合种类时还应考虑以下一些因素：工作时载荷情况、温度的变化、润滑条件、装配变形、拆卸情况以及生产类型等。不同的工作情况，对过盈或间隙的影响如表 2－8 所示。

表 2－8　工作情况对过盈或间隙的影响

具　体　情　况	过盈增或减	间隙增或减	具　体　情　况	过盈增或减	间隙增或减
材料强度低	减	—	装配时可能歪斜	减	增
经常拆卸	减	—	旋转速度增高	增	增
有冲击载荷	增	减	有轴向运动	—	增
工作时孔温高于轴温	增	减	润滑油黏度增大	—	增
工作时轴温高于孔温	减	增	表面趋向粗糙	增	减
配合长度增大	减	增	单件生产相对于成批生产	减	增
配合面形状和位置误差增大	减	增			

2.4.4　公差配合选择综合示例

为便于在设计中用类比法合理地选用配合，下面举例说明一些配合在实际中的应用，以供参考。

例 2-5　已知某孔、轴的公称尺寸为 ϕ40 mm，要求配合间隙在 0.022～0.066 mm 范围内。试确定孔、轴的公差等级和配合种类。

解：(1) 配合制的选择。

一般情况下优先选择基孔制。

(2) 选择公差等级。

要求的配合公差为 $T'_f = |X_{max} - X_{min}| = 66 - 22 = 44(\mu m)$，欲满足使用要求，所选孔、轴的配合公差应满足：

$$T_f = T_D + T_d \leqslant T'_f$$

设 $T'_D = T'_d = T'_f/2 = 44/2 = 22(\mu m)$

查标准公差数值表(见表 2-1)：得知此值介于 IT6～IT7 之间，IT6 = 16 μm，IT7 = 25 μm。

根据工艺等价原则，一般孔比轴低一级，故选择孔为 IT7 级，轴为 IT6 级，则有：

$$T_f = T_D + T_d = 25 + 16 = 41(\mu m) < T'_f = 44\ \mu m$$

符合使用要求。

由于采用基孔制配合，故孔为 $\phi 40H7(^{+0.025}_{0})$mm。

(3) 选择配合种类。

即选择轴的基本偏差，条件是孔和轴配合的最大间隙和最小间隙要求在 0.022～0.066 mm范围。

根据前面所学可知：

$$X_{min} = EI - es \qquad es = EI - X_{min} = 0 - 22 = -22(\mu m)$$

查轴的基本偏差数值表(表 2-6)：

−22 μm 介于−25 μm(f)和−9 μm(g)之间，根据上述条件，选取 f(es=−25 μm)才能保证最小间隙 X_{min}=0.025 mm 在要求的配合间隙 0.022～0.066 mm 范围内，则轴的下极限偏差为

$$ei = es + T_d = -25 - 16 = -41(\mu m)$$

所以轴为 $\phi 40f6(^{-0.025}_{-0.041})$mm。

(4) 验算结果。

所选配合为 $\phi 40H7(^{+0.025}_{0})/f6(^{-0.025}_{-0.041})$

$$X_{max} = ES - ei = +0.025 - (-0.041) = +0.066(mm)$$
$$X_{min} = EI - es = 0 - (-0.025) = +0.025(mm)$$

满足配合间隙在 0.022～0.066 mm 范围内的要求，所以选择的配合符合题意要求。

例 2-6 图 2-16 为圆锥齿轮减速器,工作条件为中等载荷和中速转速,稍有冲击,在中小型工厂中批量生产。试选择以下四处的公差等级与配合:① 联轴器 1 与输入端轴颈 2;② 带轮 8 与输出端轴颈;③ 小锥齿轮 10 与轴颈;④ 套筒 4 外径与箱体 6 座孔。

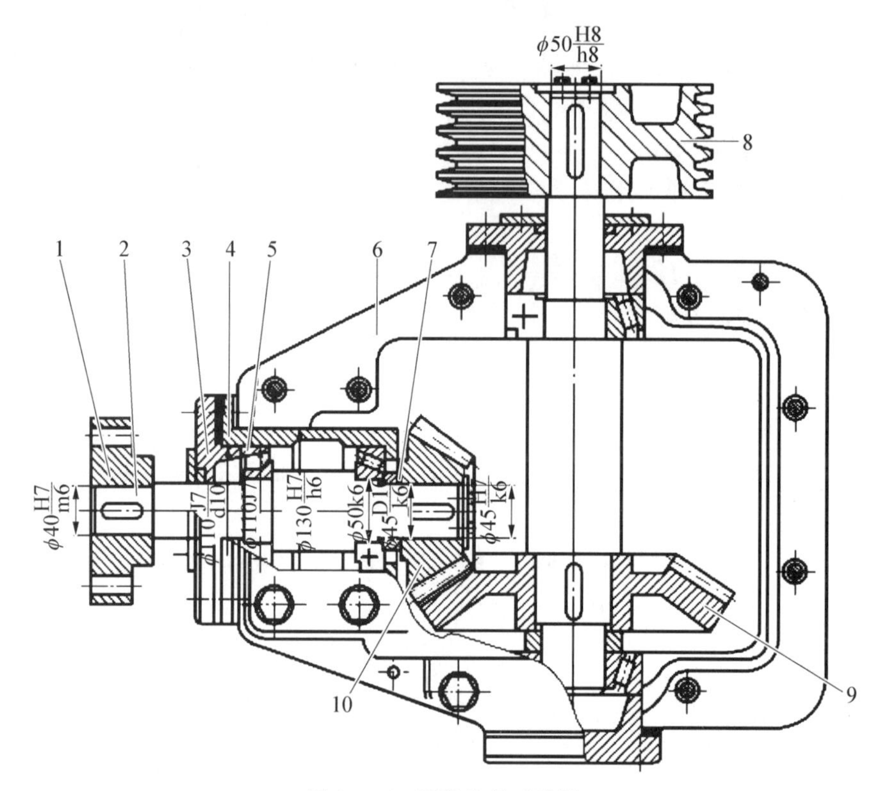

图 2-16 圆锥齿轮减速器

1—联轴器;2—输入轴;2—轴承端盖;4—套筒;
5—轴承;6—箱体;7—隔套;8—带轮;9—大圆锥齿轮;10—小圆锥齿轮

解:由于四处配合无特殊的要求,所以优先采用基孔制。

(1) 联轴器 1 是用精制螺栓连接的固定式刚性联轴器,与轴颈的配合精度会影响机器的工作性能。为防止偏斜引起附加载荷,要求对中性好,且能拆装(不常拆装),因联轴器无附加的轴向定位,故选用较紧的过渡配合 ϕ40H7/m6 或 ϕ40H7/n6。

(2) 带轮 8 内孔与输出端轴颈配合,和上述配合比较,因是挠性件(传动带)传动,故定心精度要求不高,且又有轴向定位件,为便于拆卸可选取较松的过渡配合(H8/js7、js8)或第一种间隙配合(H8/h7、h8),本例选用 ϕ50H8/h8。

(3) 小锥齿轮 10 内孔与轴颈的配合,是影响齿轮传动的重要配合,内孔公差由齿轮精度决定,一般减速器齿轮为 8 级精度,故基准孔精度为 IT7。传递负载的齿轮和轴的配合,为保证齿轮的工作精度和啮合性能,要求准确对中及便于拆装,一般选用过渡配合加紧固件,可根据载荷大小、装卸要求、有无冲击振动、转速高低、生产批量等在 H7/js6、H7/k6、H7/m6、H7/n6、H7/h6 中选用。此处为中速中载、稍有冲击、小批量生产,故可选用 ϕ45H7/k6。

(4) 套筒 4 外径与箱体 6 座孔的配合是影响齿轮传动性能的重要配合,要求准确定心。但考虑到为调整锥齿轮间隙而轴向移动的要求和便于调整，故选用最小间隙为零的间隙定位配合 ϕ130H7/h6。

2.5　光滑工件尺寸的测量与检验

完工零件的尺寸必须经过检验才能确定其是否满足功能要求，以判定其合格性。光滑工件尺寸检验主要有两种方法，即测量检验和光滑极限量规检验。前者使用通用测量器具，如指示计，必须将测量结果与极限尺寸相比较，才能判断尺寸的合格性，后者则可以直接进行工件合格与否的定性判断，但不能得到被测尺寸的具体数值。测量检验的方法主要适用于单件或小批量生产，而量规检验则适用于成批大量生产。

2.5.1　指示计测量内孔尺寸

使用指示计测量内孔尺寸，是指用百分表、千分表等对公差等级为 6～18 级、基本尺寸 500 mm 以内的光滑工件尺寸进行检验。下面主要介绍使用内径百分表测量内孔尺寸。

1. 百分表结构与规格

百分表是将测头的直线移动转变为指针的旋转运动的一种指示计，主要用于装夹工件时的找正和检查工件的形状、位置、跳动误差等。百分表的分度值为 0.01 mm，测量范围一般为 0～3 mm、0～5 mm、0～10 mm、0～50 mm 四种，其外形和结构如图 2-17 所示。

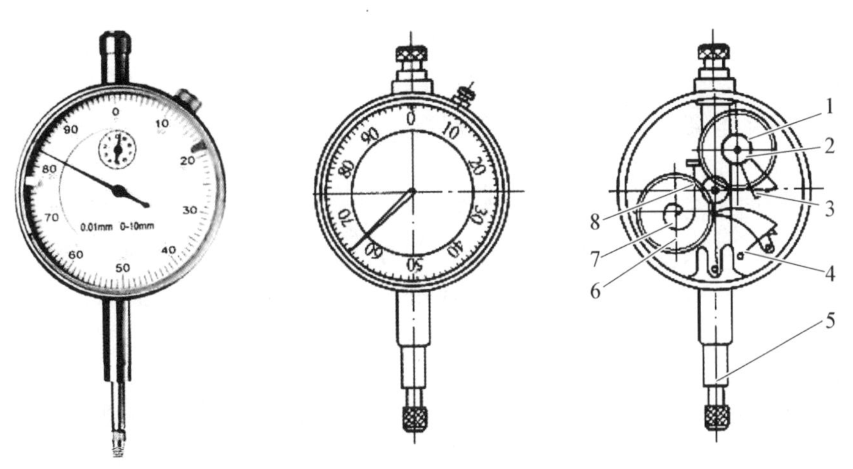

图 2-17　百分表结构

1—小齿轮；2—大齿轮；3—中间齿轮；4—弹簧；5—测量杆；6—长指针；7—大齿轮；8—游丝

2. 内径百分表

内径百分表分度值为 0.01 mm，图 2-18 所示为结构图。测量范围 6～10、10～18、18～35、35～50、50～160、160～250、250～400 mm 等。其工作原理及过程为：测量过程中，百分表 7 的测杆与传动杆 5 始终接触。弹簧 6 控制测量力，并经传动杆 5、杠杆 8 向

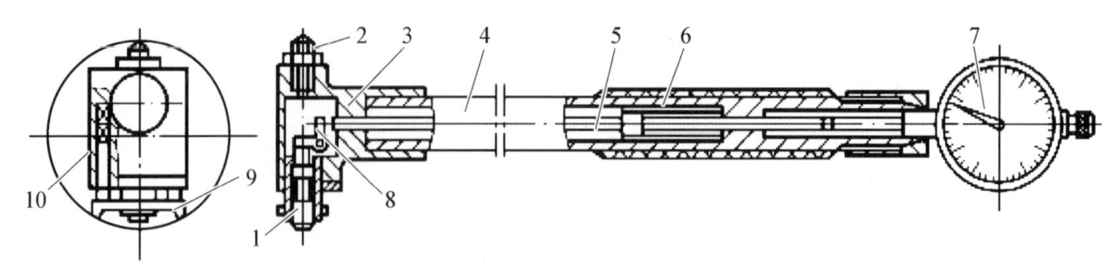

图 2-18　内径百分表

1—活动测头；2—可换测头；3—测头座；4—量杆；5—传动杆；6—弹簧；7—百分表；8—杠杆；9—定位装置；10—弹簧

外侧顶靠在活动测头1上。测量时，活动测头1的移动使杠杆8绕其固定轴转动，推动传动杆5传至百分表7的测杆，使指针偏转显示工件值。

3. 杠杆百分表

杠杆百分表又称为杠杆表或靠表，是利用杠杆-齿轮传动机构或杠杆-螺旋传动机构，将尺寸变化为指针角位移，并指示出长度尺寸数值的计量器具。用于测量工件几何形状误差和相互位置的正确性，并可用比较法测量长度，如图2-19所示。其分度值为0.01 mm，测量范围不大于1 mm，一般用于百分表难以测量的场所。

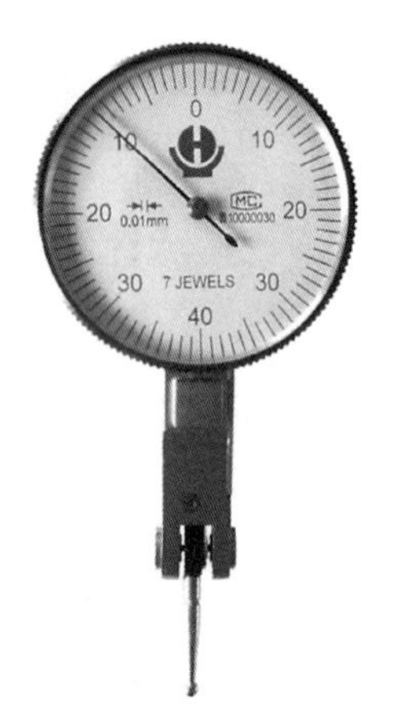

图 2-19　杠杆百分表

2.5.2　量规的作用与分类

1. 量规的作用

光滑极限量规(以下简称量规)是一种没有刻度的定值专用检验工具。用量规检验工件时，能判断工件是否合格，但不能测出工件的实际尺寸数值。因量规结构简单、使用方便、检验效率高并能保证零件在生产中的互换性，所以量规检验在生产中特别是大批量生产中得到了广泛应用。

图2-20为量规示意图。检验孔的量规叫塞规；检验轴的量规叫卡规。塞规和卡规都有通规和止规，且成对使用。如果通规能够通过被检工件，而止规不能通过被检工件，即可确定被检工件可以满足包容要求，工件的尺寸和形状都是合格的；反之，则为不合格品。

2. 量规的种类

根据量规的用途不同可分为三类，即工作量规、验收量规和校对量规。

1) 工作量规

工作量规是操作者在生产过程中检验工件所用的量规，通规和止规分别用代号“T”和“Z”表示。为了保证加工零件的精度，操作者应该使用新的或磨损较小的通规。实际生产中，工作量规用得最多、最普遍。

2) 验收量规

检验部门或用户代表在验收产品时所使用的量规称为验收量规。验收量规的型式与工作量规相同，只是量规的测量面磨损较多，但未超过磨损极限。这样，由操作者自检合

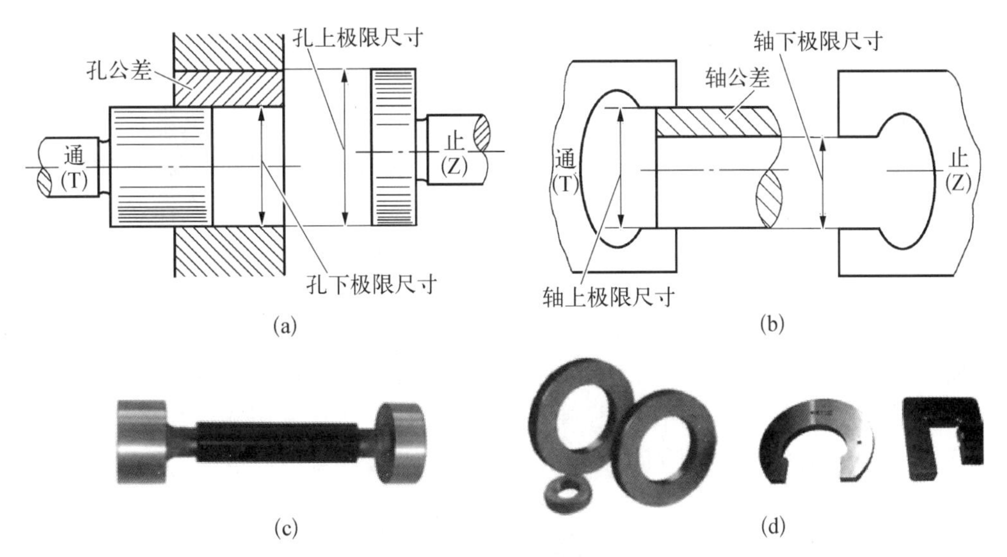

图 2-20　光滑极限量规

(a) 孔用塞规　(b) 轴用卡规　(c) 孔用塞规　(d) 轴用环规和卡规

格的零件，检验人员或用户代表验收时也一定合格，从而保证了零件的合格率。

3) 校对量规(校对塞规)

校对量规是用来校对轴用工作量规的量规，以检验其是否符合制造公差和在使用中是否已达到磨损极限。

由于轴用工作量规的测量面是内表面，不易检验，所以才设立校对量规。校对量规的测量面是外表面，可以用通用量仪检验。因孔用工作量规(塞规)的刚性好，不易变形和磨损，其测量面是外表面，可以较方便地用通用量仪检验，所以不设校对量规。

2.5.3　量规的设计

1. 量规的设计依据

GB/T 1957—2006《光滑极限量规技术条件》明确了极限尺寸判断原则是量规设计的主要依据。极限尺寸判断原则的内容包括两个方面：

(1) 孔或轴的实际轮廓不允许超过最大实体边界。

(2) 孔或轴任何部位的实际(组成)要素不允许超过最小实体边界。

这两条内容体现了设计给定的孔、轴极限尺寸的控制功能，即不论实际轮廓还是任一提取组成要素的局部尺寸，均应位于给定公差带内。第一条原则是为了将孔、轴的实际配合面控制在最大实体边界之内，从而保证给定的最紧配合要求；第二条原则是为了控制任一提取组成要素的局部尺寸不超出公差范围，从而保证给定的最松配合要求。

极限尺寸判断原则是设计和使用光滑极限量规的理论依据，它对量规的要求是：

(1) 通规测量面是与被检验孔或轴形状相对应的完整表面(即全形量规)，其长度应等于被检孔、轴的配合长度，其尺寸应为被检孔、轴的最大实体尺寸(MMS)。即孔用通规的公称尺寸应等于被检孔的下极限尺寸；轴用通规的公称尺寸应等于被检轴的上极限尺寸。

(2) 止规的测量面是两点状的(即非全形量规)，其尺寸应为被检孔、轴的最小实体尺寸(LMS)。即孔用止规的公称尺寸应等于被检孔的上极限尺寸;轴用止规的公称尺寸应等于被检轴的下极限尺寸。

严格遵守上述两点要求设计的量规,具有既能控制零件尺寸,同时又能控制零件形状误差的优点。但是,在量规的实际应用中,往往由于量规制造和使用方面的原因,要求量规形状完全符合极限尺寸判断原则是有困难的。因此标准中规定,允许在保证被检零件的形状误差不影响零件配合性质的前提下,使用偏离极限尺寸判断原则的量规。

例如检测尺寸较大的孔,如果通规制成全形量规会非常笨重,不便使用,允许采用非全形塞规或球端杆规。对于诸如曲轴上的中间轴径,用全形的环规无法检验,只好用卡规。而对于止规,当测量时为点接触时,容易磨损,所以常用小平面、圆柱面或球面代替;对于检测尺寸过小的孔,为便于止规的制造和耐磨损,止规也常用全形塞规。此外,为了使用量具厂生产的标准化的系列量规,允许通规的长度小于配合长度。

2. 量规公差及其尺寸计算

量规是专用量具,对它的精度要求比被检工件更高。因此,国标 GB/T 1957—2006 规定了量规工作部分的公差。

1) 工作量规

工作量规的尺寸公差(T_1)与被检工件的公差等级和公称尺寸有关,见表 2-9,其公差带分布如图 2-21 所示。为保证验收工件的质量,在检验时不产生误收,量规的公差带位于工件公差带之内,它仅占有工件公差的一小部分。止规的公差带紧靠工件的最小实体尺寸;通规的公差带中心偏离工件的最大实体尺寸一个 Z_1 值(也称为公差带位置要素值)的距离。这是因为通规工作时,通过被检工件的机会多,其工作表面不可避免地发生磨损,为使其具有一定的使用寿命,标准规定了 Z_1 值。显然,通规制造公差带中心到被检工件最大实体尺寸之间的距离 Z_1,就体现了通规的平均使命寿命,而通规的磨损极限尺寸就是工件的最大实体尺寸。由于止规只有在发现不合格品时才通过被检工件,磨损机会少,因此标准中没有规定止规的磨损公差。

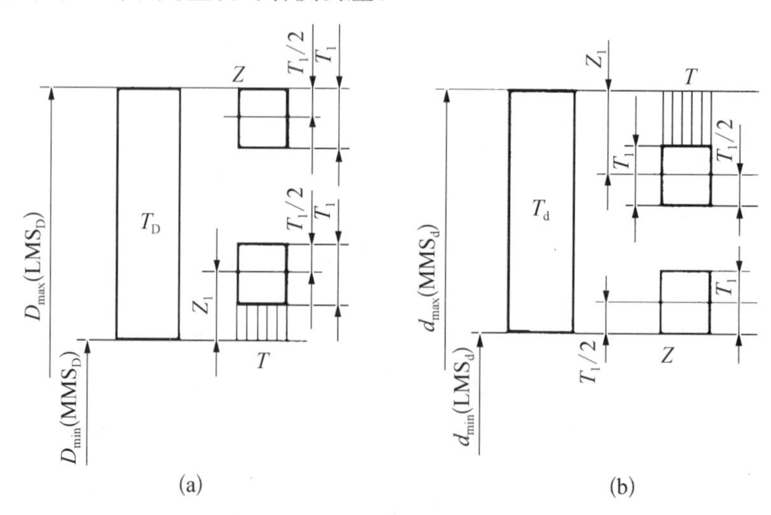

图 2-21 工作量规尺寸公差带图

(a) 孔用量规 (b) 轴用量规

表 2-9　工作量规的尺寸公差 T_1 及 Z_1 值(摘自 GB/T 1957—2006)

工件孔或轴的公称尺寸/mm		工件孔或轴的公差等级								
		IT6			IT7			IT8		
		孔或轴的公差值	T_1	Z_1	孔或轴的公差值	T_1	Z_1	孔或轴的公差值	T_1	Z_1
大于	至	μm								
—	3	6	1.0	1.0	10	1.2	1.6	14	1.6	2.0
3	6	8	1.2	1.4	12	1.4	2.0	18	2.0	2.6
6	10	9	1.4	1.6	15	1.8	2.4	22	2.4	3.2
10	18	11	1.6	2.0	18	2.0	2.8	27	2.8	4.0
18	30	13	2.0	2.4	21	2.4	3.4	33	3.4	5.0
30	50	16	2.4	2.8	25	3.0	4.0	39	4.0	6.0
50	80	19	2.8	3.4	30	3.6	4.6	46	4.6	7.0
80	120	22	3.2	3.8	35	4.2	5.4	54	5.4	8.0
120	180	25	3.8	4.4	40	4.8	6.0	63	6.0	9.0
180	250	29	4.4	5.0	46	5.4	7.0	72	7.0	10.0
250	315	32	4.8	5.6	52	6.0	8.0	81	8.0	11.0
315	400	36	5.4	6.2	57	7.0	9.0	89	9.0	12.0
400	500	40	6.0	7.0	63	8.0	10.0	97	10.0	14.0
工件孔或轴的公称尺寸/mm		工件孔或轴的公差等级								
		IT9			IT10			IT11		
		孔或轴的公差值	T_1	Z_1	孔或轴的公差值	T_1	Z_1	孔或轴的公差值	T_1	Z_1
大于	至	μm								
—	3	25	2.0	3	40	2.4	4	60	3	6
3	6	30	2.4	4	48	3.0	5	75	4	8
6	10	36	2.8	5	58	3.6	6	90	5	9
10	18	43	3.4	6	70	4.0	8	110	6	11
18	30	52	4.0	7	84	5.0	9	130	7	13
30	50	62	5.0	8	100	6.0	11	160	8	16
50	80	74	6.0	9	120	7.0	13	190	9	19
80	120	87	7.0	10	140	8.0	15	220	10	22
120	180	100	8.0	12	160	9.0	18	250	12	25
180	250	115	9.0	14	185	10.0	20	290	14	29

续 表

工件孔或轴的公称尺寸/mm		工件孔或轴的公差等级								
		IT9			IT10			IT11		
		孔或轴的公差值	T_1	Z_1	孔或轴的公差值	T_1	Z_1	孔或轴的公差值	T_1	Z_1
大于	至	μm								
250	315	130	10.0	16	210	12.0	22	320	16	32
315	400	140	11.0	18	230	14.0	25	360	18	36
400	500	155	12.0	20	250	16.0	28	400	20	40

工件孔或轴的公称尺寸/mm		工件孔或轴的公差等级								
		IT12			IT13			IT14		
		孔或轴的公差值	T_1	Z_1	孔或轴的公差值	T_1	Z_1	孔或轴的公差值	T_1	Z_1
大于	至	μm								
—	3	100	4	9	140	6	14	250	9	20
3	6	120	5	11	180	7	16	300	11	25
6	10	150	6	13	220	8	20	360	13	30
10	18	180	7	15	270	10	24	430	15	35
18	30	210	8	18	330	12	28	520	18	40
30	50	250	10	22	390	14	34	620	22	50
50	80	300	12	26	460	16	40	740	26	60
80	120	350	14	30	540	20	46	870	30	70
120	180	400	16	35	630	22	52	1 000	35	80
180	250	460	18	40	720	26	60	1 150	40	90
250	315	520	20	45	810	28	66	1 300	45	100
315	400	570	22	50	890	32	74	1 400	50	110
400	500	630	24	55	970	36	80	1 550	55	120

工件孔或轴的公称尺寸/mm		工件孔或轴的公差等级					
		IT15			IT16		
		孔或轴的公差值	T_1	Z_1	孔或轴的公差值	T_1	Z_1
大于	至	μm					
—	3	400	14	30	600	20	40
3	6	480	16	35	750	25	50

续　表

工件孔或轴的公称尺寸/mm		工件孔或轴的公差等级					
		IT15			IT16		
		孔或轴的公差值	T_1	Z_1	孔或轴的公差值	T_1	Z_1
大于	至	μm					
6	10	580	20	40	900	30	60
10	18	700	24	50	1 100	35	75
18	30	840	28	60	1 300	40	90
30	50	1 000	34	75	1 600	50	110
50	80	1 200	40	90	1 900	60	130
80	120	1 400	46	100	2 200	70	150
120	180	1 600	52	120	2 500	80	180
180	250	1 850	60	130	2 900	90	200
250	315	2 100	66	150	3 200	100	220
315	400	2 300	74	170	3 600	110	250
400	500	2 500	80	190	4 000	120	280

由图2-21所示的几何关系，可以得出工作量规极限偏差的计算公式，如表2-10所列。

表2-10　工作量规极限偏差计算公式

	检 验 孔 的 量 规	检 验 轴 的 量 规
通规上偏差	$T_S = EI + Z_1 + T_1/2$	$T_{Sd} = es - Z_1 + T_1/2$
通规下偏差	$T_i = EI + Z_1 - T_1/2$	$T_{id} = es - Z_1 - T_1/2$
止规上偏差	$Z_S = ES$	$Z_{Sd} = ei + T_1$
止规下偏差	$Z_i = ES - T_1$	$Z_{id} = ei$

国标规定工作量规的几何误差，应在工作量规尺寸公差带内，其几何公差值为量规尺寸公差 T_1 的一半。考虑到制造和测量的困难，当量规尺寸公差≤0.002 mm时，其几何公差为0.001 mm。

2）校对量规的尺寸公差

校对量规的尺寸公差带完全位于被校对量规的制造公差和磨损极限内，尺寸公差等于被校对量规尺寸公差的一半，形状误差应控制在其尺寸公差带内。

在光滑极限量规国家标准中，没有单独规定验收量规公差带，但规定检验部门应使用磨损较多的通规，用户代表应使用接近工件最大实体尺寸的通规，以及接近工件最小实体尺寸的止规。

3. 量规的结构设计

光滑极限量规的结构型式很多，选用时应考虑被检工件的结构、大小、产量和检验效率等。图 2－22、2－23 分别为孔用量规和轴用量规的结构型式及适用尺寸范围，量规的结构尺寸可参考国标 GB/T 1020—2008《螺纹量规和光滑极限量规型式与尺寸》来进行设计。

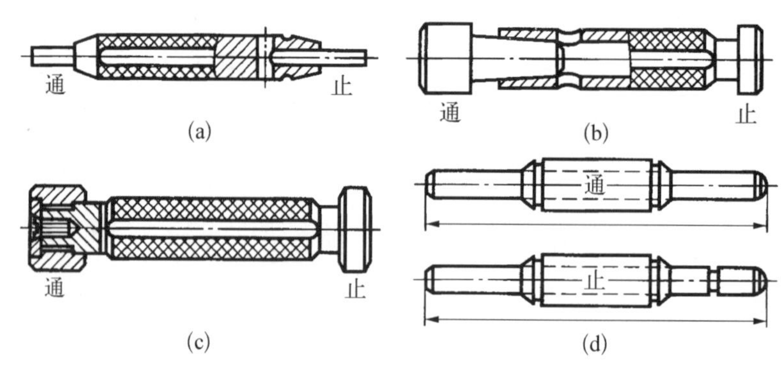

图 2－22　孔用量规的结构

(a) 针式双头塞规(1～6 mm)　(b) 锥柄双头塞规(3～50 mm)
(c) 套式塞规(30～100 mm)　(d) 球端杆形规(75～1 000 mm)

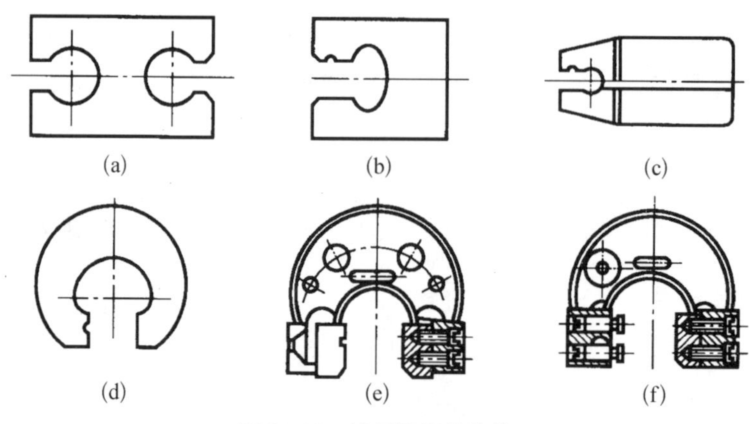

图 2－23　轴用量规的结构

(a) 片形双头卡规(1～50 mm)　(b) 片形单头卡规(1～70 mm)　(c) 组合卡规(1～3 mm)
(d) 圆片形单头卡规(1～300 mm)　(e) 铸造镶钳口单头卡规(100～325 mm)　(f) 可调整卡规(1～330 mm)

4. 量规的技术要求

量规应满足以下技术要求：

(1) 量规的测量面不应有锈迹、毛刺、黑斑、划痕等明显影响外观和使用的缺陷，其他表面不应有锈蚀和裂纹；

(2) 塞规的测头与手柄的连接应牢固可靠，在使用过程中不应松动；

(3) 量规宜采用合金工具钢、碳素工具钢、渗碳钢及其他耐磨材料制造；

(4) 钢制量规测量面的硬度不应小于 200 HV(或 60 HRC)；

（5）量规测量面的表面粗糙度 Ra 值应不大于表 2 - 11 的规定；

（6）量规应经过稳定性处理。

表 2 - 11　量规测量面的表面粗糙度 *Ra* 值(摘自 GB/T 1957—2006)

工　作　量　规	工件公称尺寸/mm		
	小于或等于 120	大于 120、小于或等于 315	大于 315、小于或等于 500
	工作量规测量面的表面粗糙度 Ra 最大允许值/μm		
IT6 级孔用工作塞规	0.05	0.10	0.20
IT7 级～IT9 级孔用工作塞规	0.10	0.20	0.40
IT10 级～IT12 级孔用工作塞规	0.20	0.40	0.80
IT13 级～IT16 级孔用工作塞规	0.40	0.80	
IT6 级～IT9 级轴用工作环规	0.10	0.20	0.40
IT10 级～IT12 级轴用工作环规	0.20	0.40	0.80
IT13 级～IT16 级轴用工作环规	0.40	0.80	

例 2 - 7　设计检验 ϕ25H8/f7 孔、轴用工作量规。

解：（1）选择量规的结构型式。根据 GB/T 1020—2008《螺纹量规和光滑极限量规型式与尺寸》，分别选择锥柄双头塞规和圆片形单头卡规。

（2）确定被测孔、轴的极限偏差。查表 2 - 1、表 2 - 6、表 2 - 7：

ϕ25H8 的上极限偏差 $ES = IT8 = +33\ \mu m$，下极限偏差 $EI = 0$

ϕ25f7 的上极限偏差 $es = -20\ \mu m$，下极限偏差 $ei = es - IT7 = -20 - 21 = -41(\mu m)$

（3）确定工作量规的尺寸公差 T_1 和 Z_1 值。查表 2 - 9 得：

塞规：尺寸公差 $T_1 = 3.4\ \mu m$，$Z_1 = 5\ \mu m$

卡规：尺寸公差 $T_1 = 2.4\ \mu m$，$Z_1 = 3.4\ \mu m$

塞规几何公差 $T_P = 3.4/2 = 1.7(\mu m)$，卡规几何公差 $T_P = 2.4/2 = 1.2(\mu m)$

（4）计算工作量规的极限偏差和工作尺寸。由表 2 - 10 得：

① ϕ25H 孔用塞规。

通规(T)：上极限偏差 $= EI + Z_1 + T_1/2 = 0 + 5 + 1.7 = +6.7(\mu m)$

下极限偏差 $= EI + Z_1 - T_1/2 = 0 + 5 - 1.7 = +3.3(\mu m)$

则通规的工作尺寸为　$\phi\, 25^{+0.0067}_{+0.0033}$ mm

磨损极限尺寸是工件的最大实体尺寸，即：$\phi 25 + EI = \phi 25(mm)$

止规(Z)：上极限偏差 $= ES = +33\ \mu m$

下极限偏差 $= ES - T_1 = +33 - 3.4 = +29.6(\mu m)$

则止规的工作尺寸为　$\phi\, 25^{+0.0330}_{+0.0296}$ mm

② ϕ25f7 轴用卡规。

通规(T)：上极限偏差 $= es - Z_1 + T_1/2 = -20 - 3.4 + 1.2 = -22.2(\mu m)$

下极限偏差 $= es - Z_1 - T_1/2 = -20 - 3.4 - 1.2 = -24.6(\mu m)$

磨损极限尺寸 $= \phi25 + es = \phi(25 - 0.020) = \phi24.980$(mm)

则通规的工作尺寸为 $\phi 25_{-0.0246}^{-0.0222}$ mm

止规(Z)：上极限偏差 $= ei + T_1 = -41 + 2.4 = -38.6$(μm)

下极限偏差 $= ei = -41$ μm

则止规的工作尺寸为 $\phi 25_{-0.0410}^{-0.0386}$ mm

(5) 画出零件与量规的公差带图，如图 2-24 所示。

(6) 绘制工作量规的工作简图，如图 2-25 所示。

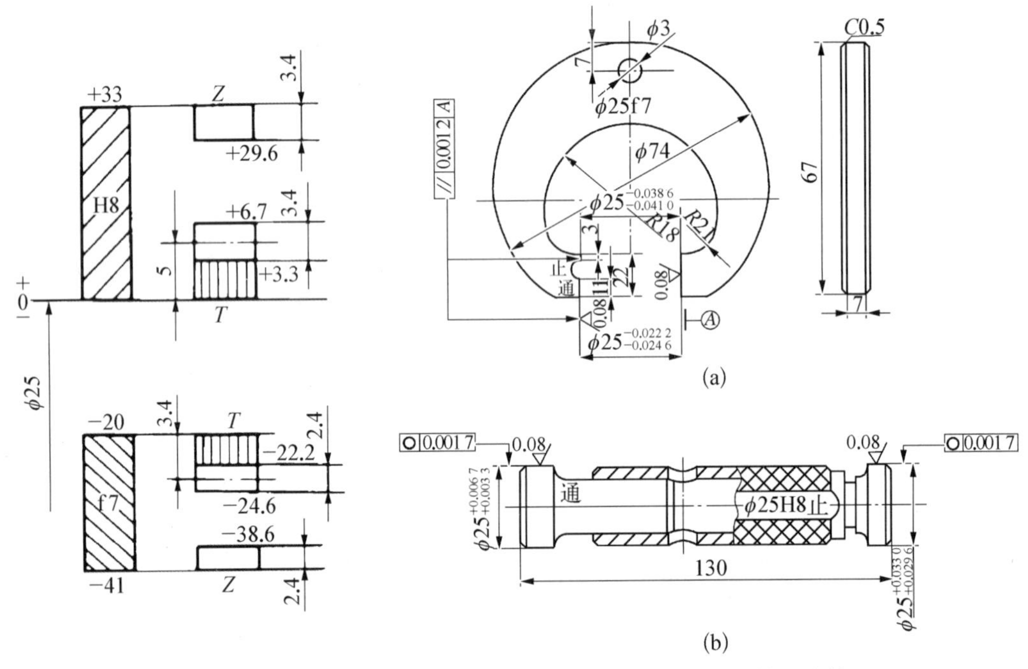

图 2-24　零件与量规的公差带图　　　　**图 2-25　工作量规的工作简图**

例 2-8　设计检验 ϕ40H8/g7 孔和轴用工作量规。

解：(1) 确定被测孔、轴的极限偏差。查表 2-1、表 2-6、表 2-7：

ϕ40H8 的上极限偏差 ES = IT8 = +0.039 mm，下极限偏差 EI = 0

ϕ40g7 的上极限偏差 es = −0.009 mm，下极限偏差：

$$ei = es - IT7 = -0.009 - 0.025 = -0.034 (mm)$$

(2) 确定工作量规的公差尺寸 T_1 和 Z_1 值。查表 2-9 得：

塞规：尺寸公差 $T_1 = 0.004$ mm，$Z_1 = 0.006$ mm

卡规：尺寸公差 $T_1 = 0.003$ mm，$Z_1 = 0.004$ mm

塞规几何公差 $T_P = 0.004/2 = 0.002$(mm)，卡规几何公差 $T_P = 0.003/2 = 0.0015$(mm)

(3) 计算工作量规的极限偏差和工作尺寸。由表 2-10 得：

① ϕ40H8 孔用塞规。

通规(T)：上极限偏差 $= EI + Z_1 + T_1/2 = 0 + 0.006 + 0.002 = +0.008$(mm)

下极限偏差 $= EI + Z_1 - T_1/2 = 0 + 0.006 - 0.002 = +0.004$(mm)

则通规的工作尺寸为　$\phi 40^{+0.008}_{+0.004}$ mm

磨损极限尺寸是工件的最大实体尺寸，即：$\phi 40 + EI = \phi 40$(mm)

止规(Z)：上极限偏差 $= ES = +0.039$ mm

下极限偏差 $= ES - T_1 = +0.039 - 0.004 = +0.035$(mm)

则止规的工作尺寸为　$\phi 40^{+0.039}_{+0.035}$ mm

② ϕ40g7 轴用卡规。

通规(T)：上极限偏差 $= es - Z_1 + T_1/2 = -0.009 - 0.004 + 0.0015 = -0.0115$(mm)

下极限偏差 $= es - Z_1 - T_1/2 = -0.009 - 0.004 - 0.0015 = -0.0145$(mm)

磨损极限尺寸 $= \phi 40 + es = \phi(40 - 0.009) = \phi 39.991$(mm)

则通规的工作尺寸为　$\phi 40^{-0.0115}_{-0.0145}$ mm

止规(Z)：上极限偏差 $= ei + T_1 = -0.034 + 0.003 = -0.031$(mm)

下极限偏差 $= ei = -0.034$ mm

则止规的工作尺寸为　$\phi 40^{-0.031}_{-0.034}$ mm

(4) 画出零件和量规的公差带图，如图 2-26 所示。

(5) 选择量规的结构型式。根据 GB/T 1020—2008《螺纹量规和光滑极限量规型式与尺寸》，分别选择锥柄双头塞规和圆片形单头卡规。

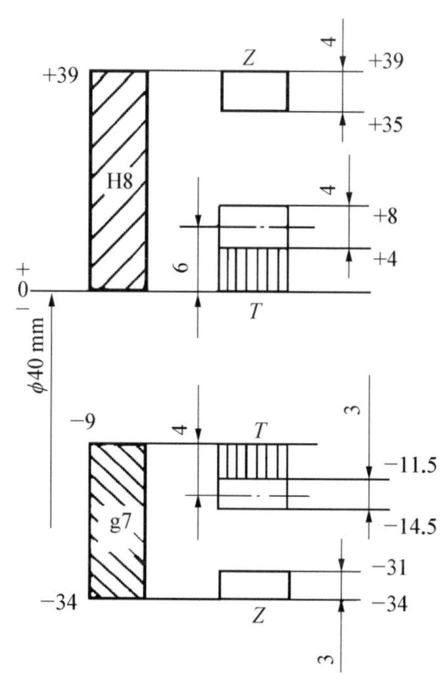

图 2-26　零件与量规的公差带图

(6) 绘制工作量规的工作简图，略。

第3章　几何公差检测

【本章学习目标】

★ 掌握几何公差和几何误差的基本概念；

★ 熟悉几何公差国家标准的基本内容

★ 合理选择几何公差

★ 进行简单零件几何公差的检测

【本章教学要点】

知识要点	能力要求	相关知识
几何公差的基本概念	了解零件几何要素的概念及其分类；正确识别零件几何公差的特征项目和符号	几何误差的产生及影响
常见几何公差的公差带特征	了解各类几何公差带的特征；明确各类几何公差之间的区别与联系；明确各类几何公差的判定原则	基准定义及其分类
公差原则	掌握和公差原则相关基本术语的定义；掌握公差原则的分类、特点及应用	几何公差标准及未注几何公差值的规定
几何公差的选择	根据零部件的装配及性能要求正确选择几何公差项目、公差原则、几何公差值；正确选择基准的部位、数量及顺序	各类公差等级应用举例
几何公差项目的标注方法	掌握被测、基准要素的标注方法；理论正确尺寸的标注	公差值后面要素符号的含义
几何误差的检测	了解几何误差的检测原则；了解常用几何误差的检测器具；能够进行简单零件的几何公差的检测	实际生产中常用的几种检测方法

【导入检测任务】

如图所示上弯针滑杆几何公差检测，图中有ϕ7.26轴圆度、ϕ7.26轴圆柱度、轴D的垂直度、槽宽对孔 A 的垂直度、$\phi3.2$ 孔对孔 A 的平行度、$\phi5.5\text{H7}$ 孔对轴 D 的对称度、$\phi3.2$ 孔对轴 D 的对称度、槽对轴 D 的对称度等的标注，请同学们主要从以下几方面进行学习：

（1）分析图纸，搞清楚精度要求。

（2）理解以上几何公差标注的含义。

（3）选择计量器具，确定测量方案。

（4）填写检测报告与数据处理。

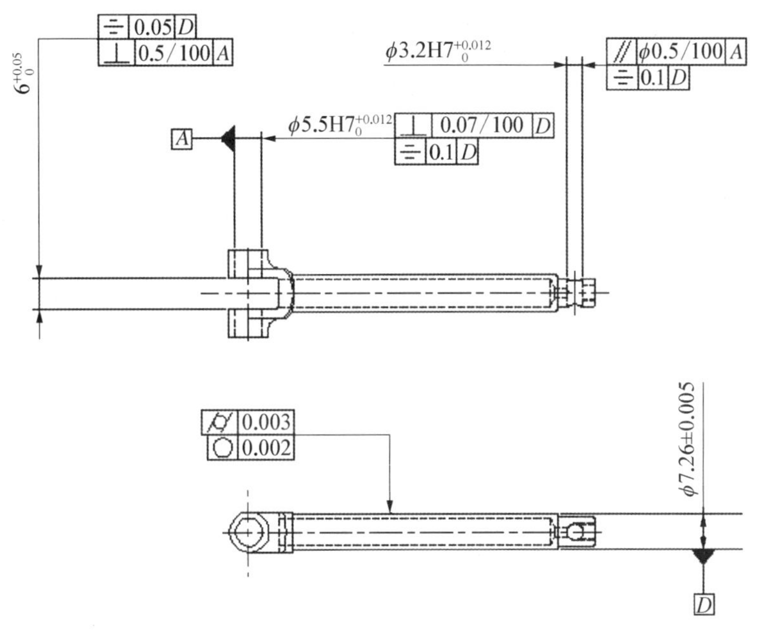

上弯针滑杆几何公差检测

【具体检测过程见实验】

3.1　概述

3.1.1　几何误差的产生及影响

零件在机械加工过程中，由于工艺系统（由机床、夹具、刀具和工件所组成）受力变形、热变形、振动、磨损以及工艺系统本身存在各种误差的影响，不仅使零件产生尺寸误差，同时也会使零件的实际形状及其构成要素之间的位置相对理想的形状和位置产生偏离，即产生形状、方向和位置误差，这种误差简称几何误差。

零件几何误差对其使用性能的影响可归纳为三个方面：

（1）影响零件的功能要求。例如，机床导轨表面的直线度、平面度误差，会影响导轨面上运动部件的运动精度。齿轮箱上各轴承孔的位置误差，将影响齿轮传动的齿面接触精度和齿侧间隙。

(2) 影响零件的配合性质。例如,孔与轴的配合中,由于存在形状误差,对于间隙配合,会使间隙分布不均匀,加快局部磨损,从而降低零件的工作寿命和运动精度;对于过盈配合,则使过盈量各处不一致。

(3) 影响零件的可装配性。例如,轴承盖上各螺钉孔的位置不正确,在用螺钉往机座上紧固时,就有可能影响其装配。

因此,在机械加工中,不但要对零件的尺寸误差加以限制,还必须根据零件的使用要求,并考虑到制造工艺性和经济性,规定出合理的几何误差变动范围,即几何公差,以确保零件的使用性能。

3.1.2 零件的几何要素及分类

任何机械零件都是由点、线、面组合而成的,这些构成零件几何特征的点、线、面称为几何要素,它是几何公差的研究对象。图 3-1 中所示的零件就是由球面、圆锥面、平面、圆柱面、球心、轴线等多种几何要素组成的。

几何要素可从不同角度进行分类。

1. 按几何结构特征划分

(1) 组成要素(轮廓要素):构成零件内外表面的要素称为组成要素。如图 3-1 中的球面、圆锥面、圆柱面、素线、素线和顶尖点等。

(2) 导出要素(中心要素):是指由一个或几个组成要素得到的中心点、中心线或中心面。如图 3-1 中的球心、轴线等均为导出要素。导出要素不能为人们直接感觉到,而是通过相应的组成要素才能体现出来。

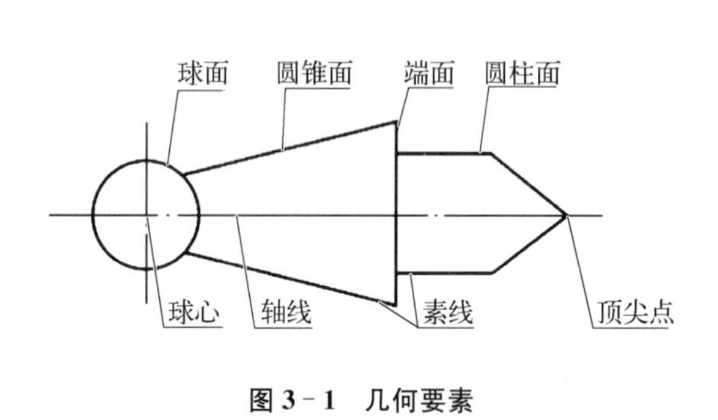

图 3-1 几何要素

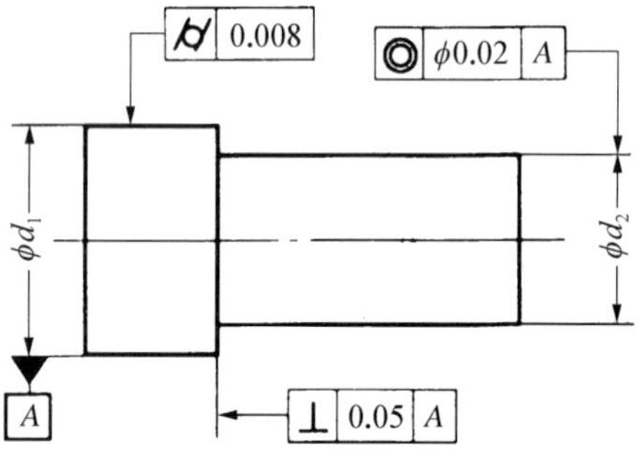

图 3-2 几何要素定义之间的相互关系

2. 按存在状态划分

(1) 理想要素:图样上给定的点、线、面的理想形态即为理想要素。

(2) 实际要素:零件上实际存在的要素,称为实际要素。测量时由测得要素来代替实际要素。

因为零件在加工时不可避免地存在加工误差,所以实际要素是偏离理想要素的。由于测量误差总是客观存在的,故测得要素并非是实际要素的真实情况。

3. 按在几何公差中所处的地位划分

(1) 被测要素:零件图样上给出了形状或位置要求的要素,称为被测要素。被测要素也就是需要研究和测量的要素。如图 3－2 中 ϕd_1 表面、ϕd_2 的轴线与和台阶面均为被测要素。

(2) 基准要素：是用来确定被测要素方向或位置的要素。理想基准要素简称为基准，在图样上标有基准符号或基准代号，如图 3－2 中 ϕd_1 圆柱面的轴线就是基准要素。

4. 按功能关系划分

(1) 单一要素：指仅对被测要素本身给出形状公差要求的要素。如图 3－2 中 ϕd_1 表面就是单一要素。

(2) 关联要素：指与零件上其他要素有功能关系的要素。所谓功能关系，是指要素间具有某种确定的方向和位置关系。如图 3－2 中 ϕd_2 圆柱面的轴线给出了与 ϕd_1 圆柱同轴度的功能要求，此时，ϕd_2 的轴线属关联要素。同理，台阶面相对 ϕd_1 的轴线有垂直度要求，故台阶面也属关联要素。

3.1.3　几何公差的特征项目和符号

国家标准 GB/T 1182—2008《几何公差 形状、方向、位置和跳动公差标注》将几何公差分为形状公差、方向公差、位置公差和跳动公差四大类。因此，几何公差是形状、方向、位置和跳动公差的简称，共包含特征项目符号 19 项，如表 3－1 所列。

表 3－1　几何公差特征项目符号

公差类别	几何特征名称	被测要素	符　号	有无基准
形状公差	直线度	单一要素	—	无
	平面度		⏥	
	圆度		○	
	圆柱度		⌭	
	线轮廓度		⌒	
	面轮廓度		⌓	
方向公差	平行度	关联要素	//	有
	垂直度		⊥	
	倾斜度		∠	
	线轮廓度		⌒	
	面轮廓度		⌓	
位置公差	位置度	关联要素	⌖	有或无
	同心度(用于中心点)		◎	有
	同轴度(用于轴线)		◎	
	对称度		⌯	
	线轮廓度		⌒	
	面轮廓度		⌓	
跳动公差	圆跳动	关联要素	↗	有
	全跳动		⌰	

3.2 形状公差

3.2.1 形状公差与公差带

形状公差是用来限制零件本身形状误差的。

形状公差有直线度、平面度、圆度、圆柱度、线轮廓度和面轮廓度(无方向位置要求)6个项目,用形状公差带表示。

形状公差带是限制实际要素变动的区域,零件实际要素在该区域内即为合格。形状公差带包括公差带形状、方向、位置和大小等四因素。其公差值用公差带的宽度或直径来表示,而公差带的形状、方向、位置和大小则随要素的几何特征及功能要求而定。形状公差带的特点是不涉及基准,其方向和位置是浮动的。表 3-2 中给出了形状公差带的定义、标注示例和解释。

表 3-2 形状公差带的定义、标注示例和解释

项目	标注示例及解释	公差带定义
直线度	在任一平行于图示投影面的平面内,上平面的提取(实际)线应限定在间距等于 0.05 的两平行线之间 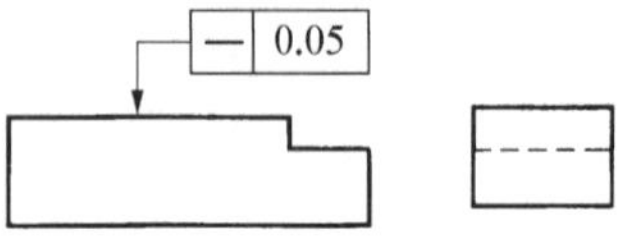	给定平面内和给定方向上,间距等于公差值的两平行直线所限定的区域 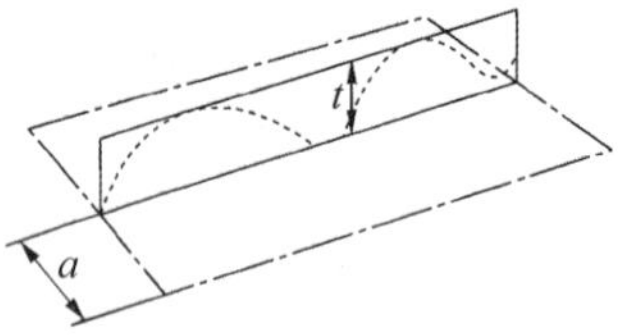 a:任一距离
	提取(实际)的棱边应限定在间距等于 0.1 的两平行平面之间 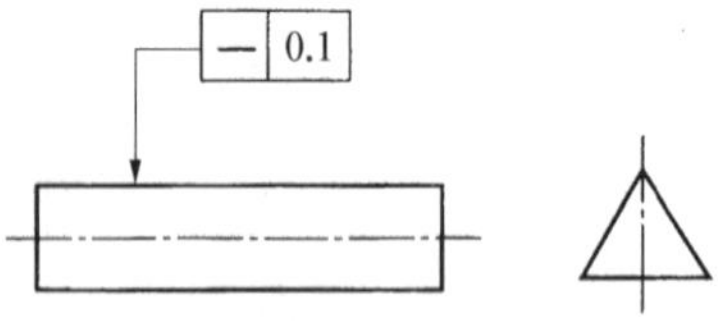	公差带为间距等于公差值 t 的两平行平面所限定的区域 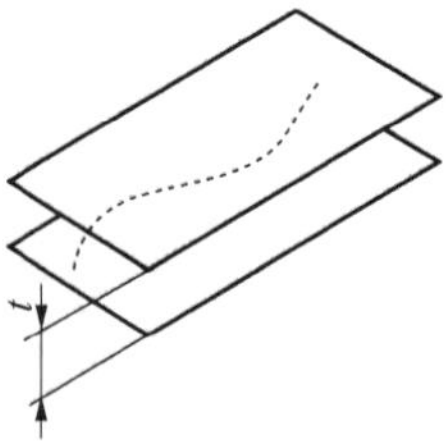
	外圆柱面提取(实际)中心线应限定在直径等于 ϕ0.08 的圆柱面内 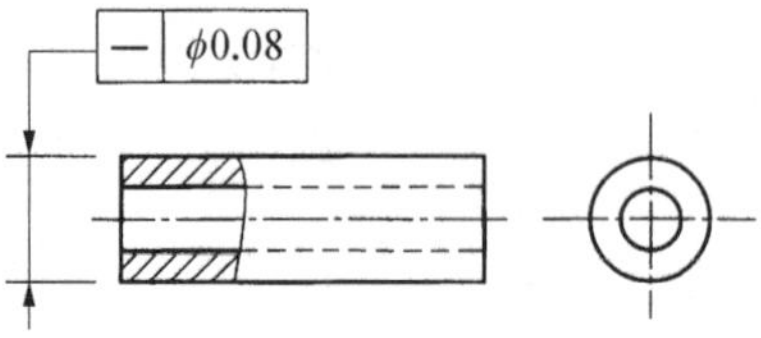	由于公差值前加注了符号 ϕ,公差带为直径等于公差值 ϕt 的圆柱面所限定的区域 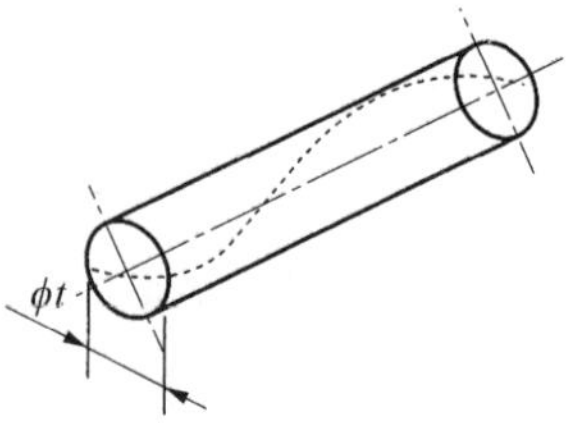

续　表

项目	标注示例及解释	公差带定义
平面度	提取(实际)表面应限定在间距等于 0.08 的两平行平面之间 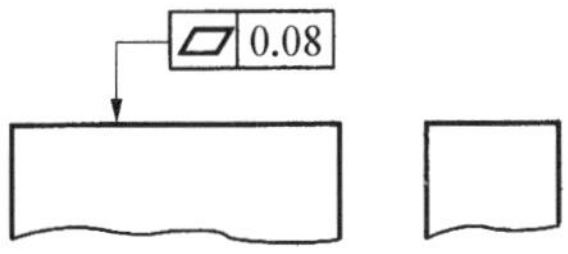 0.08	公差带为间距等于公差值 t 的两平行平面所限定的区域 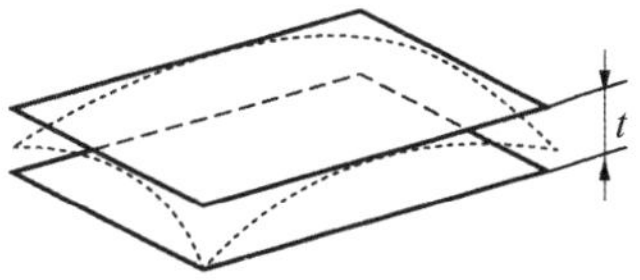 t
圆度	在圆柱面和圆锥面的任意横截面内,提取(实际)圆周应限定在半径差等于 0.03 的两共面同心圆之间 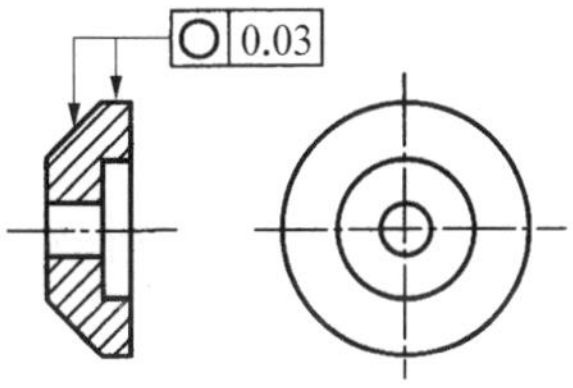 0.03 注:提取圆周的定义尚未标准化	公差带为在给定横截面内,半径差等于公差值 t 的两同心圆所限定的区域。 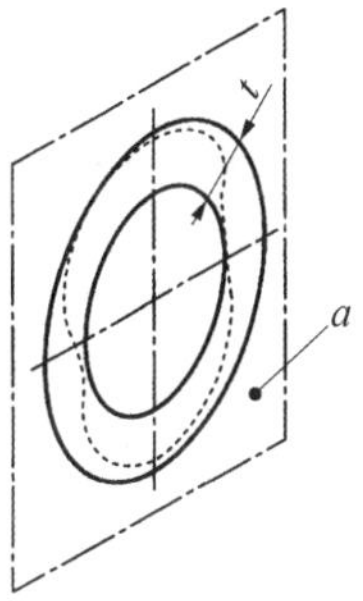 t　a a:任一横截面
圆柱度	提取(实际)圆柱面应限定在半径差等于公差值 0.1 的两同轴圆柱面之间 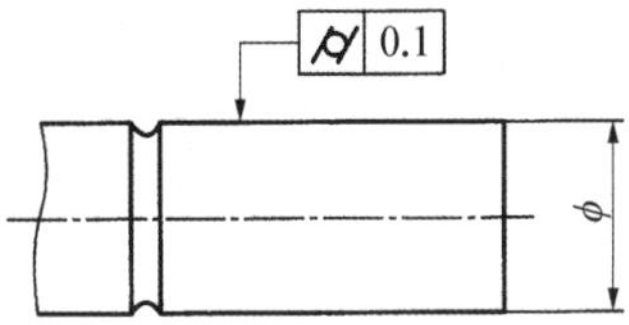 0.1　ϕ	公差带是半径差等于公差值 t 的两同轴圆柱面所限定的区域 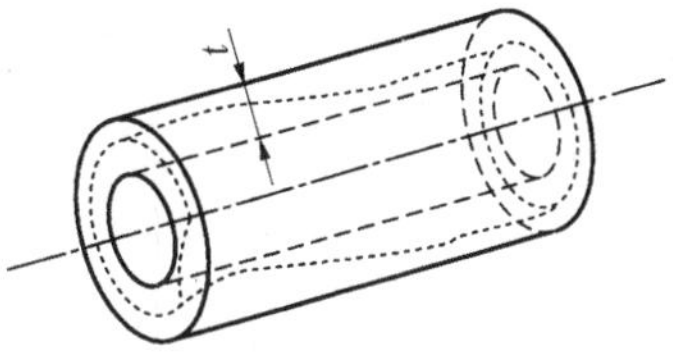 t
无基准的线轮廓度	在任一平行于图示投影面的截面内,提取(实际)轮廓线应限定在直径等于 0.04、圆心位于被测要素理论正确几何形状上的一系列圆的两包络线之间 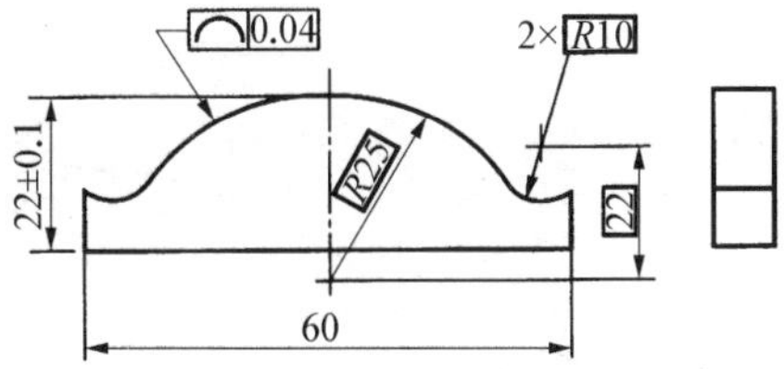 0.04　2×R10　R25　22±0.1　22　60	公差带为直径等于公差值 t、圆心位于具有理论正确几何形状上的一系列圆的两包络线所限定的区域 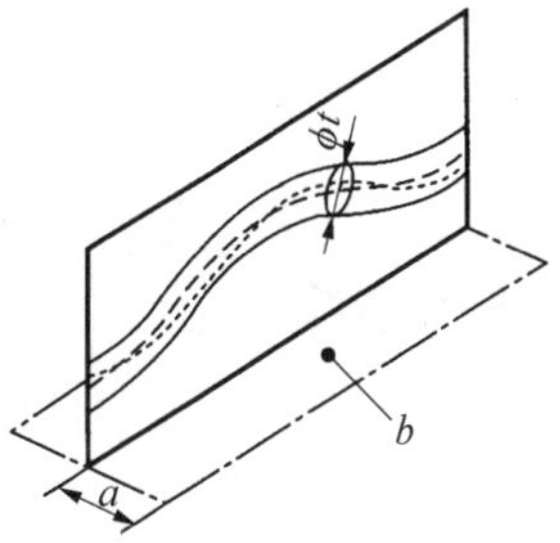 ϕt　b　a a:任一距离;b:垂直于图示所在平面

续 表

项目	标注示例及解释	公差带定义
相对于基准体系的线轮廓度	在任一平行于图示投影平面的截面内，提取(实际)轮廓线应限定在直径等于 0.04、圆心位于由基准平面 A 和基准平面 B 确定的被测要素理论正确几何形状上的一系列圆的两等距包络线之间 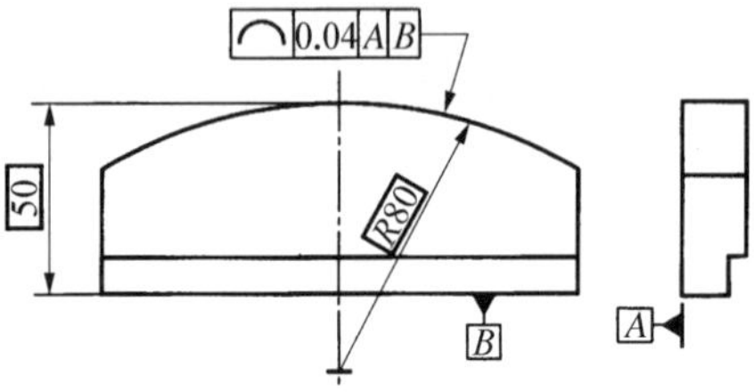	公差带为直径等于公差值 t、圆心位于由基准平面 A 和基准平面确定的被测要素理论正确几何形状上的一系列圆的两包络线所限定的区域 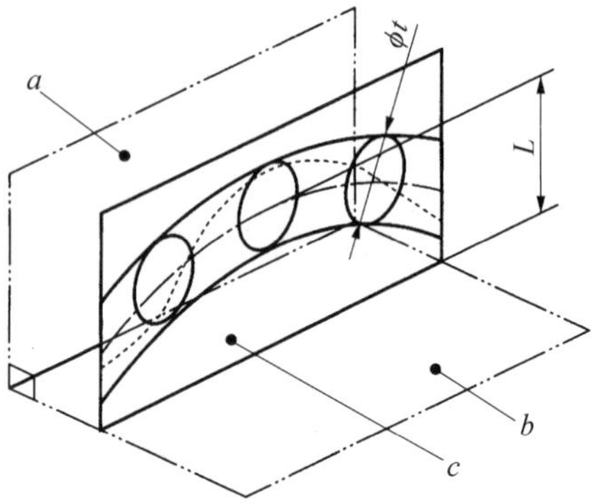 a：基准平面 A_1；b：基准平面 B_1；c：平行于基准 A 的平面
相对于基准的面轮廓度	提取(实际)轮廓面直径等于 0.1、球心位于由基准平面 A 确定的被测要素理论正确几何形状上的一系列圆球的两等距包络面之间 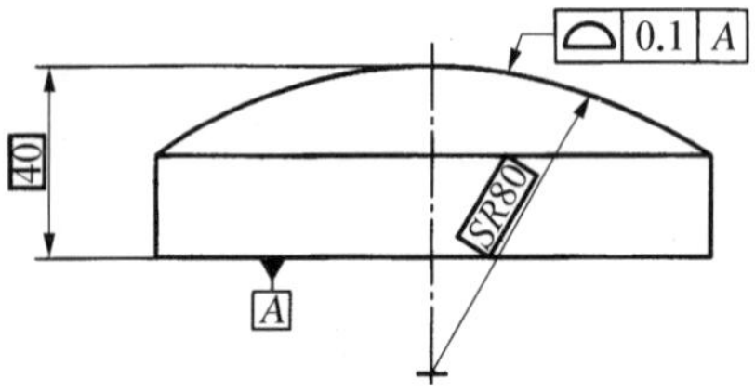	公差带为直径等于公差值 t、球心位于由基准 A 确定的被测要素理论正确几何形状上的一系列圆球的两包络面所限定的区域 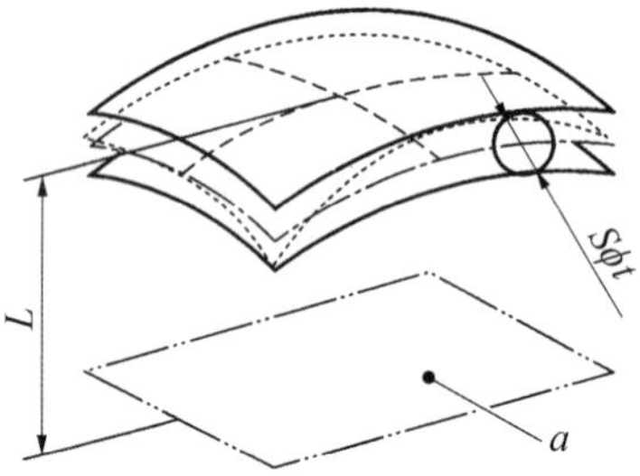 a：基准平面
无基准的面轮廓度	提取(实际)轮廓面应限定在直径等于 0.02、球心位于被测要素理论正确几何形状上的一系列圆球的两等距包络面之间 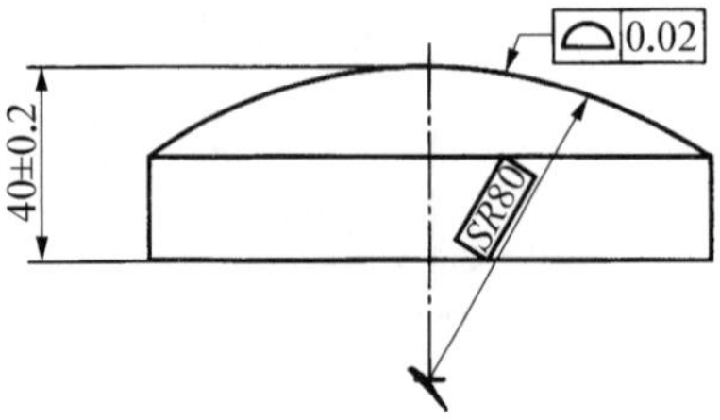	公差带为直径等于公差值 t、球心位于被测要素理论正确形状上的一系列圆球的两包络面所限定的区域 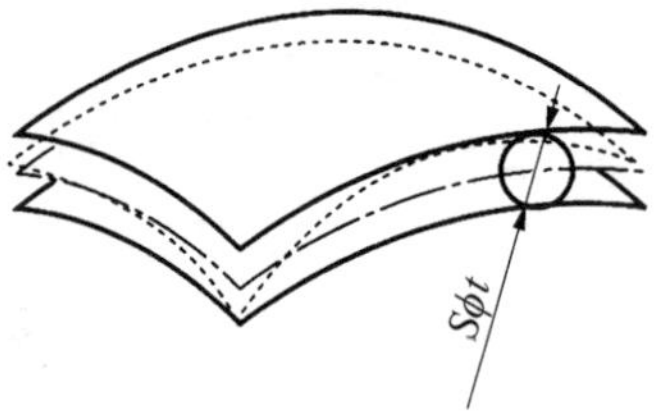

3.2.2　形状误差的评定原则

形状误差是指被测实际要素对其理想要素的变动量。将被测实际要素与理想要素进行比较时，由于理想要素相对于实际要素处于不同位置，所以得到的最大变动量也会不同。为了使形状误差测量值具有唯一性和准确性，国家标准 GB/T 1958 规定，最小条件（最小区域拟合准则）是评定形状误差的基本原则。所谓最小条件，是指被测提取要素相对于理想要素的最大变动量为最小，此时，对被测提取要素评定的误差值为最小。

以直线度误差为例说明最小条件，如图 3－3 所示。评定直线度误差时，理想要素 AB 与被测提取要素接触，h_1，h_2，h_3，…是相对于理想要素处于不同位置 A_1B_1，A_2B_2，A_3B_3，…所得到的各个最大变动量，其中 h_1 为各个最大变动量中的最小值，即 $h_1<h_2<h_3<$…，那么 h_1 就是其直线度误差值。

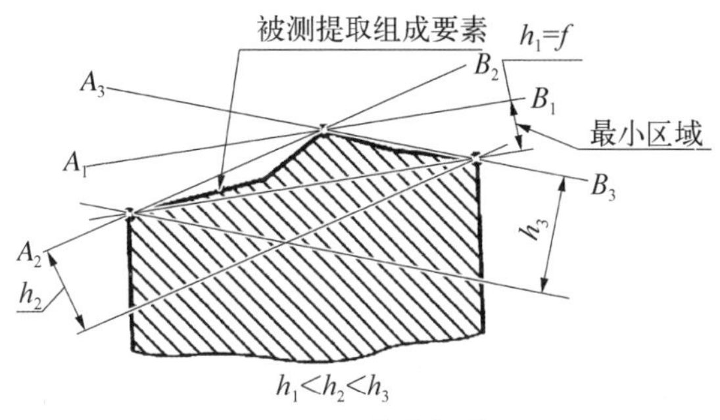

图 3－3　最小条件

形状误差值用最小包容区域（简称最小区域）的宽度或直径表示。最小区域是指包容被测实际要素时，具有最小宽度 h 或直径 h 的包容区域。最小区域的形状与相应的公差带相同。按最小区域评定形状误差的方法称为最小区域法。

3.3　方向、位置和跳动公差

在构成零件的几何要素中，有的要素对其他要素（基准要素）有方向、位置要求。例如，齿轮端面对基准孔轴线有垂直度的要求；机床主轴后轴颈对前轴颈有同轴度的要求。为限制关联要素对基准的方向、位置误差，应按零件的功能要求，规定必要的方向、位置和跳动公差。根据关联要素对基准的功能要求的不同，可以有方向公差、位置公差和跳动公差。

方向、位置和跳动公差是指关联实际要素对基准在方向或位置上所允许的变动全量，它是为了限制方向、位置和跳动误差而设置的。

3.3.1　基准及分类

基准在方向、位置和跳动公差中对被测要素起着定向或定位的作用，也是确定方向、位置和跳动公差带方位的重要依据。评定方向、位置和跳动误差的基准应是基准要素，但基准要素本身也是实际加工出来的，也存在加工误差。为正确评定方向、位置和跳动误差，基准要素的位置应符合最小条件。而在实际检测中测量方向、位置和跳动误差，经常采用模拟法来体现基准，即采用具有足够精确形状的表面来体现基准平面、基准轴线、基准点。例如图 3－4(a)所示以平板表面体现基准平面；图 3－4(b)所示以心轴表面体现基准孔的轴线；图 3－4(c)所示以两顶尖体现基准轴线。

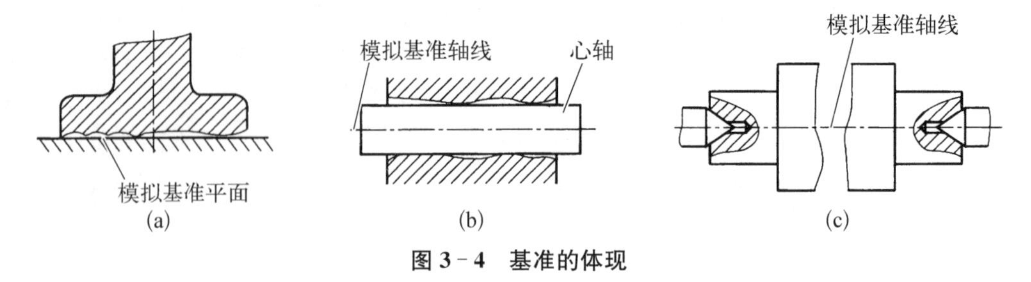

图 3－4　基准的体现

图样上标出的基准通常可分为以下三种。

1) 单一基准

单一基准是指由一个要素建立的基准。如图 3－5 所示为由 ϕD 圆柱轴线建立的基准 A。

2) 组合基准(公共基准)

组合基准是指由两个或两个以上的要素建立成一个独立的基准。如图 3－6 所示为以两端小轴轴线建立起公共基准 A—B，限定大轴 d_2 轴线的同轴度误差。

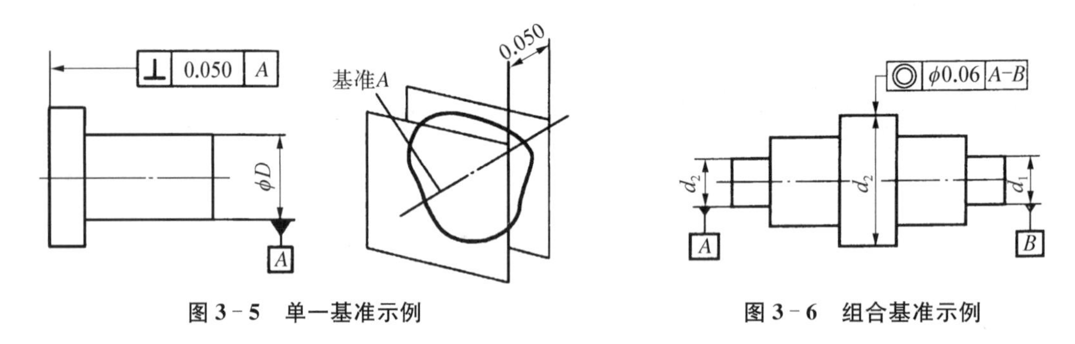

图 3－5　单一基准示例　　**图 3－6　组合基准示例**

3) 基准体系(也称为三基面体系)

在方向、位置和跳动公差中，为了确定被测要素在空间的方向和位置，有时仅指定一个基准是不够的，而要使用由两个或三个单独基准组成的基准体系。三基面体系是由三个互相垂直的平面构成的一个基准体系，如图 3－7 所示。三个基准平面按标注顺序分别

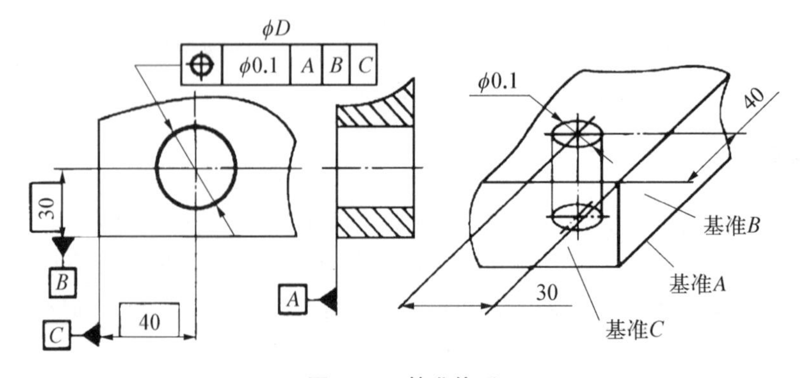

图 3－7　基准体系

称为基准 A 第一基准平面、基准 B 第二基准平面和基准 C 第三基准平面。基准顺序要根据零件的功能要求和结构特征来确定。每两个基准平面的交线构成基准轴线，而三条轴线的交点构成基准点。

3.3.2　方向公差与公差带

方向公差可定义为关联要素对基准在方向上允许的变动全量。方向公差包括平行度、垂直度、倾斜度、有方向要求的线轮廓度和面轮廓度五项。

方向公差带相对基准有确定的方向，具有综合控制被测要素的方向误差和形状误差的功能。在保证使用要求的前提下，对被测要素给出方向公差后，通常不再对该要素提出形状公差要求。若对被测要素的形状有进一步要求时，可再给出形状公差，但形状公差值应小于方向公差值。

方向公差带的定义、标注和解释如表 3－3 所列。

表 3－3　方向公差带定义、标注和解释示例

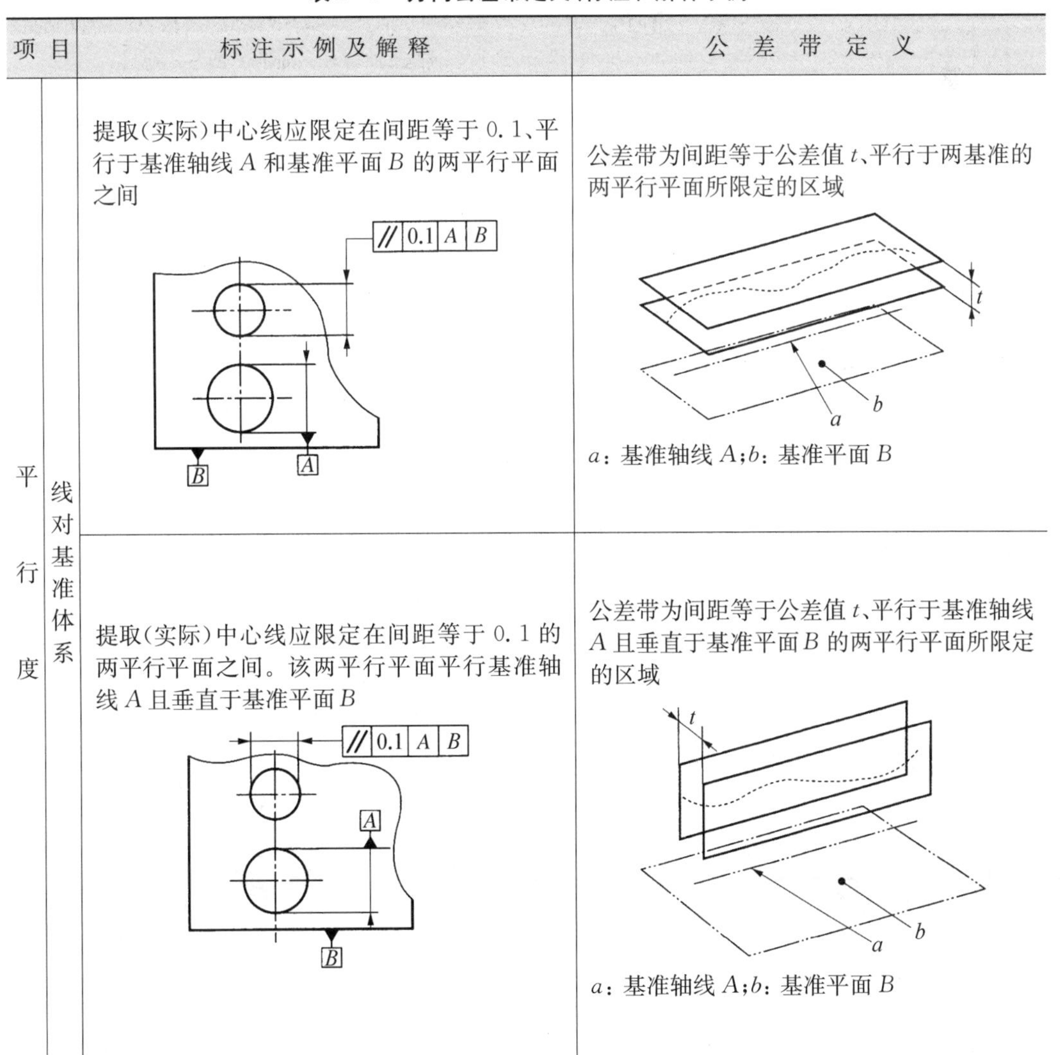

项目		标注示例及解释	公差带定义
平行度	线对基准体系	提取（实际）中心线应限定在间距等于 0.1、平行于基准轴线 A 和基准平面 B 的两平行平面之间 // 0.1 A B	公差带为间距等于公差值 t、平行于两基准的两平行平面所限定的区域 a：基准轴线 A；b：基准平面 B
		提取（实际）中心线应限定在间距等于 0.1 的两平行平面之间。该两平行平面平行基准轴线 A 且垂直于基准平面 B // 0.1 A B	公差带为间距等于公差值 t、平行于基准轴线 A 且垂直于基准平面 B 的两平行平面所限定的区域 a：基准轴线 A；b：基准平面 B

续 表

项目		标注示例及解释	公差带定义
平行度	线对基准体系	提取(实际)中心线应限定在平行于基准轴线 A 和平行或垂直于基准平面 B、间距分别等于公差值 0.1 和 0.2,且相互垂直的两组平行平面之间 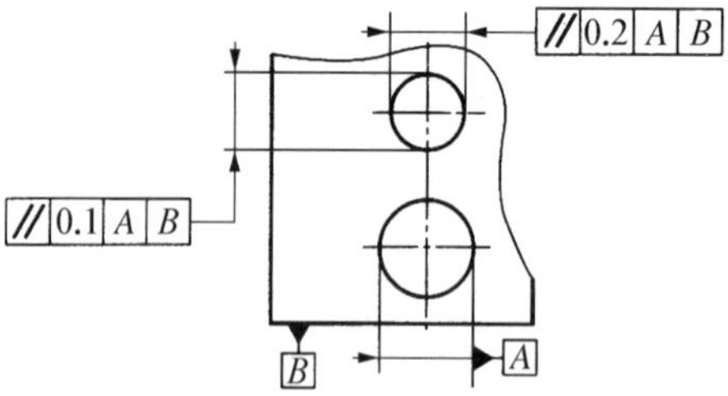 	公差带为平行于基准轴线和平行或垂直于基准平面、间距分别等于公差值 t_1 和 t_2,且相互垂直的两组平行平面所限定的区域 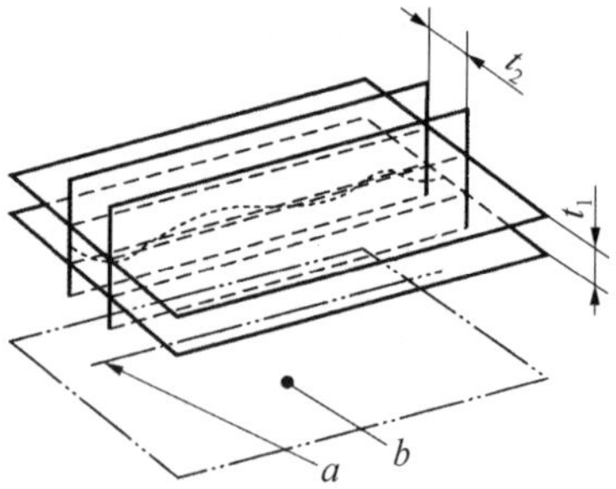 a：基准轴线；b：基准平面
	线对基准线	提取(实际)中心线应限定在平行于基准轴线 A、直径等于 ϕ0.03 的圆柱面内 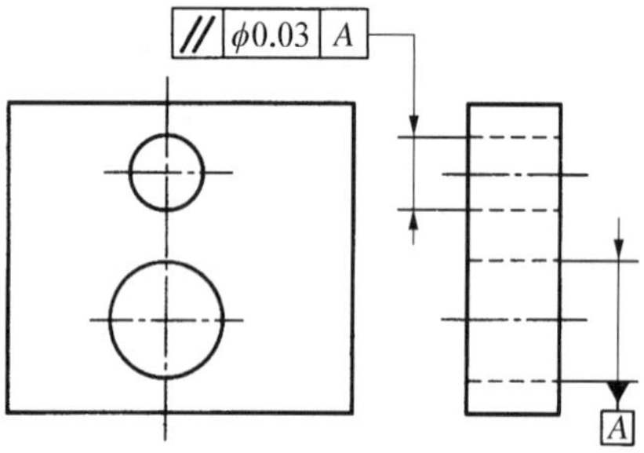 	公差带是距离为公差值 0.01 mm,且平行于基准平面的两平行平面间的区域 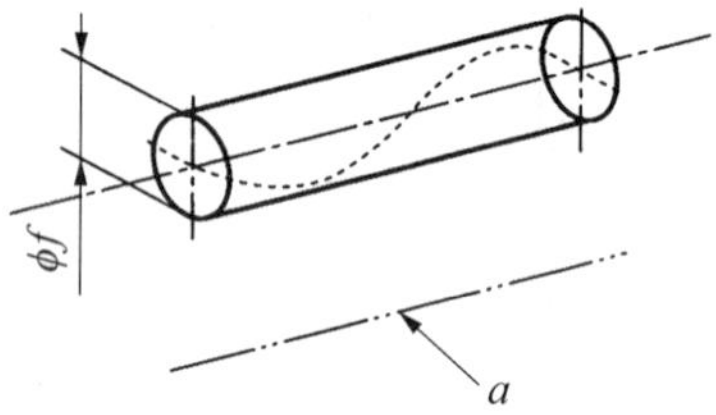 a：基准轴线 A
	线对基准面	提取(实际)中心线应限定在平行于基准平面 B、间距等于 0.01 的两平行平面之间 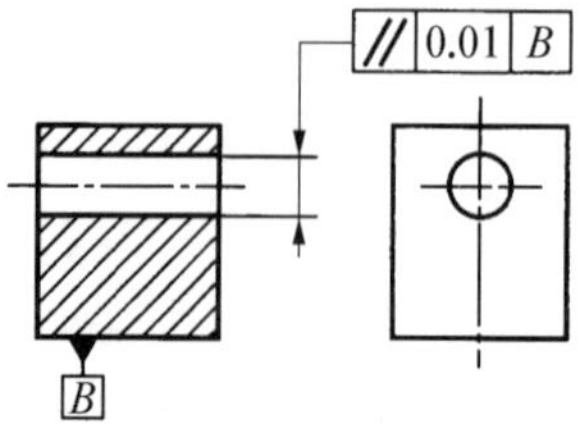 	公差带为平行于基准平面、间距等于公差值 t 的两平行平面所限定的区域 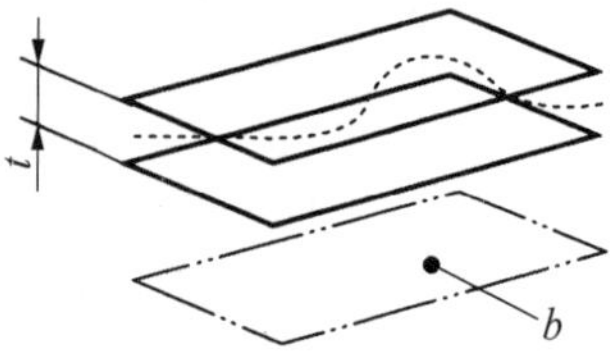 b：基准平面

续　表

项目		标注示例及解释	公差带定义
垂直度	线对基准体系	圆柱面的提取(实际)中心线应限定在间距等于 0.1 的两平行平面之间。该两平行平面垂直于基准平面 A,且平行于基准平面 B 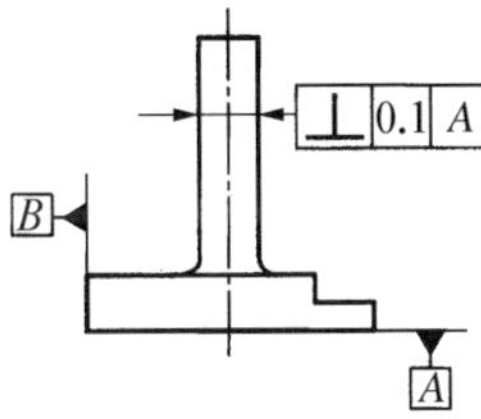	公差带为间距等于公差值 t 的两平行平面所限定的区域。该两平行平面垂直于基准平面 A,且平行于基准平面 B 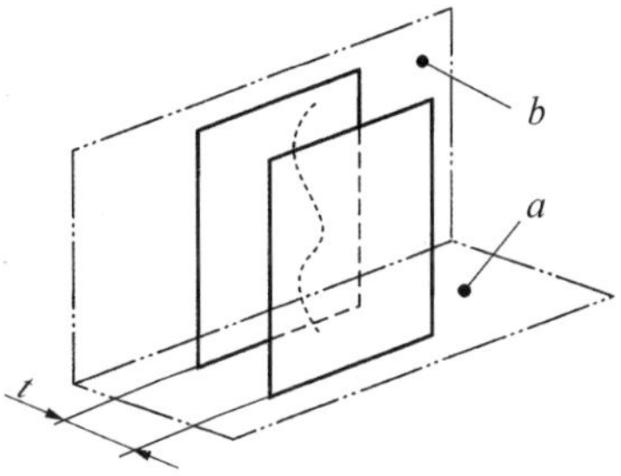 a: 基准平面 A; b: 基准平面 B
		圆柱面的提取(实际)中心线应限定在间距等于 0.1 和 0.2,且相互垂直的两组两平行平面内。该项两组平行平面垂直于基准平面 A 且垂直于或平行于基准平面 B 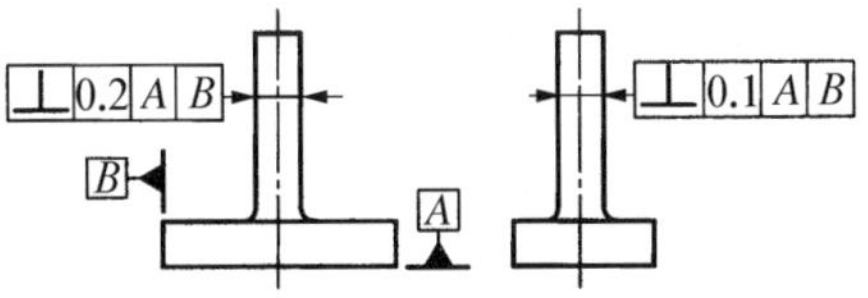	公差带为间距分别等于公差值 t_1 和 t_2,且互相垂直的两组平行平面所限定的区域。该两组平行平面都垂直于基准平面 A。其中一组平行平面垂直于基准平面 B,另一组平行平面平行于基准平面 B 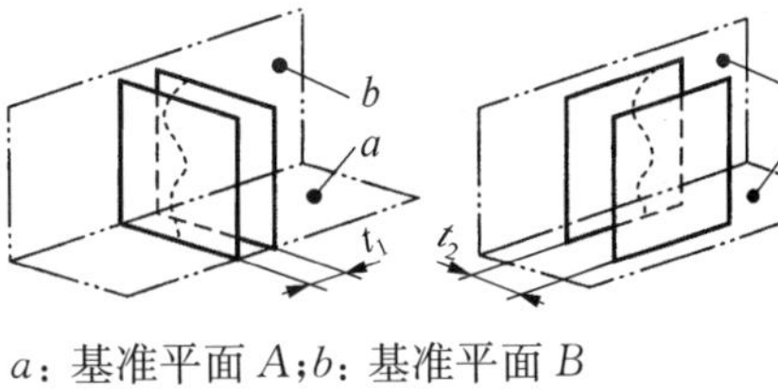 a: 基准平面 A; b: 基准平面 B
	线对基准面	圆柱面的提取(实际)中心线应限定在直径等于 $\phi 0.01$,垂直于基准平面 A 的圆柱面内 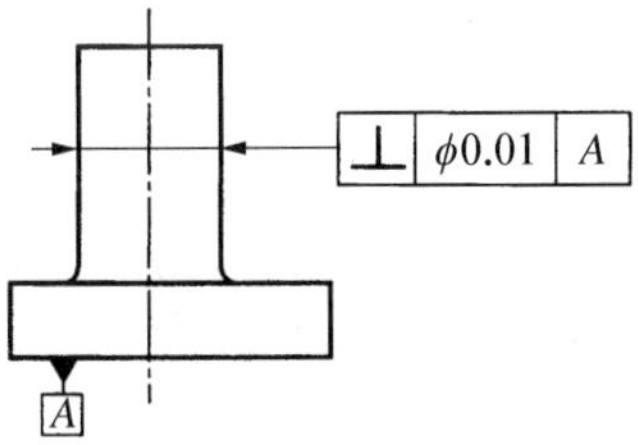	若公差值前加注符号 ϕ,公差带直径等于公差值 ϕt、轴线垂直于基准平面的圆柱面所限定的区域 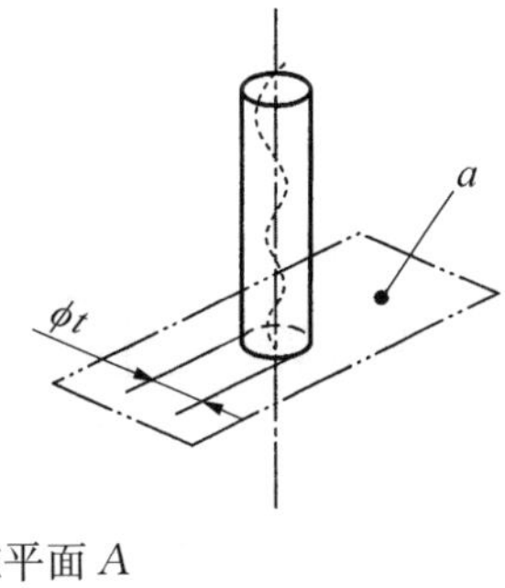 a: 基准平面 A

续 表

项 目		标注示例及解释	公差带定义
垂直度	面对基准线	提取(实际)表面应限定在间距等于 0.08 的两平行平面之间。该两平行平面垂直于基准轴线 A 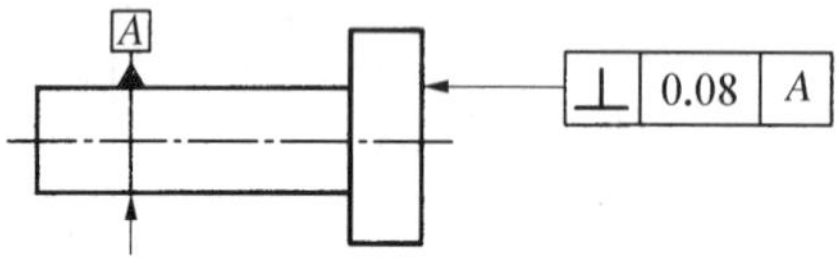	公差带为间距等于公差值 t 且垂直于基准轴线的两平行平面所限定的区域 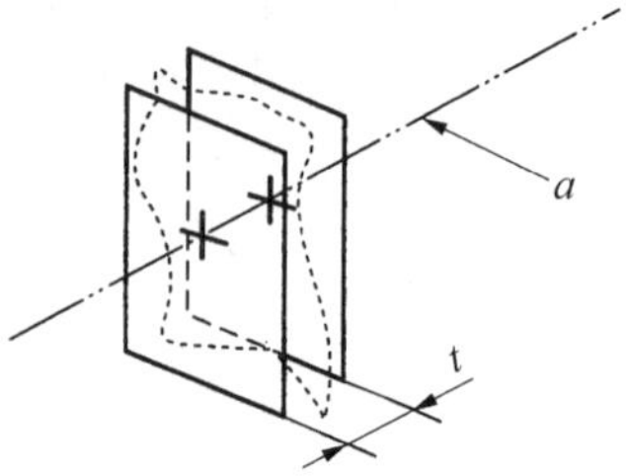 a：基准轴线
	面对基准平面	提取(实际)表面应限定在间距等于 0.08、垂直于基准平面 A 的两平行平面之间 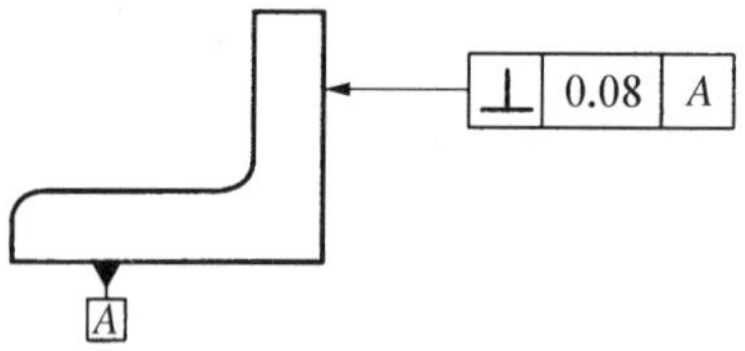	公差带为间距等于公差值 t、垂直于基准平面的两平行平面所限定的区域 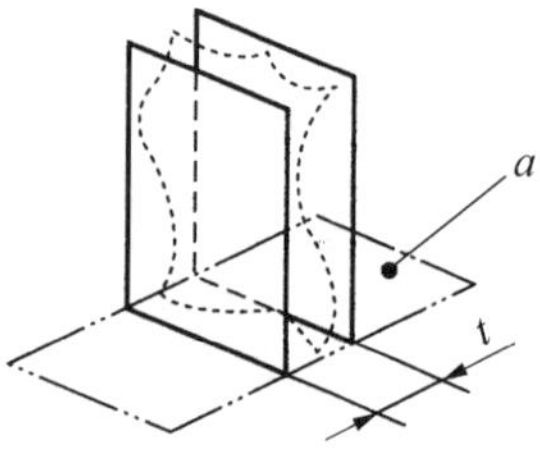 a：基准平面
倾斜度	线对基准线	被测线与基准线在同一平面上 提取(实际)中心线应限定在间距等于 0.08 的两平行平面之间。该两平行平面按理论正确角度 60°倾斜于公共基准轴线 A—B 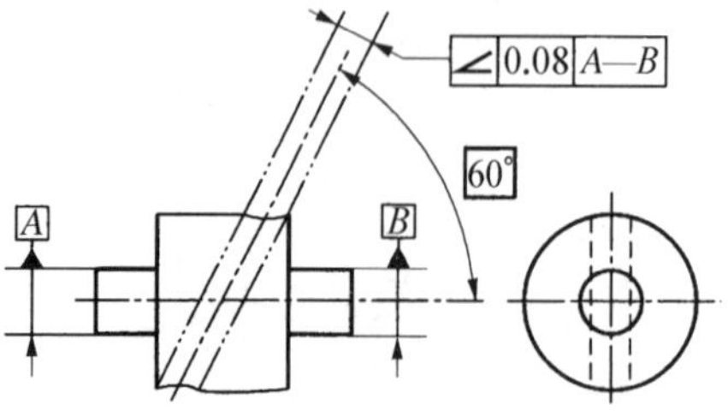	公差带为间距等于公差值 t 的两平行平面所限定的区域。该两平行平面按给定角度倾斜于基准轴线 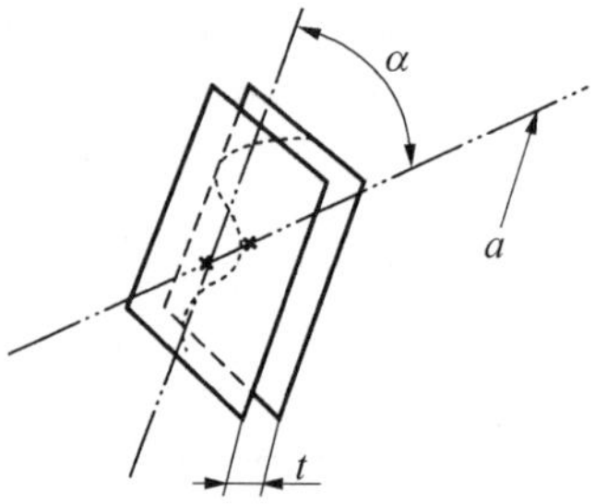 a：基准轴线 A—B

续　表

项目		标注示例及解释	公差带定义
倾斜度	面对基准线	被测线与基准线不在同一平面上 提取(实际)中心线应限定在间距等于 0.08 的两平行平面之间。该两平行平面按理论正确角度 60°倾斜于公共基准轴线 A—B 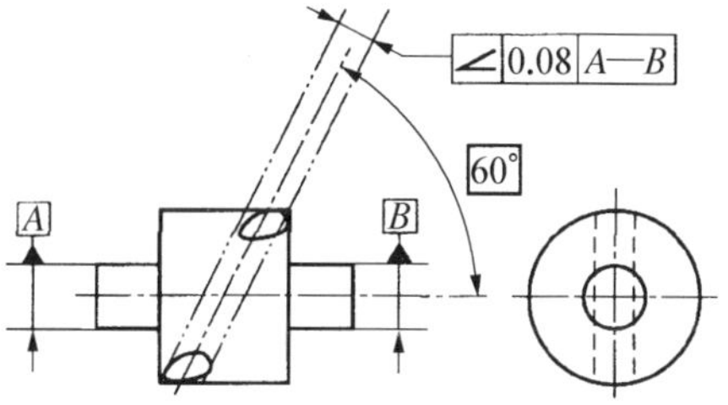	公差带为间距等于公差值 t 的两平行平面所限定的区域。该两平行平面按给定角度倾于基准轴线 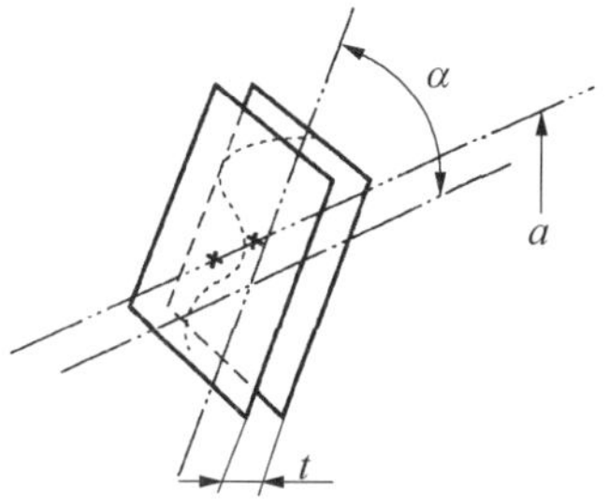 a：公共轴线 A—B
	面对基准面	提取(实际)中心线应限定在间距等于 0.08 的两平行平面之间。该两平行平面按理论正确角度 60°倾斜于基准平面 A 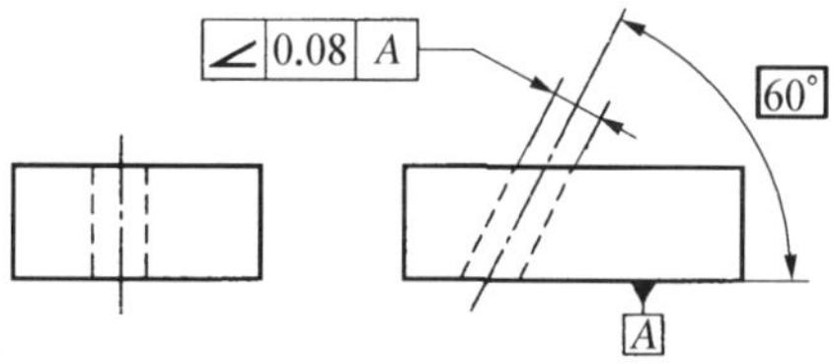	公差带为间距等于公差值 t 的两平行平面所限定的区域。该两平行平面按给定角度倾斜于基准平面 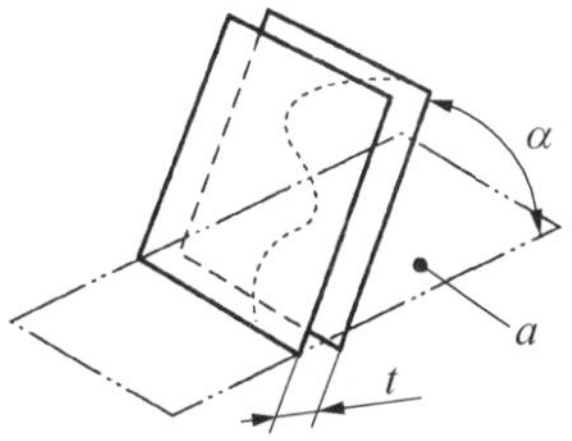 a：基准平面 A
		提取(实际)中心线应限定在直径等于 ϕ0.1 的圆柱面内。该圆柱面的中心线按理论正确角度 60°倾斜于基准平面 A 且平行于基准平面 B 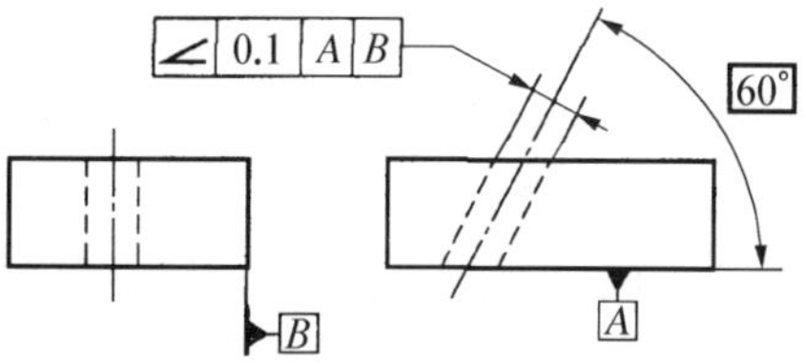	公差值前加注符号 ϕ，公差带的直径等于 ϕt 的圆柱面所限定的区域。该圆柱面公差带的轴线按给定角度倾斜于基准平面 A 且平行于基准平面 B 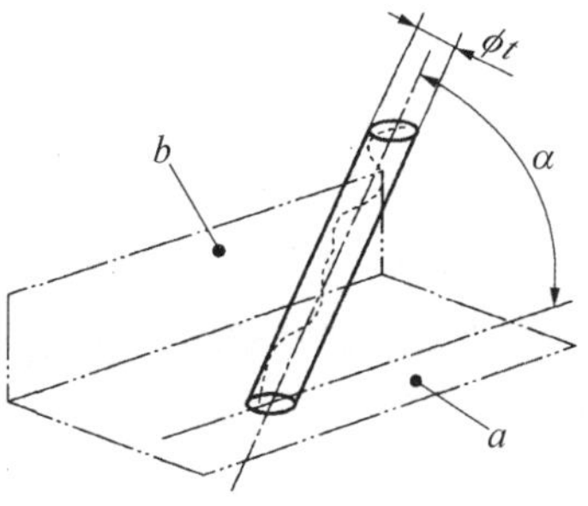 a：基准平面 A；b：基准平面 B

续 表

项目		标注示例及解释	公差带定义
倾斜度	线对基准线	提取(实际)表面应限定在间距等于 0.1 的两平行平面之间。该两平行平面按理论正确角度 75°倾斜于基准轴线 A 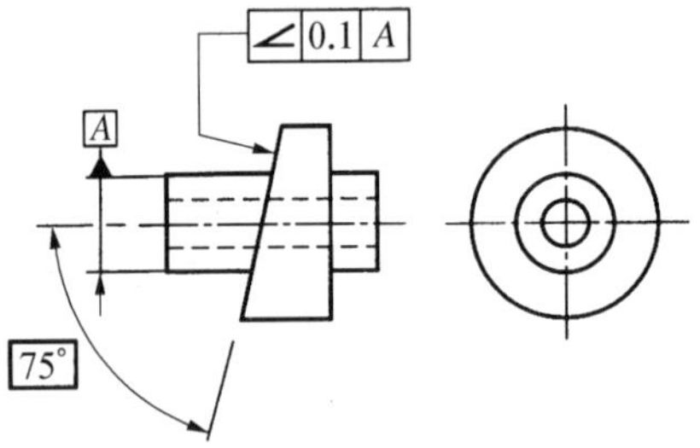	公差带为间距等于公差值 ϕt 的两平行平面所限定的区域。该两平行平面按给定角度倾斜于基准轴线 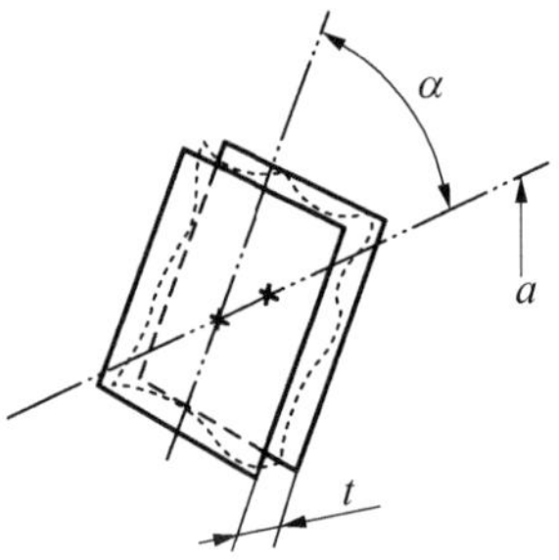 a：基准轴线
	线对基准面	提取(实际)表面应限定在间距等于 0.08 的两平行平面之间。该两平行平面按理论正确角度 40°倾斜于基准平面 A 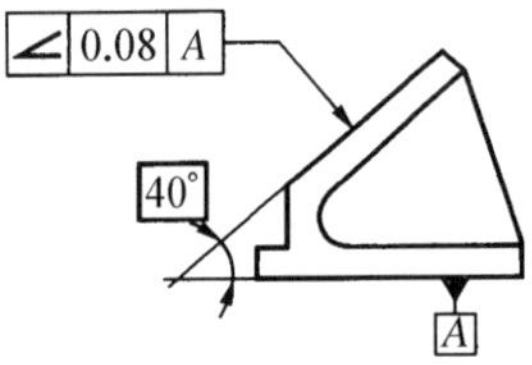	公差带为间距等于公差值 t 的两平行平面所限定的区域。该两平行平面按给定角度倾斜于基准平面 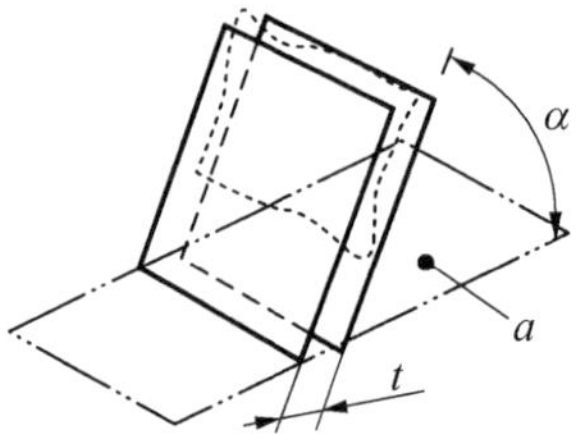 a：基准平面 A

3.3.3 位置公差与公差带

位置公差是指关联要素对基准在位置上允许的变动全量。位置公差包括同心度、同轴度、对称度、位置度、有位置要求的线轮廓度和面轮廓度六种。

位置公差带相对基准有确定的位置，具有综合控制被测要素的位置、方向和形状的功能。在满足使用要求的前提下，对被测要素给出位置公差后，通常对该要素不再给出方向公差和形状公差。若对方向和形状有进一步的要求，则可另行给出方向或形状公差，但其数值应小于位置公差值。

位置公差带的定义、标注示例和解释如表 3-4 所列。

表 3-4　位置公差带的定义、标注示例和解释

项 目		标注示例及解释	公 差 带 定 义
同心度和同轴度	点的同心度	在任意横截面内，内圆的提取（实际）中心应限定在直径等于 ϕ0.1，以基准点 A 为圆心的圆周内 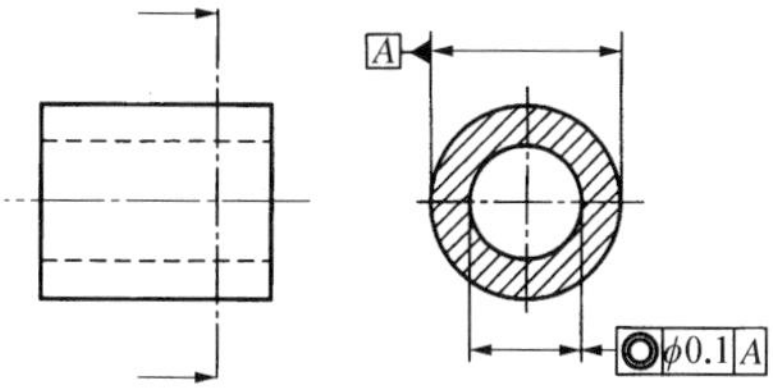	公差值前标注符号 ϕ，公差带为直径等于公差值 ϕt 的圆周所限定的区域。该圆周的圆心与基准点重合 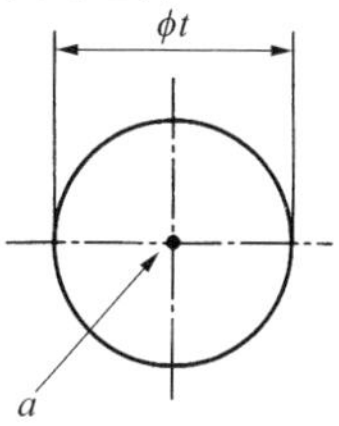 a：基准点 A
	轴线的同轴度	大圆柱面的提取（实际）中心线应限定在直径等于 ϕ0.08、以公共基准轴线 $A-B$ 为轴线的圆柱面内［如图(a)所示］ 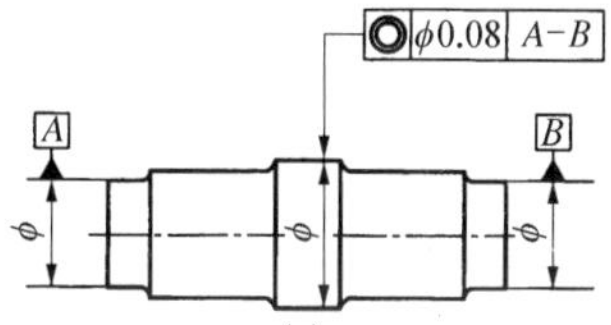 (a) 大圆柱面的提取（实际）中心线应限定在直径等于 ϕ0.1、以基准轴线 A 为轴线的圆柱面内［如图(a)所示］。 大圆柱面的提取（实际）中心线应限定在直径等于 ϕ0.1、以垂直于基准平面 A 的基准轴线 B 为轴线的圆柱面内［如图(b)所示］ 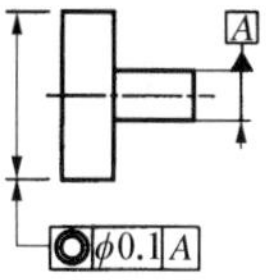 (b) 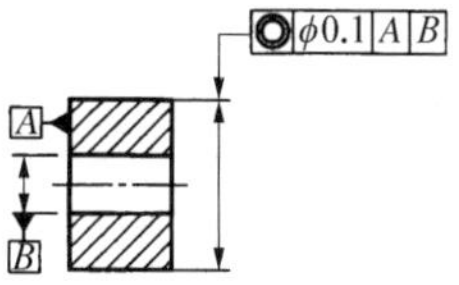　(c)	公差值前标注 ϕ，公差带为直径等于公差值 ϕt 的圆柱面所限定的区域。该圆柱面的轴线与基准轴线重合 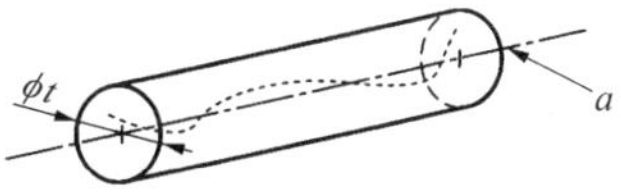 a：基准轴线
中心平面的对称度		提取(实际)中心面应限定在间距等于 0.08、对称于基准中心平面 A 的两平行平面之间［如图(a)所示］ 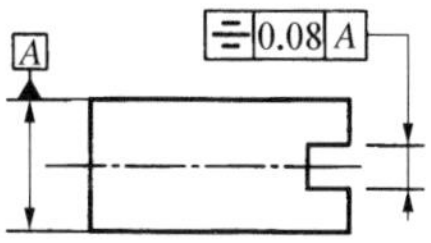 (a) 提取(实际)中心面应限定在间距等于 0.08、对称于公共基准中心平面 $A—B$ 的两平行平面之间［如图(b)所示］ 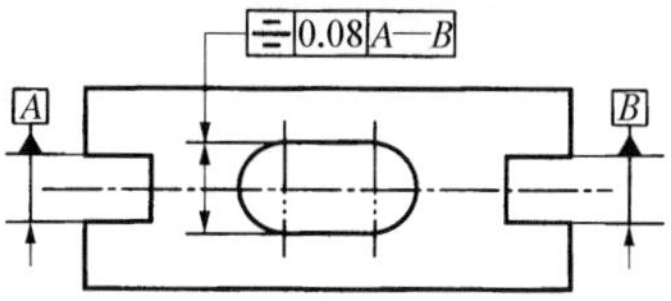 (b)	公差带为间距等于公差值 t，对称于基准中心平面的两平行平面所限定的区域 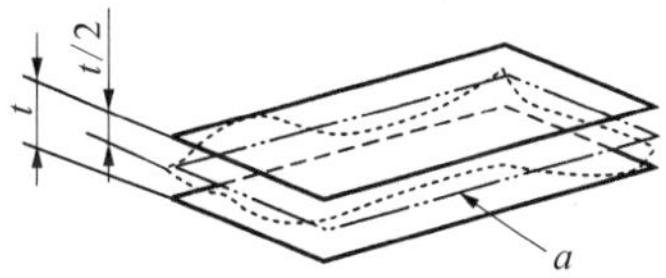 a：基准中心平面

续 表

项目		标注示例及解释	公差带定义
位置度	点的位置度	提取(实际)球心应限定在直径等于 $S\phi0.3$ 的圆球面内,该圆球面的中心由基准平面 A、基准平面 B、基准中心平面 C 和理论正确尺寸 30、25 确定 注：提取(实际)球心的定义尚未标准化。 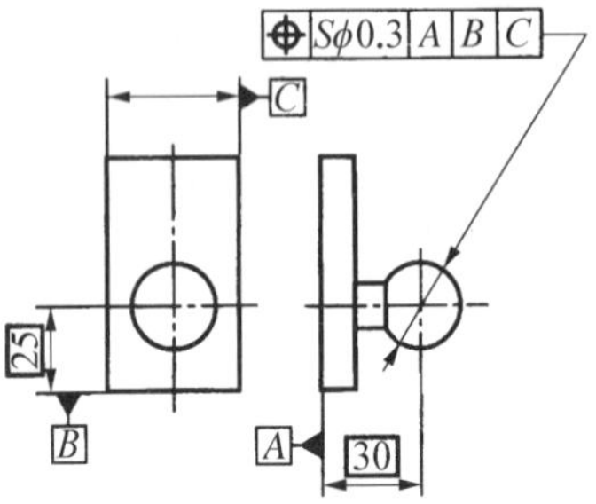	公差值前加注 $S\phi$,公差带为直径等于公差值 $S\phi t$ 的圆球面所限定的区域。该圆球面中心的理论正确位置由基准 A、B、C 和理论正确尺寸确定 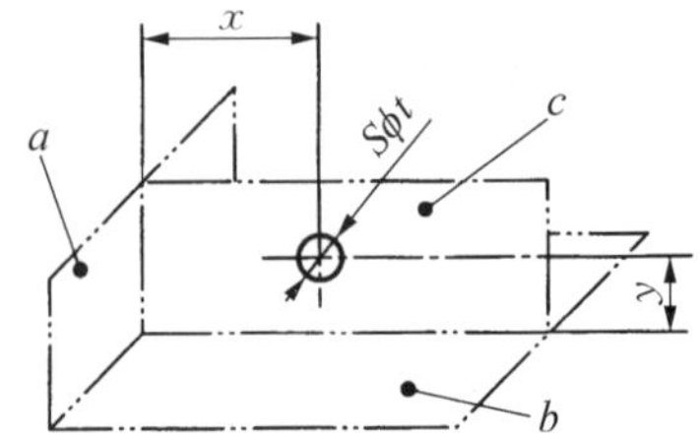 a：基准平面 A;b：基准平面 B;c：基准平面 C
	线的位置度	各条刻线的提取(实际)中心线应限定在间距等于 0.1、对称于基准 A、B 和理论正确尺寸 25、10 确定的理论正确位置的两平行平面之间 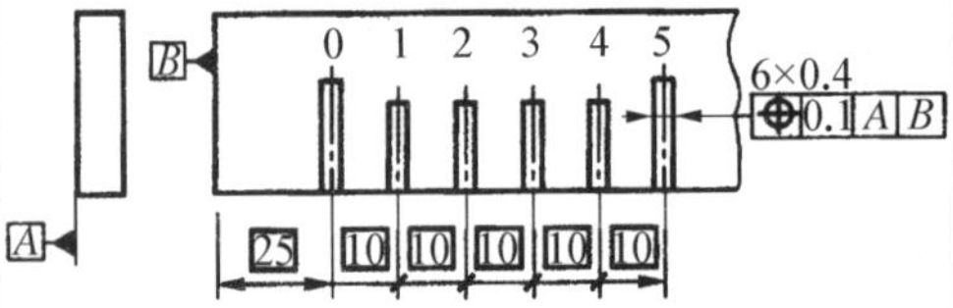	给定一个方向的公差时,公差带为间距等于公差 t、对称于线的理论正确位置的两平行平面所限定的区域。线的理论正确位置由基准平面 A、B 和理论正确尺寸确定。公差只在一个方向给定 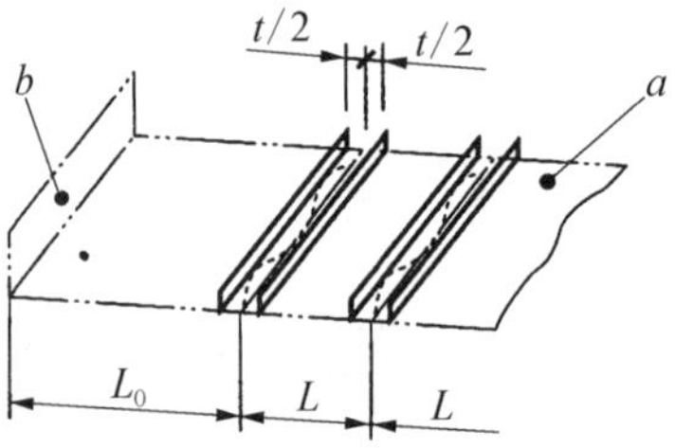 a：基准平面 A;b：基准平面 B
		各孔的测得(实际)中心线在给定方向上应各自限定在间距等于 0.05 和 0.2,且相互垂直的两对平行平面内。每对平行平面对称于由基准平面 C、A、B 和理论正确尺寸 20、15、30 确定的各孔轴线的理论正确位置 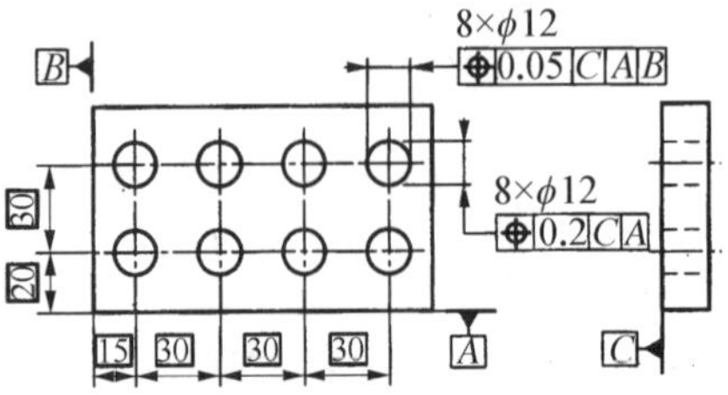	给定两个方向的公差时,公差带为间距分别等于公差值 t_1 和 t_2、对称于线的理论正确(理想)位置的两对相互垂直的平行平面所限定的区域。线的理论正确位置由平面 C、A 和 B 及理论正确尺寸确定。该公差在基准体系的两个方向上给定 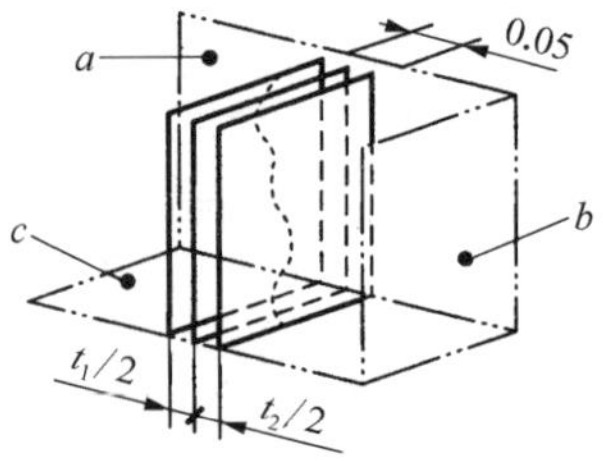

续　表

项　目		标注示例及解释	公　差　带　定　义
位置度			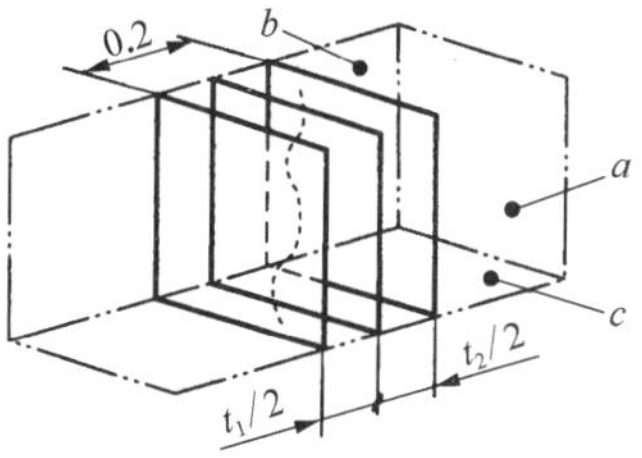 a：基准平面 A；b：基准平面 B；c：基准平面 C
	线的位置度	提取(实际)中心线应限定在直径等于 $\phi 0.08$ 的圆柱面内。该圆柱面的轴线的位置应处于由基准平面 C、A、B 和理论正确尺寸 100、68 确定的理论正确位置上[如图(a)所示] 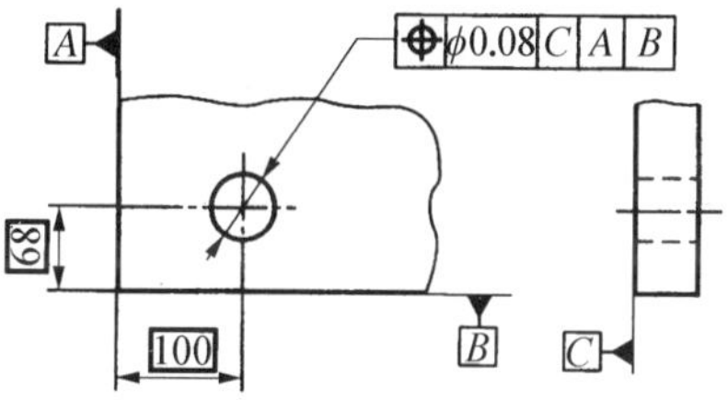 (a) 各提取(实际)中心线应各自限定在直径等于 $\phi 0.1$ 的圆柱面内。该圆柱面的轴线的位置应处于由基准平面 C、A、B 和理论正确尺寸 20、15、30 确定的各孔轴线的理论正确位置上[如图(b)所示] 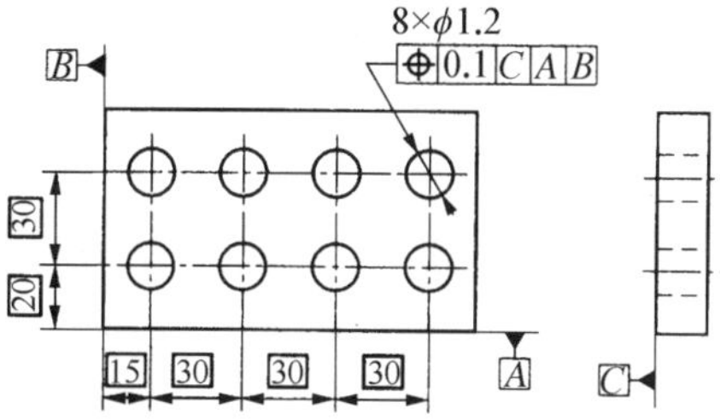 (b)	公差值前加注符号 ϕ，公差带为直径等于公差值 ϕt 的圆柱面限定的区域。该圆柱面的轴线的位置由基准平面 C、A、B 和理论正确尺寸确定 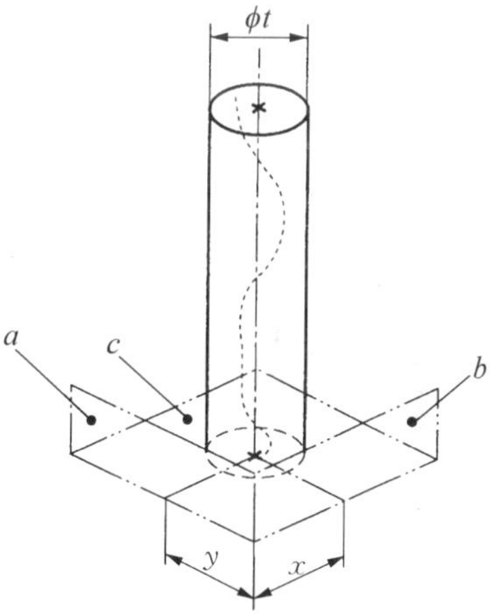 a：基准平面 A；b：基准平面 B；c：基准平面 C
	轮廓平面或中心平面的位置度	提取(实际)表面应限定在间距等于 0.05、且对称于被测面的理论正确位置的两平行平面之间。该两平行平面对称于由基准平面 A、基准轴线 B 和理论正确尺寸 15、105°确定的被测面的理论正确位置[如图(a)所示]	公差带为间距等于公差值 t，且对称于被测面理论正确位置的两平行平面所限定的区域。面的理论正确位置由基准平面、基准轴线和理论正确尺寸确定

续　表

项目		标注示例及解释	公差带定义
位置度	轮廓平面或中心平面的位置度	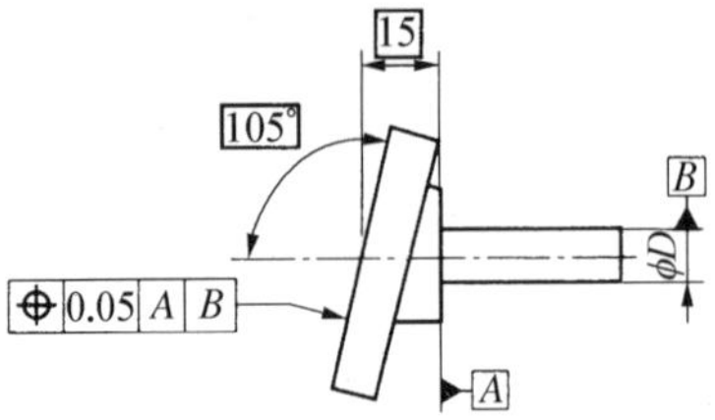 (a) 提取(实际)中心面应限定在间距等于 0.05 的两平行平面之间。该两平行平面对称于由基准轴线 A 和理论正确角度 45°确定的各被测面的理论正确位置[如图(b)所示] 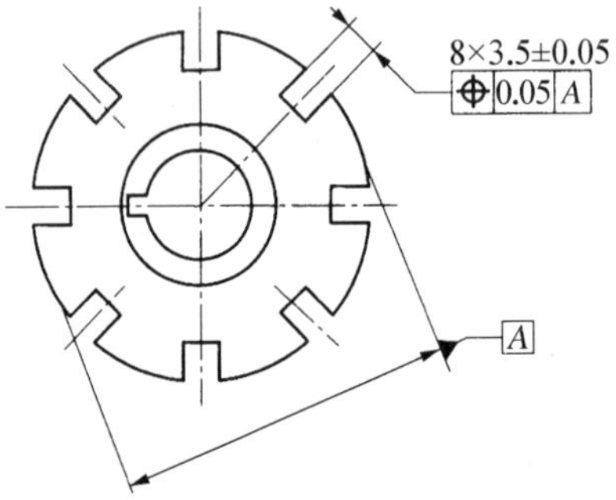 (b) 注：有关 8 个缺口之间理论正确角度的默认规定见 GB/T 13319	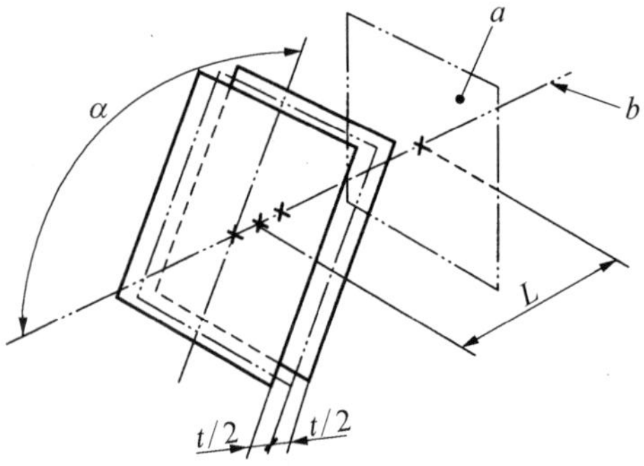 a：基准平面；b：基准轴线

3.3.4　跳动公差与公差带

跳动公差分为圆跳动公差和全跳动公差。

1）圆跳动公差

被测要素：圆柱面、圆锥面和端面

基准要素：轴线

圆跳动公差：是指被测要素相对于基准要素回转一周，同时测头相对于基准不动，所获得的指示表最大、最小值之差即为最大变动量。圆跳动公差分为径向圆跳动公差、轴向圆跳动公差和斜向圆跳动公差。

2）全跳动公差

被测要素：圆柱面和端面

基准要素：轴线

全跳动公差：是指被测要素相对于基准要素回转多周，同时测头相对于基准移动，所获得的指示表最大、最小值之差即为最大变动量。全跳动公差分为径向全跳动公差和轴向全跳动公差。

表 3－5 列出了跳动公差带的定义、标注示例和解释。

表 3－5　跳动公差带的定义、标注示例和解释

项目		标注示例及解释	公差带定义
圆跳动	径向圆跳动	在任一垂直于基准 A 的横截面内，提取（实际）圆应限定在半径差等于 0.8，圆心在基准轴线 A 上的两同心圆之间[如图(a)所示] 在任一平行于基准平面 B，垂直于基准轴线 A 的截面上提取（实际）圆应限定在半径差等于 0.1，圆心在基准轴线 A 上的两同心圆之间[如图(b)所示] 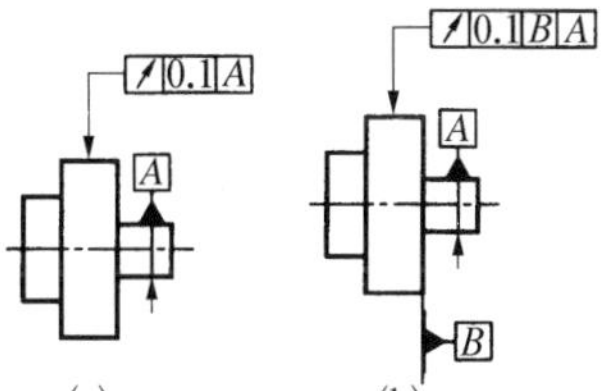 (a)　(b) 在任一垂直于公共基准轴线 $A—B$ 的横截面内，提取（实际）圆应限定在半径差等于 0.1，圆心在基准轴线 $A—B$ 上的两同心圆之间[如图(a)所示] 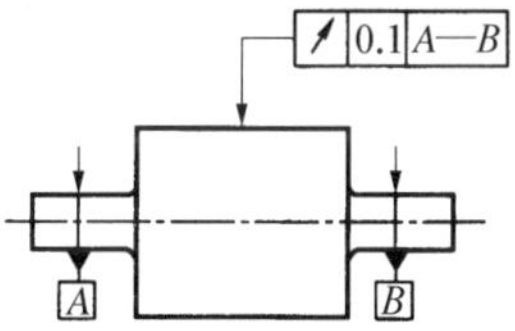 (a) 在任一垂直于基准轴线 A 的横截面内，提取（实际）圆弧应限定在半径差等于 0.2，圆心在基准轴线 A 上的两同心圆弧之间[如图(b)所示] 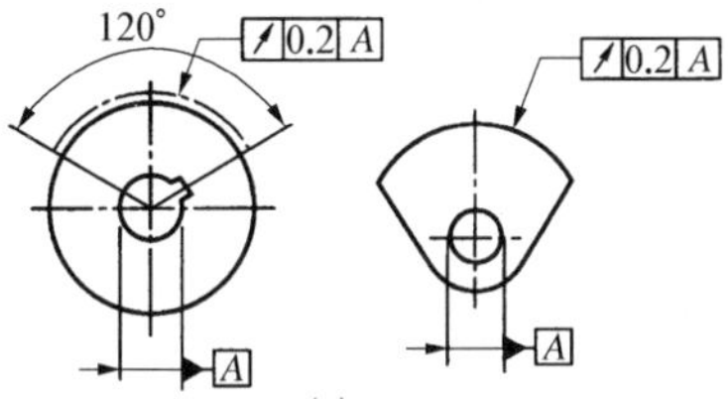 (b) 圆跳动通常适用于整个要素，但亦可规定只适用于局部要素的某一指定部分	公差带为在任一垂直于基准轴线的横截面内，半径差为公差值 t，圆心在基准轴线上的两个同心圆所限定的区域 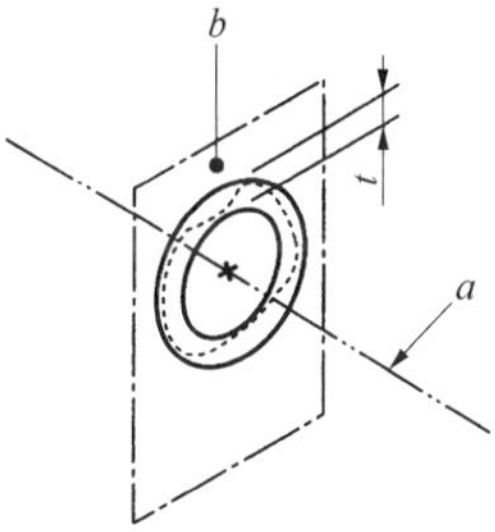 a：基准轴线；b：横截面
	轴向圆跳动	在与基准轴线 D 同轴的任一圆柱形截面上，提取（实际）圆应限定在轴向距离等于 0.1 的两个等圆之间[如图(a)所示] 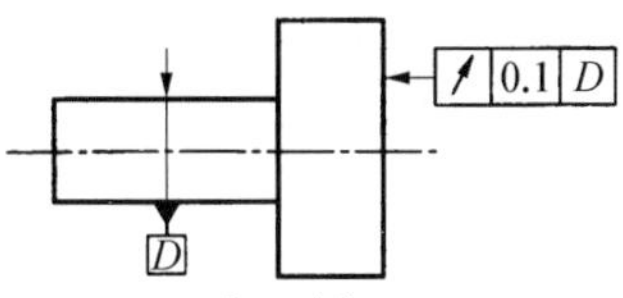 (a)	公差带为与基准轴线同轴的任一半径的圆柱截面上，间距等于公差值 t 的两圆所限定的圆柱面区域 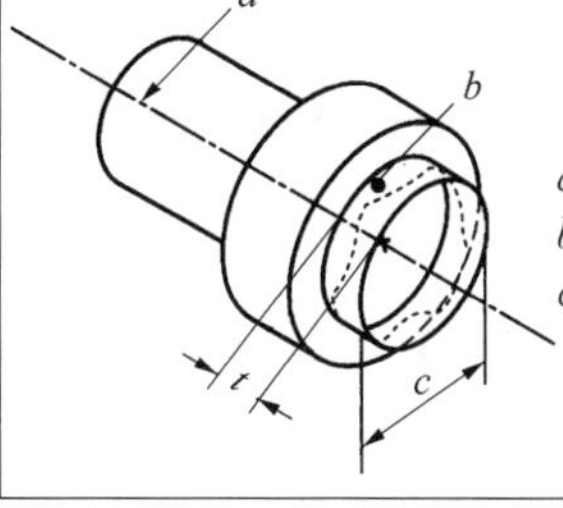 a：基准轴线； b：公差带； c：任一圆柱截面

续 表

项 目		标注示例及解释	公差带定义
圆跳动	斜向圆跳动	在与基准轴线 C 同轴的任一圆锥截面上，提取(实际)线应限定在素线方向间距等于 0.1 的两个不等圆之间[如图(a)所示] 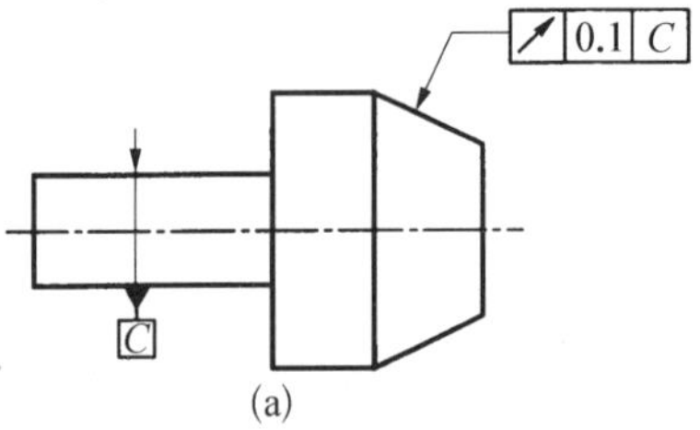 (a) 当标注公差的素线不是直线时，圆锥截面的锥角要随所测圆的实际位置而改变[如图(b)所示] 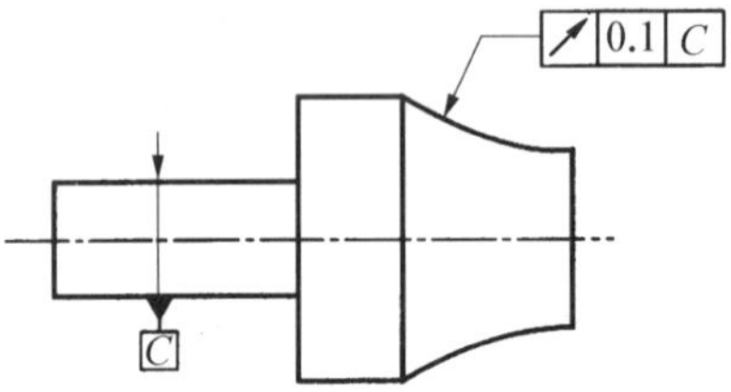 (b)	公差带为与基准轴线同轴的某一圆锥截面上，间距等于公差值 t 的两圆所限定的圆锥面区域。 除非另有规定，测量方向应沿被测表面的法向 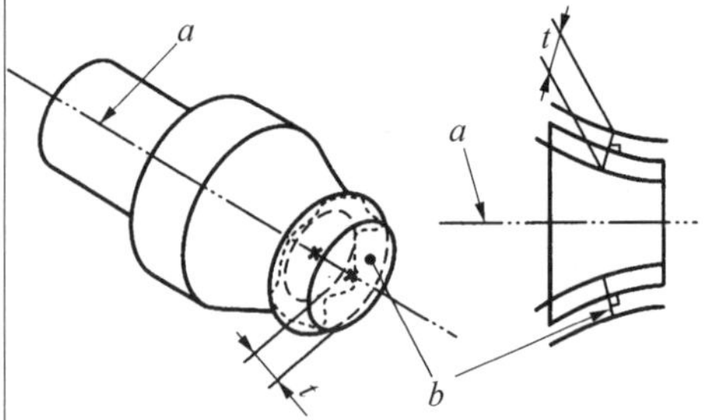 a：基准轴线；b：公差带
	给定方向的斜向圆跳动	在与基准轴线 C 同轴且具有给定角度 60°的任一圆锥截面上，提取(实际)圆应限定在素线方向间距等于 0.1 的两不等圆之间 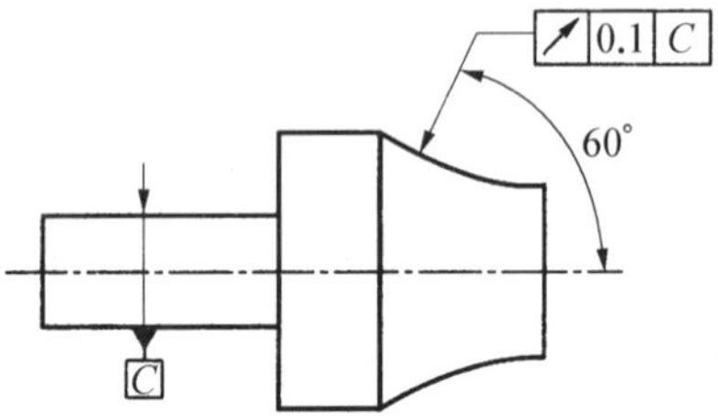	公差带为在与基准轴线同轴的具有给定锥角的任一圆锥截面上，间距等于公差值 t 的两不等圆所限定的区域 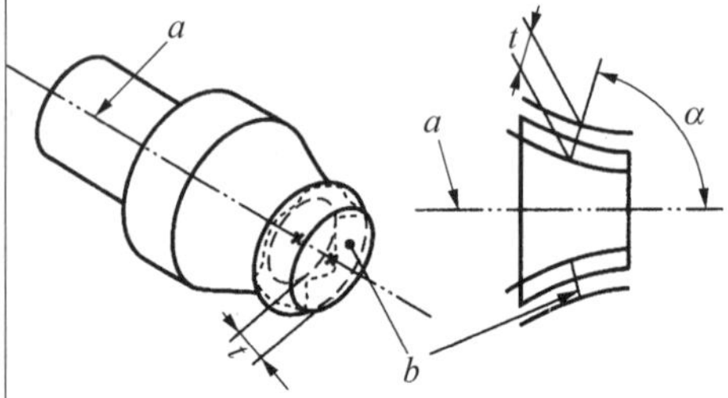 a：基准轴线；b：公差带
全跳动	径向全跳动	提取(实际)表面应限定在半径差等于 0.1，与公共基准轴线 $A—B$ 同轴的两圆柱面之间 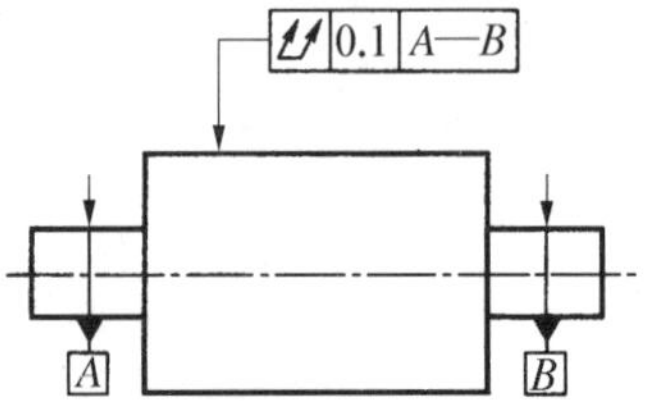	公差带为半径差等于公差值 t，与基准轴线同轴的两圆柱面所限定的区域 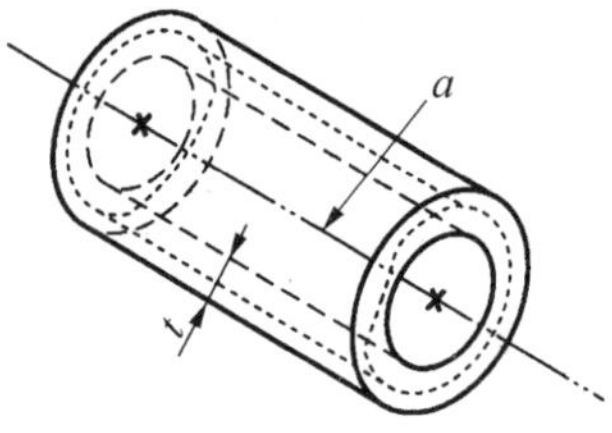 a：基准轴线

续　表

项目		标注示例及解释	公差带定义
全跳动	端面全跳动	提取(实际)表面应限定在间距等于 0.1,垂直于基准轴线 D 的两平行平面之间 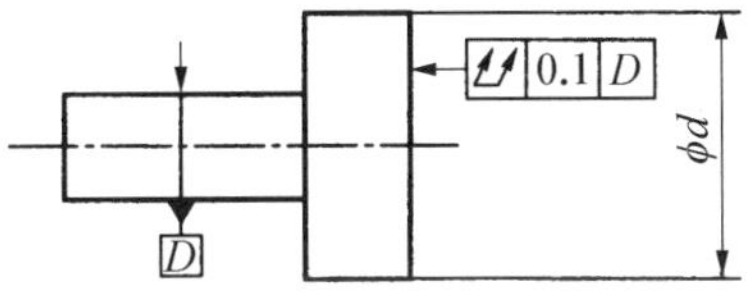	公差带为间距等于公差值,垂直于基准轴线的两平行平面所限定的区域 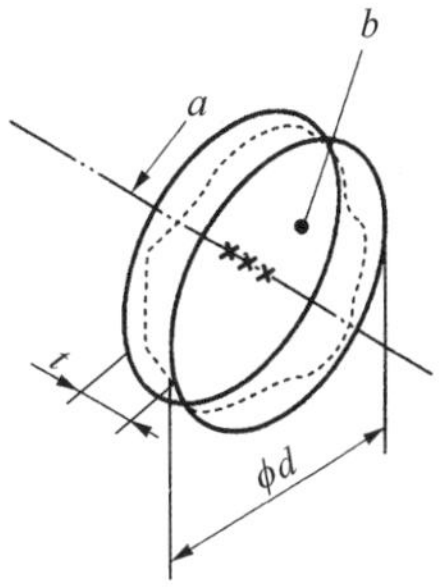 a：基准轴线；b：提取表面

从表 3-5 中可看到,径向全跳动的公差带与圆柱度公差带形状相同,但前者的轴线与基准轴线同轴,而后者的轴线是浮动的,随圆柱度误差的形状而定。

跳动公差具有综合控制被测提取要素的位置、方向和形状的功能。例如,轴向全跳动公差可同时控制端面对基准轴线的垂直度和它的平面度误差;径向全跳动公差可控制同轴度、圆柱度误差。

3.4　公差原则

在设计零件时,常常需要根据零件的功能要求,对零件的重要几何要素给定必要的尺寸公差和几何公差来限定误差。通常把确定尺寸公差与几何公差之间相互关系所遵循的原则称为公差原则。公差原则可分为独立原则和相关要求两大类,而相关要求又可分为包容要求、最大实体要求和最小实体要求三种。

3.4.1　与公差原则有关的常用术语

1. 提取组成要素的局部尺寸(简称提取要素的局部尺寸)

在提取实际要素的任意正截面上,两对应点之间测得的距离称为提取组成要素的局部尺寸。

内、外表面的提取要素的局部尺寸分别用 d' 和 D' 表示。要素各处的提取要素的局部尺寸往往是不同的,如图 3-8 所示。

2. 单一要素的作用尺寸(简称作用尺寸)

(1) 体外作用尺寸：指在被测要素的给定长度上,与实际内表面(孔)外接的最大理想面,或与实际外表面(轴)外接的最小理想面的直径或宽度。内、外表面的体外作用尺寸分别用 d_{fe} 和 D_{fe} 表示,如图 3-9 所示。

体外作用尺寸实际上即为零件装配时起作用的尺寸,是被测提取要素的局部尺寸和几

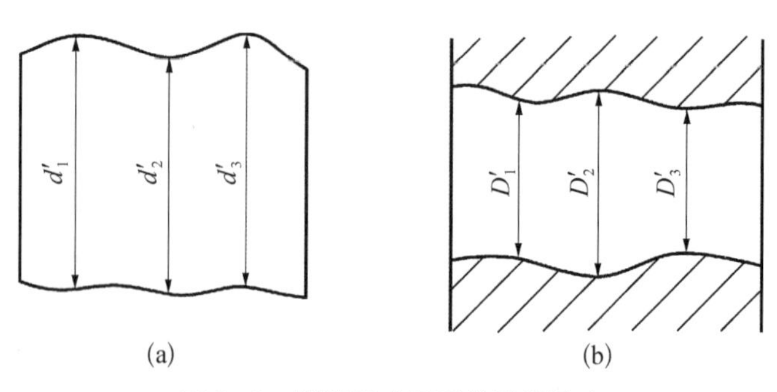

图 3-8　提取组成要素的局部尺寸

(a) 内表面　(b) 外表面

何误差综合形成的。若零件没有形状误差,则其体外作用尺寸等于提取要素的局部尺寸。

(2) 体内作用尺寸：指在被测要素的给定长度上,与实际内表面(孔)内接的最小理想面,或与实际外表面(轴)内接的最大理想面的直径或宽度。内、外表面的体内作用尺寸分别用 D_{fi} 和 d_{fi} 表示,如图 3-10 表示。

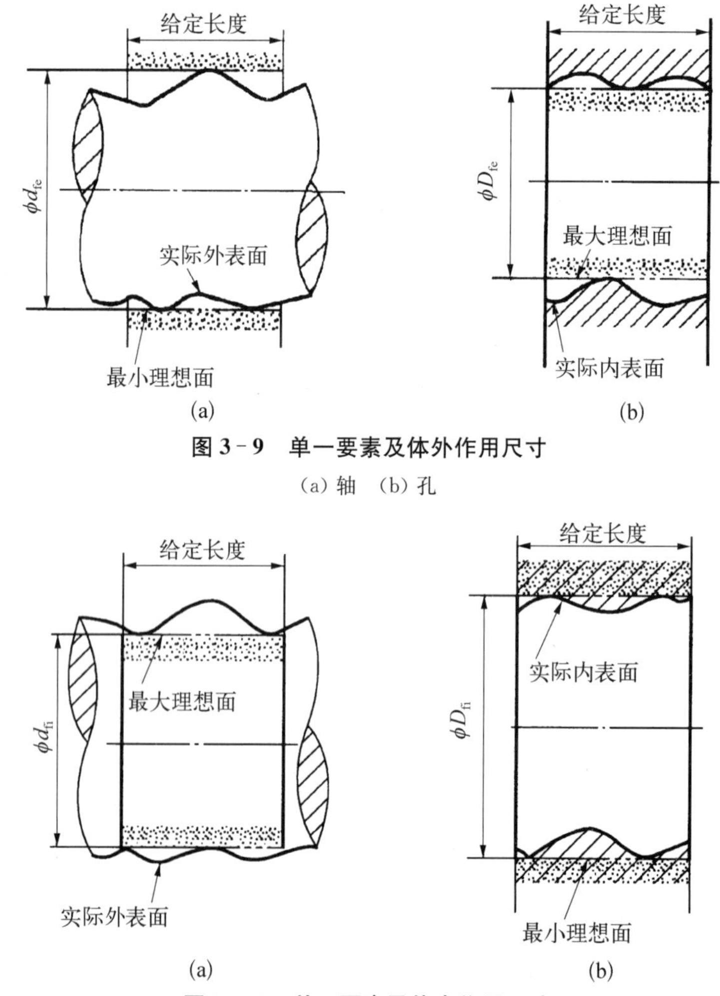

图 3-9　单一要素及体外作用尺寸

(a) 轴　(b) 孔

图 3-10　单一要素及体内作用尺寸

(a) 轴　(b) 孔

体内作用尺寸实际上即为零件连接强度起作用的尺寸，也是由被测提取要素的局部尺寸和形状误差综合形成的。

3. 关联要素的作用尺寸(简称关联作用尺寸)

关联作用尺寸是被测关联要素的局部尺寸和几何误差的综合结果。它是指假想在结合面的全长上与实际孔内接或与实际轴外接的最大(或最小)理想轴(或理想孔)的尺寸，且该理想轴(或理想孔)必须与基准保持图样上给定的几何关系，如图 3 - 11 所示。

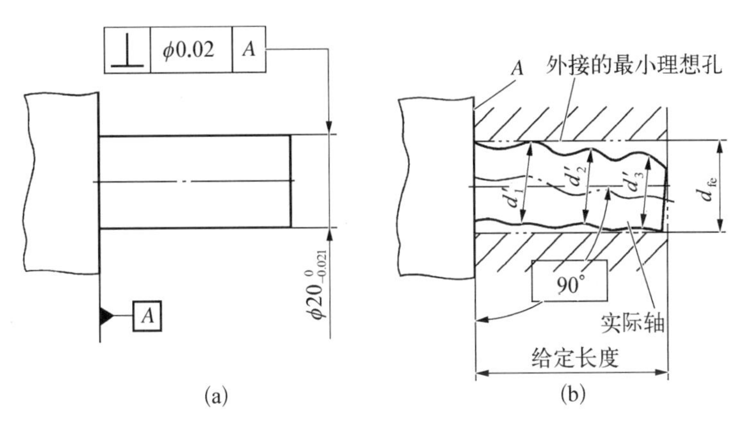

图 3 - 11　关联要素的体外作用尺寸

(a) 图样标注　(b) 外圆柱面的体外作用尺寸

4. 最大实体状态和最大实体尺寸

(1) 最大实体状态(MMC)：指实际要素在给定长度上处处位于尺寸极限内并具有实体最大的状态。外表面(轴)的最大实体状态用 MMC_d 表示，内表面(孔)的最大实体状态用 MMC_D 表示。

最大实体状态就是实际要素处于允许材料量最多时的状态。

(2) 最大实体尺寸(MMS)：指实际要素在最大实体状态下的极限尺寸。即外表面(轴)为上极限尺寸(d_{max})；内表面(孔)为下极限尺寸(D_{min})。

外表面(轴)的最大实体尺寸用 MMS_d 表示，内表面(孔)的最大实体尺寸用 MMS_D 表示。

图 3 - 12 和图 3 - 13 分别为轴和孔的最大实体状态和最大实体尺寸的示例。

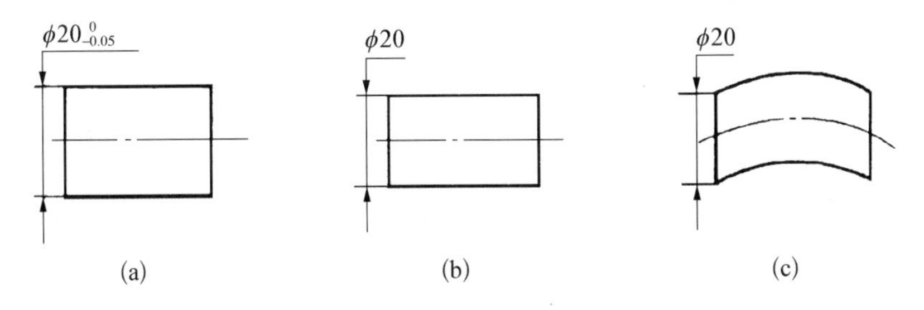

图 3 - 12　轴的最大实体状态和最大实体尺寸

(a) 图样标注　(b) 具有理想形状的 MMC，$MMS_d = d_{max} = \phi 20$　(c) 具有非理想形状的 MMC

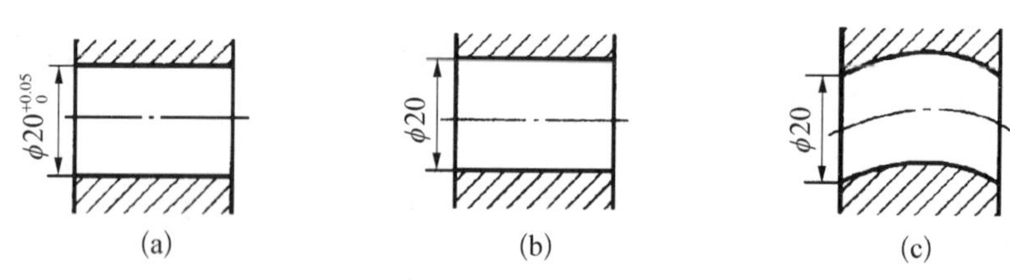

图 3-13　孔的最大实体状态和最大实体尺寸

(a) 图样标注　(b) 具有理想形状的 MMC，$MMS_D = D_{min} = \phi20$　(c) 具有非理想形状的 MMC

5. 最小实体状态和最小实体尺寸

(1) 最小实体状态(LMC)：指实际要素在给定长度上处处位于尺寸极限内并具有实体最小的状态。外表面(轴)的最小实体状态用 LMC_d 表示，内表面(孔)的最小实体状态用 LMC_D 表示。

最小实体状态就是实际要素处于允许材料量最少时的状态。

(2) 最小实体尺寸(LMS)：指实际要素在最小实体状态下的极限尺寸。即外表面(轴)为下极限尺寸(d_{min})；内表面(孔)为上极限尺寸(D_{max})。

外表面(轴)的最小实体尺寸用 LMS_d 表示，内表面(孔)的最小实体尺寸用 LMS_D 表示。

图 3-14 和图 3-15 分别为轴和孔的最小实体状态和最小实体尺寸的示例。

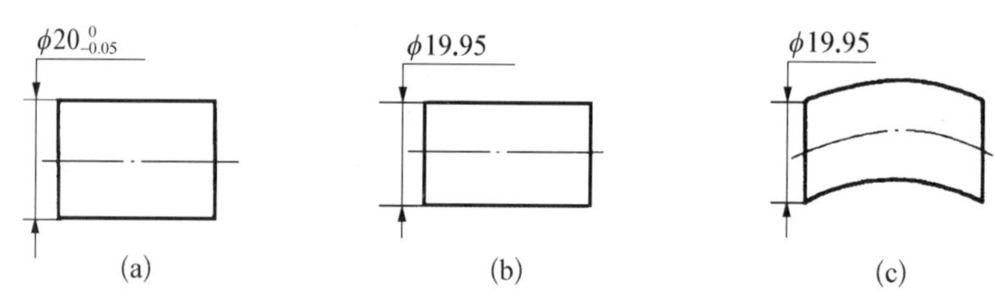

图 3-14　轴的最小实体状态和最小实体尺寸

(a) 图样标注　(b) 具有理想形状的 LMC，$LMS_d = d_{min} = \phi19.95$　(c) 具有非理想形状的 LMC

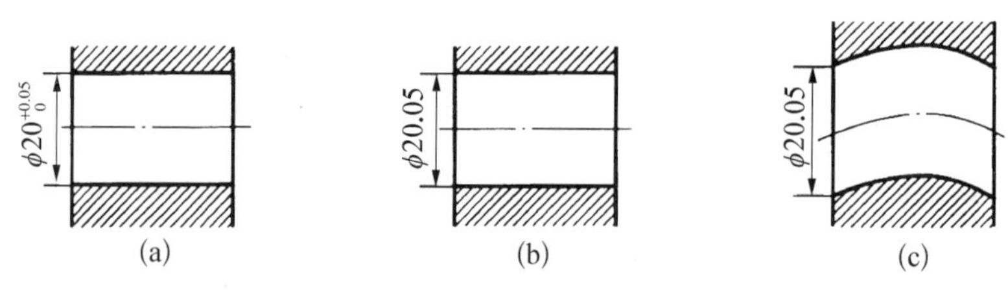

图 3-15　孔的最小实体状态和最小实体尺寸

(a) 图样标注　(b) 具有理想形状的 LMC，$LMS_D = D_{max} = \phi20.05$　(c) 具有非理想形状的 LMC

6. 最大实体实效状态和最大实体实效尺寸

(1) 最大实体实效状态(MMVC)：指在给定长度上，实际要素达到最大实体尺寸且几何误差达到给出的公差值时的综合极限状态。

(2) 最大实体实效状态尺寸(MMVS)：指在最大实体实效状态下的体外作用尺寸。

外表面(轴)的最大实体实效尺寸用 $MMVS_d$ 表示，它等于实际要素的最大实体尺寸加上其导出要素的几何公差 t；内表面(孔)的最大实体实效尺寸用 $MMVS_D$ 表示，它等于实际要素的最大实体尺寸减去其导出要素的几何公差 t。即：

$$对于外表面(轴)\quad MMVS_d = MMS_d + t = d_{max} + t \tag{3-1}$$

$$对于内表面(孔)\quad MMVS_D = MMS_D - t = D_{min} - t \tag{3-2}$$

7. 最小实体实效状态和最小实体实效尺寸

(1) 最小实体实效状态(LMVC)：指在给定长度上，实际要素处于最小实体状态，且几何误差达到给出的公差值时的综合极限状态。

(2) 最小实体实效尺寸(LMVS)：指在最小实体实效状态下的体内作用尺寸。

外表面(轴)的最小实体实效尺寸用 $LMVS_d$ 表示，它等于实际要素的最小实体尺寸减去其导出要素的几何公差 t；内表面(孔)的最小实体实效尺寸用 $LMVS_D$ 表示，它等于实际要素的最小实体尺寸加上其导出要素的几何公差 t。即：

$$对于外表面(轴)\quad LMVS_d = LMS_d - t = d_{min} - t \tag{3-3}$$

$$对于内表面(孔)\quad LMVS_D = LMS_D + t = D_{max} + t \tag{3-4}$$

8. 理想边界

理想边界是由设计时给定的，具有理想形状的极限边界，是用于综合控制实际要素的尺寸和形状误差的。

(1) 最大实体边界(MMB)：当理想边界的尺寸等于最大实体尺寸时，该理想边界称为最大实体边界。

(2) 最大实体实效边界(MMVB)：当理想边界的尺寸等于最大实体实效尺寸时，该理想边界称为最大实体实效边界。

(3) 最小实体边界(LMB)：当理想边界的尺寸等于最小实体尺寸时，该理想边界称为最小实体边界。

(4) 最小实体实效边界(LMVB)：当理想边界的尺寸等于最小实体实效尺寸时，该理想边界称为最小实体实效边界。

轴和孔的最大、最小实体实效尺寸及边界如图 3-16 所示。

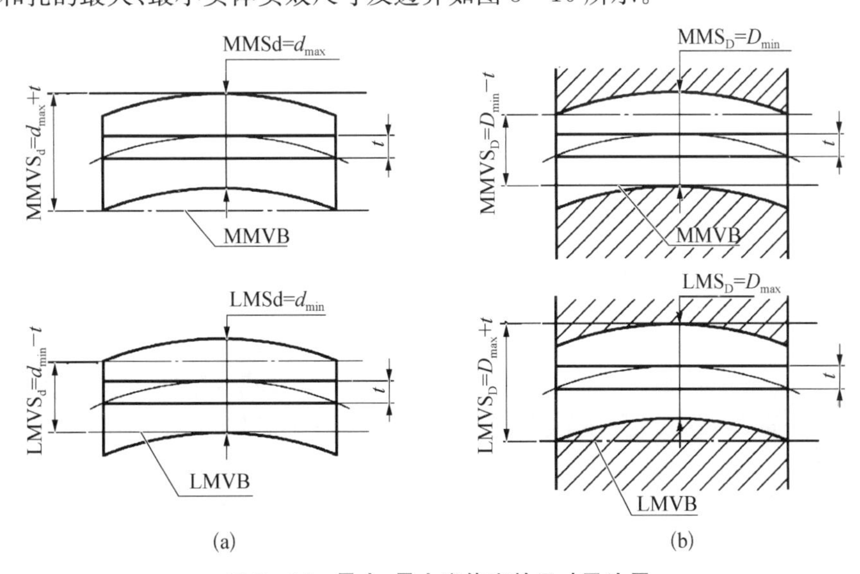

图 3-16　最大、最小实体实效尺寸及边界

(a) 轴　(b) 孔

单一要素的实效边界没有方向或位置的约束，而关联要素的实效边界应与图样上给定的基准保持正确的几何关系。

为便于学习，将上述与公差原则有关的术语及代号列在表 3-6 中。

表 3-6　与公差原则有关的术语及代号

术　　语	外表面(轴)	内表面(孔)
上极限尺寸	d_{max}	D_{max}
下极限尺寸	d_{min}	D_{min}
局部(实际)尺寸	d'	D'
体外作用尺寸	d_{fe}	D_{fe}
体内作用尺寸	d_{fi}	D_{fi}
最大实体状态 MMC	MMC_d	MMC_D
最小实体状态 LMC	LMC_d	LMC_D
最大实体尺寸 MMS	MMS_d	MMS_D
最小实体尺寸 LMS	LMS_d	LMS_D
最大实体实效状态 MMV	$MMVC_d$	$MMVC_D$
最小实体实效状态 LMV	$LMVC_d$	$LMVC_D$
最大实体实效尺寸 MMVS	$MMVS_d$	$MMVS_D$
最小实体实效尺寸 LMVS	$LMVS_d$	$LMVS_D$
最大实体边界 MMB	MMB_d	MMB_D
最小实体边界 LMB	LMB_d	LMB_D
最大实体实效边界 MMVB	$MMVB_d$	$MMVB_D$
最小实体实效边界 LMVB	$LMVB_d$	$LMVB_D$

3.4.2　公差原则

GB/T 4249—2009 规定，尺寸公差与几何公差之间应该遵守的基本原则是独立原则。如果有特定的需要，尺寸公差与几何公差可以不遵循独立原则，而采用相关要求。

1. 独立原则

独立原则是指图样上给定的几何公差与尺寸公差相互独立，应分别满足各自公差要求。

采用独立原则时，尺寸公差与几何公差之间相互无关，即尺寸公差只控制实际尺寸的变动量，与要素本身的几何误差无关。几何公差只控制要素的几何误差，与要素本身的尺寸误差无关。要素只需要分别满足尺寸和几何公差要求即可。

独立原则的图样标注如图 3－17 所示，图样上无需加注任何表示相互关系的符号。图 3－17 中所示轴的直径公差与其轴线的直线度公差采用独立原则。表示无论轴线的直线度误差为多少，轴的任意位置的直径尺寸都必须在 ϕ14.97～ϕ15 mm 内；ϕ0.04 mm 只限制轴线的直线度误差，不论轴径的实际尺寸为多少，轴线的直线度误差都不允许大于 0.04 mm。

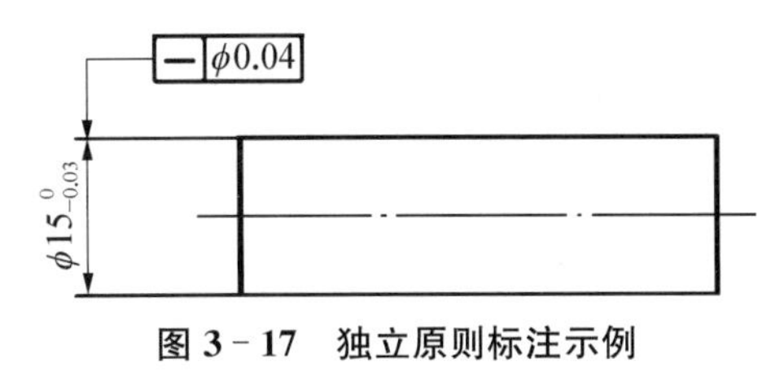

图 3－17　独立原则标注示例

独立原则一般用于对零件的几何公差有其独特的功能要求的场合。例如，机床导轨的直线度公差、平行度公差，检验平板的平面度公差等。

2. 相关要求

相关要求是指图样上给定的几何公差与尺寸公差相互有关的原则。它分为：包容要求、最大实体要求、最小实体要求和可逆要求。可逆要求不能单独使用，只能与最大实体要求或最小实体要求一起使用。

1) 包容要求

包容要求是指既要求实际要素处处不得超越最大实体边界（MMB），又要求实际要素的局部尺寸不得超越最小实体尺寸（LMS）。

按照此要求，如果提取组成要素的局部尺寸处处加工到最大实体尺寸，几何误差为零，具有理想形状；只有在提取组成要素偏离最大实体状态时，才允许存在与偏离量相关的几何误差，即允许几何公差获得一定的补偿值，最大补偿量为其尺寸公差值。

按包容要求，图样上只给出尺寸公差，但这种公差具有双重作用，即综合控制被测要素的实际（组成）要素变动量和几何误差的职能。

包容要求仅适用于形状公差，主要应用于有配合要求，且其极限间隙或极限过盈必须严格得到保证的场合。

当被测要素有包容要求时，需在被测要素的尺寸极限偏差或公差带代号之后加注符号Ⓔ，如图 3－18 所示。

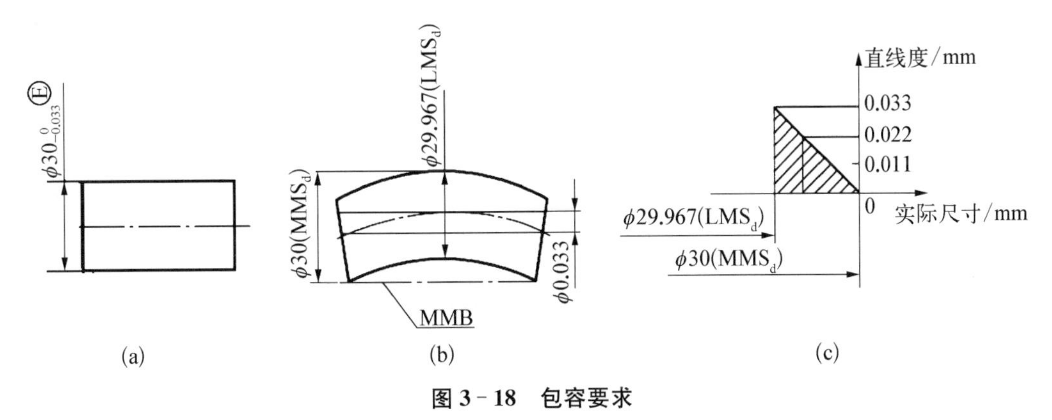

图 3－18　包容要求

(a) 图样标注　(b) 最大实体边界　(c) 补偿关系及合格区域（动态公差图）

图 3-18 中要求圆柱面的实际轮廓必须在最大实体边界(MMB)内,该边界的尺寸为最大实体尺寸(MMS_d)ϕ30 mm。其局部尺寸不得小于 ϕ29.967 mm(最小实体尺寸)。当圆柱面的实际尺寸为最大实体尺寸 ϕ30 mm 时,其轴心线的直线度公差为零,即该圆柱面必须具有理想形状。当实际尺寸偏离最大实体尺寸为 ϕ29.967 mm 时,允许其轴心线具有 ϕ0.033 mm 的直线度误差。这说明尺寸公差可以转化为几何公差。因而包容要求具有以下特点:

(1) 实际要素的体外作用尺寸(D_{fe}, d_{fe})不得超过最大实体尺寸(MMS_d、MMS_D),且要素的局部实际尺寸(d'、D')不得超出最小实体尺寸(LMS_d、LMS_D)。即:

对于外表面(轴) $$d_{fe} \leqslant MMS_d = d_{max} \tag{3-5}$$

且 $$d' \geqslant LMS_d = d_{min} \tag{3-6}$$

对于内表面(孔) $$D_{fe} \geqslant MMS_D = D_{min} \tag{3-7}$$

且 $$D' \leqslant LMS_D = D_{max} \tag{3-8}$$

(2) 当提取组成要素的局部尺寸处处为最大实体尺寸时,不允许有任何形状误差。

(3) 当提取组成要素的局部尺寸处处向最小实体尺寸方向偏离最大实体尺寸时,其偏离量可补偿给形状误差 t。即:

对于外表面(轴) $$d' + t = MMS_d = d_{max} \tag{3-9}$$

对于内表面(孔) $$D' - t = MMS_D = D_{min} \tag{3-10}$$

2) 最大实体要求(MMR)

最大实体要求是一种导出要素的几何公差与相应的尺寸要素的尺寸公差相互有关的设计要求,主要用来保证零件的可装配性。最大实体要求既可应用于被测要素,也可应用于基准要素。

(1) 最大实体要求应用于被测要素。

最大实体要求应用于被测要素时,应在被测要素几何公差后标注符号Ⓜ,如图 3-19(a)所示。

最大实体要求应用于被测要素时,被测要素的实际轮廓应遵守其最大实体实效边界(MMVB),当其局部尺寸从最大实体尺寸向最小实体尺寸方向偏离时,允许其几何误差值超出在最大实体状态下给出的公差值。

其合格条件可以表达如下:

对于外表面(轴) $$d_{fe} \leqslant MMVS_d \tag{3-11}$$

且 $$MMS_d = d_{max} \geqslant d' \geqslant LMS_d = d_{min} \tag{3-12}$$

对于内表面(孔) $$D_{fe} \geqslant MMVS_D \tag{3-13}$$

且 $$LMS_D = D_{max} \geqslant D' \geqslant MMS_D = D_{min} \tag{3-14}$$

最大实体要求具有以下特点:

① 被测要素遵守最大实体实效边界,即被测要素的体外作用尺寸不超过最大实体实

效尺寸。

② 当被测要素的局部尺寸处处均为最大实体尺寸时，允许的几何误差为图样上给定的几何公差。

③ 当被测要素的局部尺寸偏离最大实体尺寸时，其偏离量可补偿给几何公差，允许的几何误差为图样上给定的几何公差值与偏离量之和。

④ 实际尺寸必须在最大提取要素和最小提取要素之间变化。

被测导出要素的几何公差与相应尺寸要素的局部尺寸之间的关系可用动态公差图表示[见图 3-19(e)]。

例 3-1　图 3-19(a)表示轴 $\phi 60_{-0.03}^{\ 0}$ mm 的轴线直线度公差采用最大实体要求。当被测要素处于最大实体状态时，其轴线直线度公差为 ϕ0.01 mm，如图 3-19(b)所示。图 3-19(e)给出了表达上述关系的动态公差图。

实际轴应满足下列要求：

① 轴的实际尺寸应在 ϕ59.97 mm～ϕ60 mm 之内。

② 轴的实际轮廓不超出最大实体实效边界，即其体外作用尺寸不大于最大实体实效尺寸 $MMVS_d = MMS_d + t = d_{max} + t = \phi 60 + \phi 0.01 = \phi 60.01$ mm。

③ 当轴的实际尺寸偏离最大实体尺寸为 ϕ59.98 mm 时，其轴线直线度误差允许值为：给定值 + 补偿值 $= \phi 0.01 + (\phi 60 - \phi 59.98) = \phi 0.03$ mm，如图 3-19(c)所示。当该轴处于最小实体状态(ϕ59.97 mm)时，其轴线直线度误差允许达到最大值，即：给定值 + 补偿值 $= \phi 0.01 + (\phi 60 - \phi 59.97) = \phi 0.04$ mm，如图 3-19(d)所示。

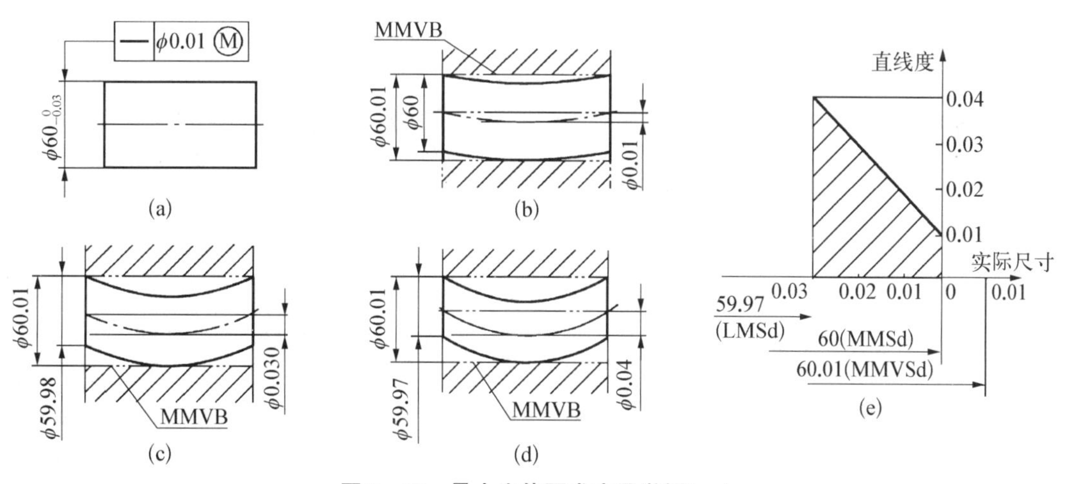

图 3-19　最大实体要求应用举例(一)

例 3-2　图 3-20(a)表示孔 $\phi 50_{\ 0}^{+0.13}$ mm 的轴线对基准面 A 的任意方向垂直度公差采用最大实体要求。当该孔处于最大实体状态(ϕ50 mm)时，其轴线对基准面 A 的任意方向垂直度公差为 ϕ0.08 mm，图 3-20(c)给出了表达上述关系的动态公差图。

实际孔应满足下列要求：

① 孔的实际尺寸应在 ϕ50 mm～ϕ50.13 mm 之内。

② 孔的实际轮廓不超出最大实体实效边界(MMVB)，即其体外作用尺寸不小于孔的最大实体实效尺寸 $MMVS_D = MMS_D - t = \phi 50 - \phi 0.08 = \phi 49.92$ mm，如图 3-20(b)

所示。

③ 当孔的局部尺寸处处等于其最小实体尺寸 $LMS_D = \phi 50.13$ mm时，其轴线对基准 A 的任意方向垂直度误差允许达到最大值，即：等于图样给出的垂直度公差值($\phi 0.08$ mm)与孔的尺寸公差值($\phi 0.13$ mm)之和 $\phi 0.21$ mm，如图 3-20(c)所示。

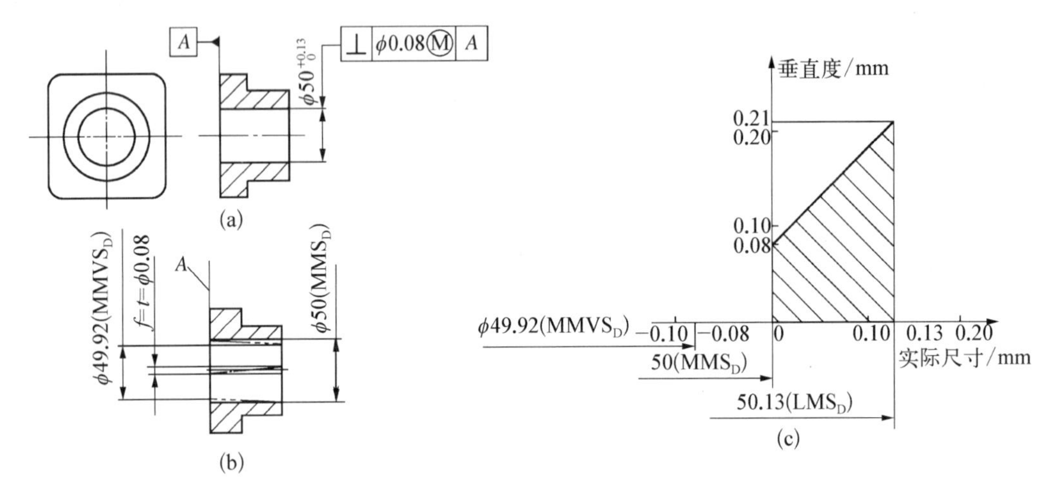

图 3-20　最大实体要求应用举例(二)

(a) 图样标注　(b) 最大实体实效边界　(c) 动态公差图

(2) 最大实体要求应用于基准要素。

最大实体要求应用于基准要素时，应在基准要素字母后标注符号Ⓜ(见图 3-21)。此时，基准要素的相应尺寸要素应遵守规定的边界。若该相应尺寸要素的实际(提取)轮廓偏离其规定的边界，即其体外作用尺寸偏离其规定的边界尺寸时，并不允许被测导出要素的几何公差增大，而只允许实际(提取)基准导出要素相对于理想基准导出要素在一定范围内浮动，其浮动范围等于实际基准要素的相应尺寸要素的体外作用尺寸与其规定的边界尺寸之差。

图 3-21 表示最大实体要求同时应用于被测要素和基准要素。当基准要素的体外作用尺寸等于边界尺寸，即最大实体尺寸$MMS_{d1} = \phi 25$ mm时，基准轴线 A 与其边界的轴线重合，其浮动量为零。此时若被测要素的直径处处均为最大实体尺寸 $MMS_{d2} = \phi 12$ mm，则允许的同轴度误差为图样给出的同轴度公差值 $\phi 0.04$ mm；若处处均为最小实体尺寸 $LMS_{d2} = \phi 11.95$ mm 时，则允许的同轴度误差为 $\phi 0.04 + \phi 0.05 = \phi 0.09$ mm。当基准要素的体外作用尺寸等于最小实体尺寸 $LMS_{d1} = \phi 24.95$ mm时，基准轴线 A 可相对于边界的轴线浮动，其浮动范围为 $\phi 0.05$ mm。

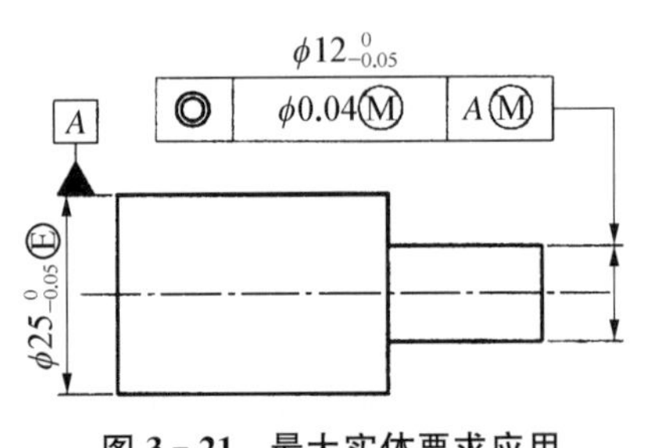

图 3-21　最大实体要求应用于基准要素

3) 最小实体要求(LMR)

最小实体要求是与最大实体要求相对应的另一种相关要求。最小实体要求时要求被测轮廓应遵守其最小实体实效边界，当其局部尺寸从最小实体尺寸向最大实体尺寸方向偏离时，允许其几何误差值超出在最小实体状态下给出的公差值。最小实体要求仅用于导出要素。应用最小实体要求的目的是保证零件的设计强度和最小壁厚。

最小实体要求应用于被测要素时，被测要素的实际轮廓应遵守其最小实体实效边界(LMVB)，即在给定长度上处处不得超出最小实体实效边界。也就是说，其体内作用尺寸(d_{ai}或D_{ai})不得超出其最小实体实效尺寸($LMVS_d$或$LMVS_D$)；同时，其局部尺寸(d'或D')不得超出其最大实体尺寸($MMS_d = d_{max}$或$MMS_D = D_{min}$)和最小实体尺寸($LMS_d = d_{min}$或$LMS_D = D_{max}$)，即：

对于外表面(轴)　　$d_{fi} \geqslant LMVS_d$　　(3-15)

且　　$MMS_d = d_{max} \geqslant d' \geqslant LMS_d = d_{min}$　　(3-16)

对于内表面(孔)　　$D_{fi} \leqslant LMVS_D$　　(3-17)

且　　$LMS_D = D_{max} \geqslant D' \geqslant MMS_D = D_{min}$　　(3-18)

最小实体要求应用于被测要素时，其图样标注的几何公差值t是在其相应的尺寸要素处于最小实体状态时给出的。当该尺寸要素的实际(提取)轮廓偏离最小实体状态时，即其局部尺寸向最大实体尺寸方向偏离最小实体尺寸时，其导出要素(中心线或中心面)的几何误差，可以超出图样标注的几何公差值，即此时的几何公差值可以增大到t与偏离量之和。

被测要素的几何公差与相应尺寸要素的局部尺寸之间的关系也可用动态公差图表示，如图 3-22(c)所示。

最小实体要求应用于被测要素时，应在被测要素几何公差值后加注符号Ⓛ，如图 3-22(a)所示。

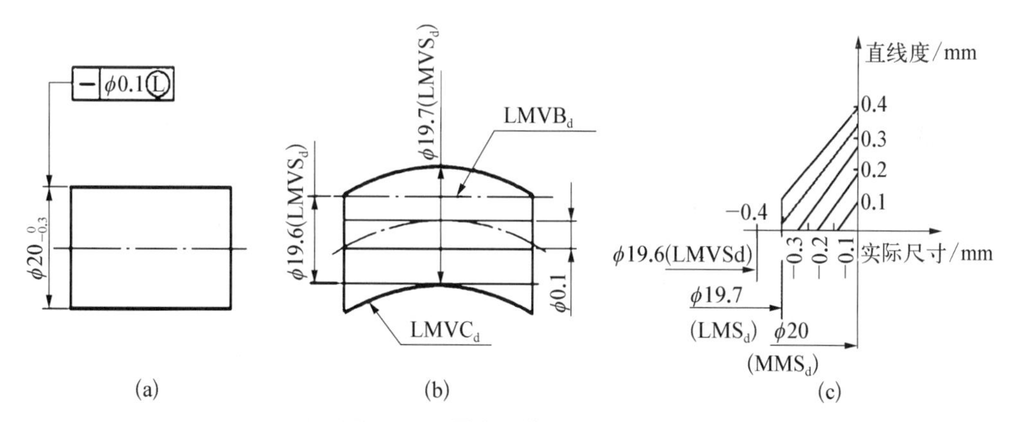

图 3-22　最小实体要求应用举例

(a) 图样标注　(b) 最小实体实效边界　(c) 动态公差图

例 3-3　图 3-22(b)表示轴$\phi 20_{-0.3}^{0}$ mm 的轴线直线度公差采用最小实体要求。当轴处于最小实体状态时，其轴线直线度公差为ϕ0.1 mm。图 3-22(c)给出了表达上述关系的动态公差图。

该轴应满足下列要求：

① 实际尺寸在ϕ19.7 mm～ϕ20 mm 之内。

② 实际轮廓不超出最小实体实效边界，即该轴的体内作用尺寸不小于最小实体实效尺寸$LMVS_d = LMS_d - t = d_{min} - t = \phi 19.7 - \phi 0.1 = \phi 19.6$ mm。

③ 当轴的实际尺寸向最大实体尺寸方向偏离最小实体尺寸时，其轴线的直线度误差允许增大，即尺寸公差补偿给几何公差。当轴处于最大实体状态时 ($MMS_d = \phi 20$ mm)，其轴线直线度误差允许达到最大值，即等于图样给出的直线度公差值(ϕ0.1 mm)与轴的尺寸公差(ϕ0.3 mm)之和 ϕ0.4 mm。

最小实体要求应用于基准要素时，基准要素的相应尺寸要素应遵守规定的边界。若该相应尺寸要素的实际(提取)轮廓偏离其规定的边界，即其体内作用尺寸偏离其规定的边界尺寸，并不允许被测导出要素的几何公差增大，而只允许实际(提取)基准要素相对于理想要素在一定范围内浮动，其浮动范围等于基准要素的相应尺寸要素的体内作用尺寸与其规定的边界尺寸之差。

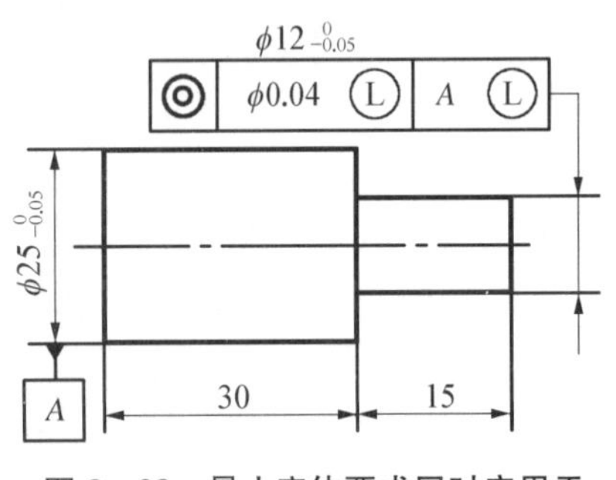

图 3-23　最小实体要求同时应用于被测要素和基准要素

最小实体要求应用于基准要素时，应在基准字母代号后标注符号Ⓛ，最小实体要求可以分别应用于被测要素和基准要素，也可以同时应用于被测要素和基准要素，如图 3-23 所示。图 3-23 中被测要素的同轴度公差值 ϕ0.04 是当被测要素处于最小实体状态(ϕ11.95 mm)和基准要素也处于最小实体状态(ϕ24.95 mm)时给出的。当被测轴的实际尺寸偏离最小实体状态时，其同轴度误差可以得到补偿，其补偿值为实际尺寸与最小实体尺寸之差。

设被测要素实际尺寸为 ϕ11.98 mm，基准要素实际尺寸为(ϕ24.97 mm)，此时允许的同轴度公差为

$$\begin{aligned} t &= \text{图样给出值} + \text{补偿值} \\ &= \phi 0.04 + (\phi 11.98 - 11.95) = \phi 0.04 + 0.03 = \phi 0.07(\text{mm}) \end{aligned}$$

基准要素的浮动范围为

$$\phi 24.97 - \phi 24.95 = \phi 0.02(\text{mm})$$

4) 可逆要求(RPR)

可逆要求是指当导出要素的几何误差小于图样给出的几何公差时，允许在满足零件功能要求的前提下，扩大尺寸公差的一种公差要求。它是最大实体要求或最小实体要求的附加要求，可用于最大实体要求，也可用于最小实体要求，但不能单独使用。

前面所述的最大、最小实体要求，是当尺寸要素的实际(提取)轮廓偏离最大实体状态或最小实体状态时，允许其几何误差值增大，即将尺寸公差补偿给几何公差。但可逆要求是当被测轴线或中心平面的几何误差小于图样给出的几何公差时，用几何公差补偿给相应的尺寸公差，即允许相应的尺寸公差增大。

可逆要求用于最大实体要求时，应在符号Ⓜ后加注符号Ⓡ[见图 3-24(a)]。此时被测要素应遵守最大实体实效边界(MMVB)，被测要素的实际尺寸可在最大实体实效尺寸($MMVS_d$、$MMVS_D$)和最小实体尺寸(LMS_d、LMS_D)之间变动。

可逆要求应用于最小实体要求时，应在符号Ⓛ后加注Ⓡ符号[见图 3-24(b)]。此时被测要素应遵守最小实体实效边界(LMVB)，被测要素的实际尺寸可在最小实体实效尺寸($LMVS_d$、$LMVS_D$)和最大实体尺寸(MMS_d、MMS_D)之间变动。

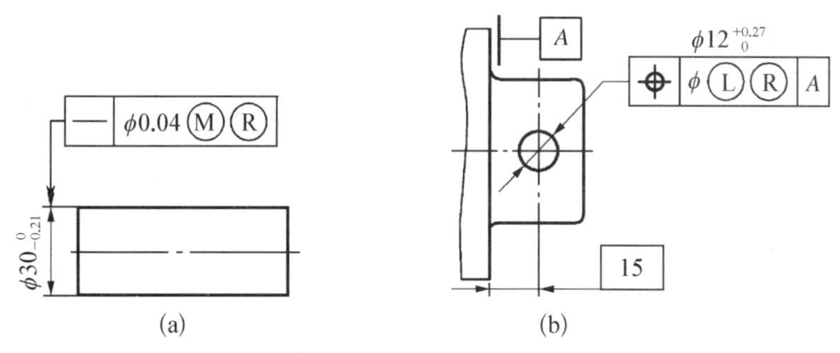

图 3－24　可逆要求用于最大、最小实体要求的标注

可逆要求用于最大实体要求主要应用于公差配合无严格要求，仅要求保证装配互换性的场合。可逆要求一般很少用于最小实体要求。

图 3－25 为可逆要求用于最大实体要求的例子。图中被测要素(孔)不得超出其最大实体实效边界，即其体外作用尺寸不得超出(小于)其最大实体实效尺寸 φ49.92 mm (= φ50－0.08)，实际尺寸应在最大实体实效尺寸和最小实体尺寸 φ50.13 mm 之间变动，轴线的垂直度公差可根据实际尺寸在 0～0.21 mm 间变化。如果轴线的垂直度误差为零，则孔的实际尺寸可为 φ49.92 mm。若垂直度误差为 0.04 mm，则此时孔的实际尺寸可在 φ49.96～φ50.13 mm 之间变动，其中小于 φ50 mm 的 0.04 mm 是由几何误差中得到的补偿值，如图 3－25(c)所示。

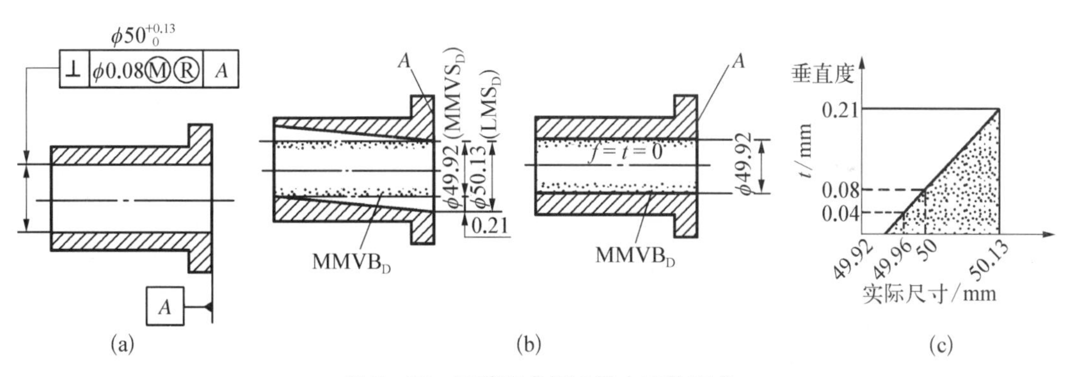

图 3－25　可逆要求用于最大实体要求

(a) 零件简图　(b) 补偿及反补偿　(c) 动态公差图

3.5　几何公差标准及未注几何公差值的规定

3.5.1　几何公差标准

国家标准将几何公差值分为注出公差值和未注公差值两大类。对于几何公差要求不高，用一般的机械加工方法和加工设备都能保证加工精度，或由线性尺寸公差或角度公差所控制的几何公差已能保证零件的要求时，不必将几何公差值在设计图样上注出，而按 GB/T 1183—1996《形状和位置公差　未注公差值》来控制，这样既可以简化制图，又突出了注出公差的要求。对高于未注公差的精度要求，或者功能要求允许大于未注公差值，而这个较大的几何公差值会对零件的加工具有显著的经济效益时，应采用注出公差值按规定在图样上明确标出。

按国家标准规定，除了线轮廓度、面轮廓度以及位置度未规定公差等级外，其余几何公差项目均已划分了公差等级。一般分为 12 级，即 1～12 级，精度依次降低。其中圆度和圆柱度划分为 13 级，增加了一个 0 级，以便适应精密零件的需要。各公差项目的等级公差值见表 3－7 至表 3－10 所列。对于位置度，国家标准规定了公差值数系，如表 3－11 所列。

表 3－7　直线度、平面度(摘自 GB/T 1183—1996)

主参数 *L* mm	公差等级											
	1	2	3	4	5	6	7	8	9	10	11	12
	公差值，μm											
≤10	0.2	0.4	0.8	1.2	2	3	5	8	12	20	30	60
＞10～16	0.25	0.5	1	1.5	2.5	4	6	10	15	25	40	80
＞16～25	0.3	0.6	1.2	2	3	5	8	12	20	30	50	100
＞25～40	0.4	0.8	1.5	2.5	4	6	10	15	25	40	60	120
＞40～63	0.5	1	2	3	5	8	12	20	30	50	80	150
＞63～100	0.6	1.2	2.5	4	6	10	15	25	40	60	100	200
＞100～160	0.8	1.5	3	5	8	12	20	30	50	80	120	250
＞160～250	1	2	4	6	10	15	25	40	60	100	150	300
＞250～400	1.2	2.5	5	8	12	20	30	50	80	120	200	400
＞400～630	1.5	3	6	10	15	25	40	60	100	150	250	500

主参数 *L* 图例

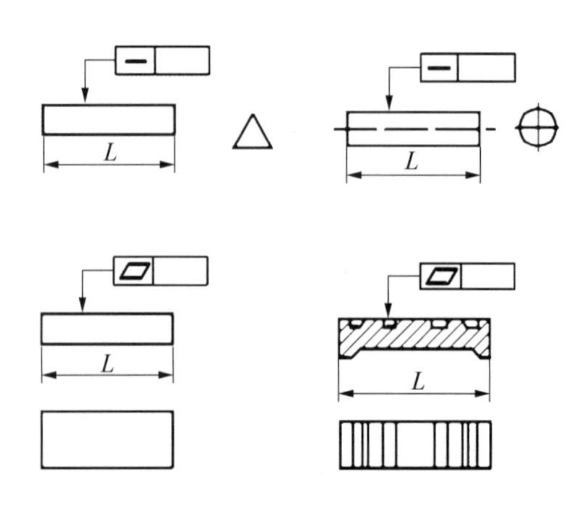

表 3-8　圆度、圆柱度(摘自 GB/T 1183—1996)

主参数 $d(D)$ mm	公差等级												
	0	1	2	3	4	5	6	7	8	9	10	11	12
	公差值,μm												
≤3	0.1	0.2	0.3	0.5	0.8	1.2	2	3	4	6	10	14	25
>3～6	0.1	0.2	0.4	0.6	1	1.5	2.5	4	5	8	12	18	30
>6～10	0.12	0.25	0.4	0.6	1	1.5	2.5	4	6	9	15	22	36
>10～18	0.15	0.25	0.5	0.8	1.2	2	3	5	8	11	18	27	43
>18～30	0.2	0.3	0.6	1	1.5	2.5	4	6	9	13	21	33	52
>30～50	0.25	0.4	0.6	1	1.5	2.5	4	7	11	16	25	39	62
>50～80	0.3	0.5	0.8	1.2	2	3	5	8	12	19	30	46	74
>80～120	0.4	0.6	1	1.5	2.5	4	6	10	15	22	35	54	87
>120～180	0.6	1	1.2	2	3.5	5	8	12	18	25	40	63	100
>180～250	0.8	1.2	2	3	4.5	7	10	14	20	29	46	72	115
>250～315	1.0	1.6	2.5	4	6	8	12	16	23	32	52	81	130
>315～400	1.2	2	3	5	7	9	13	18	25	36	57	89	140
>400～500	1.5	2.5	4	6	8	10	15	20	27	40	63	97	155

主参数 $d(D)$ 图例

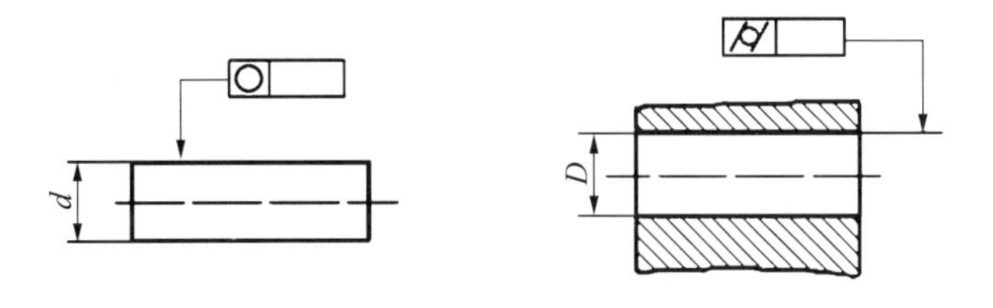

表 3-9　平行度、垂直度、倾斜度(摘自 GB/T 1183—1996)

主参数 L, $d(D)$ mm	公差等级											
	1	2	3	4	5	6	7	8	9	10	11	12
	公差值,μm											
≤10	0.4	0.8	1.5	3	5	8	12	20	30	50	80	120
>10～16	0.5	1	2	4	6	10	15	25	40	60	100	150
>16～25	0.6	1.2	2.5	5	8	12	20	30	50	80	120	200
>25～40	0.8	1.5	3	6	10	15	25	40	60	100	150	250

续 表

主参数 $L, d(D)$ mm	公差等级											
	1	2	3	4	5	6	7	8	9	10	11	12
	公差值,μm											
>40~63	1	2	4	8	12	20	30	50	80	120	200	300
>63~100	1.2	2.5	5	10	15	25	40	60	100	150	250	400
>100~160	1.5	3	6	12	20	30	50	80	120	200	300	500
>160~250	2	4	8	15	25	40	60	100	150	250	400	600

主参数 $L, d(D)$图例

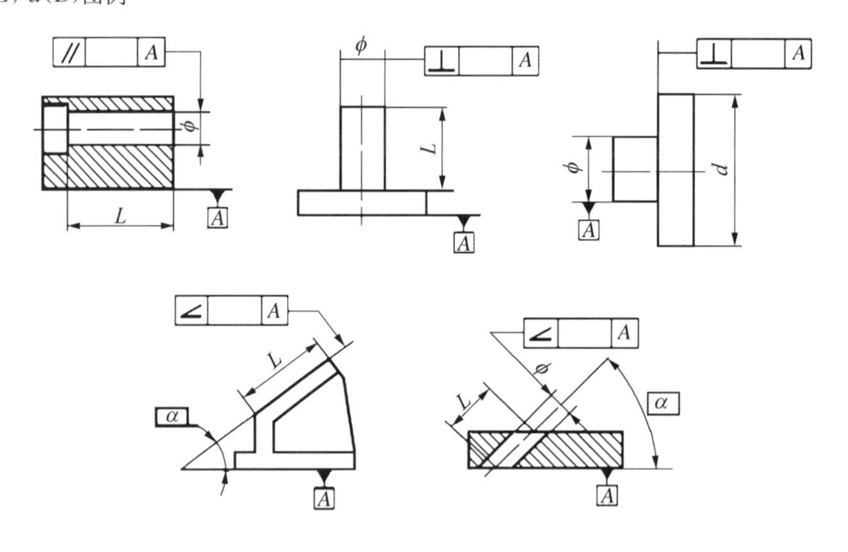

表 3-10 同轴度、对称度、圆跳动和全跳动(摘自 GB/T 1183—1996)

主参数 $L, d(D)$ mm	公差等级											
	1	2	3	4	5	6	7	8	9	10	11	12
	公差值,μm											
≤10	0.4	0.8	1.5	3	5	8	12	20	30	50	80	120
>10~16	0.5	1	2	4	6	10	15	25	40	60	100	150
>16~25	0.6	1.2	2.5	5	8	12	20	30	50	80	120	200
>25~40	0.8	1.5	3	6	10	15	25	40	60	100	150	250
>40~63	1	2	4	8	12	20	30	50	80	120	200	300
>63~100	1.2	2.5	5	10	15	25	40	60	100	150	250	400
>100~160	1.5	3	6	12	20	30	50	80	120	200	300	500
>160~250	2	4	8	15	25	40	60	100	150	250	400	600

续　表

主参数 $d(D)$，B，L 图例

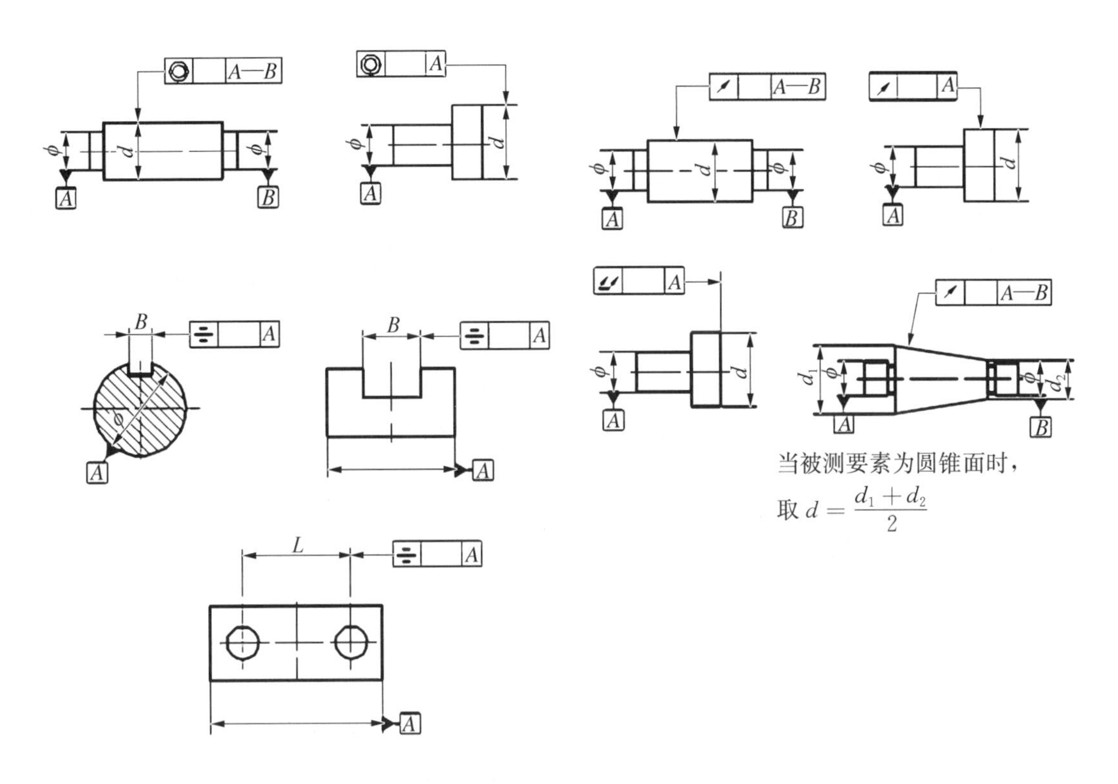

表 3－11　位置度公差值数系(摘自 GB/T 1183—1996)

1	1.2	1.5	2	2.5	3	4	5	6	8
1×10^n	1.2×10^n	1.5×10^n	2×10^n	2.5×10^n	3×10^n	4×10^n	5×10^n	6×10^n	8×10^n

注：n 为正整数。

3.5.2　未注几何公差值规定

国家标准 GB/T 1183—1996《形状和位置公差　未注公差值》规定了直线度、平面度、垂直度、对称度和圆跳动等 5 个几何公差项目的未注公差值，如表 3－12～表 3－15 所列。其余各几何公差项目均由各要素的注出或未注出几何公差、线性尺寸公差或角度公差控制。

标准将未注几何公差分为三个公差等级，按精度由高到低的顺序分别用代号 H、K、L 表示。采用国标规定的未注公差值时，应在图样上注明标准号及公差等级代号。例如，采用 K 级未注公差时，标注为“未注几何公差按 GB/T 1184—K”。

表 3-12　直线度和平面度的未注公差值(摘自 GB/T 1183—1996)　　(mm)

公差等级	基本长度范围					
	≤10	>10～30	>30～100	>100～300	>300～1 000	>1 000～3 000
H	0.02	0.05	0.1	0.2	0.3	0.4
K	0.05	0.1	0.2	0.4	0.6	0.8
L	0.1	0.2	0.4	0.8	1.2	1.6

表 3-13　垂直度的未注公差值(摘自 GB/T 1183—1996)　　(mm)

公差等级	基本长度范围			
	≤100	>100～300	>300～1 000	>1 000～3 000
H	0.2	0.3	0.4	0.5
K	0.4	0.6	0.8	1
L	0.6	1	1.5	2

表 3-14　对称度的未注公差值(摘自 GB/T 1183—1996)　　(mm)

公差等级	基本长度范围			
	≤100	>100～300	>300～1 000	>1 000～3 000
H	0.5	0.5	0.5	0.5
K	0.6	0.6	0.8	1
L	0.6	1	1.5	2

表 3-15　圆跳动的未注公差值(摘自 GB/T 1183—1996)　　(mm)

公差等级	圆跳动公差值
H	0.1
K	0.2
L	0.5

3.6　几何公差的选择

几何误差直接影响着零部件的旋转精度、连接强度和密封性以及荷载均匀性等，因此，正确、合理地选用几何公差，对保证机器或仪器的功能要求、提高产品质量、降低制造成本具有非常重要的意义。

几何公差的选择主要包括几何公差项目、公差原则、几何公差值(公差等级)以及基准要素等四项内容的选择。

3.6.1　几何公差项目的选择

选择几何公差项目的主要依据是零件的几何结构特征、零件的功能要求，同时还应考虑检测的可能性、方便性和经济性等。在保证零件功能要求的前提下，应尽量使几何公差项目减少，检测方法简单并能获得较好的经济效益。在选用时主要从以下几点考虑。

(1) 零件的几何结构特征。例如，零件平面要素会出现平面度误差；轴类零件的外圆可能出现圆度、圆柱度误差；阶梯轴(孔)会出现同轴度误差；槽类零件会出现对称度误差；凸轮类零件会出现轮廓度误差。

(2) 零件的功能要求。零件的功能要求不同，选择的几何公差项目也不同。例如，为保证机床工作台运动平稳和较高的运动精度，应选择机床导轨的直线度或平面度；对活塞两销孔的轴线提出同轴度的要求，同时对活塞外圆柱面提出圆柱度公差，以控制圆柱体的形状误差。

(3) 几何公差项目的综合控制职能。为减少几何公差项目，应充分发挥公差项目的综合控制职能。例如，对轴类零件，选择径向圆跳动公差，既可控制零件的圆度或圆柱度误差，又可控制同轴度误差，而且检测方便。

(4) 检测的方便性和经济性。在保证零件功能要求的前提下，可以采用便于检测的公差项目代替检测难度较大的公差项目。例如，要素为一圆柱面，圆柱度是理想的公差项目，但由于圆柱度检测不方便，故可用圆度、直线度和素线平行度几个分项进行控制。

3.6.2　公差原则的选择

公差原则主要根据零部件的装配及性能要求进行选择。

1. 独立原则

独立原则是处理几何公差和尺寸公差关系的基本原则，应用最广。以下几种情况采用独立原则。

(1) 尺寸精度和几何精度均有较严格要求且需要分别满足。例如，为了保证与轴承内圈的配合性质，对机床传动轴上与轴承相配合的轴径分别提出尺寸精度和圆柱度要求。

(2) 尺寸精度和几何精度的要求相差较大。例如，印刷机滚筒的圆柱度误差和直径尺寸误差、测量平板的平面度误差和其厚度尺寸误差，都是前者对其功能起决定性影响，应分别提出要求。

(3) 有特殊功能要求的要素，往往对其单独提出与尺寸精度无关的几何公差要求。例如，对导轨的工作面提出直线度或平面度要求。

2. 相关要求

(1) 包容要求用于需要严格保证配合性质的场合。

(2) 最大实体要求用于无配合性质要求、只要求保证可装配性的场合。

(3) 最小实体要求用于需要保证零件强度和最小壁厚的场合。

(4) 在不影响使用性能要求的前提下，为了充分利用图样上的公差带以提高效益，可以将可逆要求用于最大(最小)实体要求。

3.6.3 几何公差值的选择

选择几何公差值的原则是：在满足零件功能要求的前提下，尽可能选用较低的公差等级。

实际生产中常采用类比法确定几何公差值，即参考现有的手册和资料，参照经过验证的类似零部件，通过对比分析，按表 3-6 至表 3-9 确定其公差值。采用类比法确定几何公差值时，应考虑下列情况：

(1) 在同一要素上给出的形状公差值应小于方向或位置公差值。

(2) 圆柱形零件的形状公差值(轴线的直线度除外)，一般情况下应小于其尺寸公差值；

(3) 平行度公差值应小于其相应的距离尺寸公差值。

(4) 对某些情况，考虑到加工的难易程度和除主参数外其他参数的影响，在满足零件功能要求的前提下，可适当降低 1～2 级选用。如孔相对于轴、细长轴或孔、距离较大的轴或孔、宽度较大(一般大于 1/2 长度)的零件表面、线对线和线对面相对于面对面的平行度或垂直度等。

表 3-16 至表 3-19 列出了各种几何公差等级的应用举例，供选用时参考。

表 3-16　直线度、平面度公差等级应用举例

公差等级	应　用　举　例
1、2	精密量具、测量仪器以及精度要求很高的精密机械零件，如 0 级样板平尺、0 级宽平尺、工具显微镜等精密测量仪器导轨面
3	1 级宽平尺工作面，1 级样板平尺的工作面，测量仪器的圆弧导轨，测量仪器的测杆外圆柱面
4	0 级平板，测量仪器的 V 形导轨，高精度平面磨床的 V 形导轨和滚动导轨，轴承磨床及平面磨床的床身导轨
5	1 级平板，2 级宽平尺，平面磨床的纵导轨、垂直导轨、工作台，液压龙门刨床导轨
6	普通机床导轨面，卧式镗床、铣床的工作台，机床主轴箱的导轨，柴油机机体结合面
7	2 级平板，机床的床头箱体，滚齿机床身导轨，摇臂钻底座工作台，液压泵盖结合面，减速器壳体结合面，0.02 mm 游标卡尺尺身的直线度
8	3 级平板，自动车床床身底面，柴油机汽缸体，连杆分离面，缸盖结合面，汽车发动机缸盖，曲轴箱结合面、法兰连接面
9	3 级平板，自动车床床身底面，摩托车曲轴箱体，汽车变速箱壳体，车床挂轮的平面

表 3-17　圆度、圆柱度公差等级应用举例

公差等级	应　用　举　例
0、1	高精度量仪主轴，高精度机床主轴，滚动轴承的滚珠和滚柱
2	精密测量仪主轴、外套、套阀，纺锭轴承，精密机床主轴轴颈，针阀圆柱表面，喷油泵柱塞及柱塞套
3	高精度外圆磨床轴承，磨床砂轮主轴套筒，喷油嘴针、阀体，高精度轴承内外圈等
4	较精密机床主轴、主轴箱孔，高压阀门、活塞、活塞销、阀体孔，高压油泵柱塞，较高精度滚动轴承配合轴，铣削动力头箱体孔

续　表

公差等级	应　用　举　例
5	一般计量仪器主轴，测杆外圆柱面，一般机床主轴轴颈及轴承孔，柴油机、汽油机的活塞、活塞销，与 P6 级滚动轴承配合的轴颈
6	一般机床主轴及前轴承孔，泵、压缩机的活塞、汽缸，汽油发动机凸轮轴，纺机锭子，减速传动轴轴颈，拖拉机曲轴主轴颈，与 P6 级滚动轴承配合的外壳孔
7	大功率低速柴油机曲轴轴颈、活塞、活塞销、连杆、汽缸，高速柴油机箱体轴承孔，千斤顶或压力油缸活塞，机车传动轴，水泵及通用减速器转轴轴颈
8	低速发动机、大功率曲柄轴轴颈，内燃机曲轴轴颈，柴油机凸轮轴承孔
9	空气压缩机缸体，通用机械杠杆与拉杆用套筒销子，拖拉机活塞环、套筒孔

表 3-18　同轴度、对称度、径向圆跳动公差等级应用举例

公差等级	应　用　举　例
1、2	旋转精度要求很高、尺寸公差高于 1 级的零件，如精密测量仪器的主轴和顶尖，柴油机喷油嘴针阀
3、4	机床主轴轴颈，砂轮轴轴颈，汽轮机主轴，测量仪器的小齿轮轴，安装高精度齿轮的轴颈
5	机床主轴轴颈，机床主轴箱孔，计量仪器的测杆，涡轮机主轴，柱塞油泵转子，高精度滚动轴承外圈，一般精度轴承内圈
6、7	内燃机曲轴，凸轮轴轴颈，柴油机机体主轴承孔，水泵轴，油泵柱塞，汽车后桥输出轴，安装一般精度齿轮的轴颈，涡轮盘，普通滚动轴承内圈，印刷机传墨辊的轴颈，键槽
8、9	内燃机凸轮轴孔，水泵叶轮，离心泵体，汽缸套外径配合面对工作面，运输机机械滚筒表面，棉花精梳机前、后滚子，自行车中轴

表 3-19　平行度、垂直度、倾斜度、轴向跳动公差等级应用举例

公差等级	应　用　举　例
1	高精度机床、测量仪器、量具等主要工作面和基准面
2、3	精密机床、测量仪器、量具、夹具的工作面和基准面，精密机床的导轨，精密机床主轴轴向定位面，滚动轴承座圈端面，普通机床的主要导轨，精密刀具、量具的工作面和基准面，光学分度头心轴端面
4、5	普通机床导轨，重要支承面，机床主轴孔对基准的平行度，精密机床重要零件，计量仪器、量具、模具的工作面和基准面，床头箱体重要孔，通用减速器壳体孔，齿轮泵的油孔端面，发动机轴和离合器的凸缘，汽缸支承端面，安装精密滚动轴承壳体孔的凸肩
6、7、8	一般机床的工作面和基准面，压力机和锻锤的工作面，中等精度钻模的工作面，机床一般轴承孔对基准的平行度，变速器箱体孔，主轴花键对定心直径部位表面轴线的平行度，一般导轨、主轴箱体孔、刀架、砂轮架、汽缸配合面对基准轴线，活塞销孔对活塞中心线的垂直度，滚动轴承内、外圈端面对轴线的垂直度
9、10	低精度零件，重型器械滚动轴承端盖，柴油机、曲轴颈、花键轴和轴肩端面，带式运输机法兰盘等端面对轴线的垂直度，减速器壳体平面

3.6.4 基准要素的选择

基准是确定关联要素间方向或位置的依据。在选择基准时，主要应根据零件的功能和设计要求，并兼顾基准统一原则和零件结构特征。基准要素的选择包括基准部位的选择、基准数量的确定和基准顺序的合理安排等。

1. 基准部位的选择

根据设计和使用要求、零件的结构特点，并综合考虑基准统一原则，力求使设计基准和工艺基准重合，以消除基准不统一产生的误差，同时简化夹具、量具的设计与制造。在满足功能要求的前提下，一般选用加工或装配中精度要求较高的表面作为基准，而且基准要素应具有足够的刚度和尺寸，确保定位稳定可靠。

2. 基准数量的确定

一般根据公差项目的方向、位置几何功能要求来确定基准的数量。定向公差大多只需要一个基准，而定位公差则需要一个或多个基准。

3. 基准顺序的安排

若选择两个以上基准要素时，就必须确定基准要素的顺序，并按顺序填入公差框格中。基准顺序的安排主要考虑零件的结构特点以及装配和使用要求。

3.7 几何公差的标注

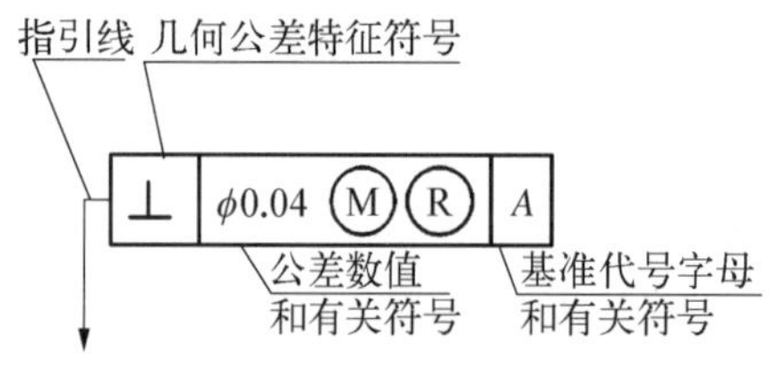

图 3-26 几何公差代号及标注

根据国标 GB/T 1182—2008《几何公差 形状、方向、位置和跳动公差标注》的规定，在技术图样中，零件的几何公差要求用几何公差代号标注。

几何公差代号由两格或多格的矩形框格组成，且在从左至右的格中依次填写几何公差特征符号、公差值、基准符号和其他附加符号等，如图 3-26 所示。

3.7.1 公差框格

(1) 第一格：标注几何公差特征符号(见表 3-1)。

(2) 第二格：标注公差值及相关的附加符号。在公差值前加注符号“ϕ”表示公差带为圆形或圆柱形。加注符号“Sϕ”表示公差带为圆球形。在公差值后可加注Ⓔ、Ⓜ、Ⓛ、Ⓡ等附加符号(见表 3-20)，表达不同的设计意图。

(3) 第三格及以后各格：标注表示基准的大写字母。用一个字母表示单个基准；用短划线相连的两个字母表示公共基准；用几个字母表示基准体系，如图 3-27 所示。

图 3-27 公共基准、基准体系的标注

表 3－20　公差值后加注的附加符号及含义

标注大写的字母	含　　义	标注的大写字母	含　　义
Ⓔ	包容要求	Ⓜ	最大实体要求
Ⓛ	最小实体要求	Ⓟ	延伸公差带
Ⓕ	自由状态条件(非刚性零件)	Ⓡ	可逆要求

3.7.2　被测要素的标注

被测要素用带箭头的指引线与几何公差框格相连，指引线用细实线，可用折线但弯折不能超过两次。箭头垂直指向被测要素或其延长线，当箭头正对尺寸线时，表示被测要素是导出要素[见图 3－28(a)]，否则为组成要素[见图 3－28(b)]。

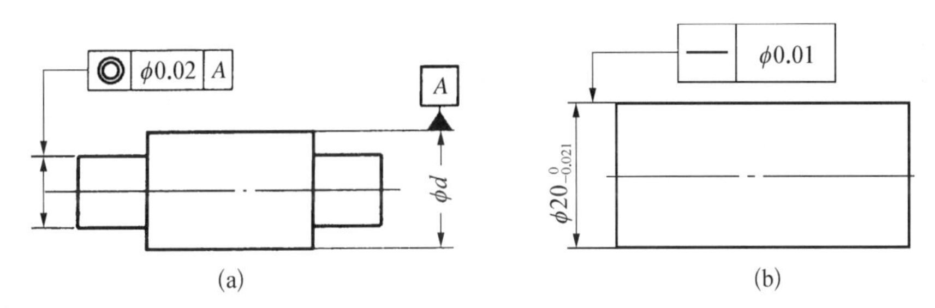

图 3－28　被测要素为导出要素和组成要素的标注

(a) 被测要素为导出要素　(b) 被测要素为组成要素

当多个被测要素有相同的几何公差要求时，可以从公差框格引出的指引线上绘制多个箭头，并分别与被测要素相连，如图 3－29 所示。

当对若干个分离要素要求给出单一公差带时，应在公差框格内公差值后加注公共公差带符号 CZ，如图 3－30 所示表示共面要求。

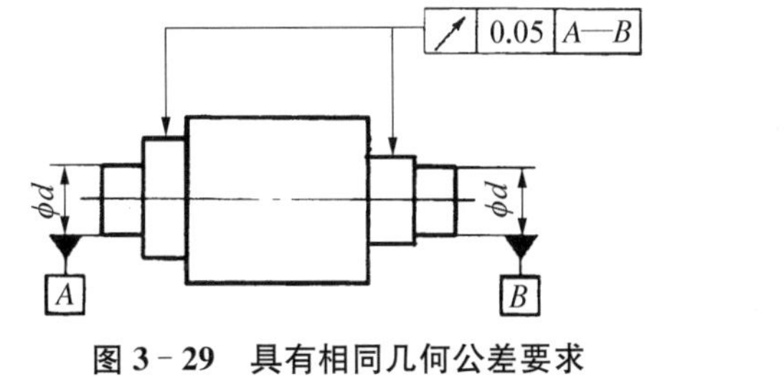

图 3－29　具有相同几何公差要求

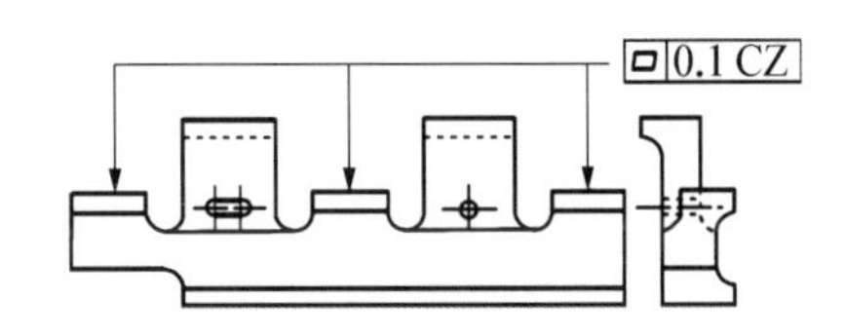

图 3－30　若干分离要素给出单一公差值

当同一个被测要素有多项几何公差要求时，其标注方法又是一致时，可将这些框格绘制在一起，并引用一根指引线，如图 3－31 所示。

3.7.3　基准要素的标注

零件若有方向、位置和跳动公差要求，在图样上必须标明基准代号，并在框格中注出

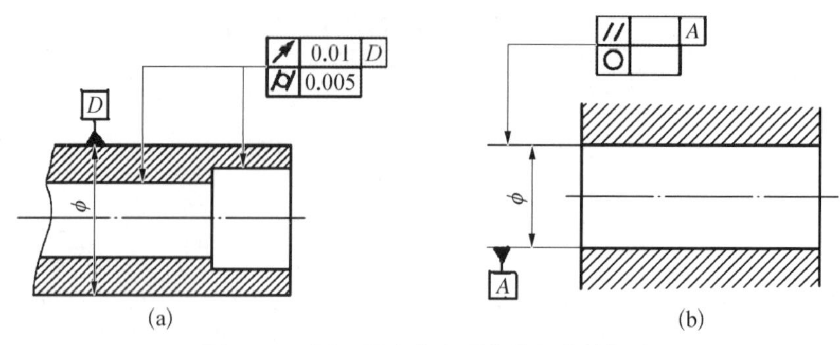

图 3-31　同一要素有多项公差要求的标注

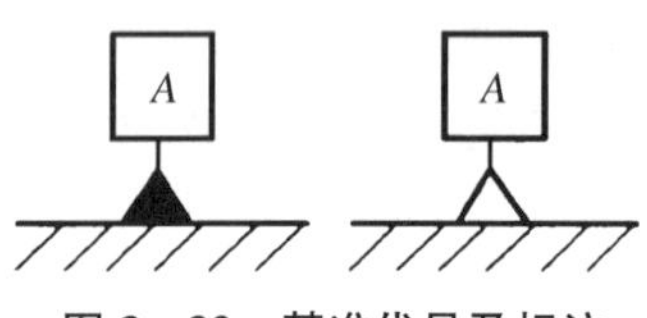

图 3-32　基准代号及标注

基准代号的字母。如图 3-32 所示，基准代号由涂黑或空白三角形、连线和带大写字母的方框组成。涂黑的和空白的基准三角形含义相同。

在图样中无论基准代号的方向如何，其字母必须水平填写，不得采用字母 E、I、J、M、O、P、R，因上述字母在几何公差中另有含义(见表 3-19)。

当基准要素为导出要素时，其基准三角形应与该要素的尺寸线对齐，如图 3-31(a)所示的基准 *D* 标注。当基准要素为组成要素时，其基准三角形应与组成要素或其延长线重合，与尺寸线错开，如图 3-31(b)所示的基准 *A* 标注。

3.7.4　理论正确尺寸的标注

当给出一个或一组要素的位置、方向或轮廓度公差时，分别用来确定其理论正确位置、方向或轮廓的尺寸称为理论正确尺寸(TED)。

理论正确尺寸没有公差，用矩形方框框起来表示，如图 3-33 所示。对于 0°、90°、180°或 0 的理论正确尺寸可省略标注。

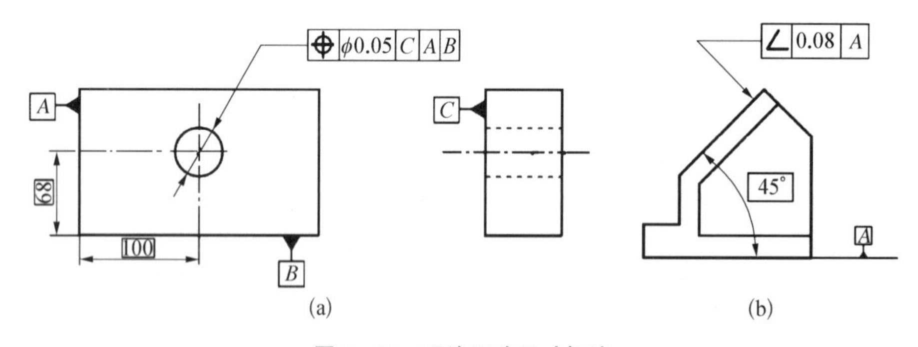

图 3-33　理论正确尺寸标注

3.8　几何误差的检测

对完工后的工件进行几何误差检测，是保证工件加工质量以满足产品设计要求的一个重要手段。国标 GB/T 1958—2004 规定了几何误差的五个检测原则，并结合这五个检测原则，按几何误差项目提出了上百个检测方案，供检测几何误差时选用。

3.8.1 几何误差的检测原则

1. 与理想要素比较原则

指将被测提取要素与其理想要素相比较，在比较过程中获得数据，由这些数据来评定几何误差。

应用该检测原则时，必须有理想要素作为测量的标准。理想要素可用模拟方法获得，如刀口尺的刃口、拉紧的钢丝绳、铸铁或大理石平板等都可作为理想要素。图 3 - 34 所示为用刀口尺测量直线度误差，以刀口尺的刃口为理想直线与被测要素比较，根据光隙的大小或塞尺的厚薄来判断直线度的误差。

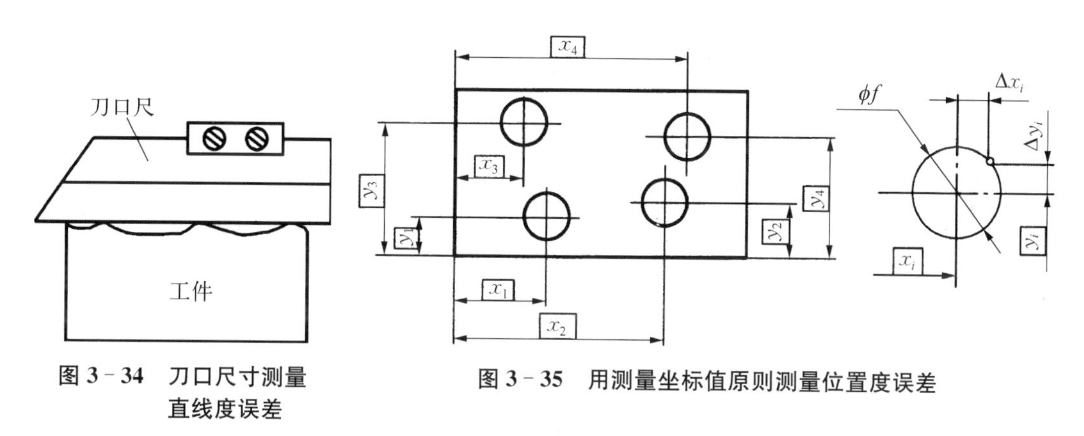

图 3 - 34　刀口尺寸测量直线度误差

图 3 - 35　用测量坐标值原则测量位置度误差

2. 测量坐标值原则

测量被测提取要素的坐标值（如直角坐标值、极坐标值、圆柱面坐标值），并经过数据处理获得几何误差值。

该原则广泛应用于轮廓度和位置度误差的测量。图 3 - 35 所示为用测量坐标值原则测量位置度误差的示例。由坐标测量机测得各孔实际位置的坐标值(x_1, y_1)、(x_2, y_2)、(x_3, y_3)、(x_4, y_4)，计算出相对理论正确尺寸的偏差。

$$\Delta x_i = x_i - \boxed{x_i} \tag{3-19}$$

$$\Delta y_i = y_i - \boxed{y_i} \tag{3-20}$$

各孔的位置误差值可按下式求得：

$$\phi f_i = 2\sqrt{(\Delta x_i)^2 + (\Delta y_i)^2} \qquad i = 1, 2, 3, 4 \tag{3-21}$$

3. 测量特征参数原则

测量被测要素上具有代表性的参数（即特征参数）来表示几何误差值。

应用该原则测得的几何误差能近似于理论定义上的几何误差。例如，圆度误差一般反映在直径的变动上，因此，常以直径作为圆度的特征参数，即用千分尺在一个横截面内的几个方向上测量直径，取最大和最小直径之差的 1/2，作为该截面的圆度误差。

显然，该种检测方法获得的几何误差，与按理论定义上的几何误差相比，只是一个近似值，但可以简化测量过程和设备，也不需要复杂的数据处理，易在生产中实现。该原则只要运用得当，可以取得良好的经济效果，是一种在生产现场应用较为普遍的测量原则。

4. 测量跳动原则

被测要素绕基准轴线回转过程中，沿给定方向测量其对某参考点或线的变动量(即指示计最大与最小值之差)。

该原则是根据跳动的定义而来的，所以主要用于图样上标注了圆跳动或全跳动时误差的测量。当认为经济合理时，也可用于测量同轴度和端面对轴线的垂直度。

5. 控制实效边界原则

检测被测要素是否超过实效边界，以判断合格与否。

该原则应用于图样上给出的几何公差有最大实体要求或最小实体要求或包容要求的场合。

判断被测要素是否超过实效边界的有效方法是用功能量规检验，只要功能量规能“通过”，表示与被测导出要素相对应的轮廓不超出实效边界。

如图 3-36(a)所示的工件，按最大实体要求给出了同轴度公差值 ϕ0.04 mm，被测轴线所对应的圆柱面由直径为 ϕ12.04 mm 的最大实体实效边界限制；基准轴线 A 所对应的圆柱面，由直径为 ϕ25 mm 的最大实体边界限制。检验用的功能量规，如图 3-36(b)所示，由阶梯孔分别体现被测要素的是最大实体实效边界和基准要素 A 的最大实体边界。检验时，若被测工件能被功能量规“通过”，则表示同轴度误差符合设计的规范极限要求。

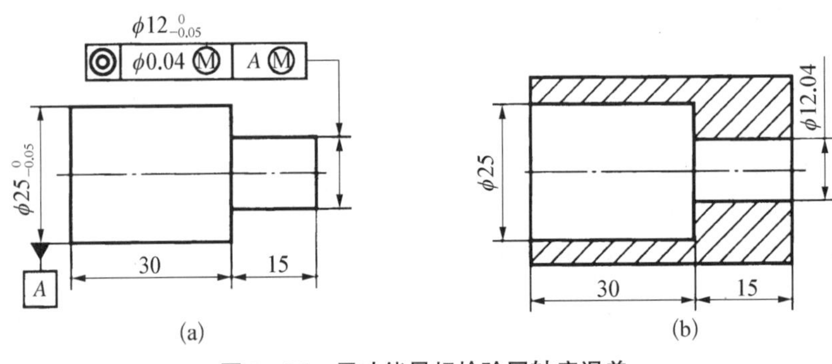

图 3-36 用功能量规检验同轴度误差

3.8.2 检测器具

在检测零件几何误差时，常要使用检验平板、刀口形直尺、框式水平仪、塞尺、偏摆仪、宽座角尺、V 形铁、指示计(百分表或千分表)等检测器具。

1. 检验平板

适用于各种检测工作的基准平面，主要分铸铁平板和大理石平板，车间以使用铸铁平板为主，如图 3-37 所示。使用时，应将平板调至水平同时避免振动、碰伤等现象，以免影响其精度和使用寿命。

图 3-37 铸铁平板

2. 刀口形直尺(刀口尺)

刀口形直尺是用间隙法检测直线度或平面度的直尺。刀口形直尺的规格用刀口长度表示,常用的规格有75 mm、125 mm、175 mm、225 mm和300 mm等几种。

3. 框式水平仪

框式水平仪一般制成200 mm×200 mm的矩形框架,框架的测量面有平面和V形槽,V形槽便于在圆柱面上测量。在水平测量面的上面装有一个水准器(密封的玻璃容器),如图3-38所示。水准器是一个具有一定曲率半径的圆弧形玻璃管,管内装有乙醚(或乙醇),液体不装满,留有一定长度的气泡,称水准气泡。水准气泡总是停留在玻璃管内的最高处。若水平仪倾斜一个角度,气泡就向左或向右移动,根据移动的距离(格数),直接或通过计算即可知道被测工件的直线度、平面度或垂直度误差。精度0.02 mm/m。

框式水平仪可用于检测各种机床工作台面的水平度,一般检测前后和左右两个平面。

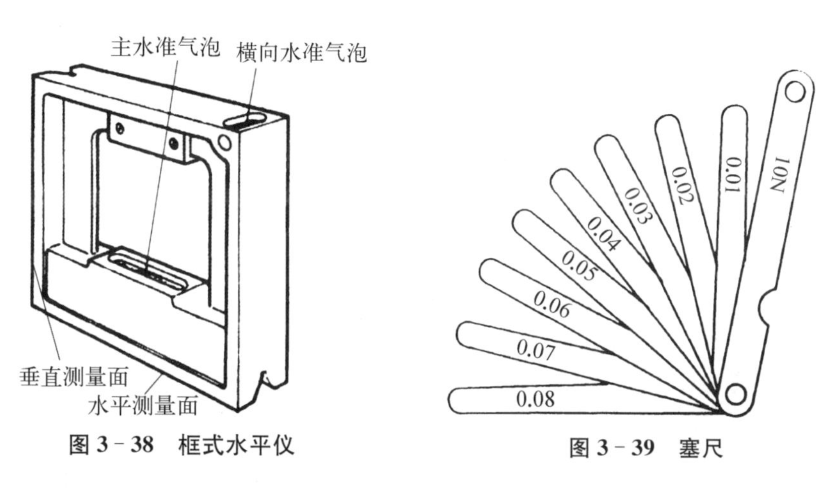

图3-38　框式水平仪　　**图3-39　塞尺**

4. 塞尺

塞尺是用来检测两贴合面之间间隙大小的薄片量尺,如图3-39所示。它是由一组薄钢片组成,其每片的厚度0.01 μm~0.08 mm不等,测量时用塞尺直接塞进间隙,当一片或数片能塞进两贴合面之间时,则一片或数片的厚度(可由每片片身上的标记直接读出),即为两贴合面的间隙值。

使用塞尺测量时选用的薄片越薄越好,而且必须先擦干净尺面和被测面,测量时不能用力硬塞,以免尺片弯曲和折断。

5. 偏摆仪

偏摆仪是用来检测回转体各种跳动指标的必备仪器。除检测圆柱状和盘状零件的径向跳动和轴向跳动外,安装上相应的附件,还可用来检测管类零件的径向和轴向跳动。

使用偏摆仪检测工件时,需将被测件的中心孔和偏摆仪上两顶尖擦干净,然后将零件的中心孔插入顶尖,使零件在偏摆仪上不能有轴向窜动,但转动自如,如图3-40所示。

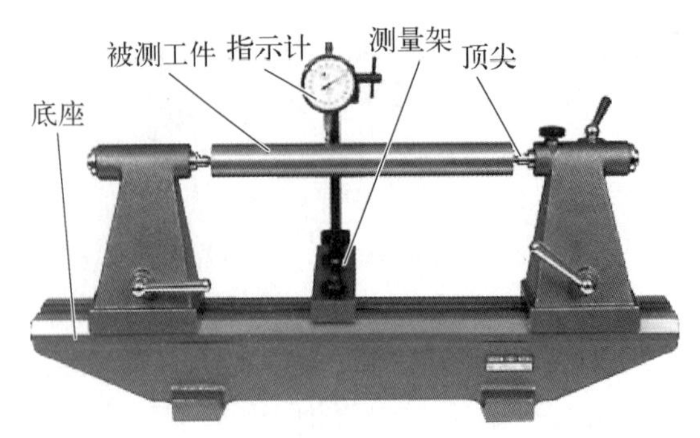

图 3-40　偏摆仪

6. 宽座角尺

宽座角尺为 90°角尺，它是检验直角用非刻度量尺，用于检测工件的垂直度。当角尺的一边与被测件基准面放在检验平板上时，角尺的另一面与被测面之间透出缝隙，根据缝隙的大小判断角度的误差情况，如图 3-41 所示。

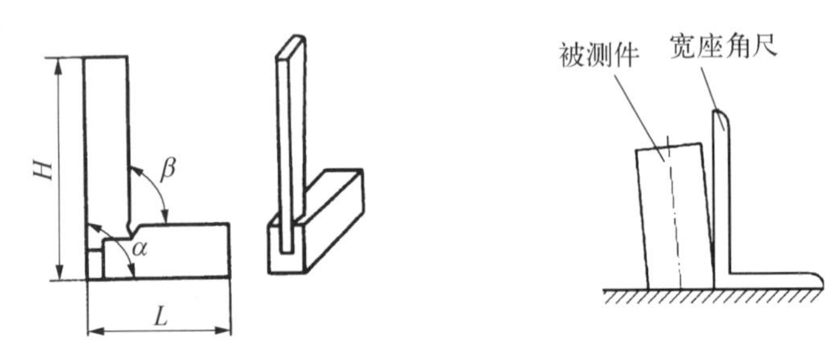

图 3-41　宽座角尺及测量

7. V 形铁

主要用于安放轴、套筒，圆盘等圆形工件，以便找中心线与划出中心线，如图 3-42 所示。

图 3-42　V 形铁

一般 V 形架都是一副两块 V 形铁，且两块的平面与 V 形槽都是在一次安装中磨出来的，配上检验平板同时使用。

3.8.3　几何误差的检测方法

国标中规定的检测方案涉及多种检测方法，下面仅介绍实际生产中常用的几种检测方法。

1. 直线度误差检测

1）间隙法

用刀口尺或平尺来体现被测直线的测量基线，按被测直线与测量基线间形成的光隙与标准光隙相比较，是一种直接评定直线度误差值的方法。适用于尺寸在 500 mm 以内、精密加工平面或圆柱(圆锥)的素线直线度误差测量。

检量时将刀口尺或平尺置于被测表面上[见图 3-43(a)、(b)],调整刀口尺或平尺,使其工作棱边与被测直线之间的最大光隙为最小,与标准光隙相比较而得到直线度误差值。

标准光隙是由刀口尺与研合在平晶上的两等高量块以及与等高量块形成不同间隙的不同尺寸量块构成,如图 3-43(c)所示。

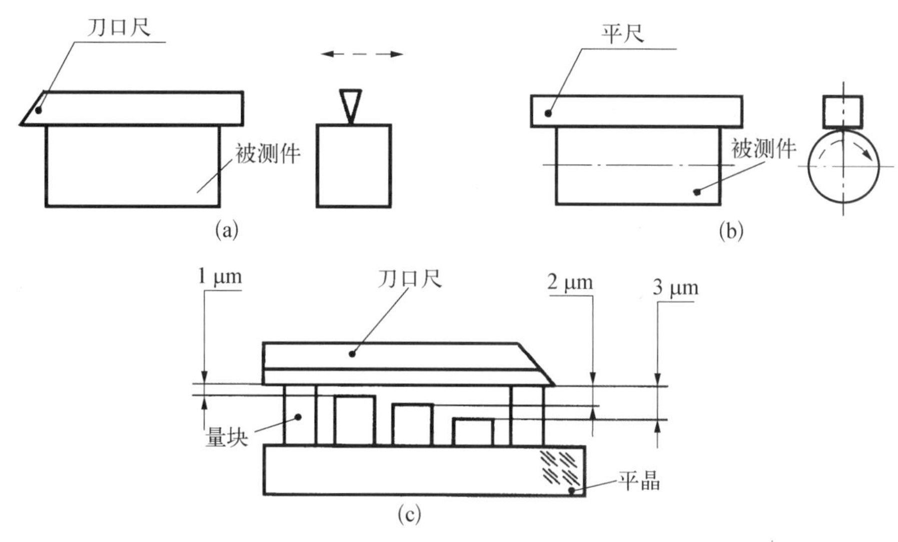

图 3-43　间隙法检测直线度误差

(a) 刀口尺检测平面上的素线　(b) 平尺检测圆柱面素线　(c) 标准光隙的获得

2) 指示计法

是用带指示计的测量装置测出被测直线相对基准线的偏离量,进而评定直线度误差值的方法。

检测方法如图 3-44 所示,先将被测工件安装在平行于平板的两同轴顶尖之间,将固定在同一测量架上的两个指示计对径放置于被测工件横截面的上下两侧;然后进行布点,按布点沿轴向截面的两条素线移动测量架进行测量,同时分别记录两指示计在各测点的示值 M_{ai}、M_{bi},并求出其差值:$\Delta_i = M_{ai} - M_{bi}$;取各测点示值差 Δ_i 中的最大值 Δ_{max} 和最小值 Δ_{min} 之差的一半作为该截面的轴线直线度误差近似值 f',即

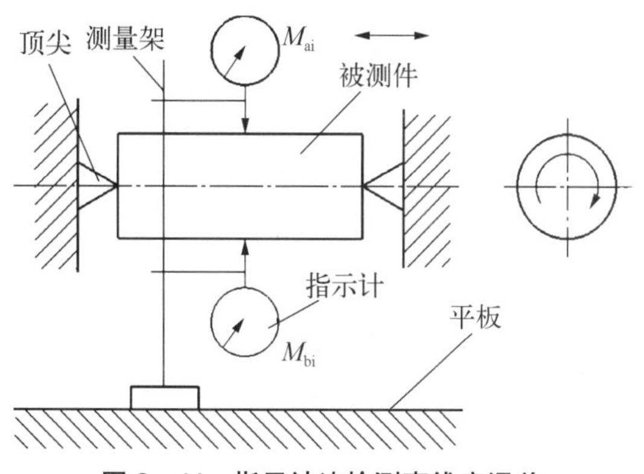

图 3-44　指示计法检测直线度误差

$$f' = \frac{\Delta_{max} - \Delta_{min}}{2} \tag{3-22}$$

转动被测零件,在若干个轴截面上重复上述测量,取其中的最大值作为轴线直线度误差近似值。这种方法特别适于带有和差演算装置的仪器进行测量。

2. 平面度误差检测

1) 干涉法

用平晶的工作面体现测量基面,利用光波干涉原理,根据平面与被测平面贴合后出现的干涉条纹的形状和条数来确定平面度误差值。

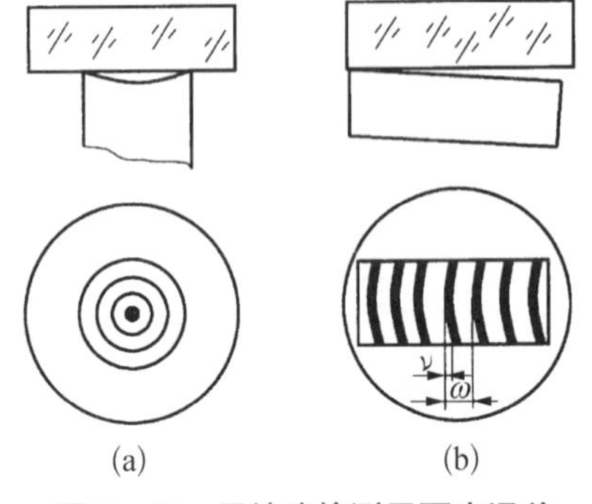

图 3-45 干涉法检测平面度误差

测量时将平晶工作面以微小角度逐渐与被测平面贴合,若被测平面内凹或外凸,则会出现环形干涉带,如图 3-45(a)所示。此时应调整平晶的位置,使干涉带数为最少,其平面度误差的近似值为:

$$f' = \frac{\lambda}{2} \cdot n \tag{3-23}$$

式中:n——环形干涉带数,其读数原则是以环心的带纹色泽为准,读取色泽相同的带纹数;

λ——光波波长。

如果出现一个方向弯曲的干涉条纹,如图 3-46(b)所示,则应调整平晶位置,使之出现 3~5 条干涉带,其平面度误差的近似值为:

$$f' = \frac{\nu}{\omega} \cdot \frac{\lambda}{2} \tag{3-24}$$

式中:ν——干涉带弯曲量;

ω——干涉带间距;

λ——光波波长。

该方法适用于平晶所能覆盖的精研表面的平面度误差测量。

2) 指示计法

是用带指示计的测量装置或坐标测量仪测出被测面相对测量基面的偏离量,进而评定平面度误差值的方法。

(1) 如图 3-46(a)所示,将被测工件放在检验平板上,用平板模拟测量基准。将被测平面两对角线的角点分别调成等高,即指示计示值相同(评定基面为对角线平面);也可用三远点法,即选择平面上三个相距最远的点,调平这三点,即三点指示计示值相同(评定基面为三远点平面)。

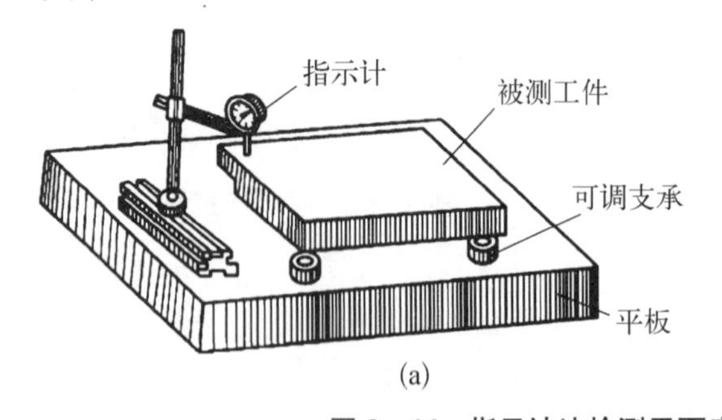

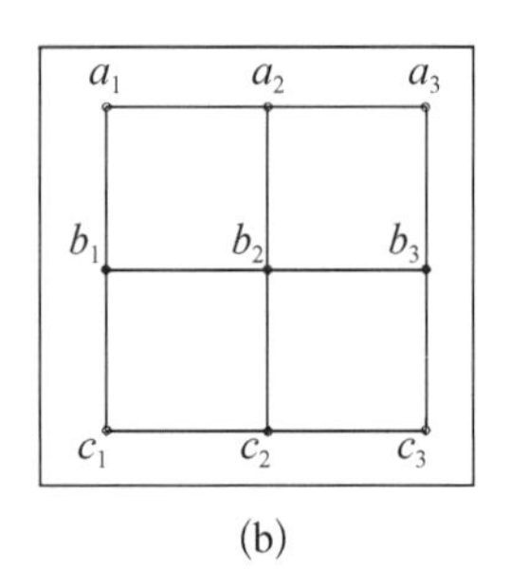

图 3-46 指示计法检测平面度误差

(a) 平面度测量 (b) 平面度测量布点

(2) 在被测平面按图 3-46(b)所示的布点形式(四周的布点应距边缘 10 mm)进行测量,并同时记录各测点量值 h_i,即可获得各测点相对测量基面的量值 $Z_{DMIN}=h_i$。

如果两对角线的角点示值分别相等,则平面度误差值:

$$f_{DL}=h_{max}-h_{min} \tag{3-25}$$

如果任意三远点的示值相等,则平面度误差值:

$$f_{TP}=h_{max}-h_{min} \tag{3-26}$$

式中:h_{max},h_{min}——测点相对对角线平面 S_{DL} 或三远点平面 S_{TP} 的最大、最小偏离值。h_i 在对角线平面 S_{DL} 或三远点平面 S_{TP} 上方时取正值,在下方时取负值。

如按最小包容区域法或最小二乘法进行评定,则需进一步按有关规定进行数据处理。

该方法适用于中、小平面的平面度误差测量。

3. 圆度误差检测

测量圆度误差最理想的方法是采用圆度仪测量,可通过记录装置将被测表面的实际轮廓形象地描绘在坐标纸上,然后按最小包容区域法求出圆度误差值,如图 3-47 所示。

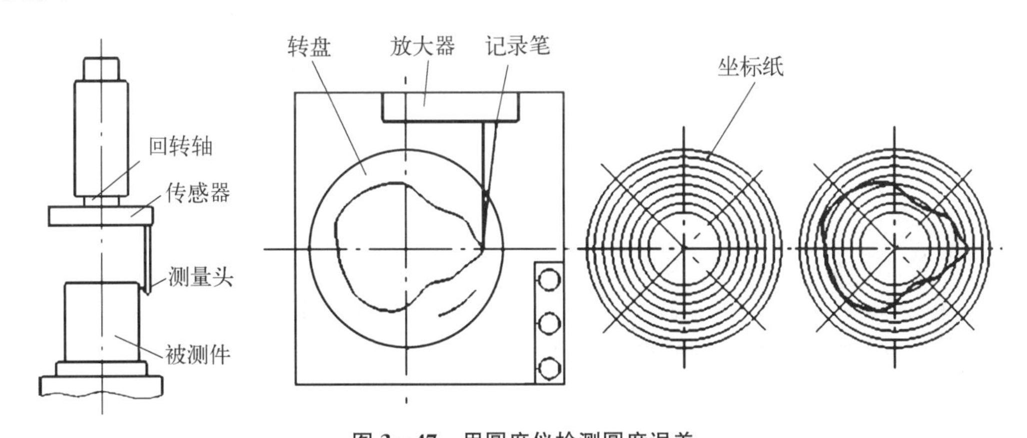

图 3-47　用圆度仪检测圆度误差

在实际生产中也可采用近似测量方法,如两点法、三点法、两点法和三点法组合等。两点法、三点法是应用 GB/T 1958 中的第三种检测原则(测量特征参数原则)来检测圆度误差的。

1) 两点法测量

在直径上对置的一个固定支承和一个可在测量方向上移动的测头之间所进行的测量。如用游标卡尺、千分尺等通用量具,测出被测圆柱同一径向横截面中的最大直径差,此差值的一半可近似视为该截面的圆度误差。

此法仅适用于具有偶数棱的被测轮廓,不适合奇数棱的轮廓。因为奇数棱的轮廓是一个等径多边形,各方向直径一样,用两点法无法测出直径差,采用三点法测量则能解决这一问题。

2) 三点法测量

是在两个固定测量支承和一个可在测量方向上移动的测头之间所进行的测量。

检测方法如图 3-48 所示，将被测件放在 V 形架上，使其轴线垂直于测量截面，同时固定轴向位置。被测件均匀旋转一周，读取指示计的测得值(即最大值与最小值之差)，查取该方法相应的反映系数，按下式计算出单个截面的圆度误差：

$$f_i = \frac{\Delta}{F} \tag{3-27}$$

式中：f_i——单个截面圆度误差；

Δ——测得值；

F——反映系数(即用两点、三点法测量圆度误差时，修正测得值的系数，可从 GB/T 4380—2004中查得)。

按上述方法测量若干个截面，取其中最大的误差值作为该零件的圆度误差。

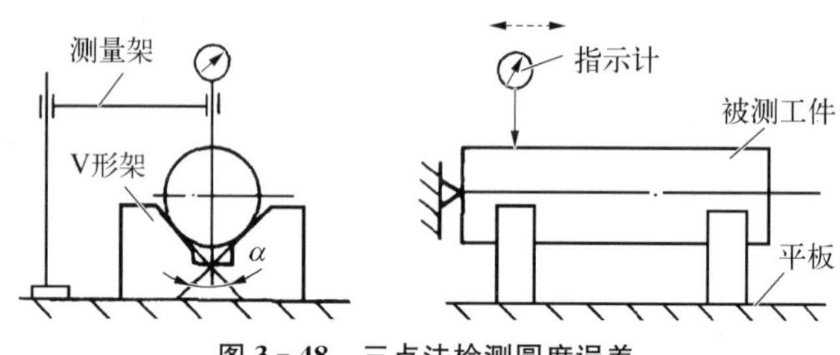

图 3-48　三点法检测圆度误差

通常情况下，采用顶尖夹持工件车、磨外圆时，易出现偶数棱形圆，而奇数棱形圆易出现在无心磨削外圆的加工中，且多为三棱圆形。因此在生产中可根据工艺特点进行分析，选择合适的测量方法。

当被测工件轮廓的棱数未知时，应采用两点法和三点法进行组合测量，测量方案见国标 GB/T 4380—2004 中表 3、表 4。按组合方案测量时，应取各次测量中的最大值，用相应的平均反映系数计算出实际圆度误差值。即：

$$f = \frac{\Delta_{max}}{F_{av}} \tag{3-28}$$

式中：f——实际圆度误差值；

Δ_{max}——测得值；

F_{av}——平均反映系数(可从 GB/T 4380—2004 表 3、表 4 中查取)。

4. 平行度误差检测

1) 面对面的平行度误差检测

检测方法如图 3-49 所示，带指示计的测量架在平板上移动(基准要素作为测量基准面)，并测量整个被测表面。取指示计的最大与最小示值之差作为该工件的平行度误差。此方法适用于基准表面的形状误差(相对平行度公差)较小的工件。

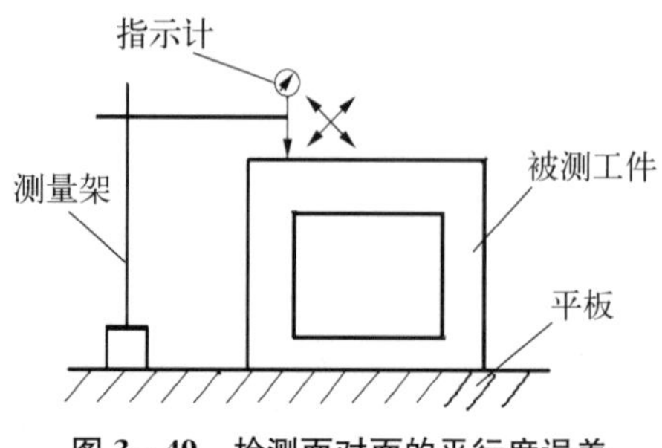

图 3-49　检测面对面的平行度误差

2）线对线的平行度误差检测

检测方法如图 3－50（b）所示，基准轴线和被测轴线均由心轴模拟。将被测工件［3－51（a）］放在等高 V 形块上，在测量距离为 L_2 的两个位置上测得的数值分别为 M_1 和 M_2。平行度误差：

$$f = \frac{L_1}{L_2} \mid M_1 - M_2 \mid \tag{3-29}$$

式中：L_1——被测轴线的长度。

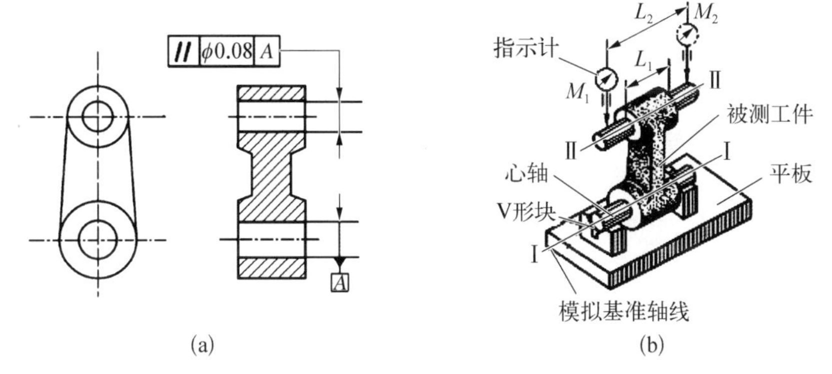

图 3－50　检测线对线的平行度误差

（a）被测工件示意图　（b）检测示意图

5. 垂直度误差检测

1）面对面的垂直度误差检测

检测图 3－51（a）所示工件的方法如图 3－51（b）所示，用水平仪粗调基准表面到水平。分别在基准表面和被测表面上用水平仪分段逐步测量，并记录换算成线值的示值。

用图解法或计算法确定基准方位，然后求出被测表面相对于基准的垂直度误差。此方法适用于测量大型工件。

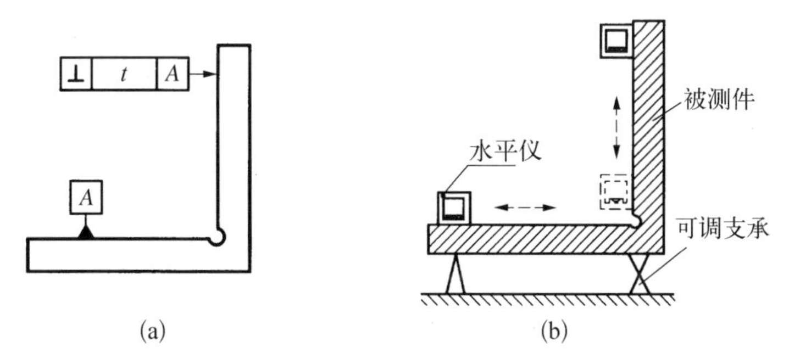

图 3－51　检测面对面的垂直度误差

（a）被测工件示意图　（b）检测示意图

2）面对线的垂直度误差检测

检测方法如图 3－52（b）所示，将被测工件［图 3－52（a）］放在导向块内（基准轴线由导向块模拟），然后测量整个被测表面并记录示值。取最大示值差作为该工件的垂直度误差。

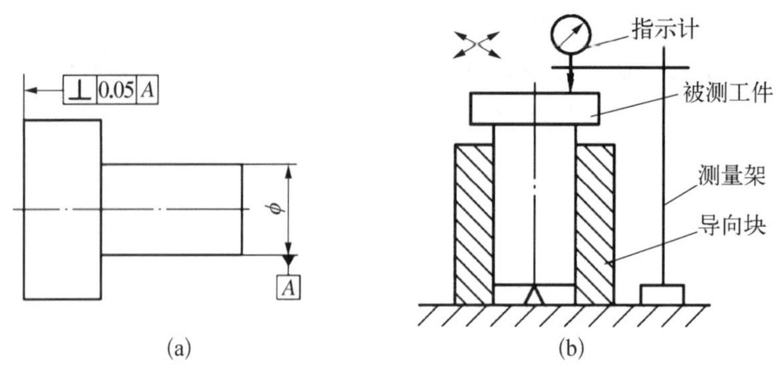

图 3-52　检测面对线的垂直度误差

(a) 被测工件示意图　(b) 检测示意图

6. 同轴度误差检测

1) 检测轴对轴的同轴度误差

检测方法如图 3-53(b)所示，公共基准轴线由刃口状 V 形架体现。将被测工件[图 3-53(a)]放在 V 形架上，将两指示计分别在铅垂轴截面内相对于基准轴线对称地分别调零。

(1) 在轴向测量，取指示计在垂直基准轴线的正截面上测得各对应点的示值差 $|M_a - M_b|$ 作为在该截面上的同轴度误差。

(2) 按上述方法在若干截面内测量，取各截面测得的示值之差中的最大值(绝对值)作为该工件的同轴度误差。此方法适用于形状误差较小的工件。

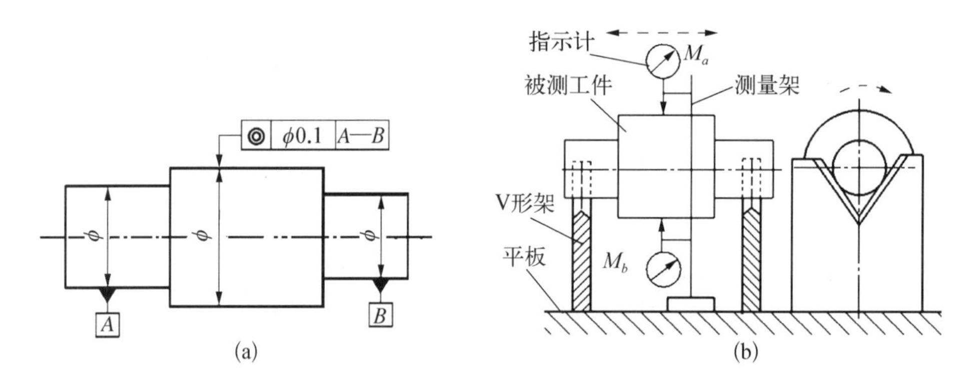

图 3-53　检测轴对轴的同轴度误差

(a) 被测工件示意图　(b) 检测示意图

2) 检测孔对孔的同轴度误差

检测方法如图 3-54(b)所示，将心轴与孔成无间隙配合地插入孔内，并调整被测工件[图 3-54(a)]使其基准轴线与平板平行。在靠近被测孔端 A、B 两点测量，并求出该两点分别与高度 $\left(L+\dfrac{d_2}{2}\right)$ 的差值 f_{Ax} 和 f_{Bx}。然后把被测工件翻转 90°，按上述方法测取 f_{Ay} 和 f_{By}，则：

A 点处的同轴度误差：　$$f_A = 2\sqrt{(f_{Ax})^2 + (f_{Ay})^2} \tag{3-30}$$

B 点处的同轴度误差：　$f_B = 2\sqrt{(f_{Bx})^2 + (f_{By})^2}$，　(3 - 31)

取其中较大值作为该被测要素的同轴度误差。如测点不能取在孔端处，则同轴度误差可按比例折算。

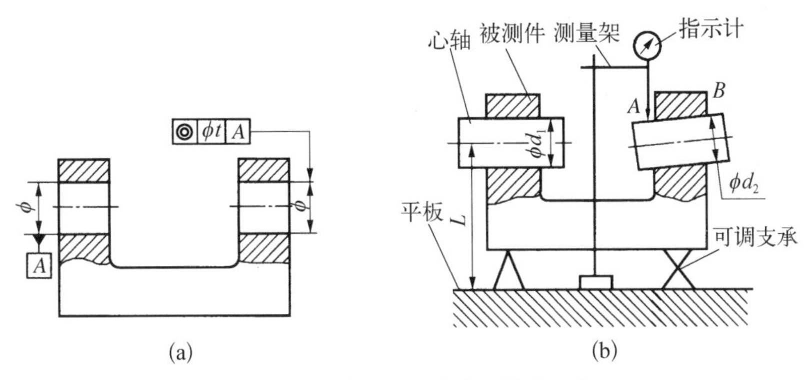

图 3 - 54　检测孔对孔的同轴度误差

(a) 被测工件示意图　(b) 检测示意图

7. 对称度误差检测

1) 面对面的对称度误差检测

检测方法如图 3 - 55(b)所示，将被测工件[图 3 - 55(a)]放在平板上。

(1) 测量被测表面与平板之间的距离。

(2) 将被测件翻转后，测量另一被测表面与平板之间的距离。

取测量截面内对应两测点的最大差值作为对称度误差。

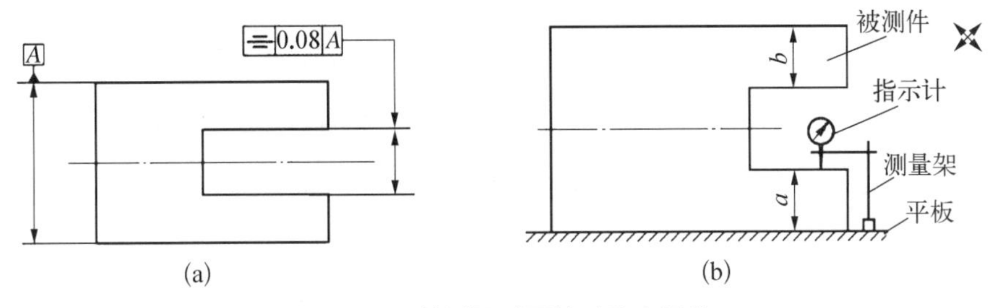

图 3 - 55　检测面对面的对称度误差

(a) 被测件示意图　(b) 检测示意图

2) 面对线的对称度误差检测

检测方法如图 3 - 56(b)所示，基准轴线由 V 形架模拟，被测中心平面由定位块模拟。调整被测工件[图 3 - 56(a)]使定位块沿径向与平板平行。

(1) 在键槽长度两端的径向截面内测量定位块到平板的距离。

(2) 再将被测工件旋转 180°后重复上述测量，得到两径向测量截面内的距离差之半 Δ_1 和 Δ_2（注：绝对值大者为 Δ_1，小者为 Δ_2），键槽对称度误差按下式计算：

$$f = \frac{2\Delta_2 t + d(\Delta_1 - \Delta_2)}{d - t} \tag{3-32}$$

式中：d——轴的直径；

t——轴键槽深度。

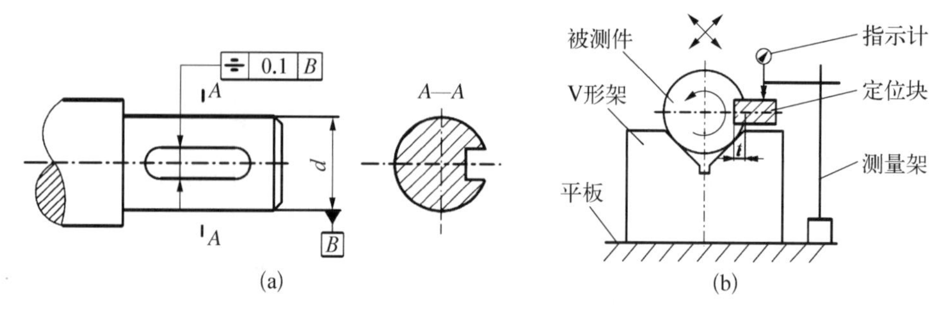

图 3-56 检测面对线的对称度误差

(a) 被测件示意图 (b) 检测示意图

8. 圆跳动和全跳动的检测

1) 径向圆跳动检测

检测方法如图 3-57(b)所示，基准轴线由 V 形架模拟。被测工件[图 3-57(a)]支承在 V 形架上，并在轴向定位。分两步进行测量：

(1) 在被测工件回转一周过程中指示计示值最大差值即为单个测量平面上的径向跳动。

(2) 按上述方法测量若干个截面，取各截面上测得的跳动量中的最大值，作为该工件的径向圆跳动。该测量方法受 V 形架角度和基准要素形状误差的综合影响。

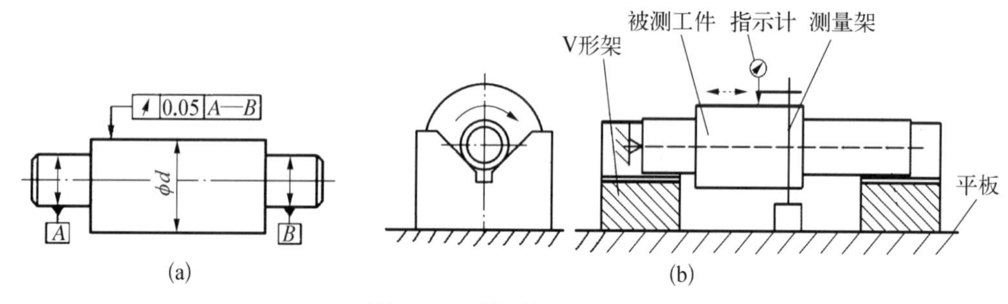

图 3-57 检测径向圆跳动

(a) 被测工件示意图 (b) 检测示意图

当被测工件的设计基准为轴两端的顶尖孔时，可采用两同轴顶尖支承工件进行径向圆跳动的测量。

2) 轴向圆跳动检测

检测方法如图 3-58(b)所示，将被测工件[图 3-58(a)]支承在 V 形块上，并在轴向上固定。分两步进行测量：

(1) 在被测工件回转一周过程中，指示计示值最大差值即为单个测量圆柱面上的轴向圆跳动。

(2) 按上述方法测量若干个圆柱面，取各测量圆柱面上测得的跳动量中的最大值，作为该工件的轴向圆跳动。该测量方法受 V 形块角度和基准要素形状误差的综合影响。

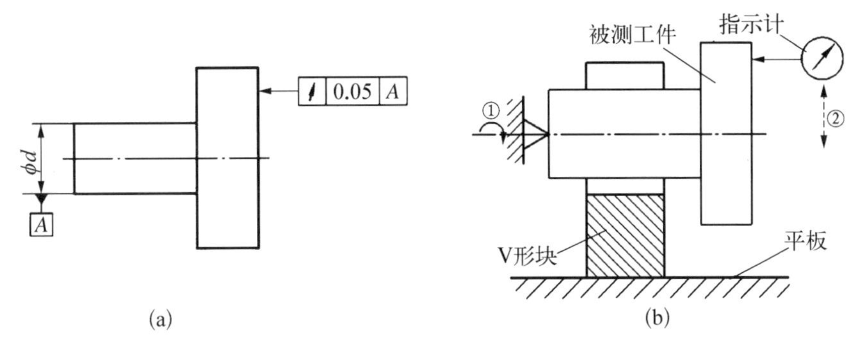

图 3-58　检测轴向圆跳动

(a) 被测工件示意图　(b) 检测示意图

3）径向全跳动检测

检测方法如图 3-59(b)所示，基准轴线用一对同轴顶尖来体现，将被测工件[图 3-59(a)]安装在两同轴顶尖之间。在被测件连续回转过程中，同时让指示计沿基准轴线的方向作直线运动。在整个测量过程中，指示计示值最大差值即为该工件的径向全跳动。

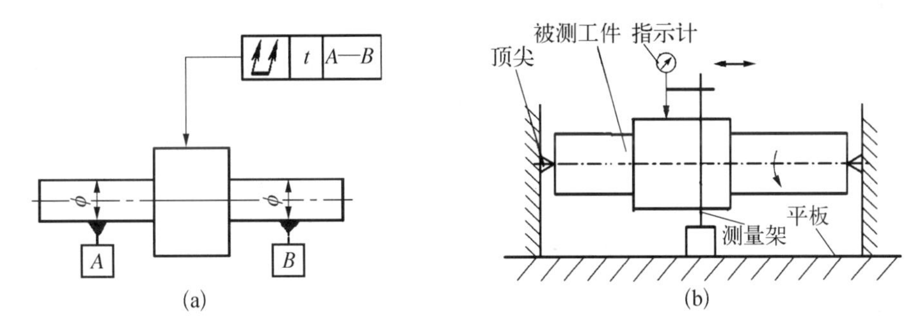

图 3-59　检测径向全跳动

(a) 被测工件示意图　(b) 检测示意图

第4章　表面粗糙度测量

【本章学习目标】

★ 理解表面粗糙度的概念，了解其对机械零件使用性能的影响；

★ 掌握表面粗糙度评定参数的含义、应用场合和标注方法；

★ 深入理解表面粗糙度参数的选用原则；

★ 掌握常用表面粗糙度测量方法及原理。

【本章教学要点】

知识要点	能力要求	相关知识
表面粗糙度的概念及其对机械零件使用性能的影响	能够区分表面粗糙度、波度和表面形状误差；理解表面粗糙度的概念及其对机械零件使用性能的影响	表面粗糙度产生的原因
表面粗糙度评定参数的含义、应用场合与标注方法	掌握表面粗糙度基本术语和定义；能够正确标注表面粗糙度及理解其含义	对表面结构补充要求的注写
表面粗糙度评定参数的选用原则	能够根据零件要求选择合适的表面粗糙度评定参数及数值	表面粗糙度的表面特征、经济加工方法及应用举例；轴和孔的表面粗糙度参数推荐值
表面粗糙度测量方法及原理	掌握比较法、光切法及针描法等常用的表面粗糙度测量方法；了解光切法及针描法的测量原理	掌握光切显微镜及表面粗糙度测量仪的使用；测量数据的分析

【导入检测任务】

如图所示上弯针滑杆表面粗糙度检测，图中有ϕ7.26轴粗糙度等的标注，请同学们主要从以下几方面进行学习：

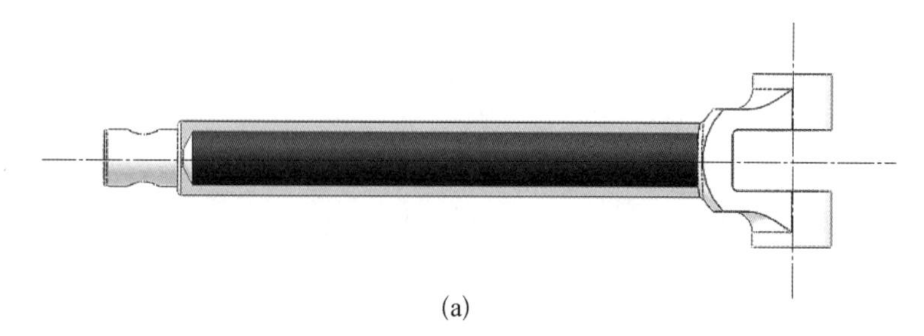

(a)

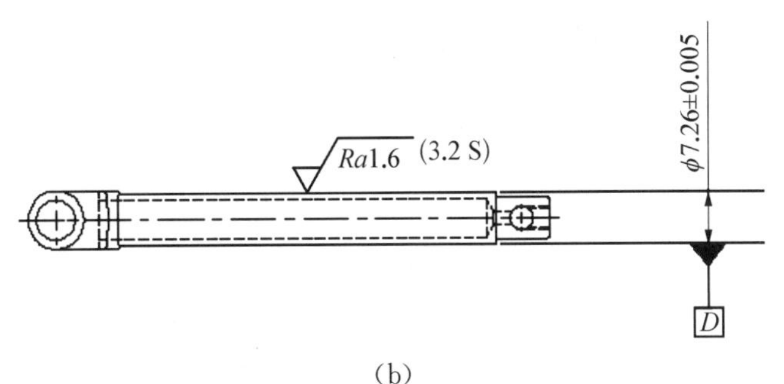

(b)

上弯针滑杆表面粗糙度检测

(a) 三维图　(b) 二维图

(1) 分析图纸，搞清楚零件表面质量的要求；

(2) 理解以上表面粗糙度标注的含义；

(3) 选择计量器具，确定表面粗糙度测量方案；

(4) 填写检测报告与数据处理。

【具体检测过程见实验】

4.1　概述

4.1.1　表面粗糙度的概念

在机械加工过程中，由于刀具切削后遗留的刀痕、切屑分离时的表层金属材料的塑性变形、刀具和被加工表面间的摩擦，以及工艺系统中存在的高频振动等原因，会使被加工零件的表面产生微小的峰谷。这些微小峰谷的高低程度及其间距状况称为表面粗糙度。它是一种微观几何形状误差，也称为微观不平度。

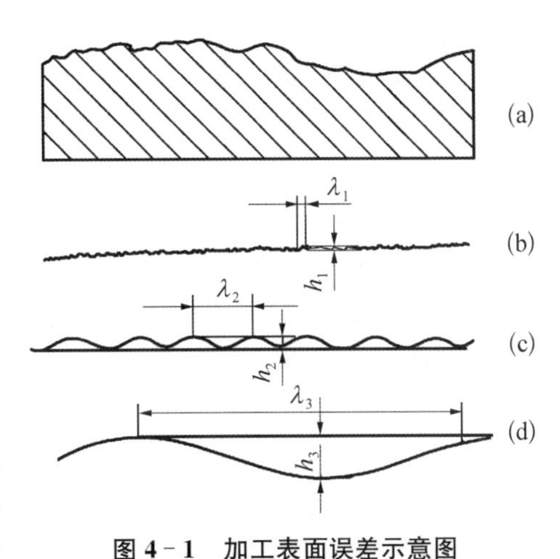

图 4-1　加工表面误差示意图

(a) 表面实际轮廓　(b) 表面粗糙度
(c) 表面波度　(d) 形状误差

表面粗糙度应与表面形状误差（宏观几何形状误差）和表面波度区别开，一般按波距 λ 或波距与波高 h 之比 λ/h 来划分。波距小于 1 mm 或 $\lambda/h<40$ 属于表面粗糙度；波距在 1～10 mm 或 $\lambda/h=40～1\,000$ 属于表面波度；波距大于 10 mm 或 $\lambda/h>1\,000$属于表面形状误差，见图 4-1。

4.1.2 表面粗糙度对零件使用性能的影响

表面粗糙度对机械零件使用性能及其寿命影响较大，尤其对在高温、高速和高压条件下工作的机械零件影响更大，其影响主要表现在以下几个方面：

1）对摩擦和磨损的影响

表面的凹凸不平使两表面接触时实际接触面积减小，接触部分压力增加。表面越粗糙，接触面积越小，压力越大，接触变形越大，摩擦阻力也增加，磨损也越快。

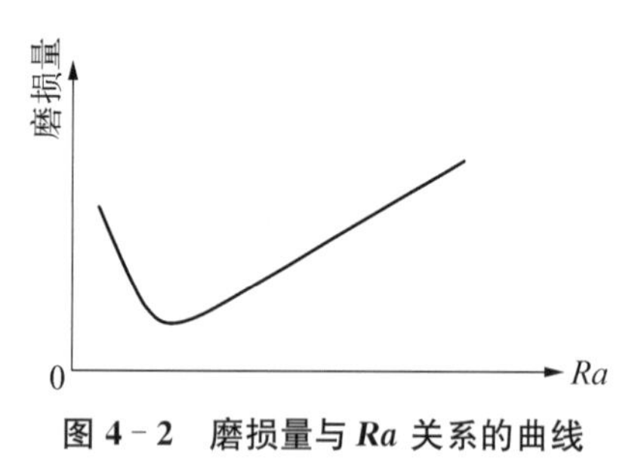

图 4-2 磨损量与 *Ra* 关系的曲线

但需指出，零件表面越光滑，磨损量不一定越小。因为零件的耐磨性除受表面粗糙度影响外，还与磨损下来的金属微粒的刻划，以及润滑油被挤出和分子间的吸附等因素有关。所以特别光滑的表面磨损有时反而会加剧。实验表明，磨损量与表面粗糙度评定参数 Ra 之间的关系如图 4-2 所示。

2）对配合性质的影响

若是间隙配合，表面越粗糙，微峰间在工作时很快磨损，导致间隙增大；若是过盈配合，则在装配时零件表面的峰顶会被挤平，从而使实际过盈小于理论过盈量，致使连接强度降低。

3）对腐蚀性的影响

金属零件的腐蚀主要由于化学和电化学反应造成，如钢铁的锈蚀。粗糙的零件表面，易使腐蚀介质存积在表面的微观凹谷处，并渗入到金属内层，造成锈蚀加剧。因此，降低表面粗糙度数值，可以增强其抗腐蚀的能力。

4）对疲劳强度的影响

零件表面微观不平度的凹痕越深，波谷的曲率半径也越小，对应力集中越敏感。特别是当零件承受交变载荷时，由于应力集中的影响，使疲劳强度降低，导致零件表面产生裂纹而损坏。

5）对结合面密封性的影响

粗糙的表面结合时，两表面只在局部点上接触，中间存在缝隙，降低密封性能。

此外，表面粗糙度对零件其他使用性能如接触刚度、对流体流动的阻力以及对机器、仪器的外观质量等都有很大影响。因此，为保证机械零件的使用性能，在对零件进行几何精度设计时，必须合理地提出表面粗糙度的要求。

4.2 表面粗糙度基本术语及评定

4.2.1 基本术语和定义

1. 表面轮廓

表面轮廓是指一个指定平面与实际表面相交所得的轮廓。按照相截方向的不同，它又可分为横向表面轮廓和纵向表面轮廓。在评定或测量表面粗糙度时，除非特别指明，通常均指横向表面轮廓，即与加工纹理方向垂直的截面上的轮廓，如图 4－3 所示。

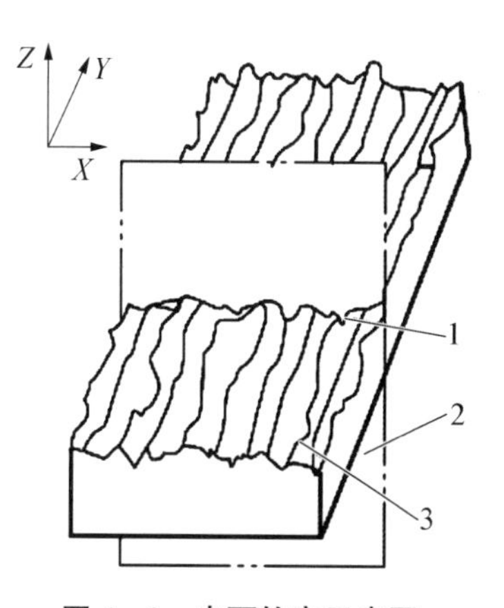

图 4－3　表面轮廓示意图

1—表面轮廓；2—指定平面；3—加工纹理方向

2. 取样长度 lr

测量和评定表面粗糙度时所规定的一段基准长度，称为取样长度 lr，如图 4－4 所示。规定取样长度是为了限制和减弱宏观几何形状误差，特别是表面波度对表面粗糙度测量结果的影响。取样长度应与表面粗糙度的要求相适应（见表 4－1）。取样长度过短，不能反映表面粗糙度的实际情况；取样长度过长，表面粗糙度的测量值又会把表面波度的成分包括进去。一般取样长度至少包含 5 个轮廓峰和轮廓谷（见图 4－4），表面越粗糙，取样长度越大。

表 4－1　Ra、Rz 和取样长度 lr 的对应关系（摘自 GB/T 1031—2009）

Ra/μm	Rz/μm	lr/mm	ln/mm($ln=5lr$)
≥0.008～0.02	≥0.025～0.10	0.08	0.4
>0.02～0.10	>0.10～0.50	0.25	1.25
>0.10～2.0	>0.50～10.0	0.8	4.0
>2.0～10.0	>10.0～50.0	2.5	12.5
>10.0～80.0	>50.0～320	8.0	40.0

注：Ra、Rz 为表面粗糙度评定参数

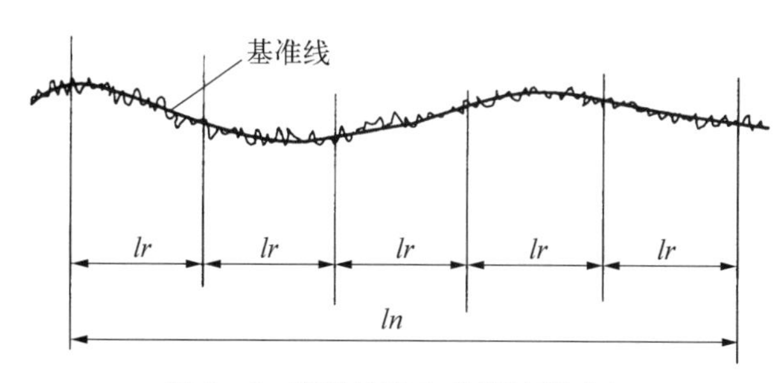

图 4－4　取样长度 lr 和评定长度 ln

3. 评定长度 ln

评定长度是指评定图样上表面结构要求时所必需的一段长度。为了克服加工表面的不均匀性，较客观地反映表面粗糙度的真实情况，一般取 $ln=5lr$，若被测表面均匀性较好，可选用小于 $5lr$ 的评定长度；反之可选用大于 $5lr$ 的评定长度。

4. 轮廓滤波器和传输带

将物体表面轮廓分成长波和短波的仪器称为轮廓滤波器，由两个不同截止波长的滤波器分离获得的轮廓波长范围称为传输带。

5. 轮廓中线

轮廓中线是评定表面粗糙度参数值大小的一条参考线。通常有轮廓最小二乘中线和轮廓算术平均中线两种。

(1) 轮廓最小二乘中线是在取样长度范围内,使实际轮廓线上各点至该线的距离平方和为最小,如图 4-5 所示。轮廓最小二乘中线的数学表达式为:

$$\int_0^l y^2 \mathrm{d}x = \min$$

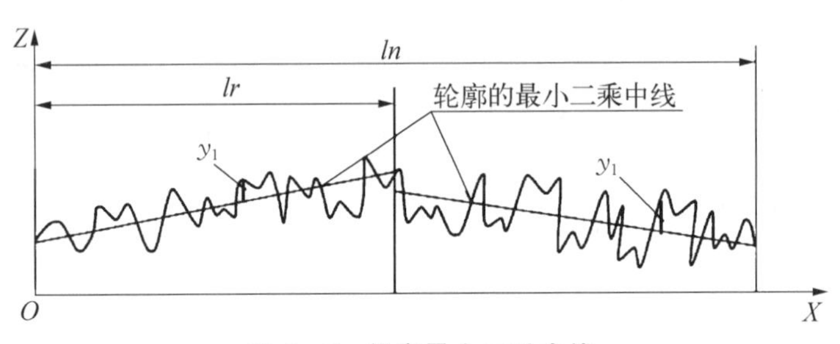

图 4-5 轮廓最小二乘中线

(2) 轮廓算术平均中线是在取样长度范围内,将实际轮廓划分上下两部分,且使上下两部分面积相等的直线,如图 4-6 所示。

$$F_1 + F_2 + \cdots + F_n = F'_1 + F'_2 + \cdots + F'_n$$

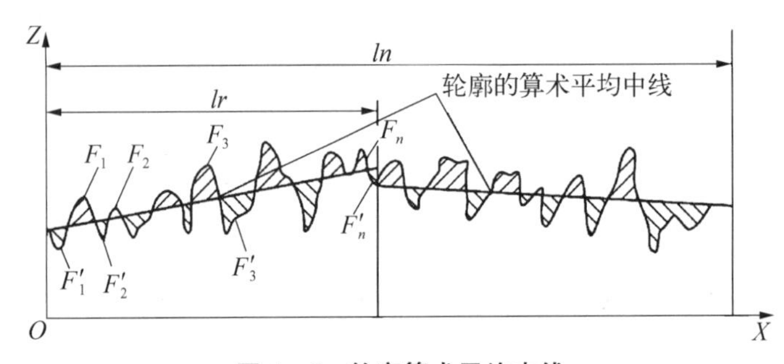

图 4-6 轮廓算术平均中线

在轮廓图形上确定最小二乘中线的位置比较困难,可用算术平均中线代替,通常用目测估计确定算术平均中线,并以此作为评定表面粗糙度数值的基准。

6. 表面轮廓几何参数

(1) 轮廓峰。被评定轮廓上连接轮廓与 X 轴两相邻交点的向外(从材料到周围介质)的轮廓部分,如图 4-7 所示。

(2) 轮廓谷。被评定轮廓上连接轮廓与 X 轴两相邻交点的向内(从材料到周围介质)的轮廓部分。

(3) 轮廓峰高 $Z\mathrm{p}$。轮廓峰的最高点距 X 轴的距离。

(4) 轮廓谷深 $Z\mathrm{v}$。轮廓谷的最低点距 X 轴的距离。

(5) 轮廓单元。轮廓峰和相邻轮廓谷的组合。

(6) 轮廓单元高度 $Z\mathrm{t}$。一个轮廓单元的轮廓峰高与轮廓谷深之和。

(7) 轮廓单元宽度 Xs。一个轮廓单元与 X 轴相交线段的长度。

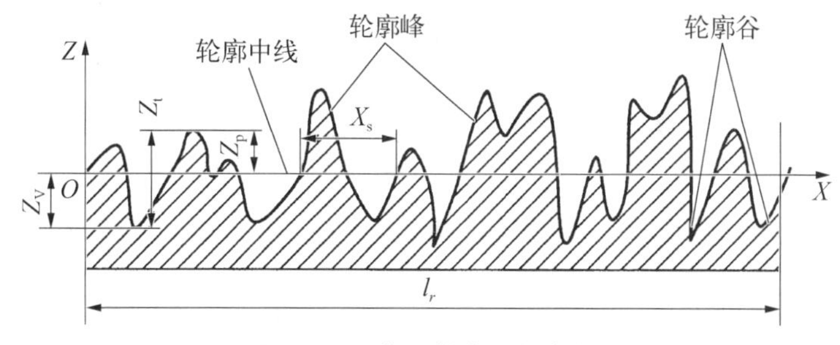

图 4-7　表面轮廓几何参数

4.2.2　表面粗糙度评定参数及其数值

表面粗糙度评定参数

表面粗糙度评定参数是用来定量描述零件表面微观几何形状特征的。

1) 轮廓算术平均偏差 Ra(高度参数)

在一个取样长度内,被测轮廓上各点到中线纵坐标绝对值的算术平均值,如图 4-8 所示。

$$Ra = \frac{1}{lr}\int_0^{lr} |Z(x)| \mathrm{d}x$$

或近似为
$$Ra = \frac{1}{n}\sum_{i=1}^{n} |z_i|$$

Ra 能较充分反映被测表面微观几何形状,其值越大,表面越粗糙。

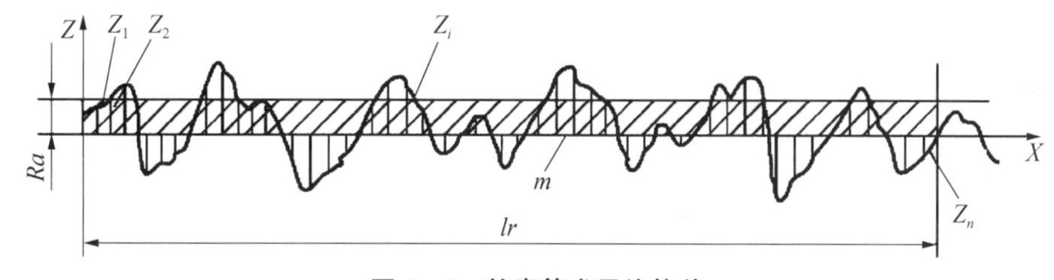

图 4-8　轮廓算术平均偏差

2) 轮廓最大高度 Rz(高度参数)

在一个取样长度内,最大轮廓峰高 Zp 与最大轮廓谷深 Zv 之和,如图 4-9 所示。

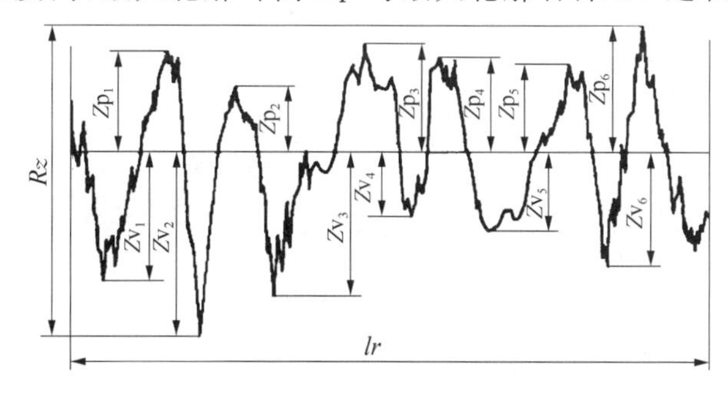

图 4-9　轮廓最大高度

（注：在旧标准 GB/T 3504—1983 中 Rz 符号曾用于表示“不平度的 10 点高度”。）

$$Rz = Zp + Zv = \max(Zp_i) + \max(Zv_i)$$

3）轮廓单元的平均宽度 Rsm（附加参数）

指在一个取样长度内，轮廓单元宽度 Xs 的平均值（见图 4－10）。

$$Rsm = \frac{1}{m}\sum_{i=1}^{m} Xs_i$$

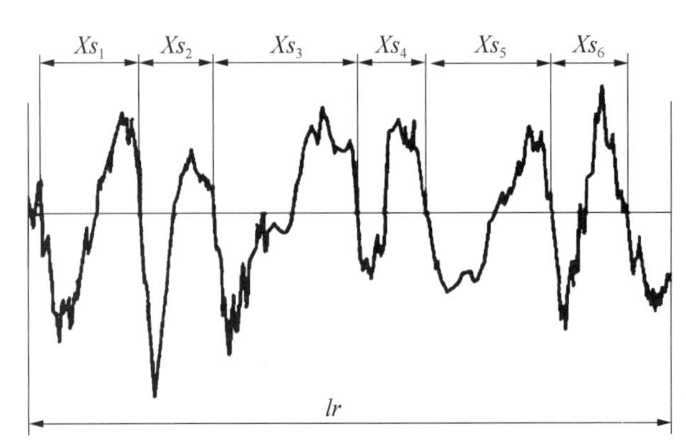

图 4－10 轮廓单元的宽度

4）轮廓支承长度率 $Rmr(c)$（附加参数）

在给定水平截面高度 c 上轮廓的实体材料长度 $Ml(c)$ 与评定长度的比率。

$$Rmr = Ml(c)/ln$$

在给定水平截面高度 c 上轮廓的实体材料长度 $Ml(c)$ 是指在一个给定水平截面高度 c 上用一条平行于 X 轴的线与轮廓单元相截所获得的各段截线长度之和（见图 4－11）。由图 4－11 可以看出，轮廓的实体材料长度 $Ml(c)$ 与水平截面高度 c 的大小有关，c 值不同，在评定长度 ln 内的 $Ml(c)$ 就不同，相应的轮廓支承长度率 $Rmr(c)$ 也不同。所以轮廓支承长度率 $Rmr(c)$ 应该对应于水平截面高度 c 给出。c 值多用轮廓最大高度 Rz 的百分数表示。

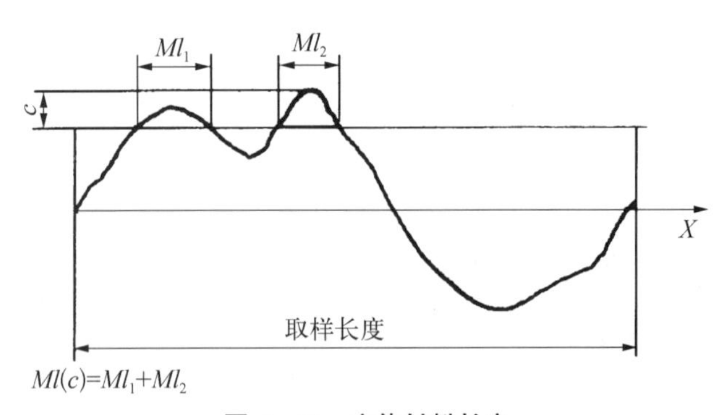

图 4－11 实体材料长度

表面粗糙度的评定参数值已经标准化，设计时应按 GB 1031—2009 规定的参数值系列选取（见表 4－2、表 4－3、表 4－4、表 4－5）。

表 4－2　轮廓算术平均偏差 *Ra* 的数值(摘自 GB/T 1031—2009)　　单位：μm

Ra				
	0.012	0.2	3.2	50
	0.025	0.4	6.3	100
	0.05	0.8	12.5	
	0.1	1.6	25	

表 4－3　轮廓最大高度 *Rz* 的数值(摘自 GB/T 1031—2009)　　单位：μm

Rz					
	0.025	0.4	6.3	100	1 600
	0.05	0.8	12.5	200	
	0.1	1.6	25	400	
	0.2	3.2	50	800	

表 4－4　轮廓单元的平均宽度 *Rsm* 的数值(摘自 GB/T 1031—2009)　单位：μm

Rsm				
	0.006	0.05	0.4	3.2
	0.012 5	0.1	0.8	6.3
	0.025	0.2	1.6	12.5

表 4－5　轮廓的支承长度率 *Rmr*(*c*)的数值(摘自 GB/T 1031—2009)　单位：μm

Rmr(*c*)											
	10	15	20	25	30	40	50	60	70	80	90

注：选用轮廓支承长度率参数时，应同时给出轮廓截面高度 *c* 值。它可用微米或 *Rz* 的百分数表示。*Rz* 的百分数系列为：5%、10%、15%、20%、25%、30%、40%、50%、60%、70%、80%、90%。

4.2.3　测得值与极限值比较的规则

被检测工件按检验规范测得轮廓参数值后，需与图样上给定的极限值比较，以判定其是否合格。判定规则有如下两种：

(1) 16%规则：全部测得参数值中，超过给定的极限值的个数不多于总个数的 16%时，该表面是合格的。

(2) 最大规则：检测时，若参数的规定值为最大值，则所有测得的参数值不应超过给定的极限值。

16%规则是所有表面结构要求标注的默认规则。当参数代号后未注写“max”字样时(如 *Ra*0.8)默认应用 16%规则。当参数代号后标注“max”字样时(如 *Ra*max 0.8)，则应用最大规则。

4.3　表面粗糙度的选择及其标注

4.3.1　表面粗糙度评定参数的选择

国标 GB/T 1031—2009 规定采用中线制(轮廓法)评定表面粗糙度，表面粗糙度的评

定参数从高度参数 Ra 和 Rz 中选取，在常用的参数值范围内（Ra 为 0.025～6.3 μm，Rz 为 0.10～25 μm），推荐优先选用 Ra。轮廓算术平均偏差 Ra 能较客观地反映零件表面微观几何特征，且所用仪器的测量方法也较简单，测量效率较高。

当零件表面过于粗糙（$Ra>6.3$ μm）或太光滑（$Ra<0.025$ μm）时，可选用 Rz，因为此范围便于选择用于测量 Rz 的仪器如光切显微镜进行测量。

如果零件表面有特殊功能要求时，除选用高度参数外，还可选用附加参数（轮廓单元的平均宽度 Rsm、轮廓的支承长度率 Rmr），以满足零件表面的特殊功能要求。

4.3.2 表面粗糙度评定参数值的选择

表面粗糙度值（评定参数极限值）的选择是否合理，不仅对产品的使用性能有很大的影响，而且直接关系到产品的质量和制造成本。一般来说，表面粗糙度值越小，零件的工作性能越好，使用寿命也越长。但绝不能认为粗糙度值越小越好，为了获得粗糙度值小的表面，则零件需经过复杂的工艺过程，这样加工成本可能随之急剧增高。因此选择表面粗糙度值既要考虑零件的功能要求，又要考虑其制造成本，在满足功能要求的前提下，应尽可能选用较大的粗糙度值（Rmr 除外）。

在工程实际中，由于表面粗糙度和功能的关系十分复杂，因而很难准确地确定评定参数的极限值，在具体设计时，一般多采用经验统计资料用类比法，初步确定表面粗糙度值后，再对比零件的工作条件做适当的调整。这时应注意下述一些原则：

（1）同一零件上，工作表面的粗糙度值小于非工作表面的粗糙度值。

（2）摩擦表面比非摩擦表面的粗糙度值要小；滚动摩擦表面比滑动摩擦表面的粗糙度值要小。

（3）运动速度高、承载重载荷的表面，以及受交变载荷作用的重要零件圆角和沟槽的表面粗糙度值都要小。

（4）配合精度要求高的结合面、尺寸公差和形位公差精度要求高的表面，粗糙度选小值。

（5）同一公差等级的零件，小尺寸比大尺寸、轴比孔的表面粗糙度值要小。

（6）要求防腐蚀、密封性能好，或外表美观的表面粗糙度值应较小。

（7）凡有关标准已对表面粗糙度要求作出规定（如与滚动轴承配合的轴颈和外壳孔、键槽、齿轮工作表面等），则应按相应标准确定表面粗糙度值。

表 4-6 列出了表面粗糙度的表面特征、经济加工方法及应用举例，表 4-7 列出了轴和孔的表面粗糙度参数推荐值，供类比法选用时参考。

表 4-6　表面粗糙度的表面特征、经济加工方法及应用举例

表面微观特性		Ra/μm	Rz/μm	加工方法	应用举例
粗糙表面	可见加工痕迹	>20～40	>80～160	粗车、粗刨、粗铣、钻、毛锉、锯断	半成品粗加工过的表面，非配合的加工表面，如轴端面、倒角、钻孔、齿轮、带轮侧面、键槽底面、垫圈接触面等
	微见加工痕迹	>10～20	>40～80		

续　表

表面微观特性		Ra/μm	Rz/μm	加 工 方 法	应　用　举　例
半光表面	可见加工痕迹	>5～10	>20～40	车、刨、铣、镗、钻、粗铰	轴上不安装轴承、齿轮处的非配合表面，紧固件的自由装配表面，轴和孔的退刀槽等
	微见加工痕迹	>2.5～5	>10～20	车、刨、铣、镗、磨、拉、粗刮、滚压	半精加工表面、箱体、支架、盖面、套筒等和其他零件结合而无配合要求的表面，需要发蓝的表面等
	不可见加工痕迹	>1.25～2.5	>6.3～10	车、刨、铣、镗、磨、拉、刮、压、铣齿	接近于精加工表面，箱体上安装轴承的镗孔表面，齿轮的工作面
光表面	可见加工痕迹	>0.63～1.25	>3.2～6.3	车、镗、磨、拉、刮、精铰、磨齿、滚压	圆柱销、圆锥销与滚动轴承配合的表面，卧式车床导轨面，内、外花键定位表面
	微见加工痕迹	>0.32～0.63	>1.6～3.2	精铰、精镗、磨、刮、滚压	要求配合性质稳定的配合表面，工作时受交变应力的重要零件，较高精度车床的导轨面
	不可见加工痕迹	>0.16～0.32	>0.8～1.6	精磨、珩磨、研磨、超精加工	精密机床主轴锥孔、顶尖圆锥面，发动机曲轴、凸轮轴工作表面，高精度齿轮齿面
极光表面	暗光泽面	>0.08～0.16	>0.4～0.8	精磨、研磨、普通抛光	精密机床主轴轴颈表面，一般量规工作表面，气缸套内表面，活塞销表面等
	亮光泽面	>0.04～0.08	>0.2～0.4	超精磨、精抛光、镜面磨削	精密机床主轴轴颈表面，滚动轴承的滚珠，高压液压泵中柱塞和与柱塞配合的表面
	光泽镜面	>0.02～0.04	>0.1～0.2		
	雾状镜面	>0.01～0.2	>0.05～0.1	镜面磨削、超精研	高精度量仪、量块的工作表面，光学仪器中的金属镜面
	镜　面	≤0.01	≤0.05		

表 4－7　轴和孔的表面粗糙度 *Ra* 推荐值　　　　**单位：μm**

应 用 场 合			基　本　尺　寸/mm						
		公差等级	≤50		>50～120			>120～500	
			轴	孔	轴	孔	轴	孔	轴
经常装拆零件的配合表面		IT5	≤0.2	≤0.4	≤0.4	≤0.8		≤0.4	≤0.8
		IT6	≤0.4	≤0.8	≤0.8	≤1.6		≤0.8	≤1.6
		IT7	≤0.8		≤1.6			≤1.6	
		IT8	≤0.8	≤1.6	≤1.6	≤3.2		≤1.6	≤3.2
过盈配合	压入装配	IT5	≤0.2	≤0.4	≤0.4	≤0.8		≤0.4	≤0.8
		IT6～IT7	≤0.4	≤0.8	≤0.8	≤1.6		≤1.6	
		IT8	≤0.8	≤1.6	≤1.6	≤3.2		≤3.2	
	热装	—	≤1.6	≤3.2	≤1.6	≤3.2		≤1.6	≤3.2

续　表

<table>
<tr><th colspan="2">应用场合</th><th colspan="7">基本尺寸/mm</th></tr>
<tr><td rowspan="4">滑动轴承的配合表面</td><td>公差等级</td><td colspan="3">轴</td><td colspan="4">孔</td></tr>
<tr><td>IT6～IT9</td><td colspan="3">≤0.8</td><td colspan="4">≤1.6</td></tr>
<tr><td>IT10～IT12</td><td colspan="3">≤1.6</td><td colspan="4">≤3.2</td></tr>
<tr><td>液体湿摩擦条件</td><td colspan="3">≤0.4</td><td colspan="4">≤0.8</td></tr>
<tr><td colspan="2" rowspan="2">圆锥结合的工作面</td><td colspan="2">密封结合</td><td colspan="3">对中结合</td><td colspan="2">其　他</td></tr>
<tr><td colspan="2">≤0.4</td><td colspan="3">≤1.6</td><td colspan="2">≤6.3</td></tr>
<tr><td rowspan="6">密封材料处的孔、轴表面</td><td rowspan="2">密封形式</td><td colspan="7">速度/(m・s⁻¹)</td></tr>
<tr><td colspan="2"><3</td><td colspan="3">3～5</td><td colspan="2">>5</td></tr>
<tr><td>橡胶圈密封</td><td colspan="2">0.8～1.6(抛光)</td><td colspan="3">0.4～0.8(抛光)</td><td colspan="2">0.2～0.4(抛光)</td></tr>
<tr><td>毛毡密封</td><td colspan="5">0.8～1.6(抛光)</td><td colspan="2"></td></tr>
<tr><td>迷宫式</td><td colspan="5">3.2～6.3</td><td colspan="2"></td></tr>
<tr><td>涂油槽式</td><td colspan="5">3.2～6.3</td><td colspan="2"></td></tr>
<tr><td rowspan="3">精密定心零件的配合表面</td><td rowspan="3">IT5～IT8</td><td>径向跳动</td><td>2.5</td><td>4</td><td>6</td><td>10</td><td>16</td><td>25</td></tr>
<tr><td>轴</td><td>≤0.05</td><td>≤0.1</td><td>≤0.1</td><td>≤0.2</td><td>≤0.4</td><td>≤0.8</td></tr>
<tr><td>孔</td><td>≤0.1</td><td>≤0.2</td><td>≤0.2</td><td>≤0.4</td><td>≤0.8</td><td>≤1.6</td></tr>
<tr><td colspan="2" rowspan="3">V带和平带轮工作表面</td><td colspan="7">带轮直径/mm</td></tr>
<tr><td colspan="2"><120</td><td colspan="3">120～315</td><td colspan="2">>315</td></tr>
<tr><td colspan="2">1.6</td><td colspan="3">3.2</td><td colspan="2">6.3</td></tr>
<tr><td rowspan="3">箱体分界面(减速箱)</td><td>类　型</td><td colspan="3">有垫片</td><td colspan="4">无垫片</td></tr>
<tr><td>需要密封</td><td colspan="3">3.2～6.3</td><td colspan="4">0.8～1.6</td></tr>
<tr><td>不需要密封</td><td colspan="7">6.3～12.5</td></tr>
</table>

4.3.3　表面粗糙度符号、代号在图样上的标注

国标 GB/T 131—2006 对零件表面粗糙度符号、代号及在图样上的标注都作了具体规定。

1. 表面粗糙度的图形符号

按 GB/T 131—2006 规定，表面粗糙度的图形符号如表 4-8 所示。

表 4-8　表面粗糙度图形符号及说明

符　　号	说　　明
	基本图形符号，未指定工艺方法的表面。当通过一个注释解释时可以单独使用
	扩展图形符号，用去除材料的方法获得。如车、铣、刨、磨、钻、镗、抛光、电火花加工等
	扩展图形符号，用不去除材料的方法获得。如铸、锻、冲压、热轧、冷轧、粉末冶金等。也可以表示保持上道工序形成的表面
	完整图形符号，在上述三个符号的长边上均加一横线，用于在横线上标注有关参数和说明的粗糙度要求
	在完整图形符号上均加一小圆，表示所有表面具有相同

2. 表面粗糙度的标注

为了明确表面结构要求，除了标注表面粗糙度评定参数和数值外，必要时应标注补充要求，补充要求包括：传输带、取样长度、加工工艺、表面纹理及方向、加工余量等。在完整符号中，对表面结构的单一要求和补充要求应注写在图 4-12 所示的指定位置。

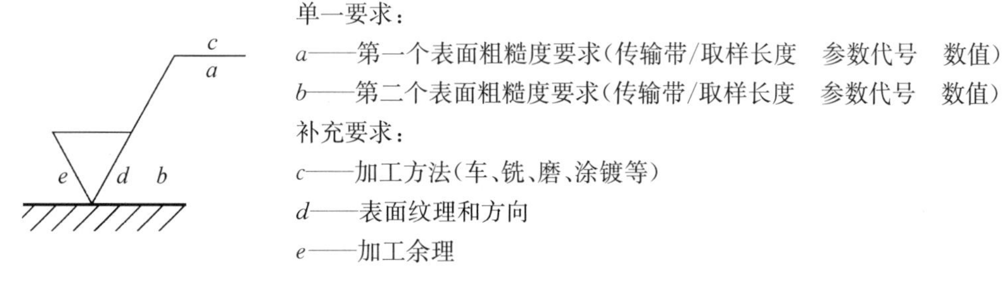

图 4-12　表面粗糙度的标注

图 4-12 中位置 a～e 分别加注以下内容：

(1) 位置 a。第一个表面粗糙度要求，依次注写传输带或取样长度、表面结构参数代号、评定长度与取样长度的倍数、表面结构参数的数值。为了避免误解，传输带或取样长度后应有一斜线“/”，之后是表面结构参数代号，最后是极限值，两者之间应留空格。凡是没有默认规定的参数都应该加以标注。

(2) 位置 b。若有两个或多个表面结构要求，在位置 a 注写第一个表面结构要求，在位置 b 注写第二个表面结构要求。如果要注写第三个或更多表面结构要求，图形符号应在垂直方向扩大，以空出足够的空间。扩大图形符号时，a 和 b 的位置随之上移(见表 4-12 中 C.5)。

(3) 位置 c。注写加工方法、表面处理、涂层或其他加工工艺要求等，如车、磨、镀等加工表面。

(4) 位置 d。注写表面纹理和方向(见表 4-9)。

(5) 位置 e。注写所要求的加工余量，以毫米为单位给出数值。

表 4-9　表面纹理的标注(摘自 GB/T 131—2006)

符号	说　　明	示 意 图	符号	说　　明	示 意 图
=	纹理平行于视图所在的投影面	纹理方向	C	纹理呈近似同心圆且圆心与表面中心相关	
⊥	纹理垂直于视图所在的投影面	纹理方向	R	纹理呈近似放射状且与表面圆心相关	
×	纹理呈两斜向交叉且与视图所在的投影面相交	纹理方向	P	纹理呈微粒、凸起,无方向	
M	纹理呈多方向				

由表面粗糙度的图形符号和各种必要的结构特征规定,共同组成了表面粗糙度代号。表面粗糙度代号的含义见表 4-10。

表 4-10　表面粗糙度代号(摘自 GB/T 131—2006)

符　　号	含　　义
U *Ra* max 3.2 L *Ra* 0.8	表示不允许去除材料,双向极限值,两极限值均使用默认传输带,R 轮廓,上限值:算术平均偏差 3.2 μm。评定长度为 3 个取样长度(默认)"最大规则",下限值:算术平均偏差 0.8 μm。评定长度为 5 个取样长度(默认),"16%规则"(默认)
铣 0.008−4/*Ra* 50 C 0.008−4/*Ra* 6.3	双向极限值: 上限值 *Ra*=50 μm;下限值 *Ra*=6.3 μm;均为"16%规则"(默认);两个传输带均 0.008−4 mm;默认的评定长度 5×4=20 mm;表面纹理呈近似同心圆且圆心与表面中心相关; 加工方法:铣
磨 *Ra* 1.6 ⊥ −2.5/*Ra* max 6.3	两个单向上限值: ① *Ra*=1.6 μm;"16%规则"、默认传输带、默认评定长度(5×λc)。 ② *Rz* max = 6.3 μm,"最大规则"、传输带 − 2.5 μm、评定长度默认(5×2.5 mm) 表面纹理垂直于视图投影面; 加工方法:磨削
Cu/Ep·Ni5bCr0.3r *Rz* 0.8	单向上限值: *Rz*=0.8 μm;"16%规则"; 默认传输带;默认评定长度(5×λc); 表面处理:铜件,镀镍/铬; 表面要求:对封闭轮廓的所有表面有效

3. 表面粗糙度要求在图样上的标注方法

根据国标规定，表面粗糙度要求对每一表面一般只标注一次，并尽可能注在相应的尺寸及其公差的同一视图上。表面粗糙度的注写和读取方向与尺寸的注写和读取方向一致，如图 4－13 所示。

1）表面粗糙度要求在图样上的标注位置

（1）表面粗糙度要求可标注在可见轮廓线或延长线上，其图形符号应从材料外指向并接触表面。必要时表面粗糙度要求也可用带箭头或黑点的指引线引出标注，如图 4－14、图 4－15 所示。

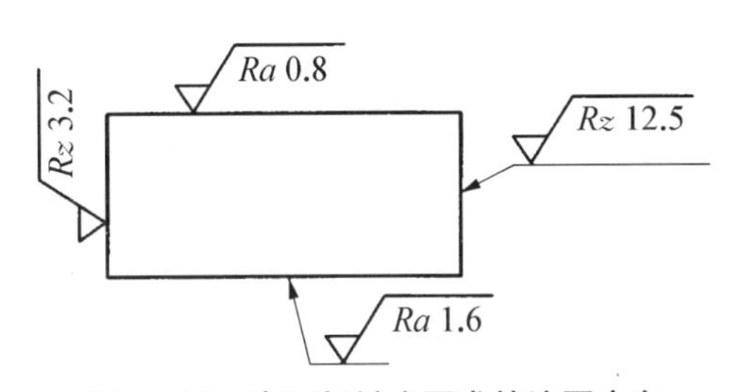

图 4－13　表面粗糙度要求的注写方向

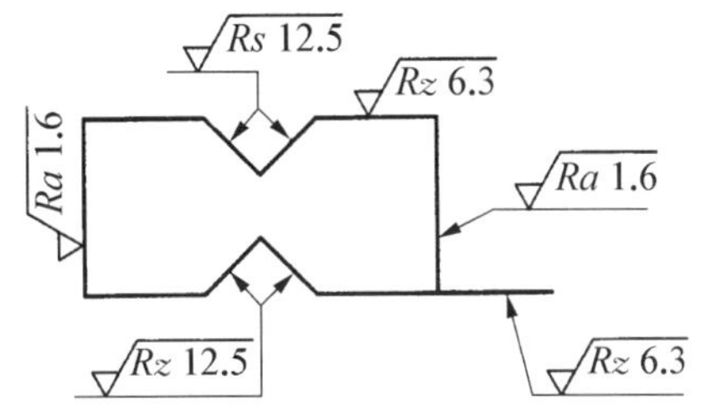

图 4－14　表面粗糙度要求在轮廓线上的标注

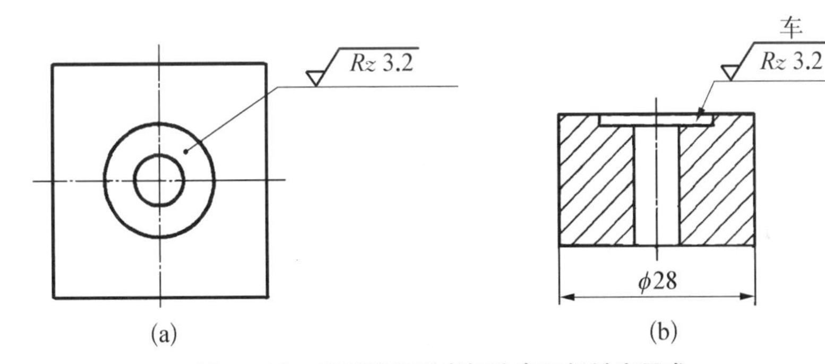

图 4－15　用指引线引出标注表面粗糙度要求

（2）在不致引起误解时，表面粗糙度要求可标注在给定的尺寸线上，如图 4－16 所示。也可标注在几何公差框格的上方，如图 4－17 所示。

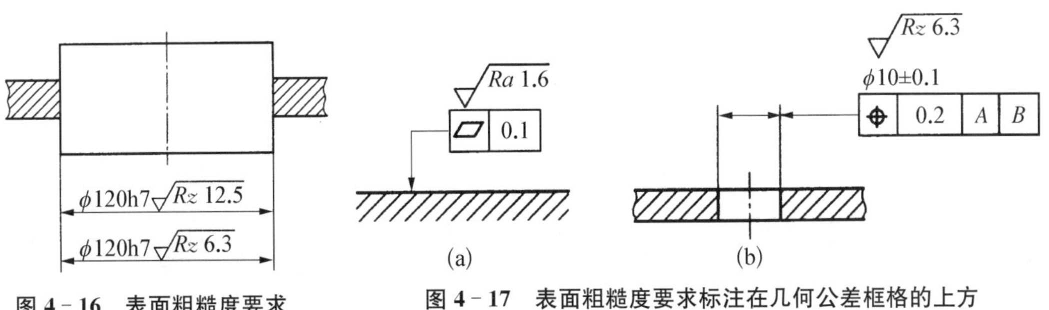

图 4－16　表面粗糙度要求标注在尺寸线上

图 4－17　表面粗糙度要求标注在几何公差框格的上方

（3）圆柱和棱柱表面的粗糙度要求只标注一次，如图 4－18、图 4－19 所示。

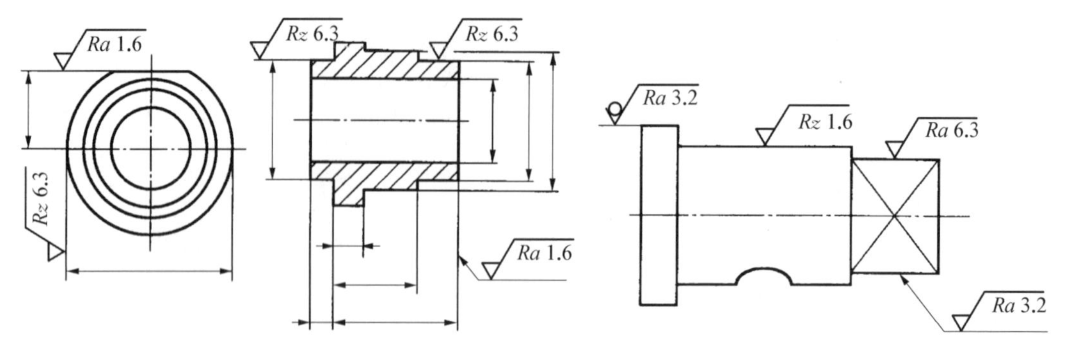

图 4-18　表面粗糙度要求标注在圆柱特征的延长线上　图 4-19　圆柱和棱柱表面粗糙度要求的注法

2）表面粗糙度要求的简化注法

（1）若工件的多数(包括全部)表面有相同的粗糙度要求，可将其要求统一标注在图样的标题栏附近。此时(除全部表面有相同要求的情况外)，表面粗糙度要求的代号后面应有：

——在圆括号内给出无任何其他标注的基本符号，如图 4-20(a)所示；

——在圆括号内给出不同的表面粗糙度要求，如图 4-20(b)所示。

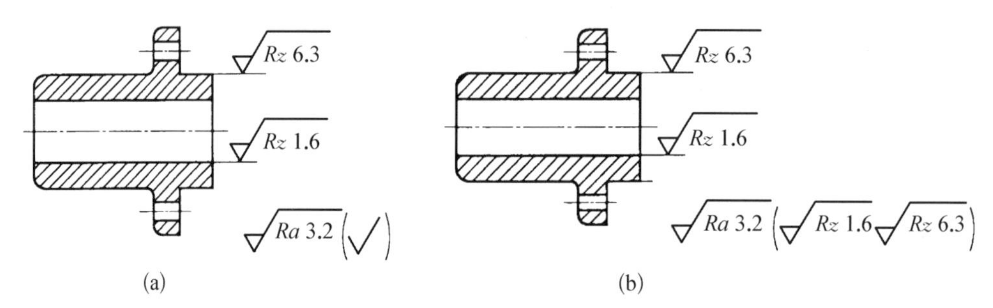

图 4-20　大多数表面有相同表面粗糙度要求的简化标注法

不同的表面粗糙度要求应直接标注在图样中。

（2）当多个表面有相同的粗糙度要求或图纸空间有限时，可用带字母的完整图形符号进行简化标注，如图 4-21 所示；也可只用表面结构符号进行简化标注，如图 4-22 所示。

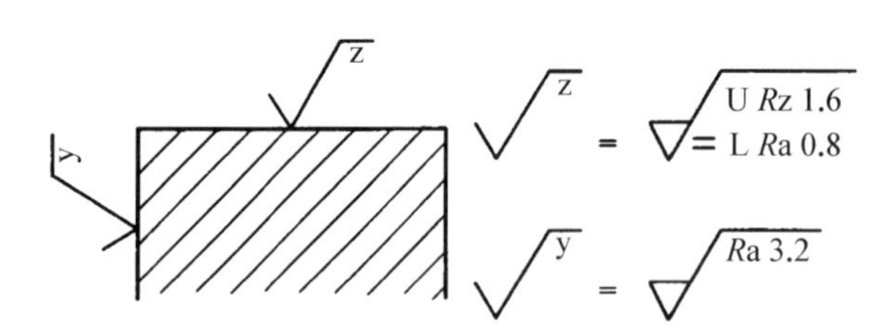

图 4-21　在图纸空间有限时的简化标注

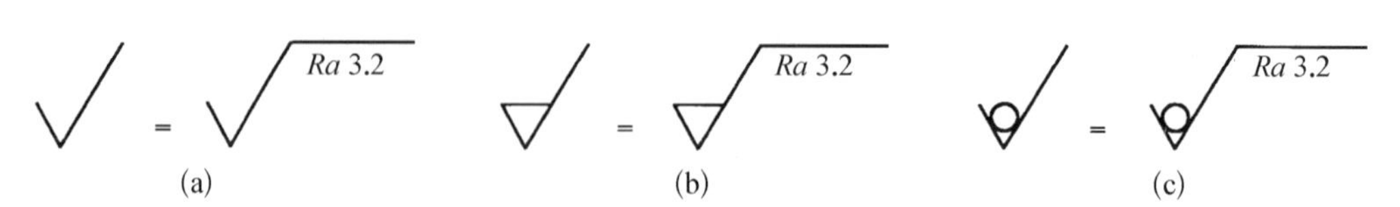

图 4-22　多个表面粗糙度要求的简化注法

(a) 未指定工艺　(b) 要求去除材料　(c) 不允许去除材料

3) 两种或多种工艺获得的同一表面的注法

由几种不同的工艺方法获得的同一表面，当需要明确每种工艺方法的表面粗糙度要求时，可按图 4-23 所示标注。

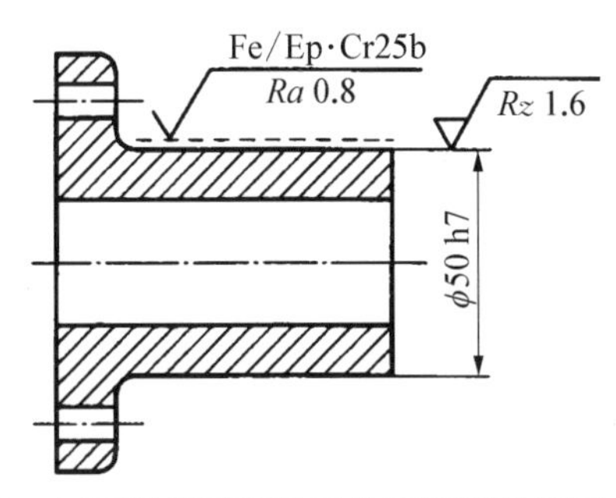

图 4-23　同时给出镀覆前后的表面粗糙度要求的注法

表 4-11 为带有补充注释的符号及含义，表 4-12 为表面粗糙度要求的标注示例，供学习参考。

表 4-11　带有补充注释的符号及含义(摘自 GB/T 131—2006)

No	符　号	含　义
B3.1	铣	加工方法：铣削
B3.2	M	表面纹理：纹理呈多方向
B3.3		对投影视图上封闭的轮廓线所表示的各表面有相同的表面结构要求
B3.4	3	加工余量：3 mm

注：这里给出的加工方法，表面纹理和加工余量仅作为示例。

表 4-12　表面粗糙度要求的标注示例(摘自 GB/T 131—2006)

No	要　求	示　例
C.1	表面粗糙度： —双向极限值； —上限值 Ra=50 μm； —下限值 Ra=6.3 μm， —均为“16%规则”(默认)； —两个传输带均为 0.008—4 mm； —默认的评定长度 5×4 mm=20 mm； —表面纹理呈近似同心圆且圆心与表面中心相关； —加工方法：铣。 注：因为不会引起争议，不必加 U 和 L	铣 0.008−4/Ra 50 C　0.008−4/Ra 6.3

续 表

No	要　　　求	示　　　例
C. 2	除一个表面以外，所有表面的粗糙度为： —单向上限值； —Rz=6. 3 μm； —“16%规则”(默认)； —默认传输带； —默认评定长度(5×λc)； —表面纹理没有要求； —去除材料的工艺 不同要求的表面的表面粗糙度为： —单向上限值； —Ra～0. 8 μm； —“16%规则”(默认)； —默认传输带； —默认评定长度(5×λc)； —表面纹理没有要求； —去除材料的工艺	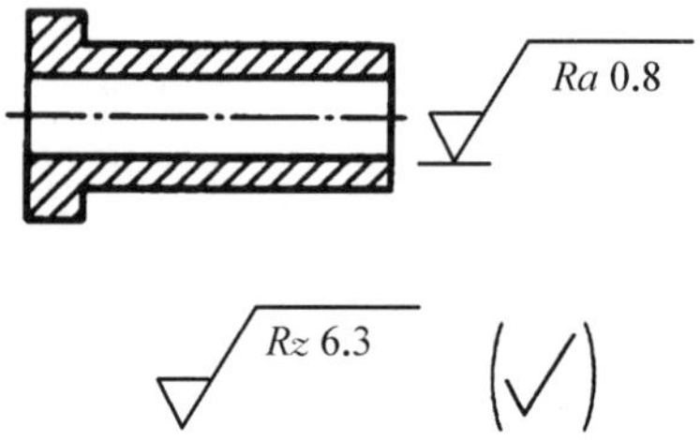 Ra 0.8 Rz 6.3 (√)
C. 3	表面粗糙度： —两个单向上限值； 1) Ra=1. 6 μm a) “16%规则”(默认)(GB/T 10610)； b) 默认传输带(GB/T 10610 和 GB/T 6062)； c) 默认评定长度(5×λc)(GB/T 10610)； 2) Rz max=6. 3 μm a) 最大规则； b) 传输带−2. 5 μm(GB/T 6062)； c) 评定长度默认(5×2. 5 mm)； —表面纹理垂直于视图的投影面； —加工方法：磨削	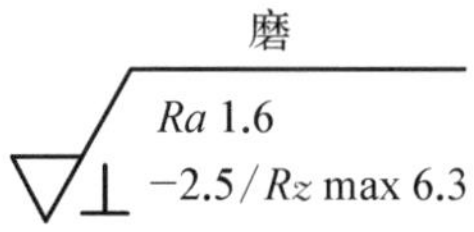 磨 Ra 1.6 ⊥ −2.5/Rz max 6.3
C. 4	表面粗糙度： —单向上限值； —Rz=0. 8 μm； —“16%规则”(默认)(GB/T 10610)； —默认传输带(GB/T 10610 和 GB/T 6062)； —默认评定长度(5×λc)(GB/T 10610)； —表面纹理没有要求； —表面处理：铜件、镀镍/铬； —表面要求对封闭轮廓的所有表面有效	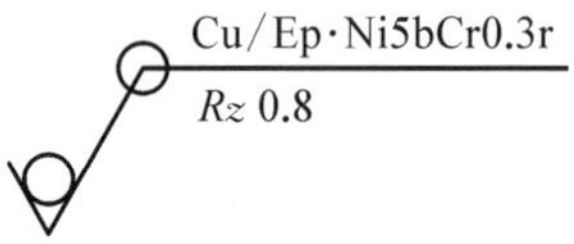 Cu/Ep·Ni5bCr0.3r Rz 0.8

续　表

No	要　　求	示　　例
C. 5	表面粗糙度： —单向上限值和一个双向极限值： 1）单向 Ra=1. 6 μm a）“16%规则”（默认）（GB/T 10610）； b）传输带−0. 8 mm（λs 根据 GB/T 6062 确定）； c）评定长度 5×0. 8=4 mm（GB/T 10610）； 2）双向 Rz a）上限值 Rz=12. 5 μm； b）下限值 Rz=3. 2 μm； c）“16%规则”（默认）； d）上下极限传输带均为−2. 5 mm （λs 根据 GB/T 6062 确定）； e）上下极限评定长度均为 5×2. 5=12. 5 mm（即使不会引起争议，也可以标注 U 和 L 符号）； —表面处理：钢件，镀镍/铬	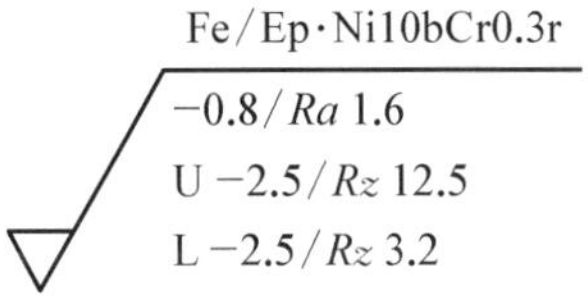 Fe/Ep·Ni10bCr0.3r −0.8/Ra 1.6 U −2.5/Rz 12.5 L −2.5/Rz 3.2
C. 6	表面结构和尺寸可以标注在同一尺寸线上： 键槽侧壁的表面粗糙度： ——个单向上限值； —Ra=6. 3 μm； —“16%规则”（默认）（GB/T 10610）； —默认评定长度（5×λc）（GB/T 6062）； —默认传输带（GB/T 10610 和 GB/T 6062）； —表面纹理没有要求； —去除材料的工艺 倒角的表面粗糙度： ——个单向上限值； —Ra=3. 2 μm； —“16%规则”（默认）（GB/T 10610）； —默认评定长度 5×λc（GB/T 6062）； —默认传输带（GB/T 10610 和 GB/T 6062）； —表面纹理没有要求； —去除材料的工艺	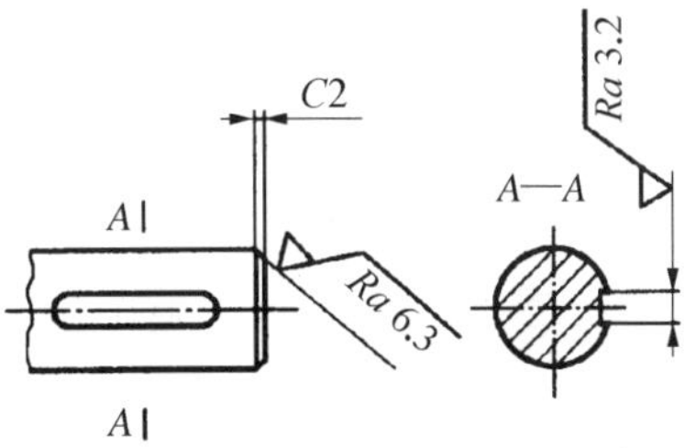 C2 Ra 3.2 A—A A Ra 6.3 A
C. 7	表面结构和尺寸可以标注为： ——起标注在延长线上，或 —分别标注在轮廓线和尺寸界线上 示例中的三个表面粗糙度要求为： —单向上限值； —分别是：Ra=1. 6 μm，Ra=6. 3 μm，Rz=12. 5 μm； —“16%规则”（默认）（GB/T 10610）； —默认评定长度 5×λc（GB/T 6062）； —默认传输带（GB/T 10610 和 GB/T 6062）； —表面纹理没有要求； —去除材料的工艺	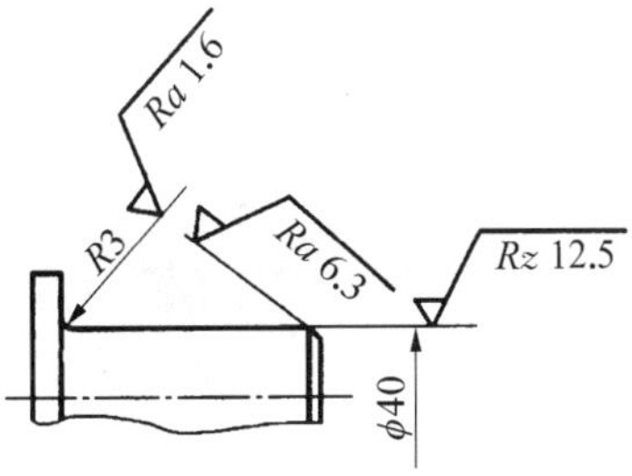 Ra 1.6 R3 Ra 6.3 Rz 12.5 φ40

续 表

No	要　　求	示　　例
C. 8	表面结构、尺寸和表面处理的标注： 示例是三个连续的加工工序。 第一道工序： —单向上限值； —Rz=1.6 μm； —“16%规则”(默认)(GB/T 10610)； —默认评定长度(5×λc)(GB/T 6062)； —默认传输带(GB/T 10610 和 GB/T 6062)； —表面纹理没有要求； —去除材料的工艺 第二道工序： —镀铬，无其他表面结构要求 第三道工序： —一个单向上限值，仅对长为 50 mm 的圆柱表面有效； —Rz=6.3 μm； —“16%规则”(默认)(GB/T 10610)； —默认评定长度(5×λc)(GB/T 6062)； —默认传输带(GB/T 10610 和 GB/T 6062)； —表面纹理没有要求； —磨削加工工艺	Fe/Ep·Cr50　磨 Rz 6.3　Rz 1.6 50 ϕ29 h7

4.4　表面粗糙度的测量

目前，表面粗糙度的常用测量方法有比较法、针描法和光切法。

4.4.1　比较法

比较法是指被测表面与标有高度参数的表面粗糙度样板(见图 4-24)，通过视觉、触觉或其他方法直接进行比较后，对被测表面的粗糙度做出评定的方法。比较时，可用肉眼观察、手动触摸，也可借助显微镜、放大镜。所用粗糙度样板的材料和加工方法应尽可能与被测表面一致。

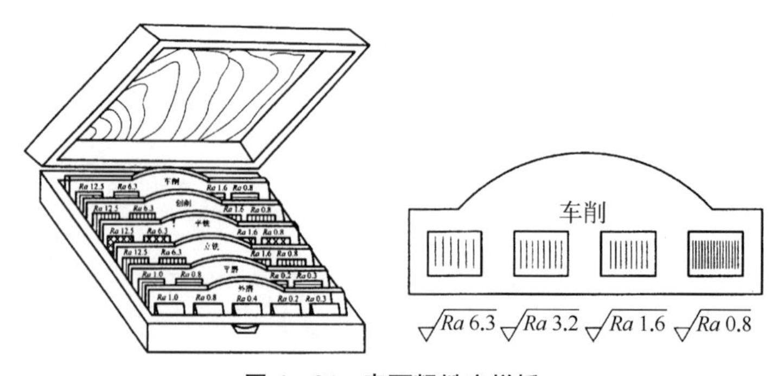

图 4-24　表面粗糙度样板

比较法评定表面粗糙度虽然精确度不高，但由于器具简单，使用方便，能满足一般的生产要求，故常用于车间现场评定表面粗糙度要求不高的工件。

4.4.2　针描法

针描法又称感触法。是一种接触式测量表面粗糙度的方法。常用的测量仪器是电动轮廓仪，如图 4－25 所示。

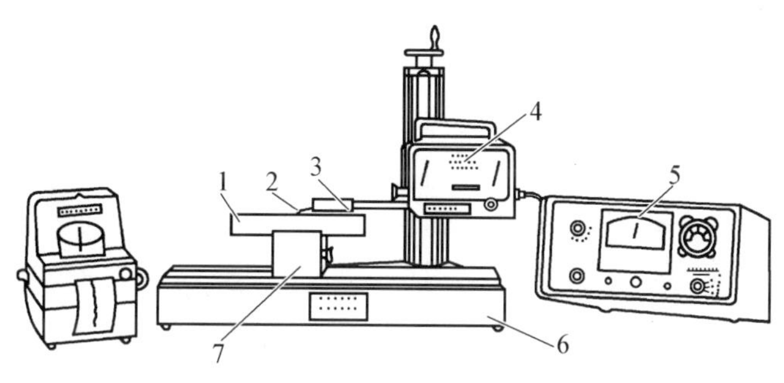

图 4－25　电动轮廓仪

1—被测零件；2—触针；3—传感器；4—转换器；5—指示表；6—底座；7—工作台

测量时，将金刚石触针针尖 2 与被测零件 1 接触，当触针以一定速度沿着被测表面移动时，由于被测表面轮廓微小峰谷起伏，使触针水平移动的同时还沿轮廓的垂直方向上下运动。触针的上下运动通过传感器 3 转换为电信号，对电信号进行处理后，可在指示表 5 上直接显示出 Ra 值，也可经放大器驱动记录装置，画出被测表面的轮廓图形。

用针描法测量表面粗糙度的最大优点是能够直接读出表面粗糙度 Ra 的数值，此外它还能给出被测表面的轮廓图形。针描法可以直接测量孔、槽等某些难以测量的表面，不受零件大小的制约，可在大型工件上测取数据，避免因取样而破坏工件。使用简便，测量效率高。

4.4.3　光切法

光切法是利用“光切原理”来测量表面粗糙度的一种方法。常用的仪器是光切法显微镜，又称双管显微镜。光切法适用于测量车、铣、刨等加工方法所加工的零件平面或外圆表面。常用于测量 Rz 值，其测量范围一般为 0.5～60 μm。

1. 主要结构

光切法显微镜的外形如图 4－26 所示。仪器的结构如图所示。基座 1 上装有立柱 2，显微镜的主体通过横臂 5 和立柱连接，转动粗调螺母 3 将横臂 5 沿立柱 2 上下移动，进行显微镜粗调焦，而后用旋手 6 将横臂紧固在立柱上。显微镜的光学系统压缩在一个封闭的壳体 18 内，在壳上装有可替换的物镜组 13(它们插在滑板上用手柄 12 借弹簧力固紧)，测微目镜 11、照明灯 7 及摄像装置的插座 10 等。微调手轮 4 用于显微镜的精细调焦。仪器的数码相机适配镜 9 装在插座 10 处(使用时需将防尘盖拿去)，可将测微目镜 11 并用。摄像时，装上数码相机适配镜 9 及数码相机 8，此时将手轮 21 转向摄像部位即可进行摄像(数码相机和适配镜选购)。

在仪器的坐标工作台 16 上，利用手轮 15 可对工件进行坐标测量与调整，松开旋手 14

并可作360°转动；对平面形工件，可直接放在工作台上进行测量；对圆柱形工件，可放在仪器工作台上之V型块17上进行测量。

如被测量零件较大，不能安放在仪器工作台上，则可放松旋手6，将显微镜主体旋转到仪器的两侧，或转动180°进行测量。

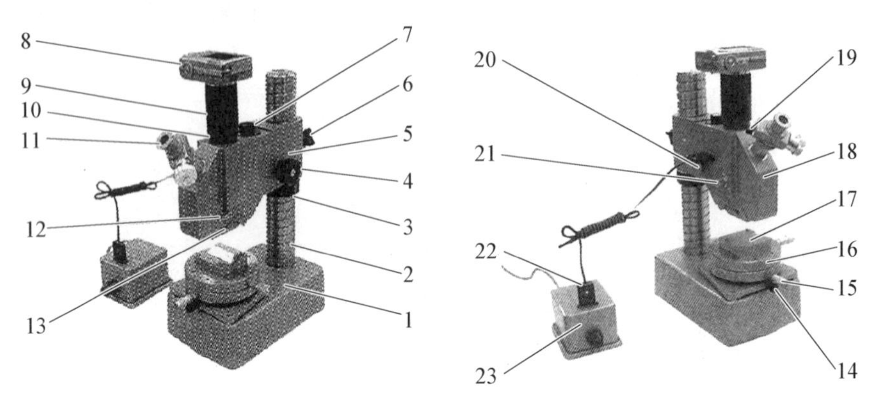

图4-26 光切法显微镜外形图

1—基座；2—立柱；3—粗调手轮；4—微调手轮；5—横臂；6—旋手；7—照明灯；8—数码相机；9—数码相机适配镜；10—插座；11—测微目镜；12—手柄；13—物镜组；14—旋手；15—手轮；16—坐标工作台；17—V型块；18—壳体；19—紧固螺钉；20—手轮；21—手轮；22—照明灯连线；23—电源变压器

2. 工作原理

光切法的工作原理可参照图4-27来说明，光切法显微镜的光学系统由两个镜管组成，右为投射照明管，左为观测管。两个镜管轴线成90°。照明管中光源1发出的光线经聚光镜2、狭缝3及物镜4形成一束光带，以与工件表面法线成45°的倾斜角，照射在被测工件的表面上，具有微小轮廓峰和轮廓谷的被测表面被光带照射后，轮廓峰在S_1点产生反射，轮廓谷则在S_2点产生反射，通过观测镜的物镜4，它们分别成像于分划板5的S_1'和S_2'点。在目镜视场中可观测到弯曲状光带。通过目镜的分划板与读数目镜头的刻度套筒测出S_1'点与S_2'点之间的距离h_1'，被测表面峰谷高度h即为：

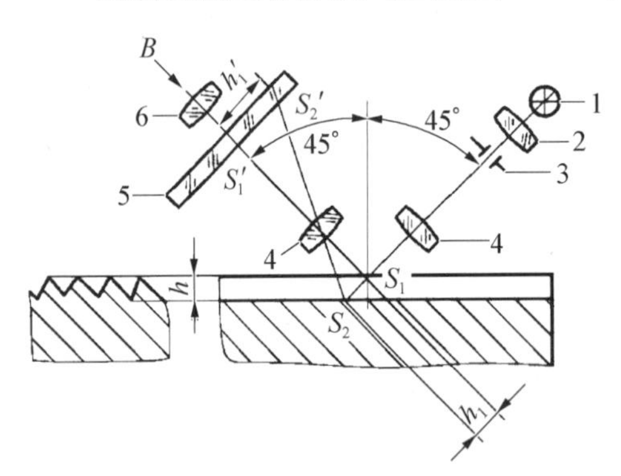

图4-27 光切法测量表面粗糙度原理图

1—光源；2—聚光镜；3—狭缝；4—物镜；5—分划板；6—目镜

$$h = h_1 \times \cos 45^\circ = \frac{h_1'}{N} \times \cos 45^\circ \qquad (4-1)$$

式中：N——物镜放大倍数。

读数目镜头的结构见图4-28，从目镜视场中可见到有0～8的字标，它是刻在固定刻度板上的。另有一对双刻线和十字交叉线，刻在活动刻度板上。当转动刻度套筒时，通过测微丝杆推动活动刻度板移动(亦即双刻线和十字交叉线移动)，其移动量可由刻度套筒上读出。由图中可见活动刻度板上十字线与测微丝杆轴线成45°，所以当测量h_1'时，转动刻度套筒使十字交叉线分别与轮廓峰和轮廓谷对准时，双刻线和十字线是沿与光带波形高度 h_1' 成 45°方向移动，如图 4-29 所示。所以 h_1' 与读数目镜头刻度套筒读取的数值 H 之间有如下的关系：

$$h_1' = H \times \cos 45° \tag{4-2}$$

将式(4-2)代入式(4-1)得：

$$h = \frac{H \times \cos 45°}{N} \times \cos 45° = \frac{H}{N} \times \cos^2 45° = \frac{H}{2N}$$

令式中 $1/(2N) = C$，C 为刻度套筒的分度值或称为换算系数，它与投射角、目镜测微器的结构和物镜放大倍数有关。所以目镜套筒上的读数值 H 和被测表面峰谷高度 h 的关系为：

$$h = CH \tag{4-3}$$

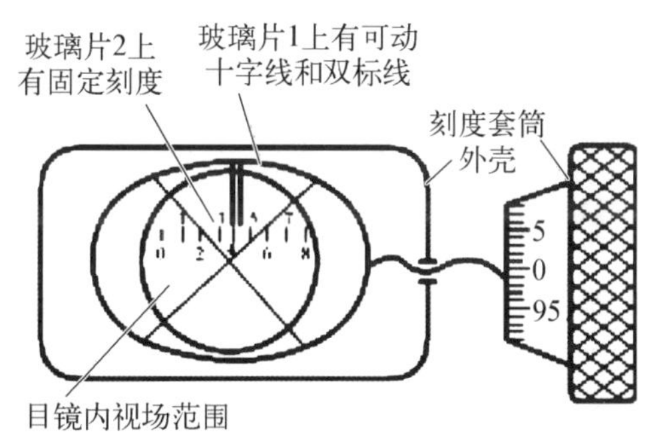

图 4-28　读数目镜头示意图

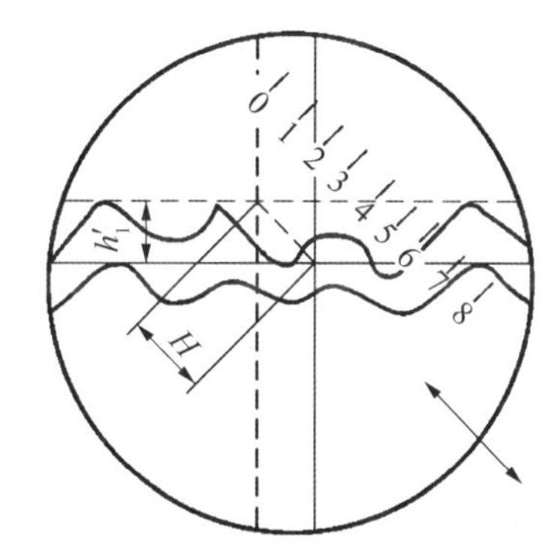

图 4-29　目镜视场中刻线的移动方向

3. 测量步骤(参见图 4-26)

(1) 根据被测工件表面粗糙度的要求，按表 4-13 选择合适的物镜组。

表 4-13　物镜选择表

测量范围(平面度平均高度值)/μm	表面粗糙度级别	所　需　物　镜	总放大倍数	物镜组件与工件的距离/mm	视场/mm
1.0～1.6	9	60×N.A. 0.55∞*	510×	0.04	0.3
1.6～6.3	8～7	30×N.A. 0.40∞*	260×	0.2	0.6
6.3～20	6～5	14×N.A. 0.20∞*	120×	2.5	1.3
20～80	4～3	7×N.A. 0.12∞*	60×	9.4	2.5

(2) 接通电源。擦净被测件，将其放在工作台 16 上，并使被测表面的切痕方向与光带垂直。当测量圆柱形工件时，应将工件放在 V 形块上。

(3) 粗调整。用手托住横臂 5，松开旋手 6，旋转粗调手轮 3，使横臂上下移动，直到能从目镜中观察到被测表面轮廓的绿色光带，然后拧紧旋手 6。注意调节时要防止物镜与工件表面相碰,以免损坏物镜组。

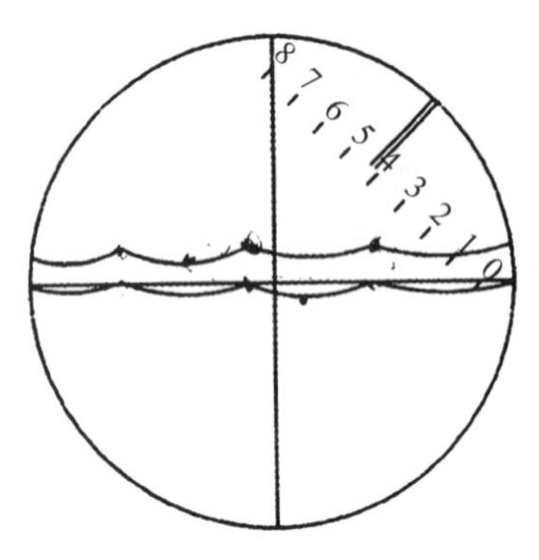

图 4 - 30　水平十字线与光带轮廓一边的峰相切

(4) 细调节。缓慢转动微调手轮 4,使物镜中光带处于最狭窄、轮廓影像最清晰状,并位于视场中央。

(5) 松开紧定螺钉 19,转动目镜顶端的调节手轮,使目镜中十字线中的一根线与光带轮廓中心线大致平行,并拧紧螺钉。

(6) 旋转刻度套筒,使目镜中十字线的一根与光带轮廓一边的峰(谷)相切,如图 4 - 30。从测微器中读出该峰(谷)的数值。在测量时,所测量的表面范围不少于 5 个波峰。

(7) 纵向移动工作台,按步骤 6 测量,计算平均值。

(8) 根据计算结果,判定被测表面的粗糙度 Rz 值。

(9) 物镜放大倍数的确定。

假定标准刻度尺真实长度 0. 8 mm。在测微目镜中对此刻线段的读数值为 6. 4 mm。仪器上安装的物镜组为 14×N. A. 0. 20,此时物镜的放大倍数 $V=\dfrac{6.4}{0.8}=8$。

(10) 测量工件表面粗糙度。

① 从测微目镜中得出 5 个最高点和 5 个最低点的读数值,例: $a_{h1}=4.800$ mm, $a_{h3}=4.750$ mm, $a_{h5}=4.900$ mm, $a_{h7}=4.850$ mm, $a_{h9}=4.900$ mm, $a_{h2}=4.695$ mm, $a_{h4}=4.655$ mm, $a_{h6}=4.790$ mm, a_{h8}, $=4.740$ mm, $a_{h10}=4.800$ mm,可求得

$$a_{平均}=\frac{(a_{h1}+a_{h3}\cdots+a_{h9})-(a_{h2}+a_{h4}+\cdots+a_{h10})}{5}$$
$$=104(\mu m)。$$

② 根据 V 与 a,求得 $Rz=\dfrac{a_{平均}}{2V}=6.5(\mu m)$。

③ 根据表 4 - 13 查得表面平面度平均高度值 Rz 为 6. 3～20 μm(相当于原光洁度 6 级)。

(11) 填写实验报告。

第5章　角度、锥度测量

【本章学习目标】

★ 了解圆锥的主要几何参数；

★ 能够进行圆锥配合误差分析；

★ 了解圆锥公差的分类及给定方法；

★ 掌握圆锥尺寸及公差的标注方法；

★ 了解角度和锥度测量常用的测量方法及测量器具。

【本章教学要点】

知识要点	能力要求	相关知识
圆锥的主要几何参数	了解圆锥配合的种类及应用场合；了解圆锥主要几何参数的定义	圆锥结合的优势
圆锥配合误差分析	了解圆锥直径误差、圆锥角误差对基面距的影响；圆锥形状误差对其配合的影响	基面距定义
圆锥公差的分类及给定方法	了解圆锥公差项目的种类及特点；掌握圆锥配合的类型及规定	
圆锥尺寸及公差的标注方法	掌握圆锥尺寸、锥度及圆锥公差的标注方法	相配合的圆锥的公差注法
角度和锥度测量常用的测量方法及测量器具	了解角度和锥度测量常用的几种测量方法及测量器具	其他测量方法及测量器具

【导入检测任务】

如图所示零件，图中有锥度1∶5±6′的标注，请同学们主要从以下几方面进行学习：

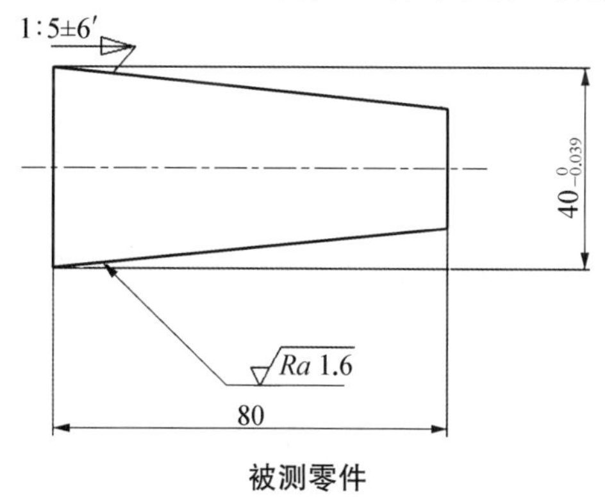

被测零件

(1) 分析图纸,搞清楚零件精度的要求;
(2) 理解以上锥度标注的含义;
(3) 选择计量器具,确定测量方案;
(4) 填写检测报告与数据处理。

【具体检测过程见实验部分】

5.1 概述

圆锥结合是机械设备中常用的典型结构,如车床主轴圆锥孔与顶尖的配合,钻头、铰刀的锥柄与锥套的配合等。

5.1.1 圆锥结合的特点

与圆柱体结合相比较,圆锥结合具有以下优势:

1. 对中性好,装拆方便

如图 5－1 所示,在圆柱体间隙配合中,由于有间隙,轴与孔的轴线不重合,而在圆锥体配合中,虽有间隙,但只要内、外圆锥体沿轴向作相对移动,就可使间隙减小,甚至可以产生过盈,从而保持较高精度的同轴度,且能快速装拆。

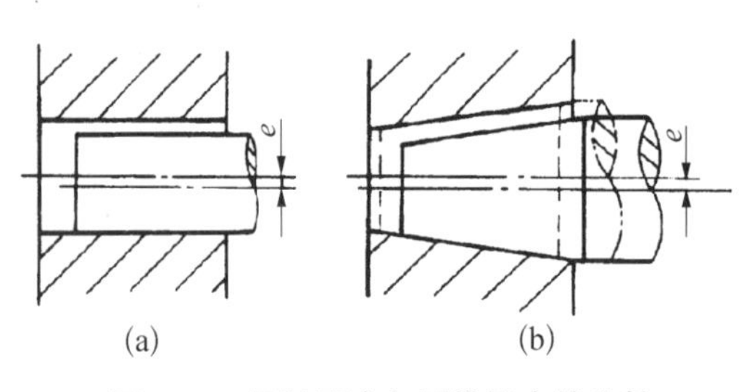

图 5－1 圆柱配合与圆锥配合的比较

2. 配合性质可调

圆柱体配合中,间隙的大小不能调整,而圆锥体配合中,间隙的大小可通过内、外圆锥的轴向相对移动来调整,甚至可以产生过盈,以满足不同工作要求。

3. 密封性和自锁性好

内外圆锥的表面经过配对研磨后,可使锥面接触严密,配合起来具有良好的密封性和自锁性。

尽管圆锥体结合具有上述优势,但与圆柱体结合相比,它结构较复杂,影响其互换性的参数较多,加工和检验也比圆柱体要困难,所以不如圆柱体结合应用广泛,主要用于对中性或密封性要求较高的场合。

5.1.2 圆锥配合的种类

圆锥配合的松紧取决于内、外圆锥的轴向相对位置。圆锥配合是指公称尺寸相同的内、外圆锥的直径之间,由于结合松紧不同所形成的相互关系,可分为以下三类:

1. 间隙配合

配合具有一定的间隙,在装配和使用过程中,间隙可以调整,用于圆锥配合面间有回转要求的场合，如车床主轴的圆锥轴颈与圆锥滑动轴承衬套的配合。

2. 过盈配合

配合具有一定的过盈，可利用接触表面间所产生的摩擦来传递转矩。过盈大小也可通过内、外圆锥的轴向相对位移来调整，有较高精度的同轴度，若锥角适当，配合后能自锁且装拆也较方便。主要用于传递转矩的配合，如带柄铰、扩孔钻的锥柄与机床主轴锥孔的配合。

3. 过渡配合

配合结合面间接触很紧密，能完全消除间隙，主要用于对中定心或密封（防止漏水和漏气）的场合，如内燃机中气阀与气阀座的配合。为使圆锥面紧密接触，必须内、外锥成对研磨，故此类配合无互换性。

5.1.3　圆锥的主要几何参数

圆锥分外圆锥和内圆锥两种，如图5-2所示，其主要几何参数见图5-3。

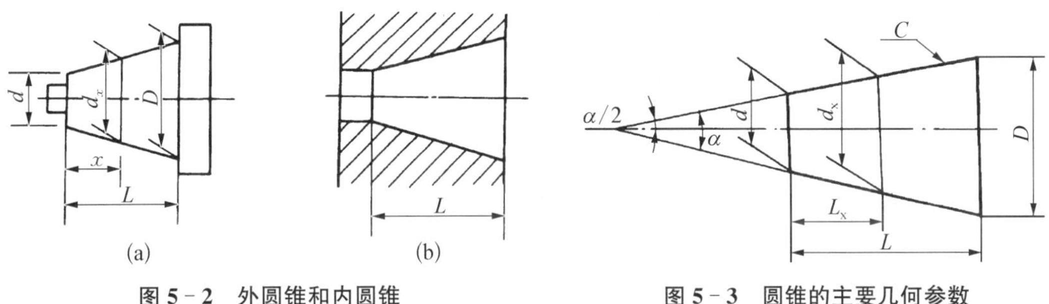

图5-2　外圆锥和内圆锥
(a) 外圆锥　(b) 内圆锥

图5-3　圆锥的主要几何参数

1. 圆锥角

在通过圆锥轴线的截面内，两条素线间的夹角，用符号 α 表示。有时采用圆锥角之半 $\alpha/2$，称为斜角。

2. 圆锥直径

在垂直于圆锥轴线的截面上的直径。常用的圆锥直径有：最大圆锥直径 D、最小圆锥直径 d、给定截面处圆锥直径 d_x。

3. 圆锥长度

最大圆锥直径截面与最小圆锥直径截面之间的轴向距离，用符号 L 表示。给定截面与基准端面之间的距离，用符号 L_x 表示，结合长度用 L_p 表示。

4. 锥度

两个垂直于圆锥轴线截面的圆锥直径之差与该两截面的轴向距离之比，用符号 C 表示，即

$$C=(D-d)/L \tag{5-1}$$

锥度 C 与圆锥角 α 的关系为

$$C=2\tan(\alpha/2) \tag{5-2}$$

通常，锥度用比例或分数形式表示，如 1∶10 或 $C=1/10$。

5.2 圆锥配合误差分析

在加工内、外圆锥时，会产生直径、圆锥角和形状误差，它们都会造成圆锥配合基面距误差和配合表面接触不良等。

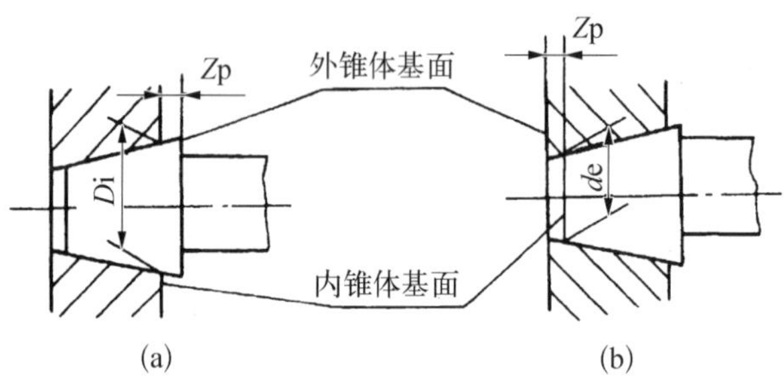

图 5-4 基面距的位置

(a) 基面距在大端 (b) 基面距在小端

基面距是指相互配合的内、外圆锥基面间的距离，用 Z_p 表示。基面距决定两配合锥体的轴向相对位置。

基面距的位置按圆锥配合的配合直径而定，若以内圆锥最大圆锥直径 D_i 为配合直径，则基面距 Z_p 在圆锥大端；若以外圆锥最小圆锥直径 d_e 为配合直径，则基面距 Z_p 在圆锥的小端，如图 5-4 所示。

5.2.1 圆锥直径误差对基面距的影响

设以内圆锥最大直径为配合直径，基面距的位置在大端，若内、外圆锥角和形状均无误差，仅内、外圆锥直径有误差。内圆锥直径误差 ΔD_i 为正，外圆锥直径偏差 ΔD_e 为负，见图 5-5。显然，圆锥直径误差对相互配合的圆锥面间接触均匀性没有影响，只对基面距有影响。此时基面距误差 ΔZ_p 为

$$\Delta Z_p = -(\Delta D_i - \Delta D_e)/2\tan(\alpha/2) = -(\Delta D_i - \Delta D_e)/C \tag{5-3}$$

由图 5-5(a)可知，当 $\Delta D_i > \Delta D_e$ 时，$(\Delta D_i - \Delta D_e)$ 的差值为正，则基面距 Z_p 减小，即

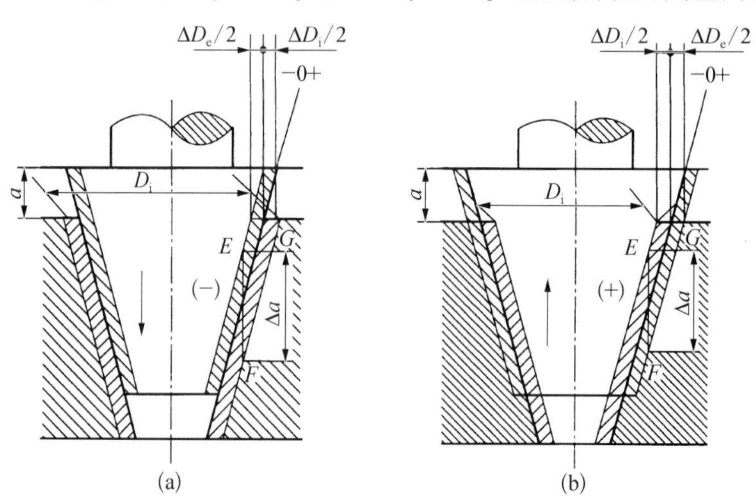

图 5-5 圆锥直径误差对基面距的影响

(a) 外圆锥减小(ΔD_e 为负)，内圆锥增大(ΔD_i 为正)(或写成 $\Delta D_e < \Delta D_i$)

(b) 外圆锥增大(ΔD_e 为正)，内圆锥减小(ΔD_i 为负)(或写成 $\Delta D_e > \Delta D_i$)

ΔZ_p 为负值；同理，由图 5-5(b)可知，当 $\Delta D_i < \Delta D_e$ 时，$(\Delta D_i - \Delta D_e)$ 的差值为负，则基面距 Z_p 增大，即为正值。ΔZ_p 与差值 $(\Delta D_i - \Delta D_e)$ 的符号是相反的，故式(5-3)带有负号。

5.2.2　圆锥角误差对基面距的影响

仍以内圆锥最大直径为配合直径，基面距的位置在大端，并设内、外圆锥直径和形状均无误差，只有圆锥角有误差，且误差值不等，如图 5-6 所示。现分两种情况进行分析。

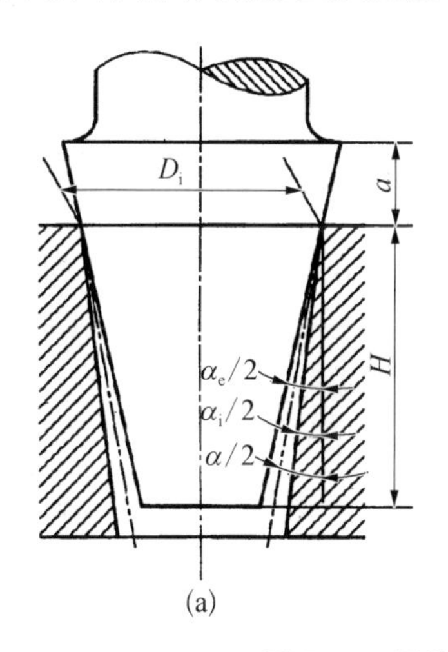

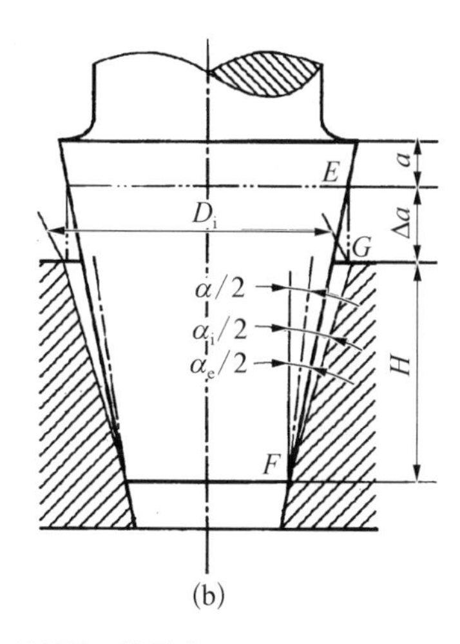

图 5-6　圆锥角误差对基面距的影响

(a) $\alpha_i/2 < \alpha_e/2$　(b) $\alpha_i/2 > \alpha_e/2$

(1) 若内圆锥斜角 $\alpha_i/2$ 小于外圆锥斜角 $\alpha_e/2$，即 $\alpha_i/2 < \alpha_e/2$，此时内圆锥的最小圆锥直径增大，外圆锥的最小直径减小，内、外圆锥在大端接触，接触面积小如图 5-6(a)所示，将使磨损加剧，且可能导致内、外圆锥相对倾斜，影响其使用性能，但对基面距影响较小可略去不计。

(2) 若内圆锥斜角 $\alpha_i/2$ 大于外圆锥斜角 $\alpha_e/2$，即 $\alpha_i/2 > \alpha_e/2$，如图 5-6(b)所示。此时内、外圆锥将在小端接触，若锥角误差引起的基面距增量为 ΔZ_p。

由 $\triangle EFG$ 可知

$$\Delta Z_p = \frac{L_p \sin(\alpha_i/2 - \alpha_e/2)}{\sin(\alpha_e/2)\cos(\alpha_i/2)} \tag{5-4}$$

通常圆锥角误差很小，即 α_i 和 α_e 同基本圆锥角 α 之间的差别很小，故可认为

$$\sin(\alpha_e/2)\cos(\alpha_i/2) \approx \sin\alpha/2 \text{ 和 } \sin(\alpha_i/2 - \alpha_e/2) \approx \alpha_i/2 - \alpha_e/2$$

将 $\alpha_i/2 - \alpha_e/2$ 的单位由分换算成弧度，式(5-4)可改写为

$$\Delta Z_p = \frac{0.000\,6 L_p(\alpha_i/2 - \alpha_e/2)}{\sin\alpha} \tag{5-5}$$

当锥角较小时，还可以进一步简化，可取 $\sin\alpha \approx 2\tan(\alpha/2) = C$，于是

$$\Delta Z_p = \frac{0.000\,6 L_p(\alpha_i/2 - \alpha_e/2)}{C} \tag{5-6}$$

式中 ΔZ_p 和 L_p 单位为 mm，锥角 α_i 和 α_e 单位为分。

在实际生产中，圆锥直径误差与锥角误差同时存在，所以对基面距的综合影响是两者的代数和，即：

$$\Delta Z_p = -\frac{\Delta D_i - \Delta D_e}{C} + \frac{0.0006 L_p(\alpha_i/2 - \alpha_e/2)}{C}$$

$$= \frac{1}{C}[\Delta D_e - \Delta D_i + 0.0006 L_p(\alpha_i/2 - \alpha_e/2)] \tag{5-7}$$

5.2.3 圆锥形状误差对其配合的影响

圆锥形状误差包括圆锥素线直线度误差和截面圆度误差，它们主要影响圆锥配合表面的接触精度，对于间隙配合会使其配合间隙大小不均匀，接触表面磨损加快，影响其使用寿命；对于过渡配合，会影响其配合的紧密性；对过盈配合，由于接触面积减少，会使传递扭矩减小，连接不可靠。

5.3 圆锥公差与配合

5.3.1 圆锥公差的有关术语

(1) 公称圆锥。是指设计时给定的理想圆锥，也称基本圆锥。

(2) 极限圆锥。是指与公称圆锥共轴线且圆锥角相等、直径分别为最大、最小极限尺寸的两个圆锥。

(3) 圆锥直径公差带。两个极限圆锥所限定的区域。

(4) 极限圆锥角。允许的最大圆锥角和最小圆锥角，分别为 α_{max} 和 α_{min}。

(5) 圆锥角公差带。两个极限圆锥角所限定的区域。

5.3.2 圆锥公差项目

为满足圆锥连接和使用性能要求，GB/T 11334—2005 将圆锥公差分为：圆锥直径公差、圆锥角公差、圆锥形状公差和给定截面圆锥直径公差，其特点如下：

1. 圆锥直径公差 T_D

圆锥直径公差是指圆锥直径允许的变动量，即允许的最大极限圆锥直径和最小极限圆锥直径之差（最大极限圆锥和最小极限圆锥皆称为极限圆锥，它与公称圆锥同轴，且锥角相等），如图 5-7 所示。公称圆锥为设计时给定的理想形状的圆锥。圆锥直径公差沿用光滑圆柱体的直径公差，但以公称圆锥直径（一般取最大圆锥直径 D）作为公称尺寸查表，公差值在整个圆锥长度内都适用。

对于有配合要求的圆锥，推荐采用基孔制；对于无配合要求的圆锥，建议选用基本偏差 JS 和 js。

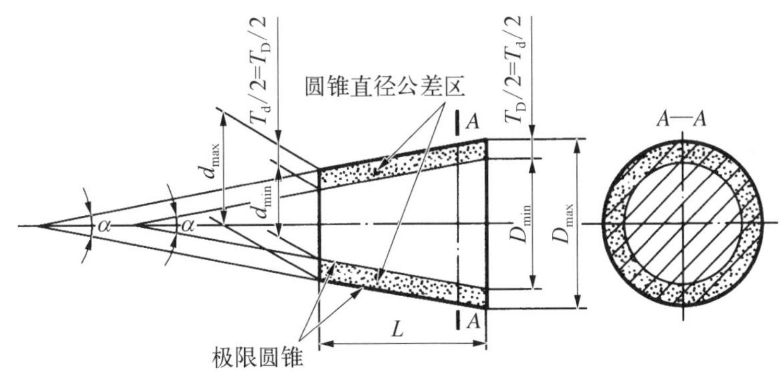

图 5－7　圆锥直径公差带

2. 圆锥角公差 AT

指圆锥角的允许变动量。以角度值表示的圆锥公差代号为 AT_α；以线性值表示的圆锥公差代号为 AT_D。圆锥角公差区是两个极限圆锥角所限定的空间区域，如图 5－8 所示。

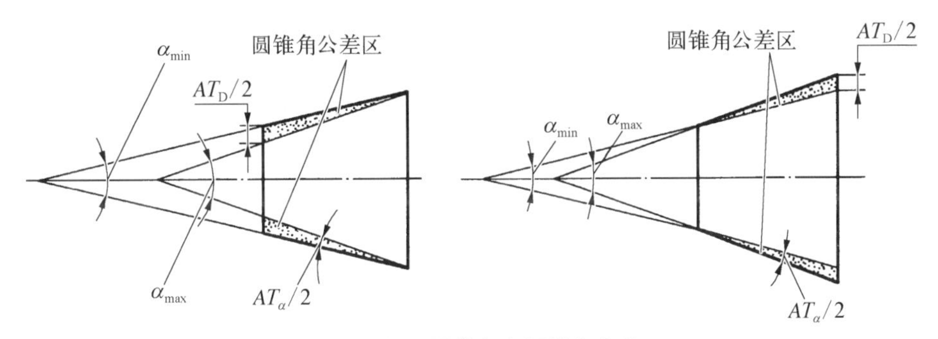

图 5－8　极限圆锥角和圆锥角公差区

GB/T 11334—2005 规定，圆锥角公差 AT 共分为 12 个等级，分别用 $AT1$，$AT2$，…，$AT12$ 表示，其中 $AT1$ 精度最高，其余等级依次降低。

3. 圆锥的形状公差 T_F

圆锥的形状公差包括圆锥素线直线度公差和截面圆度公差。

圆锥素线直线度公差是指在圆锥轴向剖面内，允许实际素线形状的最大变动量。其公差带是在给定截面上距离为公差值 T_F 的两条平行线间的区域，如图 5－9 所示。

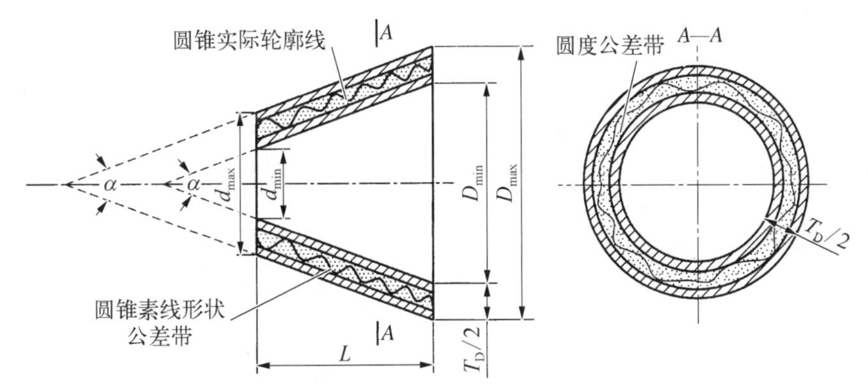

图 5－9　圆锥素线直线度公差带和截面圆度公差带

圆锥截面公差是指垂直于圆锥轴线的截面内，截面形状的最大变动量。其公差带是半径差为公差值 T_F的两个同心圆间的区域(见图 5－9)。

对于形状精度要求不高的圆锥工件，其形状误差一般用直径公差 T_D控制。对于要求较高的圆锥工件，应单独按要求给定形状公差值 T_F，其数值按 GB/T 1800.2—2009 确定。

4. 给定截面圆锥直径公差 T_{DS}

在垂直圆锥轴线的给定截面内，圆锥直径的允许变动量。其公差带为在给定的圆锥截面内，由两个同心圆所限定的区域，如图 5－10 所示。给定截面圆锥直径公差数值是以给定截面圆锥直径 d_x为公称尺寸，按 GB/T 1800.2—2009 规定的标准公差选取。

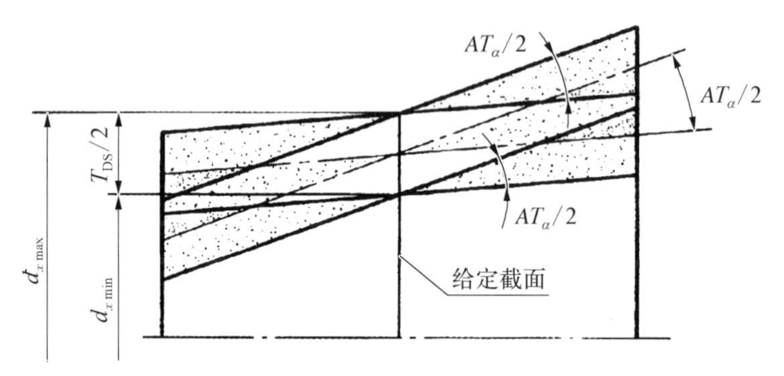

图 5－10　给定截面圆锥直径 T_{DS}公差和圆锥角公差 AT 的关系

5.3.3　圆锥公差的给定方法

按 GB/T 11334—2005 规定，圆锥公差的给定方法有两种：

(1) 给出圆锥的公称圆锥角 α(或锥度 C)和圆锥直径公差 T_D。由 T_D确定两个极限圆锥，此时圆锥角误差和圆锥的形状误差均应在极限圆锥所限定的区域内。当圆锥角公差和圆锥形状公差有更高的要求时，可再给出圆锥角公差 AT 和圆锥的形状公差 T_F。此时 AT 和 T_F仅占 T_D的一部分。

(2) 给出给定截面圆锥直径公差 T_{DS}和圆锥角公差 AT。此时给定截面圆锥直径和圆锥角应分别满足这两项公差的要求。当对圆锥形状公差有更高要求时，可再给出圆锥形状公差 T_F。给定截面圆锥直径 T_{DS}公差和圆锥角公差 AT 的关系见图 5－10。

5.3.4　圆锥配合标准

GB/T 12360—2005《产品几何量技术规范(GPS)圆锥配合》适用于锥度 C 从 1∶3～1∶500，圆锥长度 L 从 6～630 mm，直径至 500 mm 光滑圆锥的配合。

按确定相互配合的内、外圆锥轴向相对位置的不同方法，标准中将圆锥配合分为以下两种类型：

1. 结构型圆锥配合

指由内、外圆锥本身的结构或基面距确定它们之间最终的轴向相对位置，从而获得指定配合性质的圆锥配合。可以得到间隙配合、过渡配合和过盈配合。

图 5－11(a)为由相互结合的内、外圆锥的轴肩接触得到间隙配合；图 5－11(b)为由相互结合的内、外圆锥保证基面距得到过盈配合的示例。

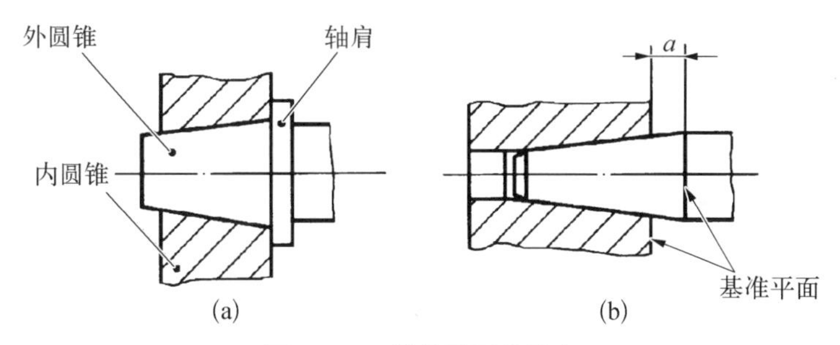

图5-11 结构型圆锥配合

(a) 轴肩接触确定轴向位置 (b) 基面距确定轴向位置

2. 位移型圆锥配合

指相互结合的内、外圆锥由实际初始位置 P_a 开始，作一定的相对轴向位移 E_a 而获得要求的间隙或过盈配合。位移型圆锥配合由规定内、外圆锥的相对轴向位移或者产生轴向位移的装配力的大小确定它们之间最终的轴向相对位置。图5-12(a)是获得间隙的圆锥配合；图5-12(b)是获得过盈的圆锥配合。

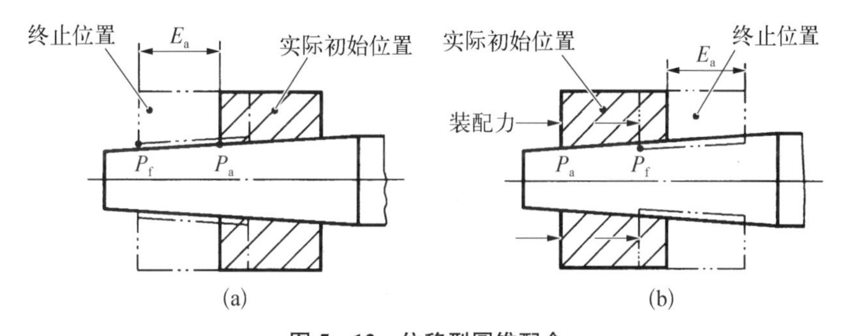

图5-12 位移型圆锥配合

(a) 间隙配合 (b) 过盈配合

在GB/T 12360—2005中对圆锥配合有如下两点规定：

(1) 结构型圆锥配合推荐优先采用基孔制，内、外圆锥直径公差带及其配合按GB/T 1801选取。如果GB/T 1801给出的常用配合不能满足需要，可按GB/T 1801规定的推荐选用的标准公差带组成所需的配合。

(2) 位移型圆锥配合的内、外圆锥直径公差带的基本偏差推荐选用H、h;JS、js。其极限轴向位移按GB/T 1801规定的极限间隙或极限过盈来计算。

(3) 位移型圆锥配合的极限轴向位移 E_{amax}、E_{amin} 和轴向位移公差 T_E 按下列公式计算：

对于间隙配合
$$E_{amax}=S_{max}/C,\ E_{amin}=S_{min}/C \tag{5-8}$$

$$T_E=E_{amax}-E_{amin}=(S_{max}-S_{min})/C \tag{5-9}$$

式中：C——锥度；

S_{max}——配合的最大间隙；

S_{min}——配合的最小间隙。

对于过盈配合
$$E_{amax}=\delta_{max}/C,\ E_{amin}=\delta_{min}/C \tag{5-10}$$

$$T_E = E_{amax} - E_{amin} = (\delta_{max} - \delta_{min})/C \tag{5-11}$$

式中：C——锥度；

δ_{max}——配合的最大过盈；

δ_{min}——配合的最小过盈。

5.4 圆锥的尺寸及公差标注

GB/T 15754—1995 规定了圆锥尺寸和公差在图样上的标注方法。

5.4.1 圆锥的尺寸标注

1. 尺寸标注

标准规定的圆锥尺寸标注方法如图 5-13 所示。

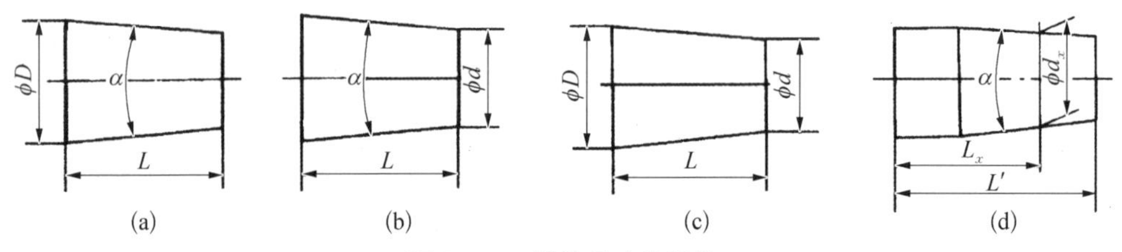

图 5-13 圆锥尺寸的标注

2. 锥度的标注

锥度在图样上的标注如图 5-14 所示。

当所标注的锥度是标准圆锥系列之一(尤其是莫氏锥度或米制锥度)时可用标准系列号和相应的标记表示，如图 5-14(d)所示。

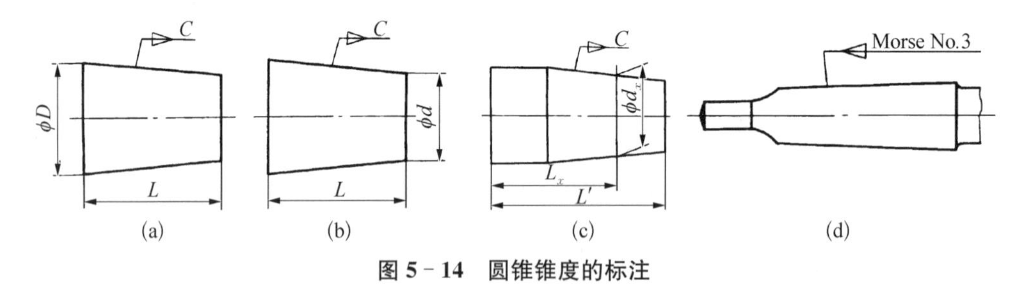

图 5-14 圆锥锥度的标注

5.4.2 圆锥公差的标注

圆锥公差在图样上的标注方法有面轮廓度法、基本锥度法和公差锥度法三种。

1. 面轮廓度法

根据 GB/T 15754—1995 的规定，通常采用面轮廓度法在图样上标注圆锥公差。面轮廓度公差带是宽度等于面轮廓度公差值 t 的两同轴圆锥面之间的空间区域，实际圆锥面应不超出面轮廓度公差带。图 5-15 是几种面轮廓度法标注圆锥公差的示例及公差带解释。

面轮廓度公差具有综合控制的功能，可以明确表达设计要求。因此应优先采用面轮

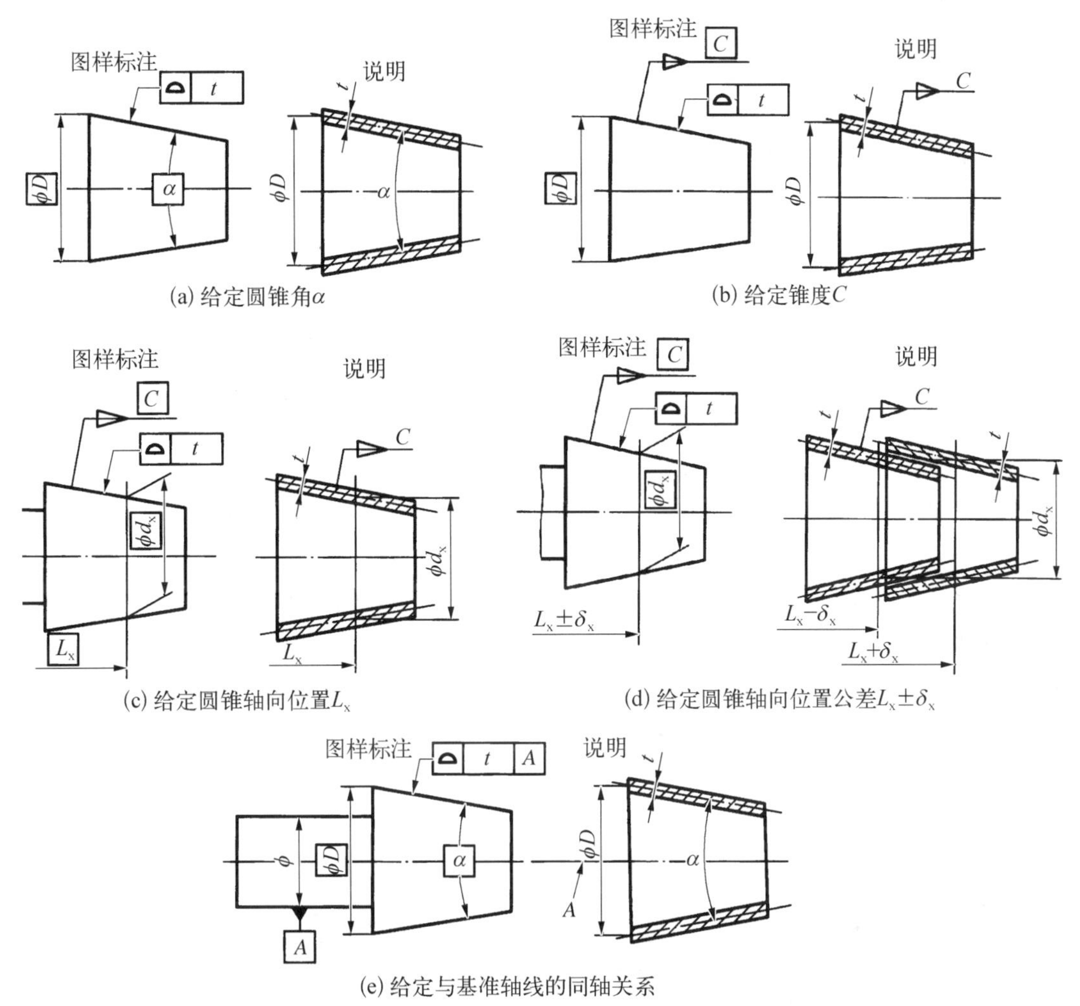

图 5-15　面轮廓度法标注圆锥公差的示例及公差带解释

廓度法。

如果在标注面轮廓度公差的同时，还有对圆锥的其他附加要求，可在图样上单独标出，或在技术要求中说明。如图 5-16(a)表示对圆锥素线倾斜度公差的附加要求；

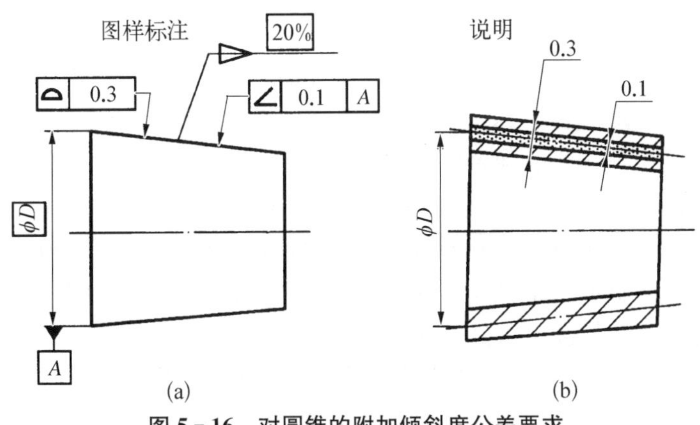

图 5-16　对圆锥的附加倾斜度公差要求

图 5-16(b)表示倾斜度公差带可以在面轮廓度公差带内浮动。

2. 基本锥度法

用基本锥度法标注圆锥公差是给出理论正确圆锥角 α(或锥度 C)和圆锥直径公差 T_D 或 T_d、T_{DS}(极限偏差),并由圆锥直径的上、下极限尺寸确定两个极限圆锥。此时具有圆锥角偏差和圆锥形状误差的实际圆锥应不超出由极限圆锥所限定的空间区域。图 5-17 和图 5-18 示出了基本锥度法标注圆锥公差的示例及其公差带解释。

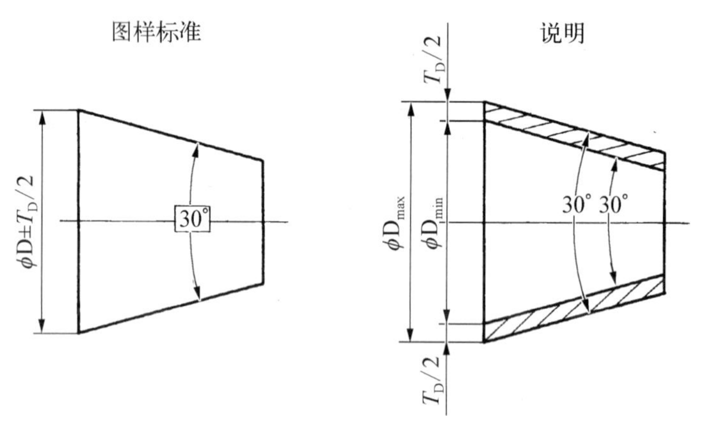

图 5-17　给出理论正确圆锥角的基本锥度法

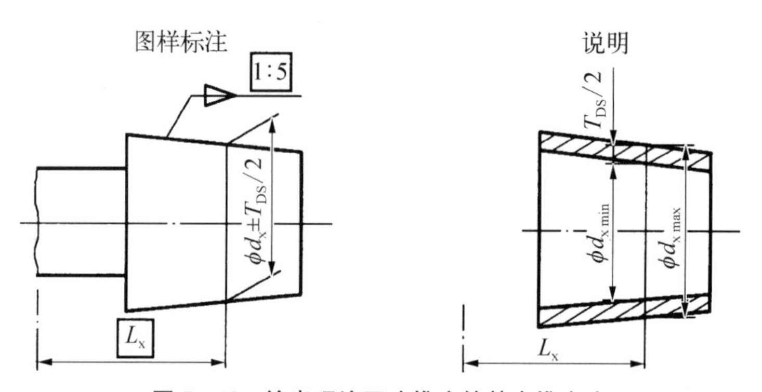

图 5-18　给出理论正确锥度的基本锥度法

当对圆锥角公差或圆锥的形状公差有更高要求时,可再给出附加的圆锥公差 AT 和圆锥的形状公差 T_F,此时 AT 和 T_F 应仅占 T_D 的一部分。

基本锥度法通常适用于有配合要求的结构型内、外圆锥的公差标注。

3. 公差锥度法

用公差锥度法标注锥度公差是给出给定截面圆锥直径公差 T_{DS} 和圆锥角公差 AT。此时实际圆锥的给定截面圆锥直径和圆锥角应分别满足这两项公差的要求。图 5-19 和图 5-20 为公差锥度法标注圆锥公差的示例。

公差锥度法仅适用于对给定截面圆锥直径有较高要求的圆锥和密封及非配合圆锥的公差标注。

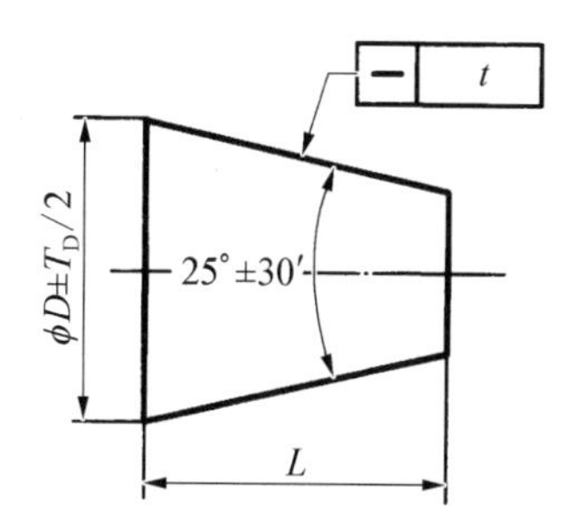

图5-19　给定最大圆锥直径公差和圆锥角公差的标注

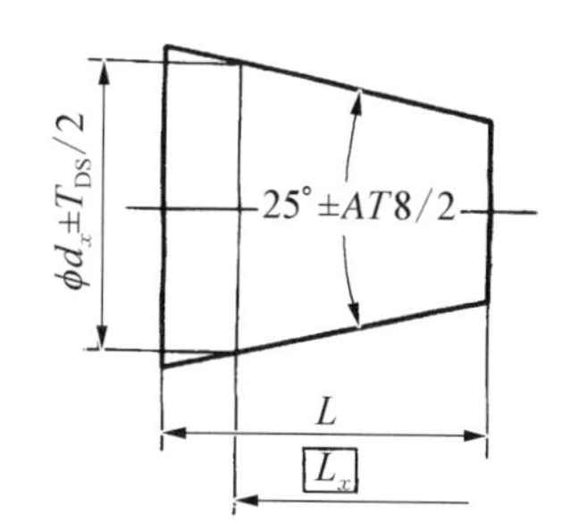

图5-20　给定截面圆锥直径公差和圆锥角公差的标注

5.4.3　相配合的圆锥的公差注法

根据GB/T 12360—2005的要求，相配合的圆锥应保证各装配件的径向和（或）轴向位置。标注两个相配合圆锥的尺寸及公差时，应确定：具有相同的锥度或锥角；标注尺寸公差的圆锥直径的基本尺寸应一致；确定直径（见图5-21）和位置（见图5-22）的理论正确尺寸与两装配基准平面有关。

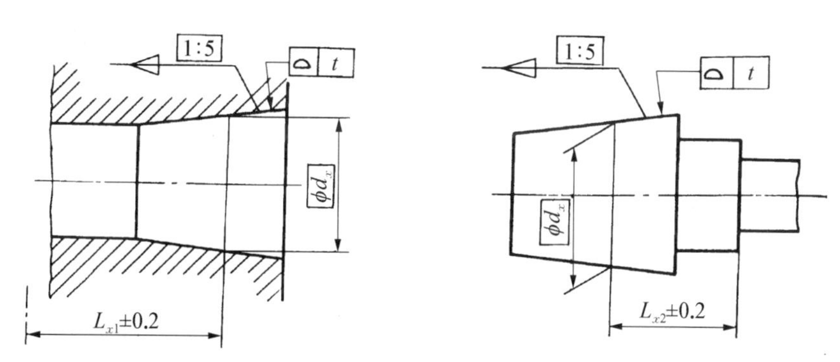

图5-21　相配合的内、外圆锥的公差标注(1)

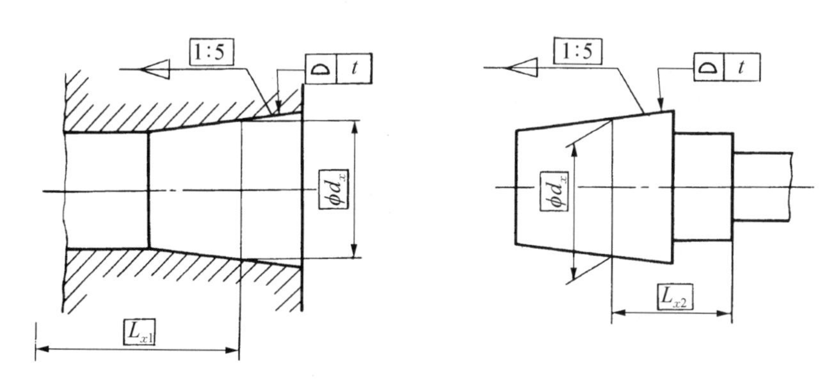

图5-22　相配合的内、外圆锥的公差标注(2)

5.5　角度、锥度的测量

在生产中，测量工件角度和锥度的方法较多，测量器具的类型也各有不同。下面主要介绍常用的几种测量方法及测量器具。

5.5.1 比较测量法

比较测量法是将角度量具与被测角度或锥度相比较，用光隙法或涂色法估计出被测角度或锥度的偏差，或判断被测角度或锥度是否在允许的公差范围内。

比较测量法常用的角度量具有：圆锥量规、角度量块、角度样板和直角尺等。

1. 圆锥量规

圆锥量规用于检验成批生产的内、外圆锥的锥度和基面距偏差。检验内锥体用圆锥塞规，检验外锥体用圆锥环规。圆锥量规的结构形式如图 5-23 所示。与光滑圆柱量规一样，圆锥量规也可分为工作量规和校对量规。GB/T 11852 对圆锥量规的公差和技术条件作了规定。

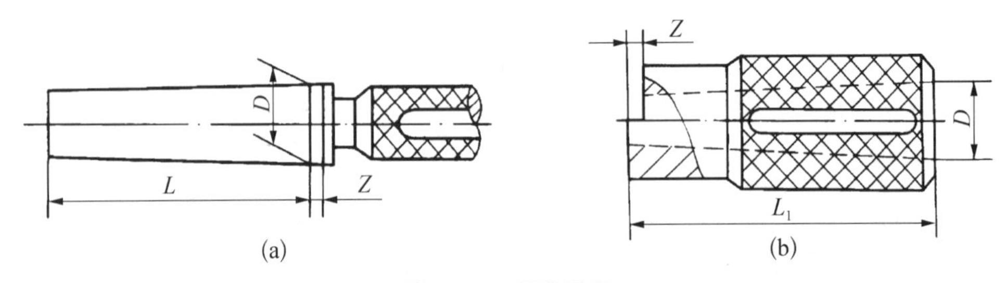

图 5-23 圆锥量规

(a) 圆锥塞规 (b) 圆锥环规

因圆锥工件的直径偏差和角度偏差都将影响基面距的变化，所以用圆锥量规检验，是按照量规相对于被检工件锥体端面的轴向移动(基面距偏差)，来判断工件圆锥是否合格。量规的锥度及基面端的直径均有严格的极限偏差，在量规的基面端(塞规为大端、套规为小端)处刻有相距为 Z 的两条刻线(或小台阶)而 Z 值等于被检工件的基面距公差。检验时若工件锥体端面介于量规的两条刻线之间，则为合格，如图 5-24 所示。

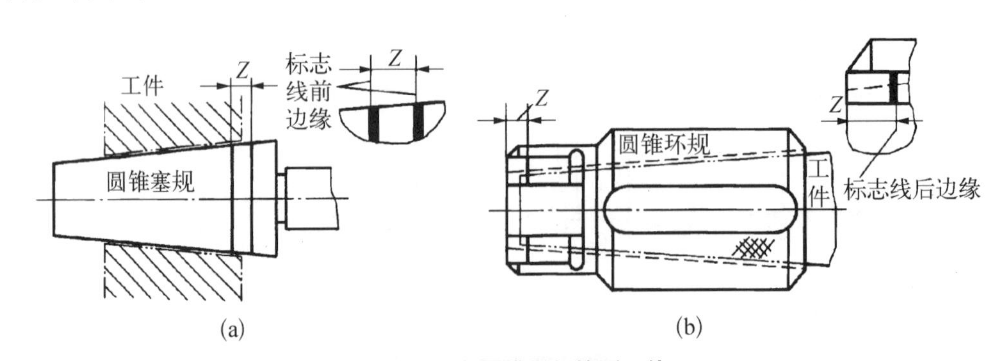

图 5-24 用圆锥量规检测工件

(a) 用塞规检测工件内锥体 (b) 用环规检测工件外锥体

用涂色法检验圆锥角偏差，就是在塞规的工作表面(或工件外圆锥表面)三个均匀位置，顺着母线涂一层极薄的显示剂，然后与被检工件锥体套合后，轻微转一定角度(若涂三条红丹粉，旋转角度小于 120°)进行配研。根据量规工作表面(或工件圆锥表面)上的涂色层被转移情况所确定的接触率，来判断圆锥角是否合格。例如：国家标准 GB/T 23575—2009 规定，采用涂色法检验机床主轴锥孔，其接触率不少于工作长度的 75%。

2. 角度量块

角度量块是一种既精密、结构又简单的角度测量工具，主要用于检测某些角度测量工具(如万能角度尺)，校对角度样板；也可于精密机床加工时的角度调整或直接检测精度较高的工件的角度。

角度量块有三角形和四角形的(见图 5-25)，三角形的量块只有一个工作角，四角形的量块有四个工作角。

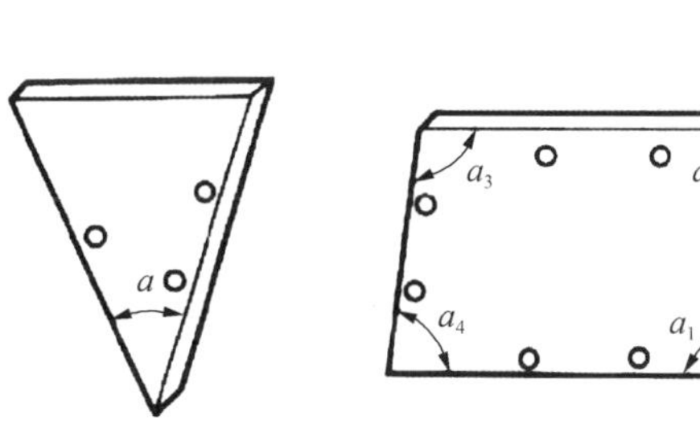

图 5-25　角度量块

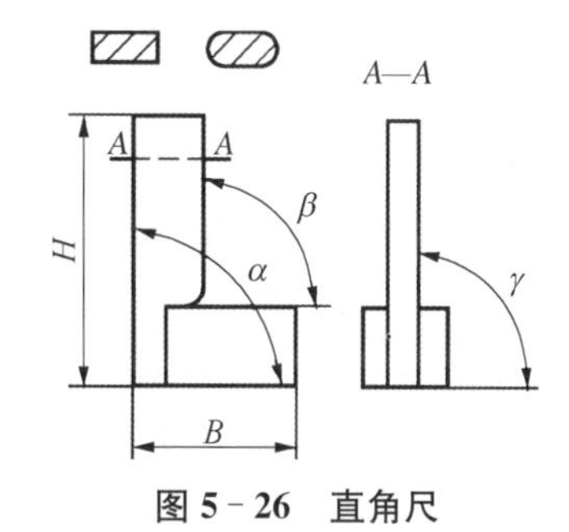

图 5-26　直角尺

角度量块可单独使用，也可按被测角度的大小组合起来使用。角度量块的精度分为 1、2 两级，其工作角的极限偏差为：1 级的 ±10″；2 级的 ±30″，工作范围为 10°～350°。与被测工件比较时，借光隙法估定工件的角度误差。

3. 直角尺

直角尺可用于检验直角和划线，其结构外形如图 5-26 所示。用直角尺检验工件的直角偏差时，是借目测光隙或用塞尺来确定偏差的大小的。

5.5.2　直接测量法

直接测量法就是直接从角度计量器具上读出被测角度。对于精度不高的工件，常用万能角度尺进行测量，而对于精度高的角度工件，则需用光学分度头或测角仪进行测量。

1. 万能角度尺

万能角度尺是一种结构简单的通用角度量具，其读数原理类同游标卡尺，最小分度值有 2′和 5′两种，结构如图 5-27 所示。万能角度尺可利用其上的主尺、直角尺架和直尺的不同组合，进行 0°～320°角度的测量，其示值误差分别不大于 ±2′和 ±5′。

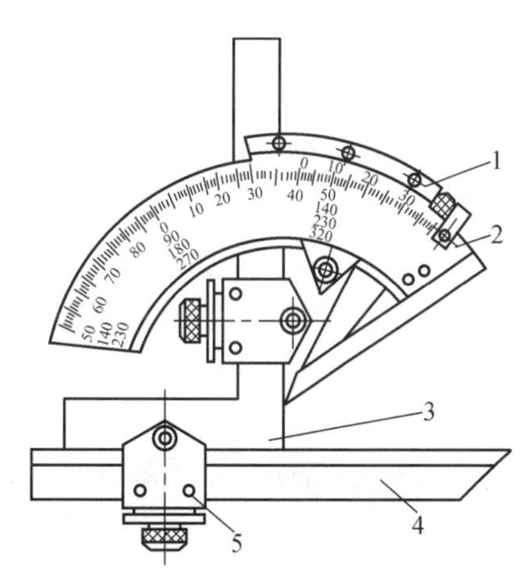

图 5-27　万能角度尺

1—游标尺；2—主尺；
3—直角尺架；4—直尺；5—夹子

2. 光学分度头

光学分度头是一种精密测角仪器，可用于分度和角度的测量，一般是以工件的旋转中心作为测量基准，以此来测量工件的中心夹角。如测量花键、凸轮、

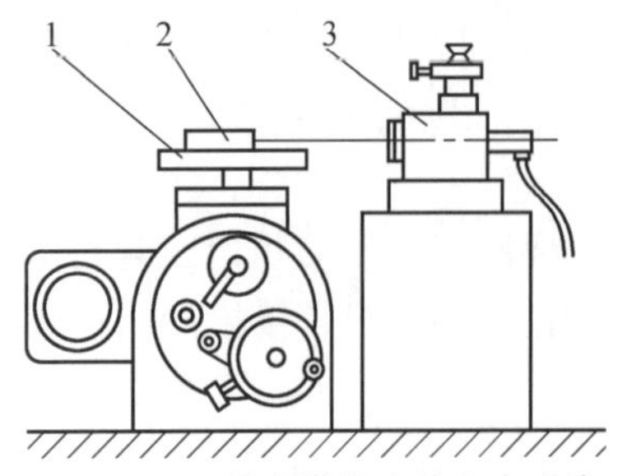

图 5-28 用光学分度头和自准直仪检定角度量块

1—专用检具；2—被检角度量块；3—自准直仪

齿轮、铣刀、滚刀和拉刀等的分度中心角。图 5-28 所示为用光学分度头和自准直仪检测角度量块。

3. 测角仪

测角仪是用来测量精度高的角度工件，如测量角度量块或光学棱体的角度，其工作原理是利用照明光管、观察光管将被测工件定位，通过读数管将被测角度与一精密分度盘进行比较，测出被测件的角度值。

5.5.3 间接测量法

间接测量法是通过直接测量与被测角度（或锥度）有关的线值尺寸，通过三角函数计算出被测角度（或锥度）值。这种方法简单、实用，采用的器具有正弦尺、精密圆钢球、圆柱等。

1. 用正弦尺（正弦规）测量外圆锥角

正弦尺是间接测量角度的常用计量器具之一，分宽型和窄型两种。它需和量块、千分表等配合使用，测量精度可达$\pm 3' \sim \pm 1'$，其结构如图 5-29 所示。

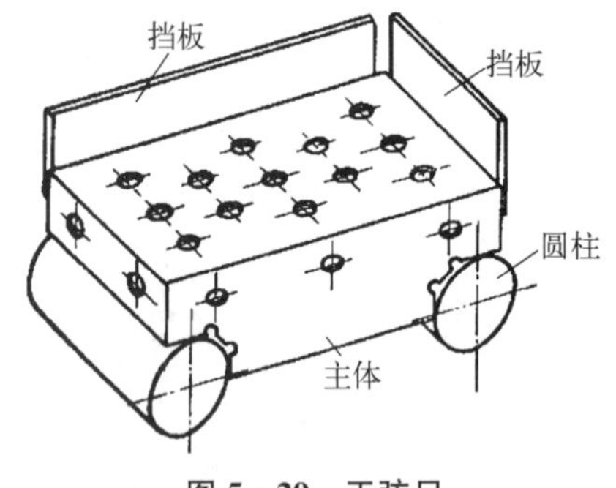

图 5-29 正弦尺

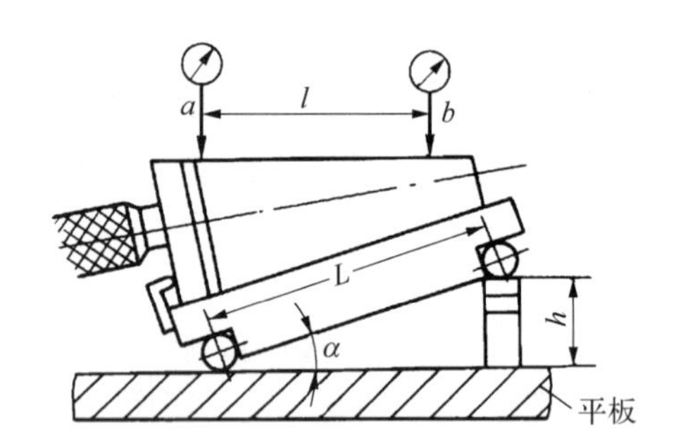

图 5-30 正弦尺测量外圆锥角

图 5-30 是用正弦尺测量外圆锥角的示意图，测量前需根据被测圆锥的公称圆锥角α，按公式$h = L \times \sin\alpha$计算出量块组的高度h（式中L为正弦尺两圆柱间的中心距，宽型为 100 mm，窄型为 200 mm）。

根据计算出的α值组合量块，并垫在正弦尺的下方，此时正弦尺工作台面与平板间的夹角为α。将被测锥体放置在正弦尺工作台面上，利用千分表分别测量被测锥体上相距为l的a、b两点。由这两点的示值差与l之比即为锥度的偏差ΔC（弧度），即

$$\Delta C = (a - b)/l \tag{5-12}$$

若ΔC为正，说明实际圆锥角大于公称圆锥角；若为负则是小于公称圆锥角。

2. 用精密钢球测量内圆锥

图 5-31 是用两个直径不等的精密钢球测量内圆锥的方法。以锥体大端面为基准，先将半径为R_2的小球轻轻放入孔内，测出尺寸H_2，取出小球，再轻轻放入半径R_1的大球，用量块和平尺测出H_1。由$\triangle ABC$可得：

$$\sin\frac{\alpha}{2}=\frac{R_1-R_2}{H_1+H_2+R_2-R_1} \tag{5-13}$$

在 $\triangle BED$ 及 $\triangle EFG$ 中(见图 5-30(b))可求得被测内锥体大端直径 D_1 为

$$D_1=\frac{2R_1}{\cos\frac{\alpha}{2}}+2(R_1-H_1)\tan\frac{\alpha}{2} \tag{5-14}$$

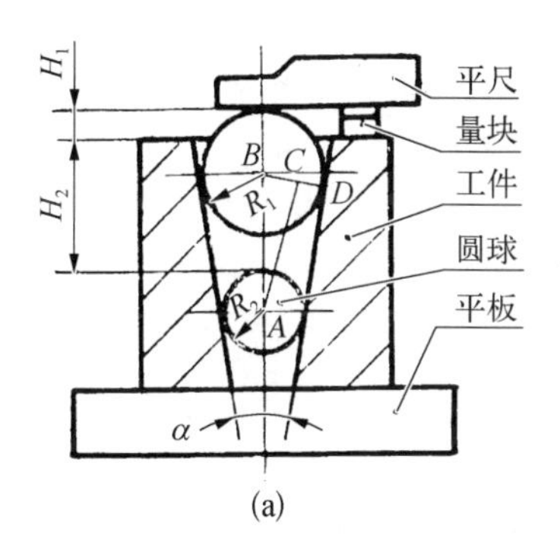

(a)

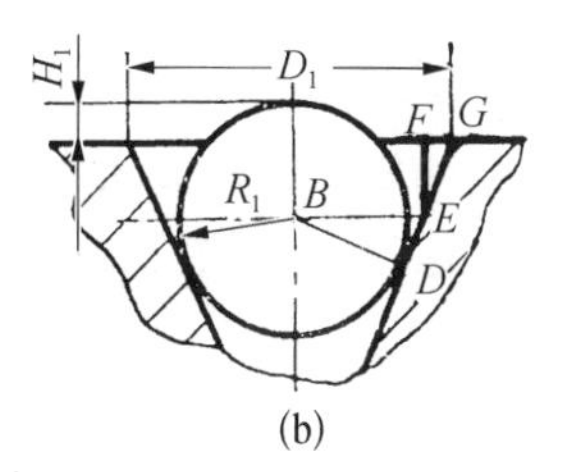

(b)

图 5-31　用钢球测量内圆锥

第6章　螺纹误差测量

【本章学习目标】

★ 了解普通螺纹的部分术语及定义；

★ 了解螺纹误差对螺纹互换性的影响；

★ 了解普通螺纹公差与配合的国标规定；

★ 了解梯形螺纹公差的国标规定；

★ 了解普通螺纹的检测方法。

【本章教学要点】

知识要点	能力要求	相关知识
普通螺纹的部分术语及定义	了解螺纹的分类及应用场合，掌握普通螺纹的基本牙型及几何参数	螺纹的国家标准规定
了解螺纹误差对螺纹互换性的影响	了解螺距误差、牙型半角误差、螺纹中径误差对互换性的影响；理解、掌握泰勒原则，利用螺纹中经进行合格性判断	作用中径的定义；普通螺纹中径公差带的画法
普通螺纹公差与配合的国标规定	了解普通螺纹公差带的位置、基本偏差、螺纹公差带的大小、公差等级的规定；了解螺纹旋合长度及配合精度的选用	根据普通螺纹的标注确定螺纹几何参数
梯形螺纹公差的国标规定	了解梯形螺纹的基本参数；梯形螺纹公差带的位置、基本偏差、螺纹公差带的大小、公差等级的规定；能够正确选择螺纹精度；掌握梯形螺纹的标记方法	梯形螺纹的应用场合
普通螺纹的检测方法	了解普通螺纹的综合检验和单项测量所采用的器具和测量原理	其他螺纹的测量器具和测量原理

【导入检测任务】

如图所示上弯针滑杆和轴的螺纹误差检测，图中有9/64×40×3.5、Tr40X7－7e的标注，请同学们主要从以下几方面进行学习：

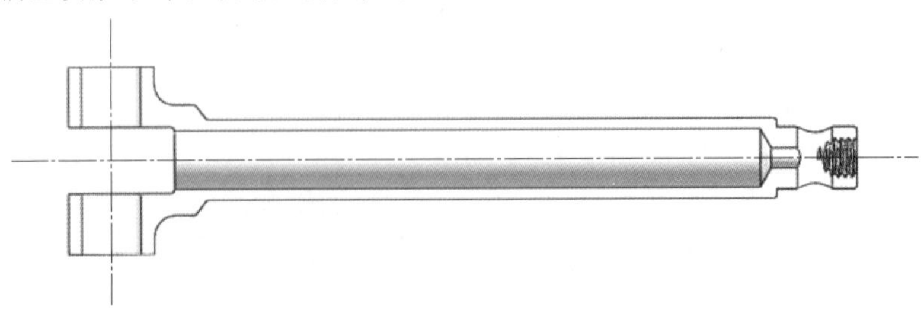

(a)

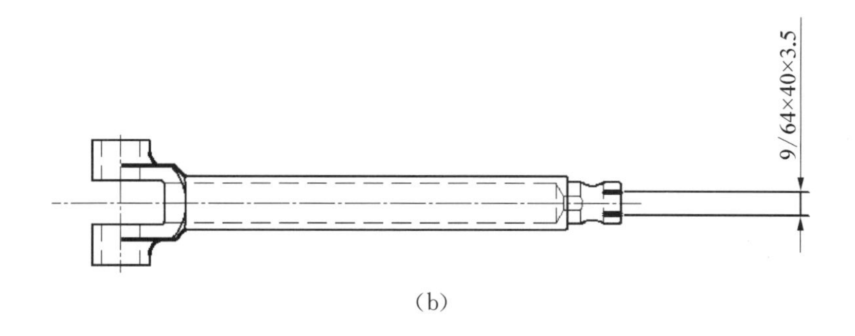

（b）

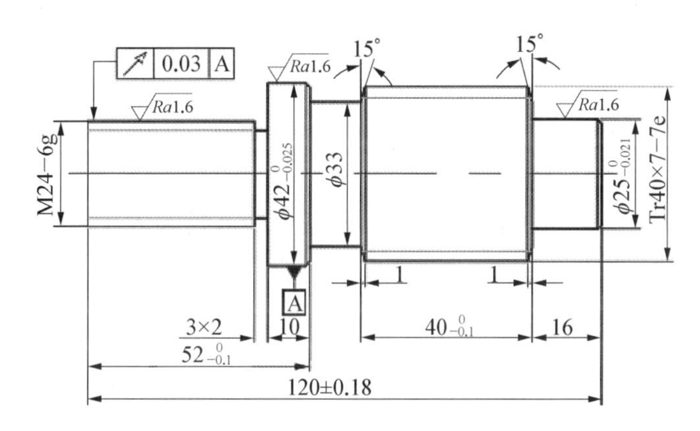

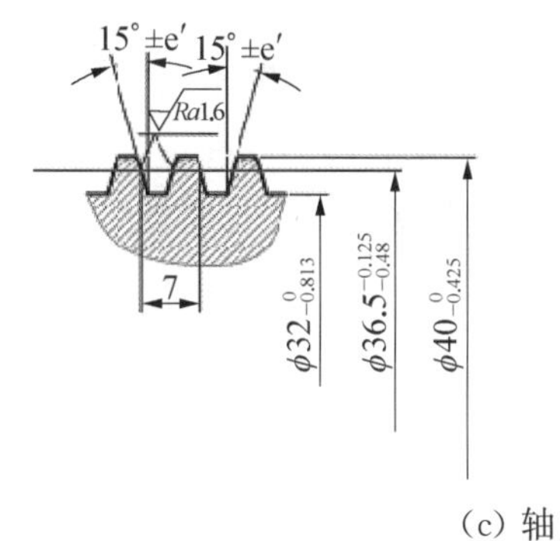

技术要求
1. 螺纹部分不允许与螺母相配加工；
2. 倒角1×45°；
3. 倒钝锐边；
4. 未注尺寸公差按IT14加工；
5. M=38.54 mm, co=3.106 mm

（c）轴

上弯针滑杆螺纹精度检测

（a）三维图　（b）二维图　（c）轴

（1）分析图纸，搞清楚螺纹的精度要求；

（2）理解以上螺纹标注的含义；

（3）选择计量器具和辅助工具，确定螺纹误差测量方案；

（4）填写检测报告与数据处理。

【具体检测过程见章节内容】

6.1 概述

螺纹结合在机械制造业中应用十分广泛，它的互换性程度也很高。为了满足螺纹的使用要求，保证其互换性，我国曾先后发布了一系列有关螺纹的国家标准，对螺纹的术语、牙型、公差与配合等都作了规定。

6.1.1 螺纹的种类及应用场合

螺纹的种类繁多，按牙型可分为三角形螺纹、梯形螺纹、矩形螺纹和锯齿形螺纹等；按其结合性质及使用要求可分为以下三类：

1. 普通螺纹

普通螺纹通常又称为紧固螺纹，分为粗牙和细牙螺纹两种。它主要用于紧固和连接零件，要求其有良好的旋合性和连接的可靠性。

旋合性是指相同规格的螺纹易于旋入或拧出，以便装配或拆卸。连接的可靠性是指有足够的连接强度，接触均匀，螺纹不易松脱。

2. 传动螺纹

传动螺纹主要用来传递动力或精确位移，要求具有足够的强度和保证精确的位移。传动螺纹牙型有梯形、矩形等。机床中的丝杠、螺母常采用梯形牙型。

3. 紧密螺纹

又称为密封螺纹，主要用于水、油、气的密封场合，如管道连接螺纹。这类螺纹连接应具有一定的过盈，以保证具有足够的连接强度和密封性。

根据螺纹应用的广泛性和标准的完整性，本章主要以普通螺纹为例介绍螺纹的公差配合及误差测量。

6.1.2 普通螺纹的基本牙型及几何参数

1. 基本牙型

按国标 GB/T 192—2003 规定，普通螺纹的基本牙型是定义在螺纹轴向剖面上，截去原始三角形的顶部和底部所形成的，如图 6-1 所示。内、外螺纹的大径、中径、小径和螺距等基本几何参数都在基本牙型上定义。

2. 基本几何参数

1) 大径(D、d)

大径是指与外螺纹牙顶或内螺纹牙底相切的假想圆柱的直径。国家标准规定，大径为螺纹的公称直径。

2) 小径(D_1、d_1)

小径是指与外螺纹牙底或内螺纹牙顶相切的假想圆柱的直径。

外螺纹的大径和内螺纹的小径又称为螺纹顶径；外螺纹的小径和内螺纹的大径又称

为螺纹底径。

3）中径（D_2、d_2）

中径是一个假想圆柱直径，该圆柱的母线通过牙型上沟槽和凸起宽度相等的地方，即 $H/2$ 处。中径圆柱的母线称为中径线。

4）单一中径（D_{2a}、d_{2a}）

单一中径是一个假想圆柱直径，该圆柱的母线通过牙型上沟槽宽度等于 1/2 基本螺距的地方，如图 6－2 所示。

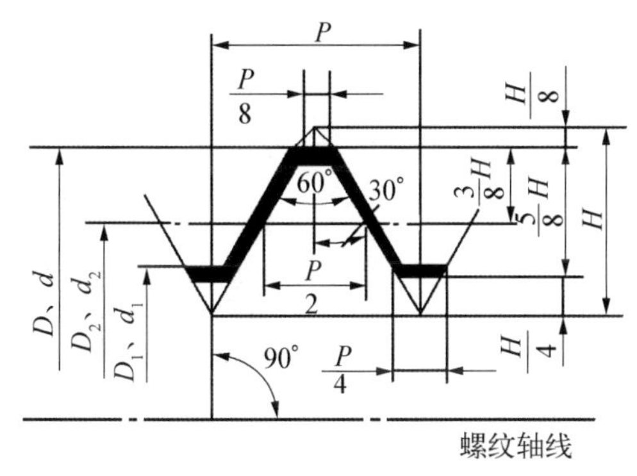

图 6－1　普通螺纹的基本牙型

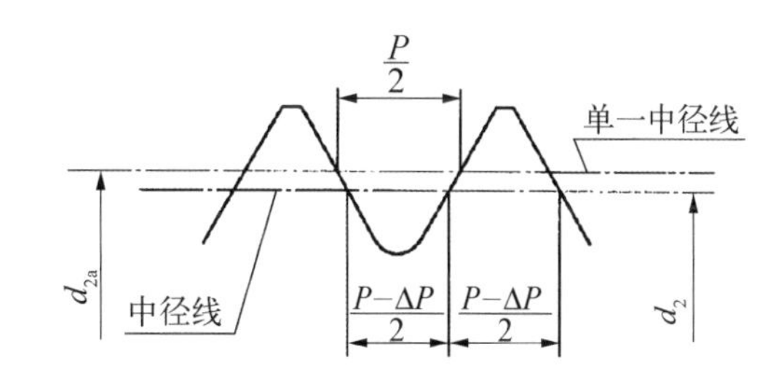

图 6－2　单一中径与中径

当螺距无误差时，中径就是单一中径，当螺距有误差时，则两者不相等。单一中径可用三针法直接测得，通常把单一中径近似看作实际中径。

5）牙型角（α）与牙型半角（$\alpha/2$）

牙型角是指在螺纹牙型上，两相邻牙侧间的夹角，普通螺纹的理论牙型角为 60°。牙型角的一半为牙型半角。

6）螺距（P）和导程（L）

螺距是指螺纹相邻两牙在中径线上对应两点间的轴向距离。螺距有粗牙和细牙两种。国家标准规定了普通螺纹公称直径与螺距系列，如表 6－1 所示。导程是指同一条螺旋线上的相邻两牙在中径线上对应两点间的轴向距离。单线螺纹的导程等于螺距；多线螺纹的导程等于螺距与螺线数（n）的乘积，即：$L=nP$。

7）原始三角形高度（H）

原始三角形高度是指原始三角形顶点到底边的垂直距离。

8）螺纹旋合长度（L_e）

螺纹旋合长度是指两个相互配合的螺纹，沿螺纹轴线方向相互旋合部分的长度，如图 6－3 所示。

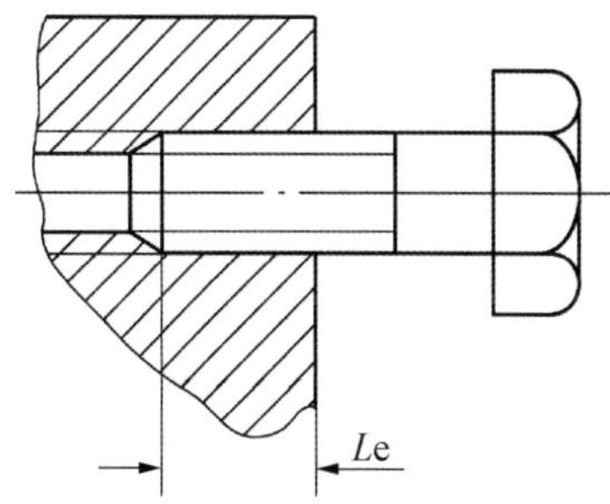

图 6－3　螺纹旋合长度

9）螺纹升角（ψ）

螺纹升角是指在中径圆柱上螺旋线的切线与垂直于螺纹轴线的平面的夹角。它与螺距 P 和中径 d_2 之间的关系为

$$\tan\psi=\frac{nP}{\pi d_2}$$

式中：n——螺纹线数。

其中，影响螺纹互换性的五个基本要素是螺纹的大径、中径、小径、螺距和牙型半角。

GB/T 196—2003 规定了普通螺纹的基本尺寸，如表 6-1 所列。

表 6-1　普通螺纹的基本尺寸(摘自 GB/T 196—2003)　　单位：mm

公称直径 D、d			螺距 P										
第 1 系列	第 2 系列	第 3 系列	粗牙	细牙									
				3	2	1.5	1.25	1	0.75	0.5	0.35	0.25	0.2
5			0.8							0.5			
		5.5								0.5			
6			1						0.75				
	7		1						0.75				
8			1.25					1	0.75				
		9	1.25					1	0.75				
10			1.5				1.25	1	0.75				
		11	1.5			1.5		1	0.75				
12			1.75				1.25	1					
	14		2			1.5	1.25	1					
		15				1.5		1					
16			2			1.5		1					
		17				1.5		1					
	18		2.5		2	1.5		1					
20			2.5		2	1.5		1					
	22		2.5		2	1.5		1					
24			3		2	1.5		1					
		25			2	1.5		1					

注：① 直径与螺距标准组合系列应符合表中的规定。
② 在表内，应选择与直径处于同一行内的螺距。
③ 优先选用第一系列直径，其次选择第二系列直径，最后选择第三系列直径。

6.2　螺纹误差对螺纹互换性的影响

螺纹几何参数较多，加工过程中会产生一定的误差，而这些误差对螺纹互换性都有不同程度的影响，其中螺距误差、牙型半角误差和中径误差是影响互换性的主要因素。

6.2.1　螺距误差对互换性的影响

对于普通螺纹来说，螺距误差影响螺纹的旋合性和连接可靠性；对于传动螺纹来说，它影响传动精度和承载能力。

普通螺纹的螺距误差有两种，一种是单个螺距误差，另一种是螺距累积误差。螺距累积误差对螺纹旋合性的影响更为明显。

螺距累积误差是指在规定的螺纹长度内，任意两同名牙侧与中径线交点间的实际轴向距离与其基本值之差的最大绝对值，用 $\Delta P_{\sum}$ 表示。

为便于分析，假设一没有误差的理想内螺纹与仅有螺距误差的一个外螺纹相配合，在旋合长度上产生螺距累积误差为 $\Delta P_{\sum}$，这会造成内、外螺纹牙侧部位发生干涉而不能旋合，如图 6-4 所示。

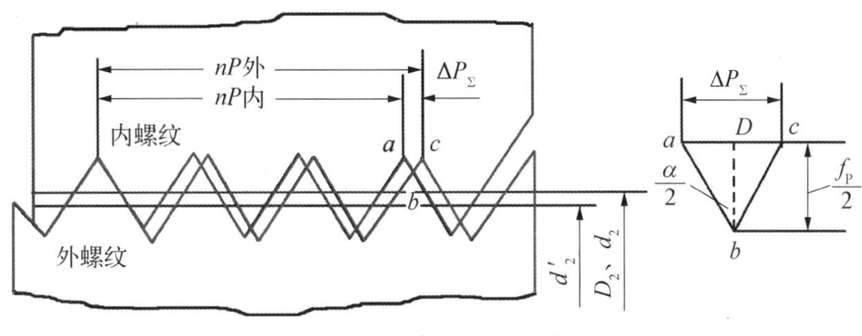

图 6-4　螺距累积误差

为防止干涉，使有螺距误差的外螺纹仍能与理想内螺纹自由旋合，可将外螺纹中径减小一个 f_{p} 值(或将内螺纹中径加大一个 f_{p} 值)。这个 f_{p} 值就是补偿螺距误差折算到中径上的数值，被称为螺距误差的中径当量。减小后的外螺纹中径为 d'_2。从图 6-4 中的 $\triangle abc$ 可得 f_{p} 与 $\Delta P_{\sum}$ 的关系如下：

$$f_{\mathrm{P}} = |\Delta P_{\sum}|\cot(\alpha/2) \tag{6-1}$$

对于普通螺纹，牙型角 $\alpha = 60°$，其螺距误差的中径补偿值：

$$f_{\mathrm{P}} = 1.732|\Delta P_{\sum}| \tag{6-2}$$

在国家标准中，没有规定普通螺纹的螺距公差，而是把它折算为中径公差的一部分，通过检查中径相应地来控制螺距误差。

6.2.2　牙型半角误差对互换性的影响

牙型半角误差是指实际牙型半角与理论牙型半角之差，用 $\Delta\frac{\alpha}{2}$ 表示。牙型半角误差直接影响螺纹的旋合性和牙侧接触面积。牙型半角误差对螺纹互换性的影响如图 6-5 所示。

为便于分析，假定内螺纹具有理想牙型，内、外螺纹的中径和螺距都没有误差，只有外螺纹存在牙型半角误差，现分两种情况进行分析。

1. 外螺纹牙型半角小于内螺纹牙型半角

如图 6-5(a)所示。

由于 $\Delta\frac{\alpha}{2} = \frac{\alpha}{2}(外) - \frac{\alpha}{2}(内) < 0$，当内、外螺纹旋合时，将在螺纹牙顶部分的牙侧发生干涉(图中剖面线部分)而不能旋合。

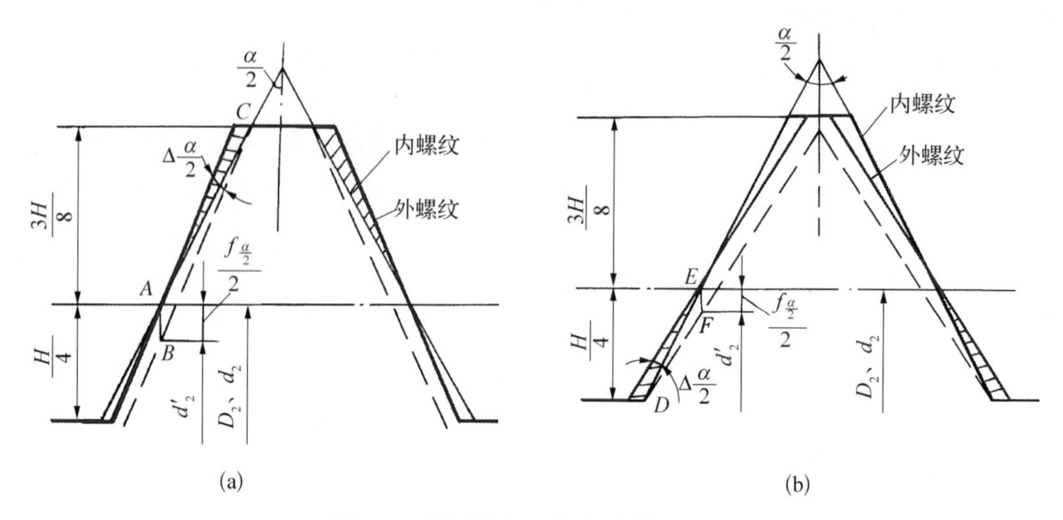

图 6-5　牙型半角误差对互换性的影响

(a) $\Delta\frac{\alpha}{2}=\frac{\alpha}{2}$(外)$-\frac{\alpha}{2}$(内)$<0$　(b) $\Delta\frac{\alpha}{2}=\frac{\alpha}{2}$(外)$-\frac{\alpha}{2}$(内)$>0$

为了保证使可旋合性,可把外螺纹的中径减小一个数值 $f_{\frac{\alpha}{2}}$,这个 $f_{\frac{\alpha}{2}}$ 值称为牙型半角误差的中径补偿值。由图 6-4(a)中的△ABC,按正弦定理得

$$\frac{f_{\frac{\alpha}{2}}/2}{\sin\left(\Delta\frac{\alpha}{2}\right)}=\frac{AC}{\sin\left(\frac{\alpha}{2}-\Delta\frac{\alpha}{2}\right)}$$

因 $\Delta\frac{\alpha}{2}$ 很小,$AC=\frac{3H/8}{\cos\left(\frac{\alpha}{2}\right)}$, $\sin\left(\Delta\frac{\alpha}{2}\right)\approx\Delta\frac{\alpha}{2}$, $\sin\left(\frac{\alpha}{2}-\Delta\frac{\alpha}{2}\right)\approx\sin\left(\frac{\alpha}{2}\right)$

所以　$$f_{\frac{\alpha}{2}}=\left(2\times\Delta\frac{\alpha}{2}\times\frac{3H}{8}\right)\Big/\left[\sin\left(\frac{\alpha}{2}\right)\cos\left(\frac{\alpha}{2}\right)\right]=\left(1.5H\Delta\frac{\alpha}{2}\right)\Big/\sin\alpha$$

上式中,如 $\Delta\frac{\alpha}{2}$ 以分(′)计,H 以 mm 计,则得

$$f_{\frac{\alpha}{2}}=\left(1.5\times0.291\times10^{-3}\times10^{-3}H\Delta\frac{\alpha}{2}\right)\Big/\sin\alpha$$

对普通螺纹,$\alpha=60°$, $H=0.866P$, 代入上式得

$$f_{\frac{\alpha}{2}}=0.44P\left|\Delta\frac{\alpha}{2}\right|(\mu\mathrm{m})\tag{6-3}$$

同理,当内螺纹牙型半角有误差时,为了保证螺纹的可旋合性,可将内螺纹的中径加大一个 $f_{\frac{\alpha}{2}}$ 值。

2. 外螺纹牙型半角大于内螺纹牙型半角

如图 6-5(b)所示。

因$\Delta\frac{\alpha}{2}=\frac{\alpha}{2}$(外)$-\frac{\alpha}{2}$(内)$>0$，当内、外螺纹旋合时，干涉将发生在螺纹牙底部分的牙侧处(图中剖面线部分)。

同理，可将外螺纹的中径减小一个数值$f_{\frac{\alpha}{2}}$，由图 6-5(b)中的$\triangle DFE$得

$$f_{\frac{\alpha}{2}}=0.291P\left|\Delta\frac{\alpha}{2}\right|(\mu m) \tag{6-4}$$

实际上常常会出现左、右半角误差不同等，产生牙型歪斜，$\Delta\frac{\alpha}{2}$可能为正，也可能为负，同时产生上述两种干涉，因此可按上述两公式的平均值计算，即

$$f_{\frac{\alpha}{2}}=0.36P\left|\Delta\frac{\alpha}{2}\right|(\mu m) \tag{6-5}$$

当左、右牙型半角误差不相等时，$\Delta\frac{\alpha}{2}$可按其平均值计算。

6.2.3　螺纹中径误差对互换性的影响

在制造过程中，螺纹中径本身也同样会出现一定的误差。中径本身的误差将直接影响螺纹的旋合性和连接强度，因此也必须对它给以控制。

通过以上分析可见，为了保证螺纹互换性，必须对螺距误差、牙型半角误差和中径本身的尺寸误差加以控制。

6.2.4　螺纹中径合格性判断原则

由于螺距误差和牙型半角误差可折算成中径补偿值(f_P、$f_{\frac{\alpha}{2}}$)，即折算成中径误差的一部分，当内螺纹存在螺距误差和牙型半角误差时，只能与一个中径较小的外螺纹旋合，其效果相当于螺纹中径变小了；当外螺纹存在螺距误差和牙型半角误差时，只能与一个中径较大的内螺纹旋合，其效果相当于螺纹中径变大了。这变化后的中径称为作用中径(D_{2m}、d_{2m})，即螺纹配合中实际起作用的中径，其值为

$$D_{2m}=D_{2a}-f_P-f_{\frac{\alpha}{2}} \tag{6-6}$$

$$d_{2m}=d_{2a}+f_P+f_{\frac{\alpha}{2}} \tag{6-7}$$

国家标准中对作用中径的定义如下：在规定的旋合长度内，恰好包容实际螺纹的一个假想螺纹的中径，这个假想螺纹具有理想的螺距、半角以及牙型高度，并在牙顶处和牙底处留有间隙，以保证包容时不与实际螺纹的大、小径发生干涉。

作用中径把螺距误差、牙型半角误差及单一中径尺寸误差三者联系在一起，它是保证螺纹互换性的最主要参数。

由于螺距误差和牙型半角误差对螺纹互换性的影响可以折算为中径补偿值(f_P、$f_{\frac{\alpha}{2}}$)，因此国家标准中没有单独规定螺距和牙型半角公差，只规定了内、外螺纹的中径公差(T_{D2}、T_{d2})，以控制螺距误差、牙型半角误差和中径本身尺寸误差的共同影响，可

见螺纹中径公差是一项综合公差，如图 6 - 6 所示。

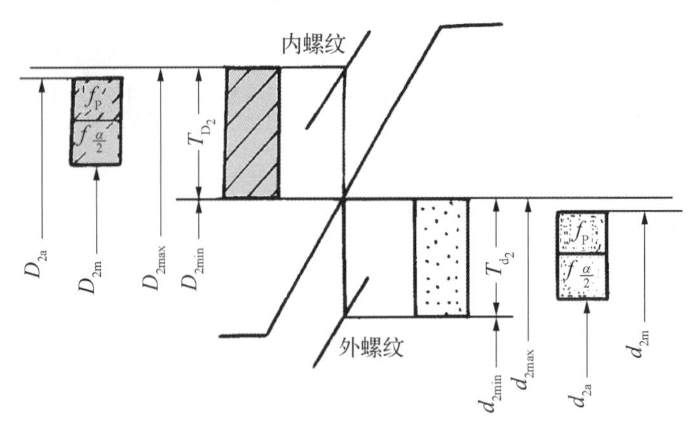

图 6 - 6　普通螺纹中径公差带

判断螺纹中径合格性的原则应遵循泰勒原则，即螺纹的作用中径不能超越最大实体牙型的中径，以保证旋合性；任意位置的单一中径不能超越最小实体牙型的中径，以保证连接可靠性。

对于内螺纹：作用中径应不小于中径最小极限尺寸，单一中径应不大于中径最大极限尺寸。即

$$D_{2m} \geqslant D_{2min} \quad D_{2a} \leqslant D_{2max}$$

对于外螺纹：作用中径应不大于中径最大极限尺寸，单一中径应不大于最大极限尺寸。

$$d_{2m} \leqslant d_{2max} \quad d_{2a} \geqslant d_{2min}$$

6.3　普通螺纹的公差与配合

为保证螺纹的互换性，国家标准 GB/T 196—2003 中规定了普通螺纹公差、螺纹配合、旋合长度及精度等级。

6.3.1　普通螺纹的公差带

国家标准 GB/T 196—2003《普通螺纹 公差》中，对普通螺纹公差带的大小和公差带位置进行了标准化，组成普通螺纹各种公差带。

1. 普通螺纹公差带的位置和基本偏差

螺纹公差带是以基本牙型为零线布置的，所以螺纹的基本牙型是计算螺纹偏差的基准。内、外螺纹的公差带相对于基本牙型的位置，与圆柱体的公差带位置一样，由基本偏差来确定。

国家标准对内螺纹的中径和小径规定了代号为 G、H 两种公差带位置，以下偏差(EI)为基本偏差，则内螺纹上偏差 ES=EI+T(T 为螺纹公差)，其公差带位于零线上方，如图 6 - 7 所示。

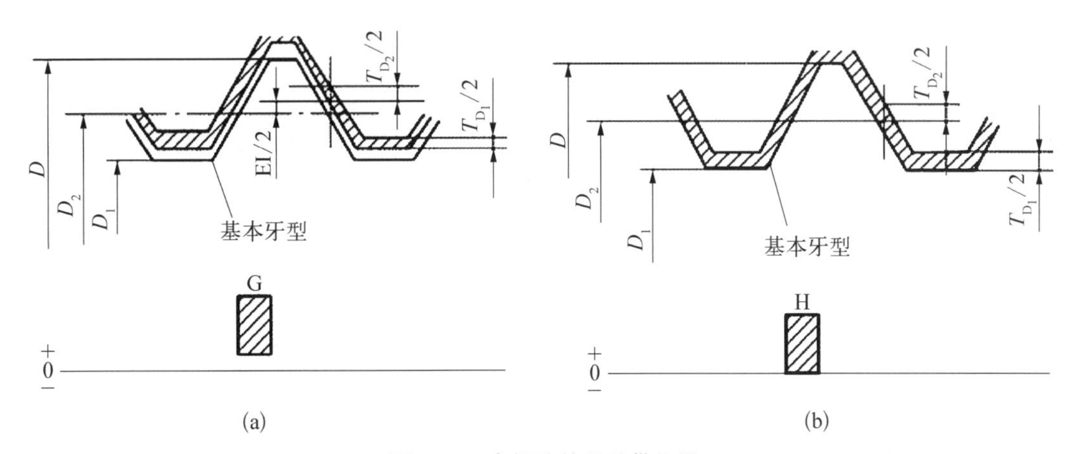

图 6-7　内螺纹的公差带位置

(a) 公差带位置为 G　(b) 公差带位置为 H

国家标准对外螺纹的中径和大径规定了代号为 e、f、g、h 四种公差带位置，以上偏差(es)为基本偏差，则外螺纹下偏差 ei=es−*T*(*T* 为螺纹公差)，其公差带位于零线下方，如图 6-8 所示。内、外螺纹的基本偏差见表 6-2。

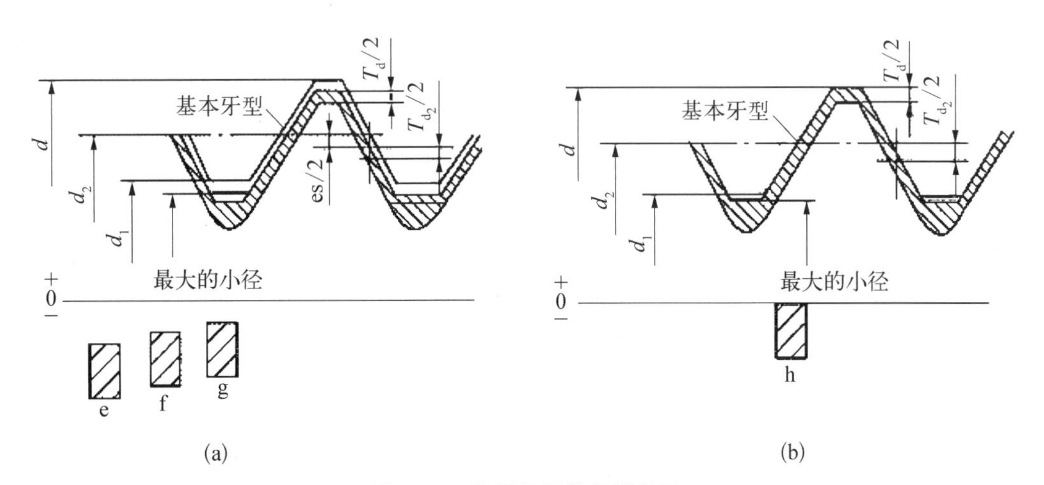

图 6-8　外螺纹的公差带位置

(a) 公差带位置为 e、f 和 g　(b) 公差带位置为 h

表 6-2　普通螺纹的基本偏差(摘自 GB/T 197—2003)　　单位: μm

螺距 *P*/mm	基本偏差					
	内螺纹		外螺纹			
	G EI	H EI	e es	f es	g es	h es
0.2	+17	0	—	—	−17	0
0.25	+18	0	—	—	−18	0
0.3	+18	0	—	—	−18	0

续 表

螺距 P/mm	基本偏差					
	内螺纹		外螺纹			
	G EI	H EI	e es	f es	g es	h es
0.35	+19	0	—	−34	−19	0
0.4	+19	0	—	−34	−19	0
0.45	+20	0	—	−35	−20	0
0.5	+20	0	−50	−36	−20	0
0.6	+21	0	−53	−36	−21	0
0.7	+22	0	−56	−38	−22	0
0.75	+22	0	−56	−38	−22	0
0.8	+24	0	−60	−38	−24	0
1	+26	0	−60	−40	−26	0
1.25	+28	0	−63	−42	−28	0
1.5	+32	0	−67	−45	−32	0
1.75	+34	0	−71	−48	−34	0
2	+38	0	−71	−52	−38	0
2.5	+42	0	−80	−58	−42	0
3	+48	0	−85	−63	−48	0
3.5	+53	0	−90	−70	−53	0
4	+60	0	−95	−75	−60	0
4.5	+63	0	−100	−80	−63	0
5	+71	0	−106	−85	−71	0
5.5	+75	0	−112	−90	−75	0
6	+80	0	−118	−95	−80	0
8	+100	0	−140	−118	−100	0

2. 螺纹公差带的大小和公差等级

普通螺纹公差带的大小由公差值确定，公差值与螺距和公差等级有关。国家标准规定的普通螺纹公差等级如表 6-3 所列示，其中 6 级为基本级，9 级最低。由于内螺纹加工较困难，因此在同一公差等级中，内螺纹的公差值比外螺纹的公差值大 32%左右。因内螺纹的大径(D)和外螺纹的小径(d_1)属限制性尺寸，所以 GB/T 196—2003《普通螺纹 公差》未规定内螺纹大径和外螺纹小径的具体公差数值(注：GB/T 2516—2003《普通螺纹极限偏差》给出了用于强度计算的外螺纹小径偏差)，只规定内、外螺纹牙底轮廓上的任何点不应超越按基本牙型和公差带位置所确定的最大实体牙型。

另外，国家标准对内、外螺纹的顶径和中径规定了公差值，中径公差见表 6-4，顶径公差见表 6-5。

表 6-3　普通螺纹的公差等级

螺纹直径	公差等级	螺纹直径	公差等级
内螺纹小径	4,5,6,7,8	外螺纹中径 d_2	3,4,5,6,7,8,9
内螺纹中径	4,5,6,7,8	外螺纹大径 d_1	4,6,8

表 6-4　内、外螺纹中径公差(摘自 GB/T 197—2003)　　单位：μm

公称直径 D/mm		螺距	内螺纹中径公差 T_{D2}					外螺纹中径公差 T_{d2}						
>	≤	P/mm	公差等级											
			4	5	6	7	8	3	4	5	6	7	8	9
5.6	11.2	0.75	85	106	132	170	—	50	63	80	100	125	—	—
		1	95	118	150	190	236	56	71	90	112	140	180	224
		1.25	100	125	160	200	250	60	75	95	118	150	190	236
		1.5	112	140	180	224	280	67	85	106	132	170	212	265
11.2	22.4	1	100	125	160	200	250	60	75	95	118	150	190	236
		1.25	112	140	180	224	280	67	85	106	132	170	212	265
		1.5	118	150	190	236	300	71	90	112	140	180	224	280
		1.75	125	160	200	250	315	75	95	118	150	190	236	300
		2	132	170	212	265	335	80	100	125	160	200	250	315
		2.5	140	180	224	280	355	85	106	132	170	212	263	335
22.4	45	1	106	132	170	212	—	63	80	100	125	160	200	250
		1.5	125	160	220	250	315	75	95	118	150	190	236	300
		2	140	180	224	280	355	85	106	132	170	212	265	335
		3	170	212	265	335	425	100	125	160	200	250	315	400
		3.5	180	224	280	355	450	106	132	170	212	265	335	425
		4	190	236	300	375	475	112	140	180	224	280	355	450
		4.5	200	250	315	400	500	118	150	190	236	300	375	475

表 6-5　内、外螺纹顶径公差(摘自 GB/T 197—2003)　　单位：μm

公差项目	内螺纹小径 T_{D1}					外螺纹大径 T_{d1}		
螺距	4	5	6	7	8	4	6	8
0.75	118	150	190	236	—	90	140	—
1	150	190	236	300	375	112	180	280
1.25	170	212	265	335	425	132	212	335
1.5	190	236	300	275	475	150	236	375
1.75	212	265	335	425	530	170	265	425
2	236	300	375	475	600	180	280	450
2.5	280	355	450	560	710	212	335	530
3	315	400	500	630	800	236	375	600
3.5	355	450	560	710	900	265	425	670
4	375	475	600	750	950	300	475	750
4.5	425	530	670	850	1 060	315	500	800

6.3.2 螺纹旋合长度及其配合精度

1. 螺纹旋合长度

螺纹的旋合长度与螺纹的精度密切相关。旋合长度愈长，螺距累积误差愈大，对螺纹旋合性的影响也愈大。国家标准以螺纹公称直径和螺距为基本尺寸，对螺纹连接规定了三组旋合长度：短旋合长度(S)、中等旋合长度(N)和长旋合长度(L)，其值见表 6-6。

表 6-6 普通螺纹的旋合长度(摘自 GB/T 197—2003) 单位：mm

基本大径 D, d		螺距 P	旋合长度			
			S	N		L
>	⩽		⩽	>	⩽	>
5.6	11.2	0.75	2.4	2.4	7.1	7.1
		1	3	3	9	9
		1.25	4	4	12	12
		1.5	5	5	15	15
11.2	22.4	1	3.8	3.8	11	11
		1.25	4.5	4.5	13	13
		1.5	5.6	5.6	16	16
		1.75	6	6	18	18
		2	8	8	24	24
		2.5	10	10	30	30
22.4	45	1	4	4	12	12
		1.5	6.3	6.3	19	19
		2	8.5	8.5	25	25
		3	12	12	36	36
		3.5	15	15	45	45
		4	18	18	53	53
		4.5	21	21	63	63
45	90	1.5	7.5	7.5	22	22
		2	9.5	9.5	28	28
		3	15	15	45	45
		4	19	19	56	56
		5	24	24	71	71
		5.5	28	28	85	85
		6	32	32	95	95
90	180	2	12	12	36	36
		3	18	18	53	53
		4	24	24	71	71
		6	36	36	106	106
		8	45	45	132	132
180	355	3	20	20	60	60
		4	26	26	80	80
		6	40	40	118	118
		8	50	50	150	150

一般优先采用中等旋合长度，其值是螺纹公称直径的 0.5～1.5 倍。特殊需要时，可注明旋合长度的数值。

2. 配合精度

国家标准将普通螺纹的配合精度分为精密、中等和粗糙三个等级，如表 6 - 7 所列。

精密级：用于要求配合性质稳定，配合间隙较小，需保证一定的定心精度的精密螺纹连接或特别重要的连接件，如飞机上的螺纹。

中等级：用于一般的螺纹连接，如汽车、风动机械上的螺纹，以及一般机械中紧定螺钉。

粗糙级：用于不重要的螺纹连接，以及制造较困难的螺纹。

表 6 - 7　普通螺纹推荐公差带(摘自 GB/T 197—2003)

公差精度	公差带位置 G			公差带位置 H		
	S	N	L	S	N	L
精密	—	—	—	4H	5H	6H
中等	(5G)	6G*	(7G)	5H*	6H*	7H*
粗糙	—	(7G)	8(G)	—	7H	8H

公差精度	公差带位置 e			公差带位置 f			公差带位置 g			公差带位置 h		
	S	N	L	S	N	L	S	N	L	S	N	L
精密	—	—	—	—	—	—	—	(4g)	(5g4g)	(3h4h)	4h*	(5h4h)
中等	—	6e*	(7e6e)	—	6f*	—	(5g6g)	6g*	(7g6g)	(5h6h)	6h	(7h6h)
粗糙		(8e)	(9e8e)	—	—	—	—	8g	(9g8e)	—	—	—

注：其中大量生产的精制紧固螺纹，推荐采用带方框的公差带；带“*”的公差带应优先选用，其次是不带“*”的公差带；括号内的公差带尽量不用。

3. 螺纹配合的选用

螺纹配合的选用主要根据使用要求来确定。为了保证螺纹旋合后有良好的同轴度和足够的连接强度，可选用间隙为零的 H/h 配合。若要求拆卸方便、提高效率及改善螺纹的疲劳强度，一般选用 H/g 或 G/h 配合。对于需要涂镀保护层或在高温下工作的螺纹，通常选用间隙较大的 H/g、H/e 配合。

6.3.3　普通螺纹的标记

单个螺纹的完整标记由下列 5 部分组成，各部分之间用“-”隔开。

(1) 螺纹特征代号(M)；

(2) 尺寸代号(单线螺纹为：“公称直径×螺距”，粗牙螺距不标注；多线螺纹为“公称直径×PH 导程 P 螺距”)；

(3) 螺纹公差带代号(中径公差带代号在前，顶径公差带代号在后，若两者相同，只标注一个)；

(4) 旋合长度代号(中等旋合长度 N 不标注)；

(5) 旋向(左旋注：LH,右旋不标注)。

例 6-1　M 24×2-5g6g-S

表示：公称直径 24 mm,螺距 2 mm,中径公差和顶径公差带代号分别为 5g 和 6g,短旋合长度的单线右旋普通细牙外螺纹。

例 6-2　M30-6H-LH

表示：公称直径 30 mm,中径和顶径公差带代号 6H,中等旋合长度的单线左旋普通粗牙内螺纹(螺距可查表 6-1 得 3 mm)。

例 6-3　M16×PH3P1.5-6H

表示：公称直径 16 mm,螺距 1.5 mm,导程 3 mm 中径和顶径公差带代号 6H,中等旋合长度的双线右旋普通细牙内螺纹。

对于多线螺纹,如果要进一步表明螺纹的线数,可在其尺寸代号后用英文说明。如上例可写成：M16×PH3P1.5(two starts)-6H。

当内、外螺纹装配在一起时,是采用一斜线将内、外螺纹公差带代号分开,左边为内螺纹公差代号,右边为外螺纹公差代号。

如 M 16×1-6H/5g6g-L 表示：公称直径 16 mm,螺距 1 mm,中径和顶径公差带代号都为 6H 的细牙内螺纹与中径、顶径公差带代号分别为 5g、6g 的外螺纹旋合,长旋合长度 L、右旋。

例 6-4　查表确定 M24×2-6g 外螺纹的中径和大径的极限偏差,并计算中径和大径的极限尺寸。

解：根据标注可知：螺纹大径 $d = 24$ mm,螺距 $P = 2$ mm,中径和大径的公差带代号都为 6g。

查表 6-1 可得：螺纹中径 $d_2 = 22.701$ mm,螺纹的小径 $d_1 = 21.835$ mm

查表 6-2 可得：螺纹中径和大径的基本偏差：$\mathrm{es} = -0.038$ mm

查表 6-4 可得：螺纹中径公差 $T_{d_2} = 0.17$ mm

查表 6-5 可得：螺纹大径公差 $T_d = 0.28$ mm

通过计算得：螺纹中径下偏差 $\mathrm{ei}(d_2) = \mathrm{es} - T_{d_2} = -0.208$ mm

螺纹大径下偏差 $\mathrm{ei}(d) = \mathrm{es} - T_d = -0.318$ mm

螺纹中径的极限尺寸：$d_{2max} = d_2 + \mathrm{es}(d_2) = 22.663$ mm,$d_{2min} = d_2 + \mathrm{ei}(d_2) = 22.493$ mm

螺纹大径的极限尺寸：$d_{max} = d + \mathrm{es}(d) = 23.962$ mm,$d_{min} = d + \mathrm{ei}(d) = 23.682$ mm

6.4　梯形螺纹公差

梯形螺纹主要用于传递运动和动力,如机床丝杠、起重机螺杆等。梯形螺纹连接属于间隙配合性质,在螺纹中径、大径和小径处都有一定的保证间隙,用以贮存润滑油。

国家标准(GB/T 5796.1～5796.4—2005)中,规定了一般用途机械传动和紧固的梯形螺纹牙型、直径与螺距系列、基本尺寸和公差。

6.4.1　梯形螺纹的基本参数

梯形螺纹的内、外螺纹仅中径相同，而小径和大径的公称尺寸则各不相同，这与普通螺纹是不一样的。GB/T 5796.1—2005 规定了梯形螺纹的基本牙型和设计牙型，如图 6－9 所示。图中所示的基本尺寸名称、代号及关系见表 6－8 所列。

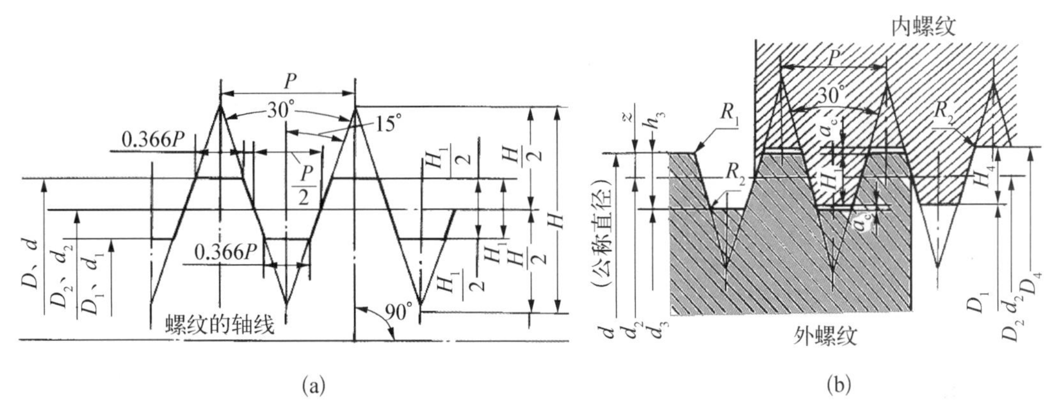

图 6－9　梯形螺纹牙型

(a) 基本牙型　(b) 设计牙型

表 6－8　梯形螺纹的基本尺寸名称、代号及关系

名　　称	代　号	关　系　式
基本牙型和设计牙型上的外螺纹大径	d	
螺　距	P	
牙顶间隙	a_c	
基本牙型牙高	H_1	$H_1=0.5P$
设计牙型上的内螺纹牙高	H_4	$H_4=H_1+a_c=0.5P+a_c$
设计牙型上的外螺纹牙高	h_3	$h_3=H_1+a_c=0.5P+a_c$
设计牙型上的内螺纹大径	D_4	$D_4=d+2a_c$
基本牙型上的内螺纹大径	D	$D=D_4-2a_c$
基本牙型和设计牙型上的内螺纹中径	D_2	$D_2=d-0.5P$
基本牙型和设计牙型上的外螺纹中径	d_2	$d_2=d-0.5P$
基本牙型和设计牙型上的内螺纹小径	D_1	$D_1=d-2H_1=d-P$
基本牙型上的外螺纹小径	d_1	$d_1=d_3+2a_c$
设计牙型上的外螺纹小径	d_3	$d_3=d-2h_3$
外螺纹牙顶倒角圆弧半径	R_1	$R_{1max}=0.5a_c$
螺纹牙底倒角圆弧半径	R_2	$R_{2max}=a_c$

6.4.2 梯形螺纹的公差

1. 公差带的位置与基本偏差

国家标准 GB/T 5796.4—2005 规定梯形螺纹内螺纹大径 D_4、中径 D_2 和小径 D_1 的公差带位置为 H，其基本偏差 EI 为零，如图 6-10 所示。

标准规定外螺纹中径 d_2 的公差带为 e 和 c，其基本偏差 es 为负值；外螺纹大径 d 和小径 d_3 的公差带位置为 h，其基本偏差 es 为零，如图 6-11 所示。

外螺纹大径和小径的公差带基本偏差为零，与中径公差带的位置无关。

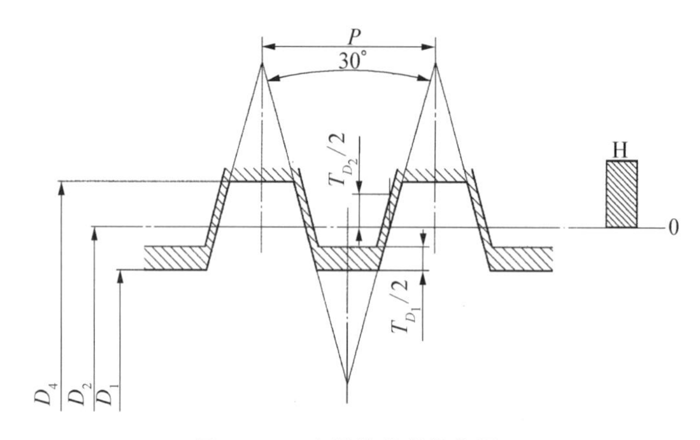

图 6-10 内螺纹公差带位置

D_1—内螺纹小径；D_2—内螺纹中径；D_4—内螺纹大径；
T_{D_1}—内螺纹小径公差；T_{D_2}—内螺纹中径公差；P—螺距

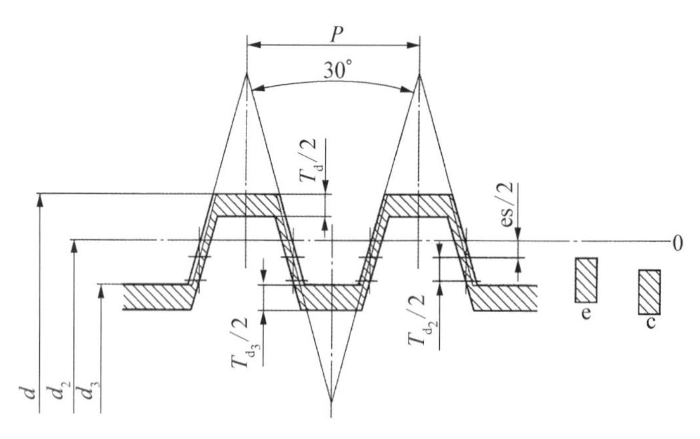

图 6-11 外螺纹公差带位置

d—外螺纹大径；d_2—外螺纹中径；d_3—外螺纹小径；T_d—外螺纹大径公差；
T_{d_2}—外螺纹中径公差；T_{d_3}—外螺纹小径公差；P—螺距；es—中径基本偏差

梯形螺纹中径的基本偏差值见表 6-9。

2. 公差带大小及公差等级

内、外螺纹各直径公差等级见表 6-10。其中外螺纹的小径 d_3 与其中径 d_2 应选取相同的公差等级。

表6-9　内、外梯形螺纹中径的基本偏差(摘自GB/T 5796.4—2005)　单位：μm

螺距 P/mm	基本偏差			螺距 P/mm	基本偏差		
	内螺纹	外螺纹			内螺纹	外螺纹	
	D_2	d_2			D_2	d_2	
	H EI	c es	e es		H EI	c es	e es
1.5	0	−140	−67	10	0	−300	−150
2	0	−150	−71	12	0	−335	−160
3	0	−170	−85	14	0	−355	−180
4	0	−190	−95	16	0	−375	−190
5	0	−212	−106	18	0	−400	−200
6	0	−236	−118	20	0	−425	−212
7	0	−250	−125				
8	0	−265	−132				
9	0	−280	−140				

表6-10　梯形螺纹公差等级(摘自GB/T 5796.4—2005)

直　径	公差等级	直　径	公差等级
内螺纹小径 D_1	4	外螺纹中径 d_2	7、8、9
外螺纹大径 d	4	外螺纹小径 d_3	7、8、9
内螺纹中径 D_2	7、8、9		

内螺纹小径公差值(T_{D_1})和外螺纹大径公差值(T_d)见表6-11。

表6-11　内螺纹小径公差(T_{D_1})和外螺纹大径公差(T_d)(摘自GB/T 5796.4—2005)

单位：μm

螺距 P/mm	T_{D_1}	T_d	螺距 P/mm	T_{D_1}	T_d
	4级公差	4级公差		4级公差	4级公差
1.5	190	150	10	710	530
2	236	180	12	800	600
3	315	236	14	900	670
4	375	300	16	1 000	710
5	450	335	18	1 120	800
6	500	375	20	1 180	850
7	560	425			
8	630	450			
9	670	500			

内、外螺纹中径公差值(T_{D_2}、T_{d_2})见表6-12。

表 6-12　内、外螺纹中径公差(T_{D_2}、T_{d_2})(摘自 GB/T 5796.4—2005)　单位：μm

公称直径 d/mm		螺距 P/mm	公差等级						
			T_{D_2}			T_{d_2}			
>	≤		7	8	9	6	7	8	9
5.6	11.2	1.5	224	280	355	132	170	212	265
		2	250	315	400	150	190	236	300
		3	280	355	450	170	212	265	335
11.2	22.4	2	265	335	425	160	200	250	315
		3	300	375	475	180	224	280	355
		4	355	450	560	212	265	335	425
		5	375	475	600	224	280	355	450
		8	475	600	750	280	355	450	560
22.4	45	3	335	425	530	200	250	315	400
		5	400	500	630	236	300	375	475
		6	450	560	710	265	335	425	530
		7	475	600	750	280	355	450	560
		8	500	630	800	300	375	475	600
		10	530	670	850	315	400	500	630
		12	560	710	900	335	425	530	670
45	90	3	355	450	560	212	265	335	425
		4	400	500	630	236	300	375	475
		8	530	670	850	315	400	500	630
		9	560	710	900	335	425	530	670
		10	560	710	900	335	425	530	670
		12	630	800	1 000	375	475	600	750
		14	670	850	1 060	400	500	630	800
		16	710	900	1 120	425	530	670	850
		18	750	950	1 180	450	560	710	900

外螺纹小径公差值(T_{d_3})见表 6-13。

表 6-13　外螺纹小径公差(T_{d_3})(摘自 GB/T 5796.4—2005)　单位：μm

公称直径 d/mm		螺距 P/mm	中径公差带位置为 c			中径公差带位置为 e		
			公差等级			公差等级		
>	≤		7	8	9	7	8	9
5.6	11.2	1.5	352	405	471	279	332	398
		2	388	445	525	309	366	446
		3	435	501	589	350	416	504
11.2	22.4	2	400	462	544	321	383	465
		3	450	520	644	365	435	529
		4	521	609	690	426	514	595
		5	562	656	775	456	550	669
		8	709	828	965	576	695	832

续　表

公称直径 d/mm		螺距 P/mm	中径公差带位置为 c			中径公差带位置为 e		
			公差等级			公差等级		
>	≤		7	8	9	7	8	9
22.4	45	3 5 6	482 587 655	564 681 767	670 806 899	397 481 537	479 575 649	585 700 781
		7 8 10 12	694 734 800 866	813 859 925 998	950 1 015 1 087 1 223	569 601 650 691	688 726 775 823	825 882 937 1 048
45	90	3 4 8	501 565 765	589 659 890	701 784 1 052	416 470 632	504 564 757	616 689 919
		9 10 12	811 831 929	943 963 1 085	1 118 1 138 1 273	671 681 754	803 813 910	978 988 1 098
		14 16 18	970 1 038 1 100	1 142 1 213 1 288	1 355 1 438 1 525	805 853 900	967 1 028 1 088	1 180 1 253 1 320

3. 螺纹旋合长度

梯形螺纹的旋合长度按螺纹公称直径和螺距的大小分为：中等旋合长度组 N 和长旋合长度组 L。各组的长度范围见表 6－14。

表 6－14　梯形螺纹旋合长度(摘自 GB/T 5796.4—2005)　　单位：mm

公称直径 d		螺距 P	旋合长度组		
			N		L
>	≤		>	≤	>
5.6	11.2	1.5 2 3	5 6 10	15 19 28	15 19 28
11.2	22.4	2 3 4 5 8	8 11 15 18 30	24 32 43 53 85	24 32 43 53 85
22.4	45	3 5 6	12 21 25	36 63 75	36 63 75
		7 8 10 12	30 34 42 50	85 100 125 150	85 100 125 150

续　表

公称直径 d		螺距 P	旋合长度组		
			N		L
>	≤		>	≤	>
45	90	3 4 8	15 19 38	45 56 118	45 56 118
		9 10 12	43 50 60	132 140 170	132 140 170
		14 16 18	67 75 85	200 236 265	200 236 265

4. 螺纹精度与公差带的选用

GB/T 5796.1—2005 规定梯形螺纹的精度等级分为中等和粗糙两种，其选用原则是：

中等：用于一般用途螺纹；

粗糙：用于制造螺纹有困难的场合。

在选用螺纹公差带时，标准推荐优先按表 6 - 15 选取。

表 6 - 15　内、外螺纹推荐公差带

精度等级	内螺纹中径公差带		外螺纹中径公差带	
	N	L	N	L
中　等	7H	8H	7e	8e
粗　糙	8H	9H	8c	9c

5. 梯形螺纹标记

完整的梯形螺纹标记包括：螺纹特征代号、尺寸代号、公差带代号和旋合长度代号，其中尺寸代号、公差带代号和旋合长度代号间需用“-”号隔开。

(1) 螺纹特征代号：Tr；

(2) 尺寸代号：单线螺纹为“公称直径×螺距”；多线螺纹为“公称直径×导程(P 螺距)”；若是左旋螺纹，还需在后面加注“LH”；

(3) 螺纹公差带代号：由中径公差等级数字和中径公差带位置字母组成；

(4) 旋合长度代号：只标注长旋合长度代号，中等旋合长度不标注。

标记示例：

(1) Tr36×6 - 7H - L。

表示：梯形内螺纹，公称直径为 36 mm，螺距 6 mm，中径公差带为 7H，右旋，长旋合长度。

(2) Tr36×12(P6)LH - 7e。

表示：梯形外螺纹，公称直径为 36 mm，螺距 6 mm 双线，中径公差带为 7e，左旋，中等旋合长度。

表示内、外螺纹配合时，内螺纹公差带代号在前，外螺纹公差带代号在后，中间用斜线分开。如公差带为 7H 的内螺纹与公差带为 7e 的外螺纹组成长旋合长度的配合，标记为：Tr40×6－7H/7e。

6.5　普通螺纹的检测

普通螺纹的检测方法可分为两类：单项测量和综合检验。

6.5.1　螺纹的综合检验

螺纹的综合检验是指一次同时检验螺纹的几个参数，以几个参数的综合误差来判断螺纹的合格性。综合检验效率高，适合成批生产中对精度不太高的螺纹件的检测。螺纹综合测量是用螺纹量规来进行的，这种方法只能判断螺纹是否合格，而不能测得其实际尺寸。

螺纹量规按泰勒原则设计，检验内螺纹用的螺纹量规称为螺纹塞规；检验外螺纹用的螺纹量规称为螺纹环规。

螺纹量规的通端用来检验螺纹的作用中径，控制其不得超出最大实体牙型中径。由于作用中径包括螺距和牙型半角误差的补偿值，所以通规必须做成完整牙型，其螺纹长度等于被测螺纹的旋合长度。螺纹量规的通端还用来检验被测螺纹的底径。

螺纹量规的止端是检验螺纹实际中径的，控制其不得超出最小实体牙型中径。为了避免牙型半角误差的影响，将其牙型做成截短牙型；为避免螺距误差的影响，螺纹长度只做 2～3.5 圈。

内螺纹的小径和外螺纹的大径分别用光滑极限量规检验。

图 6－12 和图 6－13 分别表示用螺纹量规和光滑极限量规检验内、外螺纹的情况。

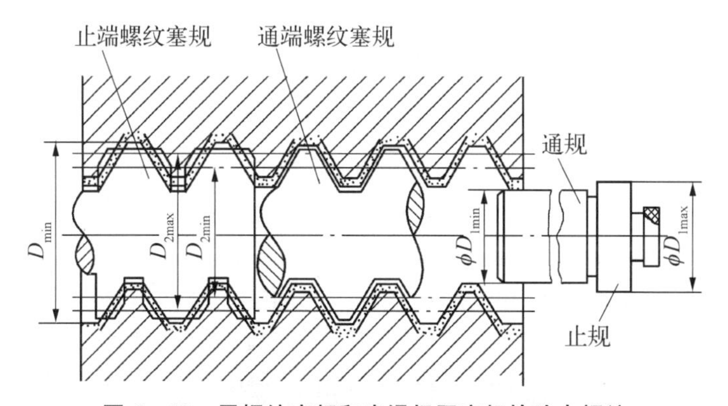

图 6－12　用螺纹塞规和光滑极限塞规检验内螺纹

有关螺纹量规和用于检测螺纹顶径的光滑极限量规的设计计算，详见国家标准GB/T 3934—2003《普通螺纹量规　技术条件》和 GB/T 10920—2008《螺纹量规和光滑极限量规　型式与尺寸》。

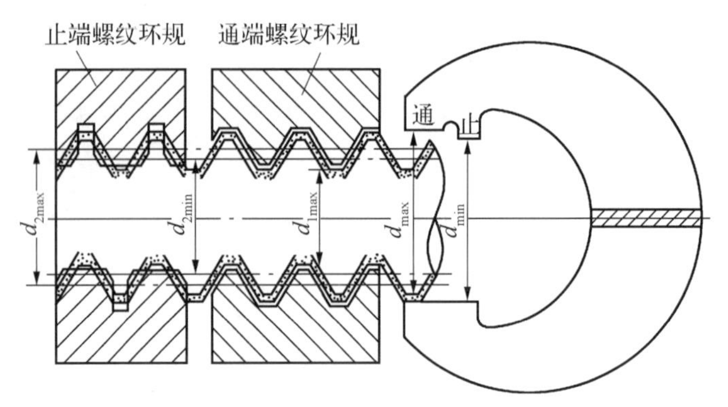

图 6-13 用螺纹环规和光滑极限环规检验外螺纹

6.5.2 螺纹的单项测量

螺纹的单项测量是指用指示量仪测量螺纹的实际值，每次只测量螺纹的一项几何参数，并以所得的实际值来判断螺纹的合格性。单项测量精度较高，主要用于检查精密螺纹，如检查螺纹量规、螺纹刀具等。对于较高精度的螺纹工件，为分析有关误差产生的原因，也可用这种方法测量。生产中常用的单项测量方法有以下几种：

1. 用螺纹千分尺测量

螺纹千分尺是测量低精度外螺纹中径的常用量具，其结构与外径千分尺基本一样，所不同的是它的两个测量头形状做成与牙型相吻合：一端为 V 形与牙型凸起部分相吻合；另一端为圆锥形与牙槽吻合，如图 6-14 所示。

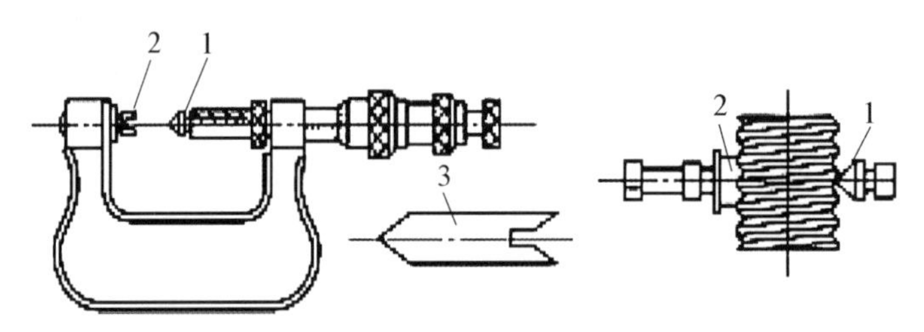

图 6-14 螺纹千分尺

1—锥形测头；2—V 形测头；3—校对量杆

螺纹千分尺配备一套可换测量头，可以根据被测螺纹的螺距不同而选用合适的测量头。测量前换上合适的测量头，再校正零点，然后进行测量。

2. 用三针测量法测量

三针测量法是一种比较精密的测量方法，主要用于测量精密外螺纹的单一中径，如测量螺塞规。测量时，把三根直径相同的精密量针分别放在被测外螺纹的沟槽中，然后用量具或量仪测出三根量针外母线之间的跨距 M，见图 6-15(a)。再根据被测螺纹的螺距 P、牙型半角 $\alpha/2$ 和量针直径 d_0，算出螺纹中径 d_2。

为了减少被测外螺纹牙型半角误差对测量结果的影响，应选用最佳直径的量针，使量针与螺纹牙侧面在中径处相切，两个切点间的轴向距离等于 $P/2$，如图 6-15(b)所示。

量针最佳直径用下式计算：

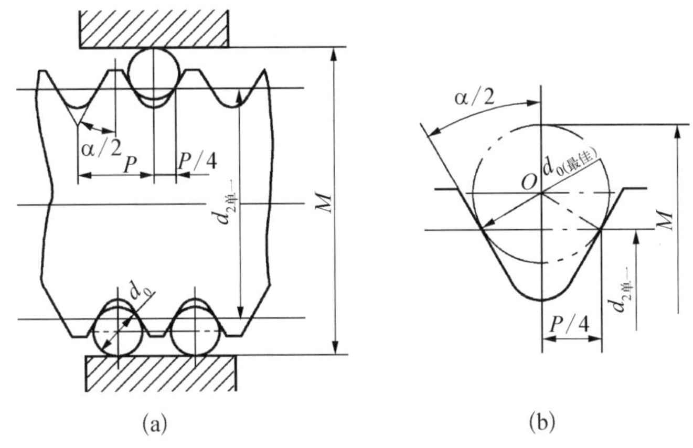

图6-15　三针测量法测量外螺纹单一中径

$$d_{0最佳} = \frac{P}{2\cos(\alpha/2)} \tag{6-8}$$

对公制普通螺纹 $\alpha/2 = 30°$，则量针最佳直径为：

$$d_{0最佳} = 0.577P$$

在实际测量中，如果成套的三针中没有所需的最佳量针直径，可选择与最佳量针直径相近的三针来测量。

3. 用影像法测量

这种方法是用工具显微镜将被测螺纹的牙型轮廓放大成像，按被测螺纹的影像测量其螺距、牙型半角和中径。测量精度较高，适于测量精密螺纹，如螺纹量规、丝杠等。

第 7 章　齿轮误差测量

【本章学习目标】

★ 掌握齿轮传动的基本要求，了解齿轮加工误差的来源及特点；

★ 了解齿轮误差的评定指标和检测；

★ 了解齿轮副的误差项目及评定；

★ 正确标注齿轮的精度要求。

【本章教学要点】

知　识　要　点	能　力　要　求	相　关　知　识
齿轮传动的基本要求，齿轮加工误差的来源及特点	掌握齿轮传动的四项基本要求，了解齿轮加工误差的来源及特点	齿轮的加工方法
齿轮误差的评定指标和检测	了解影响传递运动准确性、运动平稳性、载荷分布均匀性、齿侧间隙的指标项目及检测	除此以外其他的评定指标及检测
齿轮副的误差项目及评定	了解齿轮副中心距极限偏差、齿轮副轴线平行度偏差、齿轮副接触斑点的规定	齿轮副误差评定的必要性
标注齿轮的精度要求	合理选择齿轮的精度等级、齿轮检验项目、齿坯精度、齿面粗糙度并正确标注	综合应用举例

【导入检测任务】

如图所示齿轮，请同学们主要从以下几方面进行学习：

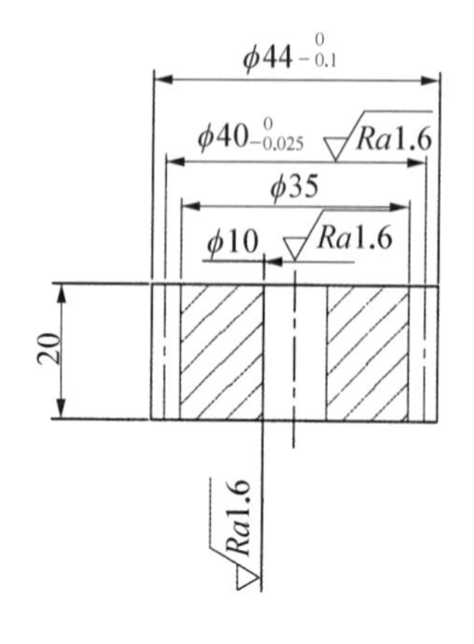

其余 $\sqrt{Ra6.3}$

齿数	Z	20
模数	m	2
压力角	α	20°
齿顶高系数	h_a^*	1
螺旋角	β	0
变位系数	x	0

(1) 分析图纸,搞清楚精度要求;
(2) 理解公法线长度、精度等级等要求含义;
(3) 选择计量器具,确定测量方案;
(4) 填写检测报告与数据处理。

【具体检测过程见实验】

7.1　概述

在机械产品中,齿轮传动的应用是极为广泛的,常用来传递运动和动力。凡是有齿轮传动的机器和仪器,其工作性能、承载能力、使用寿命及工作精度等都与齿轮的制造精度有密切联系。

7.1.1　齿轮传动的使用要求

齿轮是用来传递运动和动力的。从传递运动出发,应保证传递运动准确、平稳;从传递动力出发,则应保证传动可靠和灵活。因此,一般对齿轮及其传动都要提出下列四个方面的要求。

1. 传递运动的准确性(运动精度)

要求齿轮在一转范围内,速比变化应限制在一定的范围内,以保证从动件与主动件运动协调一致。它可用一转过程中产生的最大转角误差 Δi_{Σ} 来表示,见图 7-1。齿轮作为传动的主要元件,要求它能准确地传递运动,即保证主动轮转过一定转角时,从动轮按传动比关系转过一个相应的转角。

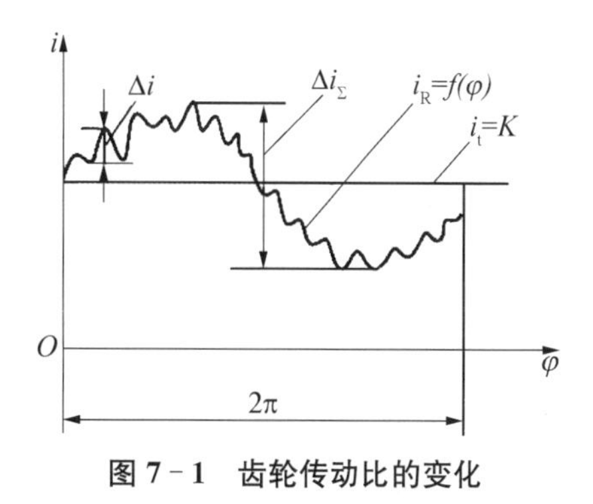

图 7-1　齿轮传动比的变化

2. 传动平稳性(工作平稳性)

要求齿轮传动瞬间传动比变化较小。因为瞬时传动比的突变将会引起齿轮传动冲击、振动和噪声。它可以用转一齿过程中的最大转角误差 Δi 来表示,见图 7-1。

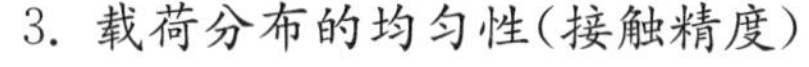

3. 载荷分布的均匀性(接触精度)

要求一对齿轮啮合时,工作齿面应接触良好,以免引起应力集中,造成齿面局部磨损,影响齿轮的使用寿命。这项要求可用在齿长和齿高方向上保证一定的接触区域来表示。此项又称为接触精度。

4. 传动侧隙的合理性

要求一对齿轮啮合时,在非工作齿面间应具有一定的间隙,如图 7-2 所示。这是为了使齿轮传动灵活,用以贮存润滑油、补偿齿轮的制造与安装误差以及热变形等所需的侧隙。

其中,前三项属于精度要求。

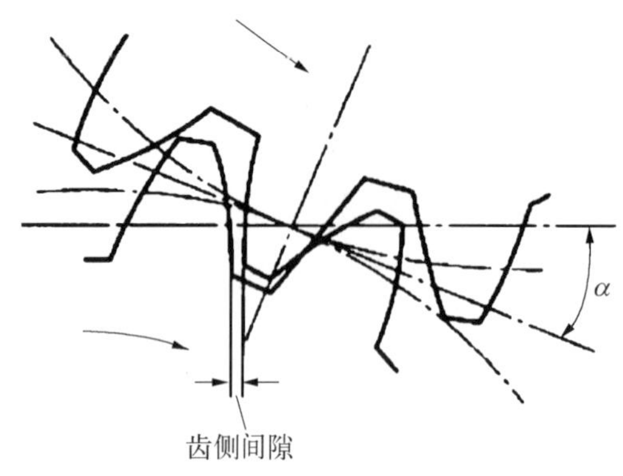

图 7-2 啮合齿轮的齿侧间隙

对于不同用途的齿轮，上述四个方面要求的高低也各不相同。例如：对分度机构和测量仪器的读数机构中的齿轮，突出要求传动比要相当准确，所以对传递运动的准确性要求较高，还要求侧隙要小，而其他方面可相应低些；对于汽轮机减速器中的齿轮，因转速高、传动功率也较大，所以要求具有较高的平稳性和良好的接触性，以使振动、冲击和噪声尽量小些；对于重载低速的轧钢机和起重机中的齿轮，要求齿面接触均匀，承载能力高，而对准确性和平稳性的要求均可低些。

7.1.2 齿轮加工误差的来源及其特点

齿轮的加工方法很多，按齿廓形成原理可分为：① 仿形法，如用成形铣刀铣齿；② 展成法，如用齿轮滚刀在滚齿机上滚齿。现以生产中广泛采用的滚齿为例（见图 7-3），来分析齿轮加工误差的主要原因及特点。

产生齿轮加工误差的原因很多，其主要来自加工齿轮的机床、刀具、夹具和齿坯本身的误差及其调整、安装误差。

1. 几何偏心 e_j

滚齿加工时，齿坯定位孔与定位心轴之间存在间隙，造成齿坯孔基准轴线 O_1-O_1 与机床工作台的回转轴线 $O-O$ 不重合而产生偏心，称几何偏心，其偏心量为 e_j，如图 7-3 所示。这一几何偏心的存在，会使齿轮在加工过程中，齿坯相对于滚刀的距离发生变化，切出的齿一边短而宽，而另一边窄而长，如图 7-4 所示。当以齿轮孔定位进行测量时，齿轮在转动一转内产生齿圈径向圆跳动误差，同时齿距和齿厚也产生周期性变化。

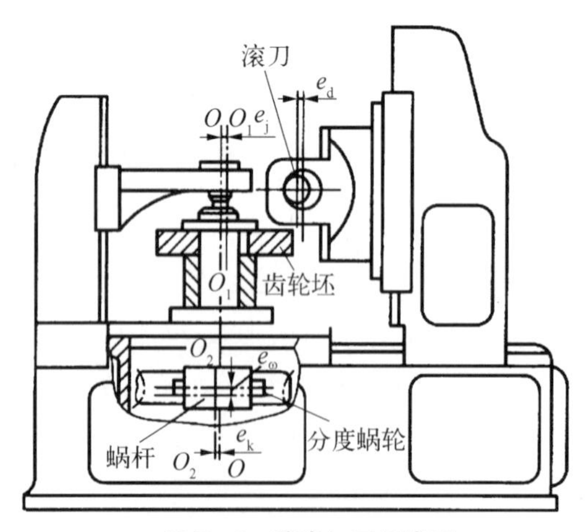

图 7-3 滚齿加工示意图

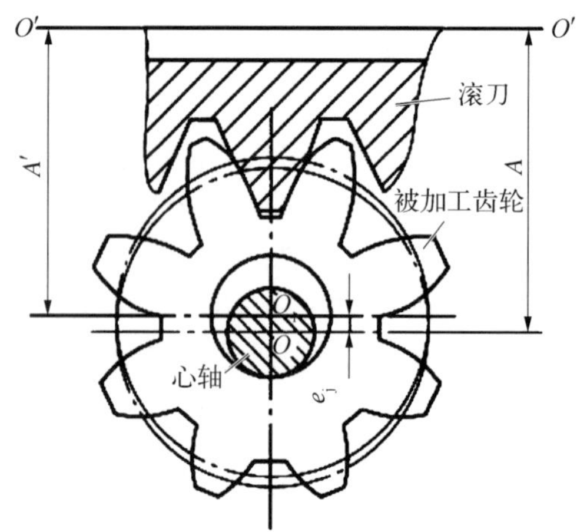

图 7-4 几何偏心引起齿轮加工误差

2. 运动偏心 e_k

运动偏心是由于滚齿机分度蜗轮加工误差和分度蜗轮轴线 O_2-O_2 与工作台回转轴线

$O-O$ 有安装偏心 e_k 而引起的。运动偏心使工作台回转不均匀，致使被加工齿轮的轮齿在圆周上分布不均匀，也就是轮齿沿圆周方向发生了错位。

几何偏心和运动偏心，都将使被加工齿轮的齿距分布不均匀，产生齿距累积误差。几何偏心影响齿廓沿径向方向变动，故称径向误差（刀具与被切齿轮之间径向距离的变化）；而运动偏心是使齿廓位置沿圆周切线方向变动，故称切向误差。

3. 机床传动链误差

齿轮加工机床传动链中各传动元件的制造、安装误差及其磨损等，都会影响齿轮的加工精度。当滚齿机分度蜗杆存在安装偏心 e_ω 和轴向窜动时，蜗轮转速发生周期性的变化，使被加工齿轮出现齿距偏差和齿形误差。加工斜齿轮时，还有差动传动链的传动误差的影响。

4. 滚刀误差

滚刀本身存在的径向跳动、轴向窜动和齿形误差等，都会影响齿轮的加工精度，使齿轮产生齿形误差和基节偏差。加工误差主要指使滚刀一转中各刀齿周期性地产生过切或空切现象，造成被切齿轮的齿廓形状偏差，引起瞬时传动比变化，影响传动平稳性。

滚刀的安装偏心 e_d 使被加工齿轮产生径向误差。滚刀刀架导轨或齿坯轴线相对于工作台回转轴线的倾斜及轴向窜动，使滚刀的进刀方向与轮齿的理论方向不一致，直接造成齿面沿轴向方向歪斜，产生齿向误差。

在上述 4 种因素中，前两种因素（几何偏心和运动偏心）所产生的加工误差在齿轮一转中只出现一次，属于长周期误差，主要影响齿轮传递运动的准确性。而后两种因素产生的误差，在齿轮一转中，多次重复出现，称为短周期误差，主要影响齿轮运动的平稳性和载荷分布的均匀性。

7.2　齿轮误差的评定指标和检测

GB/T 10095.1—2008《轮齿同侧齿面偏差的定义和允许值》和 GB/T 10095.2—2008《径向综合偏差与径向跳动的定义和允许值》等国家标准，对圆柱齿轮、齿轮副的误差及齿轮副的侧隙规定了若干个评定指标。根据齿轮各项误差对使用要求的主要影响，将齿轮误差划分为主要影响传递运动准确性的误差，主要影响传动平稳性的误差和主要影响载荷分布均匀性的误差。

7.2.1　主要影响传递运动准确性的指标项目及检测

1. 切向综合总偏差（F_i'）

指被测齿轮与测量齿轮单面啮合检验时，被测齿轮一转内，齿轮分度圆上实际圆周位移与理论圆周位移的最大差值，如图 7-5 所示。

切向综合总偏差反映齿轮一转中的转角误差，说明齿轮运动的不均匀性。它是由齿轮的几何偏心、运动偏心等综合影响的结果。因此该项目是评定齿轮传动准确性的较为完善的综合性指标。当切向综合总偏差小于允许值时，表示齿轮可以满足传递运动准确

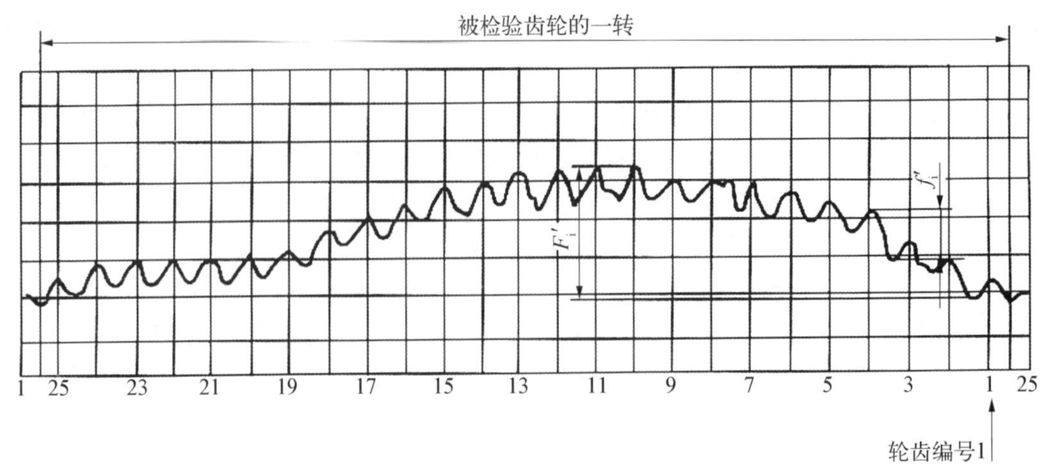

图 7-5　切向综合偏差曲线

性的使用要求。

切向综合总偏差采用单啮仪进行测量，图 7-6 所示为用光栅式单啮仪进行测量的工作原理。标准蜗杆 6 与被测齿轮 3 啮合，两者各有一个光栅盘和信号发生器，其角位移信号经分频器后变为同频信号。当被测齿轮有误差时，将引起回转角误差，此回转角的微小误差将变为两路信号的相位差，经比相器、记录器，记录出的误差曲线如图7-7所示。

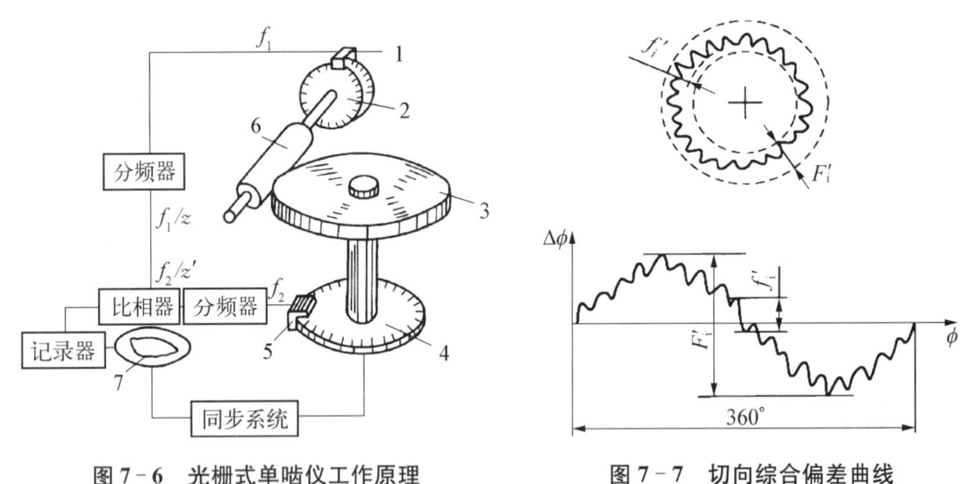

图 7-6　光栅式单啮仪工作原理

1—信号发生器Ⅰ；2—光栅盘Ⅰ；3—被测齿轮；
4—光栅盘Ⅱ；5—信号发生器Ⅱ；6—标准蜗杆；7—纪录纸

图 7-7　切向综合偏差曲线

尽管切向综合偏差不是 GB/T 10095.2 规定的必检项目，但经供需双方同意时，这种方法和轮齿接触的检测同时进行，有时可以用来替代其他的检测方法。

2. 齿距累积总偏差(F_p)与齿距累积偏差(F_{pk})

齿距累积总偏差是指齿轮同侧齿面任意弧段($k=1$ 至 $k=z$)内的最大齿距累积偏差。它表现为齿距累积偏差曲线的总幅值，如图 7-8(a)所示。

对于齿数较多且精度要求很高的齿轮、非圆整的齿轮或高速齿轮，要求评定 k 个齿距范围内的齿距累积偏差 F_{pk}。

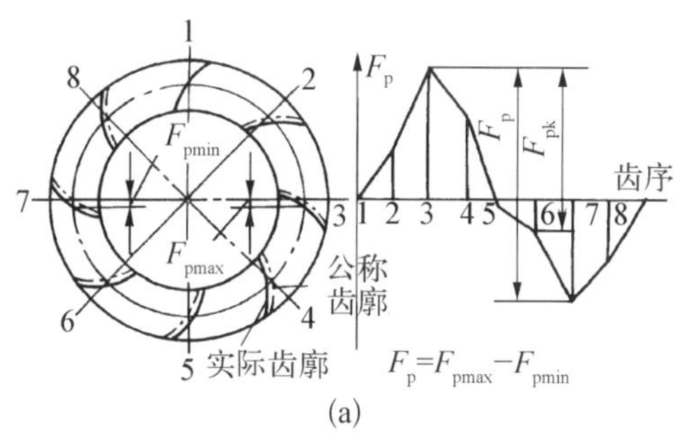

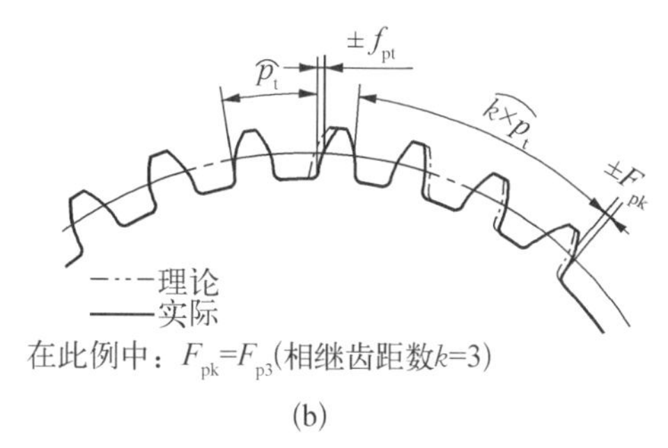

图 7－8　齿距累积总偏差与齿距累积偏差

齿距累积偏差 F_{pk}是指任意 k 个齿距的实际弧长与理论弧长的代数差，如图 7－8(b)所示。$k=2\sim z/8$ 的整数(z 为被评定齿轮的齿数)。通常，F_{pk}取 z/8 就足够了。

齿距累积总偏差 F_p主要是由齿轮安装偏心和运动偏心引起的。它能反映齿轮转一周过程中由偏心误差引起的转角误差，因此 F_p(F_{pk})可代替切向综合总偏差 F_i'作为评定齿轮运动准确性的指标。但 F_p每个齿只测一个点，而 F_i'是在连续运转中测得的，它更全面。

齿距累积总偏差可用较普及的齿距仪进行测量，属于相对测量法，是目前工厂中常用的一种齿轮运动精度的评定指标。

3. 齿轮径向跳动(F_r)

是指将测头(球形、圆柱形、砧形)相继置于被测齿轮每个齿槽内，从测头到被测齿轮轴线的最大和最小径向距离之差(见图 7－9)。检查中，测头在近似齿高中部与左、右齿面接触。

齿轮径向跳动可以用齿轮径向跳动测量仪来测量，如图 7－9 所示。测量时，被测齿轮绕其基准轴线 O 间断地转动，并将测头依次地放入每一个齿槽内，对所有的齿槽进行测量。与测头连接的指示表的示值变动如图 7－10 所示，指示表的最大示值与最小示值之差就是被测齿轮的径向跳动 F_r。

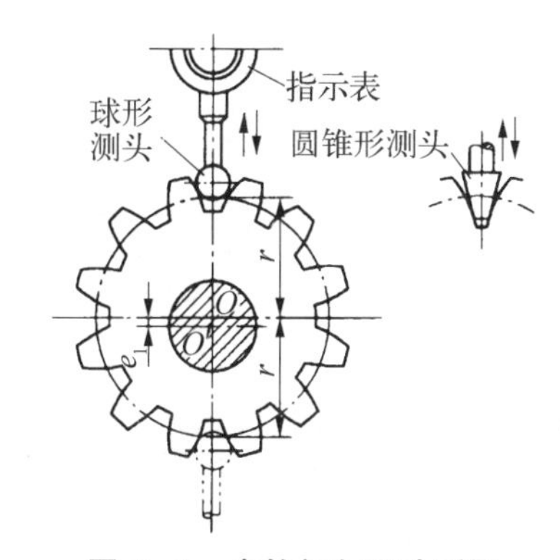

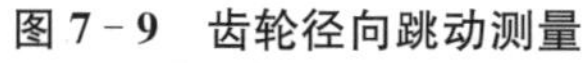
图 7－9　齿轮径向跳动测量

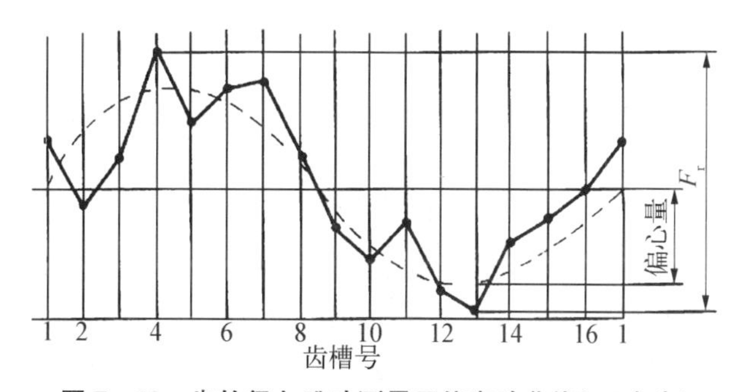

图 7－10　齿轮径向跳动测量示值变动曲线(16 个齿)

齿轮径向跳动 F_r主要是由几何偏心引起的，它可以反映齿距累积误差中的径向误差，但并不反映切向误差，所以不能全面评价传动准确性，只能作为单项指标。

4. 径向综合总偏差(F_i'')

径向综合总偏差是在径向(双面)综合检验时，被测齿轮的左右齿面同时与测量齿轮接触，并转过一整圈时出现的中心距最大值与最小值之差，如图 7－11 所示。

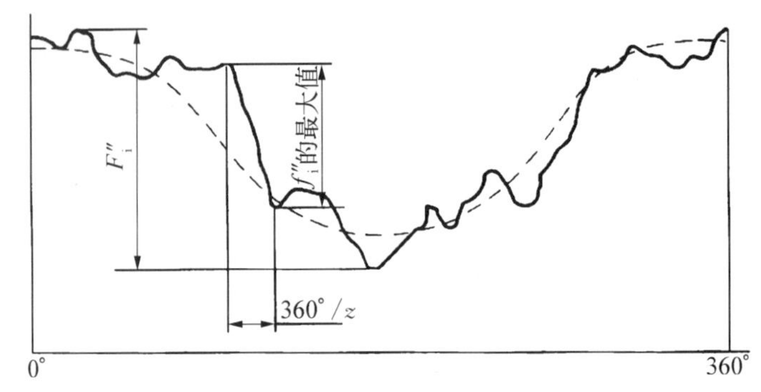

图 7－11　径向综合偏差曲线图

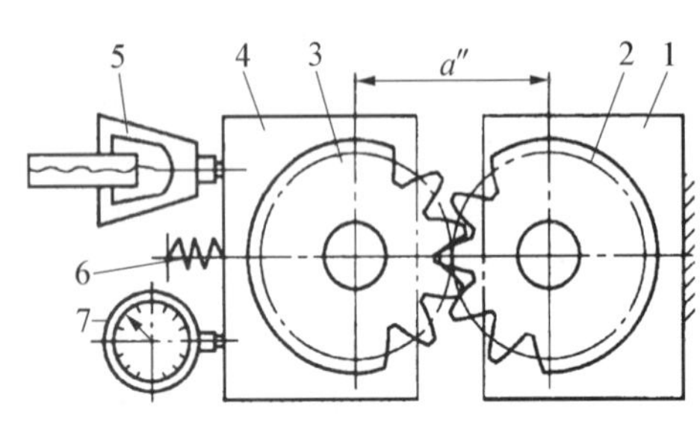

图 7－12　双啮仪测量原理示意图

1—固定拖板；2—被测齿轮；3—测量齿轮；4—可移动拖板；5—记录器；6—弹簧；7—指示表

径向综合总偏差用齿轮双面啮合综合测量仪（双啮仪）来测量。图 7－12 为双啮仪测量原理示意图，将被测齿轮 2 与测量齿轮 3 分别安装在双啮仪的两平行心轴上，在弹簧 6 作用下，两齿轮作紧密无侧隙的双面啮合。使被测齿轮回转一周，带动测量齿轮转动。被测齿轮的几何偏心和单个齿距偏差、左右齿面的齿廓偏差、螺旋线偏差等误差，会使测量齿轮连同可移动拖板 4 相对被测齿轮的基准轴线作径向位移，造成齿轮双面啮合时的中心距 a''产生变动，其变动量由指示表 7 读出，在被测齿轮一转范围内指示表最大与最小示值之差即为径向综合总偏差F_i''的数值。齿轮双面啮合时的中心距 a''的变化，还可由记录器记录下来而得到径向综合偏差曲线图（见图 7－11）。

径向综合总偏差主要反映径向误差，它可代替径向跳动 F_r，并且可综合反映齿形、齿厚均匀性等误差在径向上的影响。因此径向综合总偏差也是作为影响传递运动准确性指标中属于径向性质的单项指标。

7.2.2　主要影响运动平稳性的指标项目及检测

1. 一齿切向综合偏差（f_i'）

一齿切向综合偏差是指齿轮在一个齿距内的切向综合偏差值（见图 7－5），它主要反映滚刀和机床分度传动链的制造及安装误差所引起的齿廓偏差、齿距误差，是切向短周期误差和径向短周期误差的综合结果，是评定齿轮传动平稳性较全面的指标。

一齿切向综合偏差是在单啮仪上，测量切向综合总偏差的同时测出的。

2. 一齿径向综合偏差（f_i''）

一齿径向综合偏差是当被测齿轮与测量齿轮双面啮合一整圈时，对应一个齿距（360°/z）的径向综合偏差值（见图 7－11）。可见它是一个齿距内的双面啮合中心距的最大变动量。被测齿轮 f_i''的最大值不应超过规定的允许值。

一齿径向综合偏差主要反映了短周期径向误差(基节偏差和齿廓偏差)的综合结果，但由于这种测量方法受左、右齿面误差的共同影响，评定传动平稳性不如一齿切向综合偏差 f_i'准确。

一齿径向综合偏差 f_i''是在双啮仪上，测量径向综合总偏差的同时测出的。由于双啮仪结构简单、操作方便，所以在成批生产中，常用一齿径向综合偏差作为评定齿轮传动平稳性的代用综合指标。它也是国标 GB/T 10095.2 规定的检验项目。

3. *齿廓偏差*

齿廓偏差是指实际齿廓偏离设计齿廓的量，该量在端平面内且垂直于渐开线齿廓的方向计值。有齿廓总偏差 F_a、齿廓形状偏差 f_{fa}和齿廓倾斜偏差 f_{Ha}。

1) 齿廓总偏差(F_a)

齿廓总偏差是指在齿廓计值范围 L_a内(从齿廓有效长度内扣除齿顶倒棱部分)，包容实际齿廓迹线的两条设计齿廓迹线间的距离，如图 7-13(a)所示。

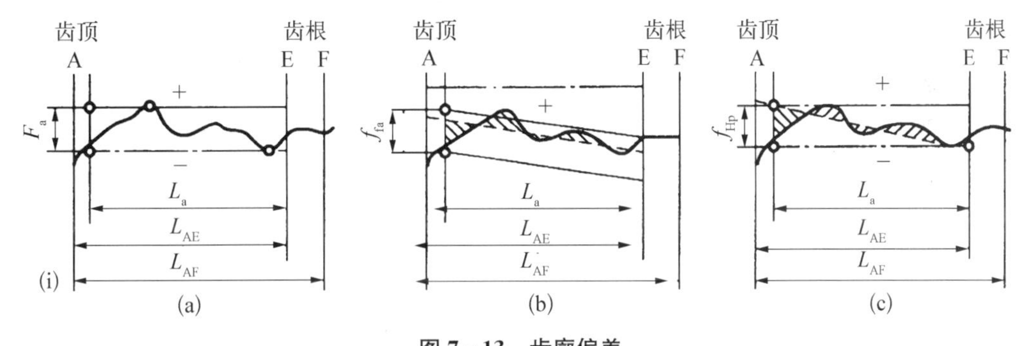

图 7-13　齿廓偏差

粗实线—齿廓迹线；点划线—设计齿廓；虚线—平均齿廓
L_{AE}—有效长度；L_{AF}—可用长度
(a) 齿廓总偏差　(b) 齿廓形状偏差　(c) 齿廓倾斜偏差

齿廓总偏差是由于刀具的制造误差和安装误差及机床传动链误差等引起的。

2) 齿廓形状偏差(f_{fa})

齿廓形状偏差是指在计值范围内，包容实际齿廓迹线的，与平均齿廓迹线完全相同的两条迹线间的距离，且两条曲线与平均齿廓迹线距离为常数，如图 7-13(b)所示。

3) 齿廓倾斜偏差(f_{Ha})

齿廓倾斜偏差是指在计值范围内，两端与平均齿廓迹线相交的两条设计齿廓迹线间的距离，如图 7-13(c)所示。

齿廓偏差对传动平稳性的影响如图 7-14 所示，两理想齿廓应在啮合线上的 a 点接触，由于存在齿廓偏差，而在 a' 点接触，即接触点偏离了啮合线，引起瞬时传动比的变化。这种现象在齿轮啮合过程中不断出现，导致齿轮在啮合过程中的速比也就产生不断变化，从而造成一对齿轮啮合中的传动不平稳，产生噪声和振动。因此，齿廓偏差是影响齿轮传动平稳性中属于转齿性质的单项指

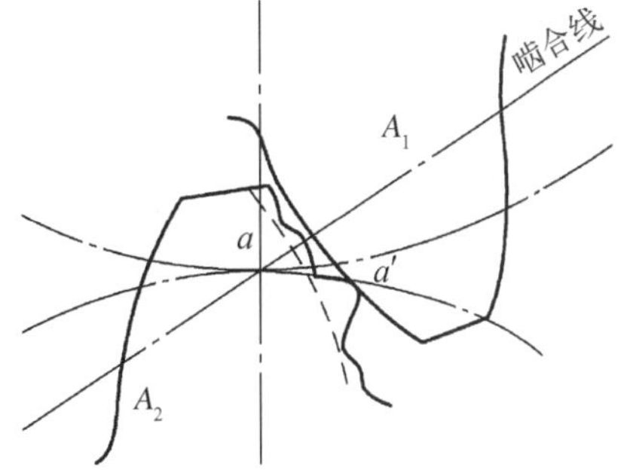

图 7-14　有齿形误差时的啮合情况

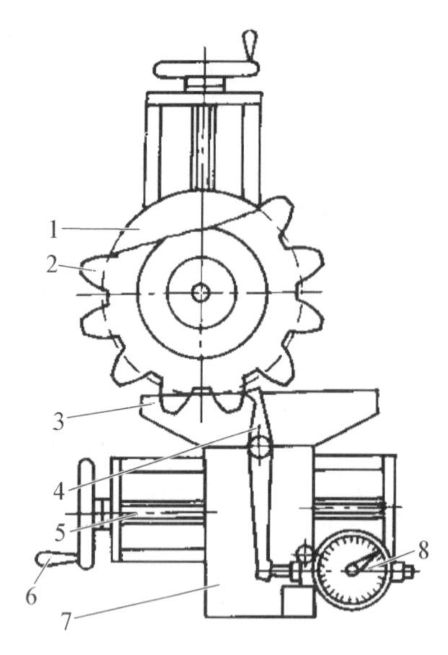

图 7-15　单盘式渐开线检查仪工作原理

1—基圆盘；2—被测齿轮；3—直尺；4—杠杆；5—丝杠；6—手轮；7—滑板；8—指示表

标。它必须与揭示换齿性质的单项指标组合，才能评定齿轮传动平稳性。

渐开线齿轮的齿廓总偏差通常使用单盘式或万能式渐开线检查仪来测量。图 7-15 是单盘式渐开线检查仪原理图。被测齿轮 2 与可换基圆盘 1 同轴安装，当转动手轮 6 使丝杠 5 带动滑板 7 纵向移动时，滑板 7 上直尺 3 与基圆盘 1 紧密接触，致使基圆盘 1 与直尺 3 产生纯滚动。此时，渐开线齿廓将永远通过直尺边缘上一点。在此点处放一触头，经杠杆 4 传至指示表 8，若被测齿廓不是理想渐开线，触头将摆动，经杠杆 4 在指示表 8 上读出其偏差值。一般测量时不宜少于相隔 120°的三个齿廓，并取最大值作为齿廓总偏差值。

单盘式渐开线检查仪结构简单，测量精度高。但测量不同基圆直径的齿轮时，必须配换与其直径相等的基圆盘。所以仅用于品种少的大批生产。对于多品种小批量生产的不同基圆半径的齿轮，可用万能式渐开线检查仪来测量。

4. 单个齿距偏差(f_{pt})

单个齿距偏差是指在端平面上，在接近齿高中部的一个与齿轮轴线同心的圆上，实际齿距与理论齿距的代数差，如图 7-16 所示。它是 GB/T 10095.1—2008 规定的评定齿轮几何精度的基本参数。

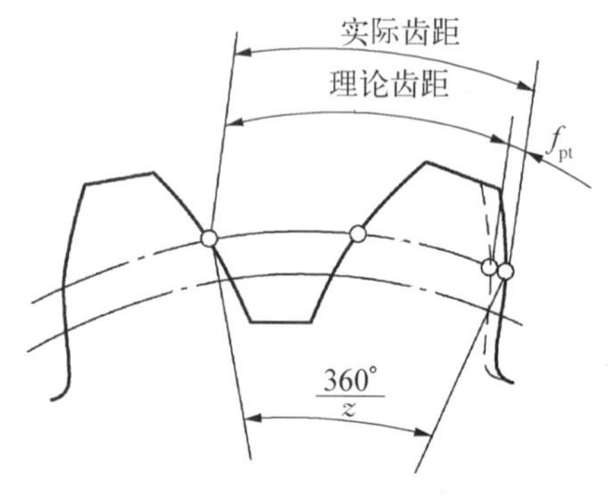

图 7-16　单个齿距偏差

滚齿加工时，单个齿距偏差 f_{pt} 主要是由分度蜗杆跳动及轴向窜动，即机床传动链误差造成。所以单个齿距偏差 f_{pt} 可以用来揭示传动链的短周期误差或加工中的分度误差，在某种程度上反映基圆齿距偏差或齿廓形状偏差对齿轮传动平稳性的影响。故单个齿距偏差 f_{pt} 可作为齿轮传动平稳性中的单项指标。

单个齿距偏差 f_{pt} 也采用齿距检查仪测量，在测量齿距累积总偏差的同时，可得到单个齿距偏差值。测得的各个齿距偏差值中，可能出现正值或负值，以其最大数字的正值或负值作为该齿轮的单个齿距偏差值。

综上所述，影响齿轮传动平稳性的误差，为齿轮一转中多次重复出现的短周期误差，主要包括转齿误差和换齿误差。评定传递运动平稳性的指标中，同时能揭示转齿误差和换齿误差的是综合性指标(一齿切向综合偏差 f'_i、一齿径向综合偏差 f''_i)，只能揭示转齿误差或换齿误差两者之一的是单项性指标(齿廓偏差 F_a、单个齿距偏差 f_{pt})。在评定齿轮传动平稳性的精度时，可选用一个综合性指标，或两个单项性指标的组合(但两个单项指标中，必须转齿指标与换齿指标各选一个)来评定。

7.2.3　主要影响载荷分布均匀性的项目及测量

在理论上，一对轮齿的啮合过程，若不考虑弹性变形的影响，其啮合是由齿顶到齿根每瞬间都沿着全齿宽成一直线接触。但由于齿轮的制造和安装误差，在啮合过程中沿齿长方向和齿高方向并不都是全齿接触，实际接触线只是理论接触线的一部分。因此存在着载荷分布的均匀性问题，它将影响齿轮的承载能力和使用寿命。

螺旋线偏差

在端面基圆切线方向上测得的实际螺旋线偏离设计螺旋线的量。

1) 螺旋线总偏差(F_β)

螺旋线总偏差是指在计值范围 L_β 内(在齿宽上从轮齿两端处各扣除倒角或修圆部分)，包容实际螺旋线迹线的两条设计螺旋线迹线间的距离，如图 7－17(a)所示。

螺旋线总偏差是齿轮的轴向误差，是评定载荷分布均匀性的单项指标。

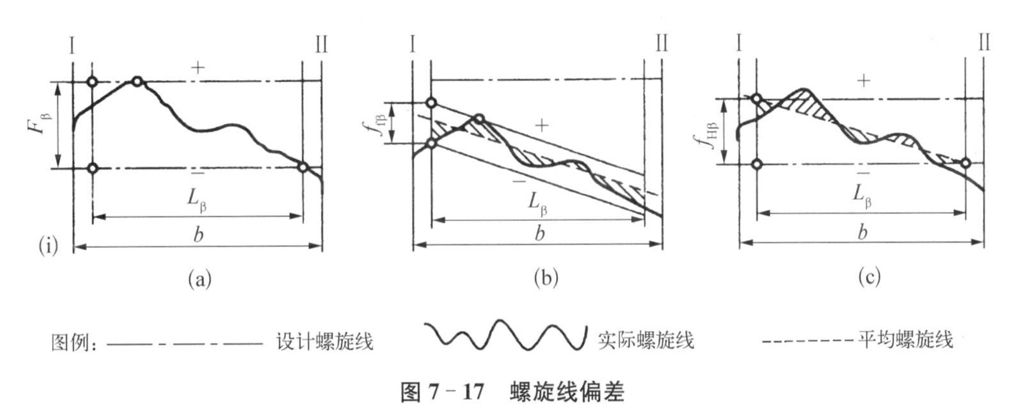

图 7－17　螺旋线偏差

(a) 螺旋总偏差　(b) 螺旋形状偏差　(c) 螺旋线倾斜偏差

2) 螺旋线形状偏差($f_{f\beta}$)

螺旋线形状偏差是指在计值范围内，包容实际螺旋线迹线的与平均螺旋线迹线完全相同的两条曲线间的距离，且两条曲线与平均螺旋线迹线的距离为常数，如图 7－17(b)所示。

3) 螺旋线倾斜偏差($f_{H\beta}$)

螺旋线倾斜偏差是指在计值范围内与平均螺旋线迹线相交的两条设计螺旋线迹线间的距离，如图 7－17(c)所示。

在两齿轮啮合过程中，影响齿长方向接触的主要是螺旋线总偏差；影响齿高方向接触的主要是齿廓形状偏差，齿廓形状偏差在考虑传递运动平稳性时已加以限制。因此，就齿轮本身来说，影响载荷分布均匀性只要控制螺旋线总偏差就行了。在 GB/T 10095.2—2008 中，螺旋线的形状偏差和倾斜偏差不是强制性的单项检验项目。

加工中引起齿轮螺旋线偏差的主要因素是机床导轨倾斜和齿坯装歪引起的，它使轮齿的实际接触面积减小，从而引起载荷分布均匀性。螺旋线偏差通常用单盘式渐开线螺旋检查仪、分级圆盘式渐开线螺旋检查仪等测量。

7.2.4 主要影响齿侧间隙的项目及检测

齿侧间隙是指一对齿轮啮合时在非工作齿面间的间隙。为了保证齿轮润滑、补偿齿轮的制造和安装误差及热变形等造成的误差，必须使齿轮具有合理的齿侧间隙。轮齿与配对齿槽间的配合相当于圆柱孔与轴的配合，这里采用的是“基中心距制”，即在中心距一定的情况下，用控制轮齿的齿厚的方法获得必要的侧隙。侧隙可在啮合齿轮法向平面上或沿啮合线（见图 7－18）测量，但是它是在端平面上或啮合平面（基圆切平面）上计算和规定的。

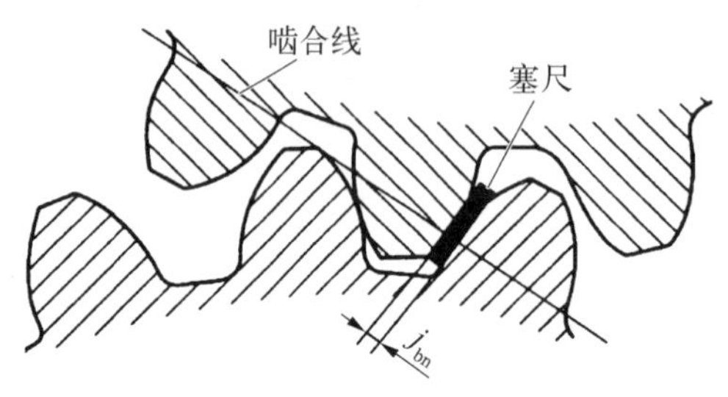

图 7－18 用塞尺测量侧隙（法向平面）

1. 最小侧隙（j_{bnmin}）

最小侧隙是当一个齿轮的齿以最大允许实效齿厚与一个也具有最大允许实效齿厚的相配齿在最紧的允许中心距相啮合时，在静态条件下存在的最小允许侧隙。

表 7－1 列出了对工业传动装置推荐的最小侧隙，以保证齿轮机构正常工作。

表 7－1 中、小模数齿轮最小侧隙 j_{bnmin} 的推荐值（摘自 GB/Z 18620.2—2008）

单位：mm

m_n	最小中心距 a_i					
	50	100	200	400	800	1 600
1.5	0.09	0.11	—	—	—	
2	0.10	0.12	0.15	—	—	—
3	0.12	0.14	0.17	0.24	—	—
5	—	0.18	0.21	0.28	—	—
8	—	0.24	0.27	0.34	0.47	—
12	—	—	0.35	0.42	0.55	—
18	—	—	—	0.54	0.67	0.94

注：适用于黑色金属制造的齿轮和箱体，节圆线速度小于 15 m/s 的传动。

表 7－1 中的数值，也可用下式进行计算：

$$j_{bnmin} = \frac{2}{3}(0.06 + 0.0005a_i + 0.03m_n) \tag{7-1}$$

式中：a_i——最小中心距；

m_n——法向模数。

2. 齿侧间隙的检测项目

由于啮合齿轮的轮齿配合采用基中心距制，即在中心距一定的情况下，用控制轮齿齿厚的方法获得必要的侧隙，所以齿侧间隙的大小与齿轮齿厚减薄量有着密切关系。齿厚减薄量可以用齿厚偏差或公法线长度偏差来评定。

1) 齿厚偏差与齿厚公差

齿厚偏差(f_{an})是指在分度圆柱面上，齿厚的实际值与公称值之差如图 7－19 所示。对于斜齿轮，指法向齿厚。

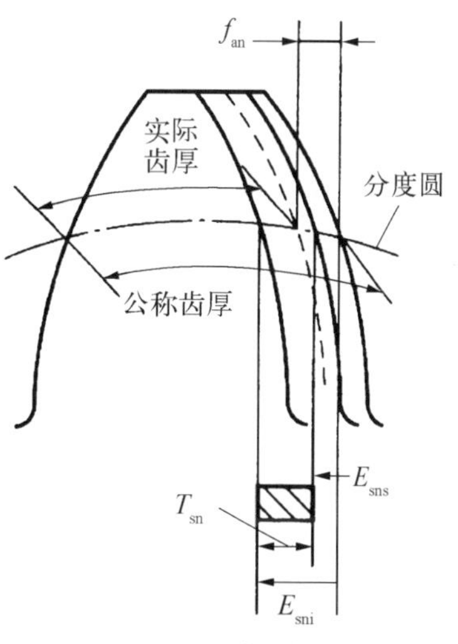

图 7－19　齿厚偏差

为了获得法向最小侧隙 j_{bnmin}，齿厚应保证有最小减薄量，它是由分度圆齿厚允许的上偏差 E_{sns} 形成的，如图 7－19 所示。当主动齿轮与被动齿轮齿厚都做成最大极限尺寸时，可获得最小侧隙 j_{bnmin}，通常取两齿轮的齿厚允许的上偏差相等，此时

$$j_{bnmin} = 2 \mid E_{sns} \mid \cos \alpha_n$$

即

$$E_{sns} = \frac{j_{bnmin}}{2\cos \alpha_n}(E_{sns}\ 应取负值) \tag{7-2}$$

齿厚公差 T_{sn} 大体上与齿轮精度无关，如对最大侧隙有要求时，就必须进行计算。齿厚公差的选择要适当，公差过小势必增加齿轮的制造成本；公差过大会使侧隙加大，使齿轮正、反转时空行程过大。齿厚公差的大小主要取决于齿轮径向圆跳动公差 F_r 和切齿加工时的径向进刀公差 b_r。F_r 和 b_r 按独立随机误差变量合成，并把它们从径向计值换算到齿厚偏差方向，则齿厚公差 T_{sn} 可按下式计算，即

$$T_{sn} = \sqrt{F_r^2 + b_r^2} \times 2\tan \alpha_n \tag{7-3}$$

式中：F_r 的数值按齿轮传递运动准确性的精度等级、分度圆直径和法向模数确定(可以从表 7－23 查取)，b_r 的数值推荐从表 7－2 里选取。

表 7－2　切齿时的径向进刀公差 b_r 值

润滑方式	齿轮的圆周速度 $v/(\mathrm{m \cdot s^{-1}})$			
	≤10	>10～25	>25～60	>60
喷油润滑	$0.01m_n$	$0.02m_n$	$0.03m_n$	$(0.03～0.05)m_n$
油池润滑	$(0.005～0.01)m_n$			

注：m_n——齿轮法向模数(mm)。

齿厚允许的下偏差 E_{sni} 由齿厚允许的上偏差 E_{sns} 和齿厚公差 T_{sn} 求得，即

$$E_{sni} = E_{sns} - T_{sn}$$

按照齿厚的定义，齿厚以分度圆弧长计值，但弧长不便于测量。因此，实际上是按分度圆上的弦齿高定位来测量分度圆弦齿厚，如图 7－20 所示。用齿厚游标卡尺测量分度圆弦齿厚是以齿顶圆为测量基准，测量结果受齿顶圆精度影响较大，此法仅适用于精度较低，模数较大的齿轮。

测量时，先将齿厚游标卡尺的垂直游标尺调至对应于分度圆弦齿高 h 位置，再用水平游标尺测出分度圆弦齿厚 s_a 值，将其与理论值比较即可得到齿厚偏差 f_{an}。

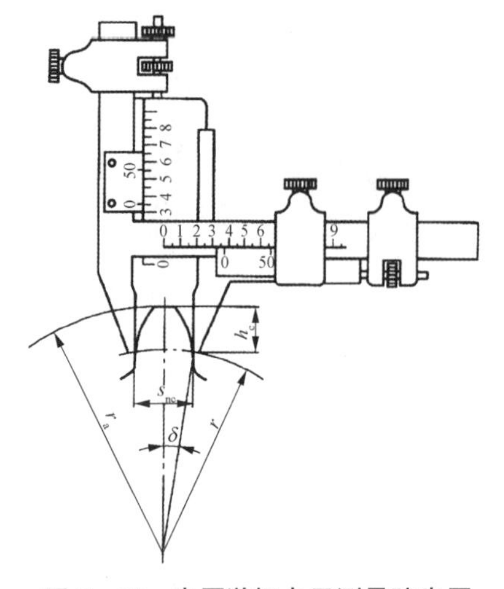

图 7-20 齿厚游标卡尺测量弦齿厚

r_a—齿顶圆半径;r—分度圆半径

直齿轮分度圆上的公称弦齿高 h_c 与公称弦齿厚 s_{nc} 的计算式为

$$h_c = r_a - \frac{mz}{2}\cos\delta \tag{7-4}$$

$$s_{nc} = mz\sin\delta \tag{7-5}$$

式中:δ——分度圆弦齿厚之半所对应的中心角,$\delta = \frac{\pi}{2z} + \frac{2x}{z}\tan\alpha$;

r_a——齿轮齿顶圆半径的公称值;

m、z、a、x——齿轮的模数、齿数、标准压力角、变位系数。

齿轮齿厚的实际尺寸的变化,必然引起公法线长度相应的变化,因此可以测量公法线长度代替测量齿厚,以评定齿厚减薄量。

2) 公法线长度偏差

公法线长度是指齿轮上几个轮齿的两端异向齿廓间所包含的一段基圆圆弧,即该两端异向齿廓间基圆切线线段的长度(见图 7-21)。公法线长度偏差是指实际公法线长度 W_k 与公称公法线长度 W_{kt} 之差。是控制齿轮副齿厚上偏差和下偏差的指标。

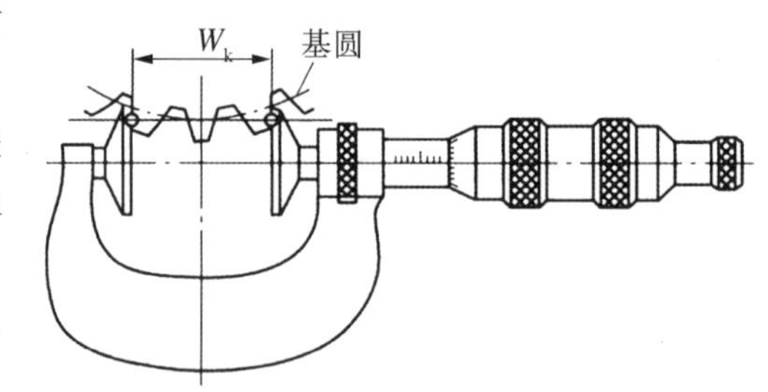

图 7-21 用公法线千分尺测量公法线长度

公法线长度极限偏差(允许的上偏差 E_{bns} 和下偏差 E_{bni})(见图 7-22)与齿厚极限偏差有如下关系。

$$E_{bns} = E_{sns}\cos\alpha_n \tag{7-6}$$

$$E_{bni} = E_{sni}\cos\alpha_n \tag{7-7}$$

公法线长度可用公法线千尺测量,如图 7-21 所示。测量标准直齿轮时的跨齿数 k 可按下式计算。

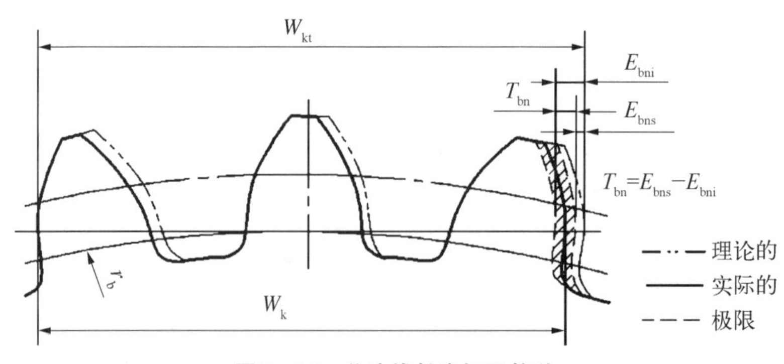

图 7-22 公法线长度极限偏差

$$k=\frac{z}{9}+0.5\quad (取相近的整数)$$

标准直齿轮的公称公法线长度为

$$W_{kt}=m[2.952(k-0.5)+0.014z] \tag{7-8}$$

由于公法线长度偏差的测量不受齿顶圆直径偏差和齿顶圆柱面对齿轮基准线的径向圆跳动的影响，故采用公法线长度偏差来评定齿轮齿厚减薄量比采用齿厚偏差更有优势。

公法线长度变动量 ΔF_w 为在齿轮一周范围内，实际公法线长度最大值与最小值之差。公法线平均长度偏差为所有公法线长度的平均值与公法线公称长度之差。

7.3　齿轮副的误差项目及评定

齿轮副的安装误差也会影响齿轮传动的使用性能，如啮合齿轮中心距误差会影响传动侧隙的大小，而齿轮轴线平行度误差会影响轮齿的载荷分布的均匀性。因此对齿轮副的误差也应加以控制。

7.3.1　齿轮副中心距极限偏差

齿轮副中心距偏差是指在齿轮副的齿宽中间平面内，实际中心距与公称中心距之差。实际中心距小于设计中心距时，会使齿轮侧隙减小；反之会使侧隙增大。为了保证侧隙的要求，需用中心距允许偏差来控制中心距偏差。

GB/Z 18620.3—2008 没有对中心距的极限偏差做出规定，设计时可参照表 7－3 选用。

表 7－3　齿轮副中心距极限偏差值±f_a(摘自 GB/T 10095—1988)　　单位：μm

齿轮精度等级		1～2	3～4	5～6	7～8	9～10	11～12
f_a		$\frac{1}{2}$IT4	$\frac{1}{2}$IT6	$\frac{1}{2}$IT7	$\frac{1}{2}$IT8	$\frac{1}{2}$IT9	$\frac{1}{2}$IT11
齿轮副的中心距/mm	>80～120	5	11	17.5	27	43.5	110
	>120～180	6	12.5	20	31.5	50	125
	>180～250	7	14.5	23	36	57.5	142
	>250～315	8	16	26	40.5	65	160
	>315～400	9	18	28.5	44.5	70	180

7.3.2　齿轮副轴线平行度偏差

由于齿轮副两条轴线之间平行度偏差的影响与向量的方向有关，国家标准 GB/Z 18620.3—2008 对轴线平面内的平行度偏差 $f_{\sum\delta}$ 和垂直平面上的平行度偏差 $f_{\sum\beta}$ 作了不同的规定(见图 7－23),并推荐了偏差的最大允许值。

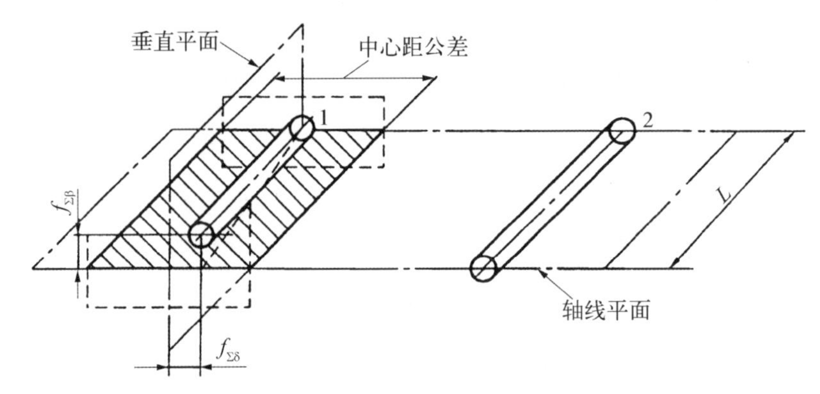

图 7－23　齿轮轴线平行度偏差

1—被测轴线;2—基准轴线

轴线平面内的平行度偏差 $f_{\sum\delta}$ 是指一对啮合齿轮的轴线在其两轴线的公共平面上测得的平行度偏差;垂直平面上的平行度偏差 $f_{\sum\beta}$ 是指一对啮合齿轮的轴线在与轴线公共平面相垂直的"交错平面"上测得的平行度偏差。

$f_{\sum\delta}$ 和 $f_{\sum\beta}$ 主要影响齿轮的侧隙和载荷分布均匀性,而且 $f_{\sum\beta}$ 的影响比 $f_{\sum\delta}$ 更为敏感,所以国标推荐的 $f_{\sum\delta}$ 和 $f_{\sum\beta}$ 的最大允许值分别是

$$f_{\sum\beta} = 0.5\left(\frac{L}{b}\right)F_{\beta} \tag{7-9}$$

$$f_{\sum\delta} = 2f_{\sum\beta} \tag{7-10}$$

式中:L、b 和 F_{β} 分别为两轴承跨距、齿轮齿宽和齿轮螺旋线总公差。

7.3.3　齿轮副的接触斑点

齿轮副的接触斑点是指对安装好的齿轮副,在轻微制动下,运转后齿面上分布的接触擦亮痕迹。轻微制动是指所加制动扭矩应保证齿面不脱离啮合,而又不会使零件产生可察觉的弹性变形。

检测安装好的齿轮副在其箱体内所产生的接触斑点,有助于对轮齿间载荷分布进行评估。被测齿轮与测量齿轮副的接触斑点,可以从安装在机架上的齿轮相啮合得到,用于对齿轮的螺旋线和齿廓精度的评估。

接触斑点的大小在齿面展开图上用百分数计算。图 7－24 为接触斑点分布示意图,图中 b_{c1} 和 b_{c2} 分别为接触斑点的较大长度和较小长度;h_{c1} 和 h_{c2} 分别为接触斑点的较大高度和较小高度。表 7－4 描述的是直齿轮装配后的最好接触斑点,不能作为齿轮精度等级的替代方法。

GB/Z 18620.4—2008 规定,检验接触斑点的印痕材料使用蓝色印痕涂料或其他专用涂料,且能保证油膜厚度在 0.006～0.012 mm。接触斑点的检测方法详见国标 GB/Z 18620.4—2008。

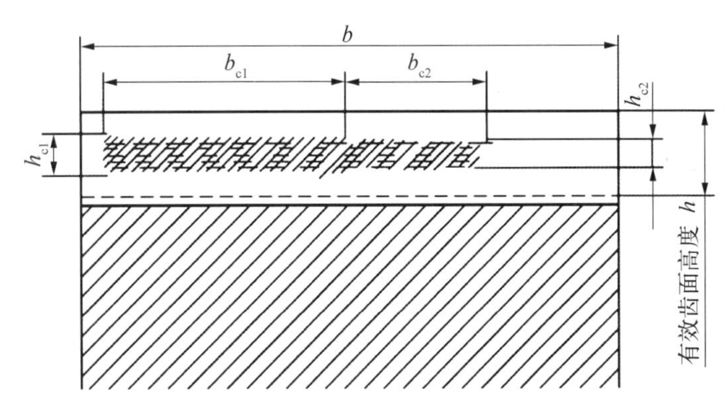

图 7-24　接触斑点分布示意图

表 7-4　直齿轮装配后的接触斑点(摘自 GB/Z 18620.4—2008)

精度等级按 GB/T 10095	b_{c1} 占齿宽的百分比/%	h_{c1} 占有效齿面高度的百分比/%	b_{c2} 占齿宽的百分比/%	h_{c2} 占有效齿面高度的百分比/%
4 级及更高	50	70	40	50
5 和 6	45	50	35	30
7 和 8	35	50	35	30
9～12	25	50	25	30

7.4　渐开线圆柱齿轮精度标准及其应用

国标 GB/T 10095.1—2008 和 GB/T 10095.2—2008 规定了单个渐开线圆柱齿轮的精度，适用于 GB/T 1356—2001《通用机械和重型机用圆柱齿轮　标准基本齿条齿廓》规定的外齿轮、内齿轮、斜齿轮。

7.4.1　齿轮精度等级

国标对渐开线圆柱齿轮除 F_i''和 f_i''(F_i''和 f_i''规定了 4～12 级共 9 个精度等级)以外的评定项目规定了 0～12 共 13 个精度等级，其中，0 级精度最高，12 级精度最低。在齿轮的 13 个精度等级中，0～2 级是目前的加工方法和检测条件难以达到的，属于未来发展级；3～5 级为高精度等级；6～8 级为中等精度等级，使用最广；9 级为较低精度等级；10～12 级为低精度等级。其中，12 级精度是 13 各精度等级中的基础级，也是该标准所给出齿轮各项公差和极限偏差计算式中的精度等级。

齿轮各级常用精度的各项偏差的允许值可查表 7-13～7-23。对于标准中没有提供数值表的齿距累积偏差 F_{pk}、切向综合总偏差 F_i'和一齿切向综合偏差 f_i'的允许值，需要时可按下列公式计算

$$T_Q = T_5 \times 2^{0.5(Q-5)} \tag{7-11}$$

式中：T_Q——Q 级精度的偏差计算值；

T_5——5 级精度的偏差计算值；

Q——表示精度等级的阿拉伯数字。

5 级精度的齿轮偏差允许值计算公式为

$$F_{pk} = f_{pt} + 1.6\sqrt{(k-1)m_n}$$

$$F_i' = F_p + f_i'$$

$$f_i' = K(9 + 0.3m_n + 3.2\sqrt{m_n} + 0.34\sqrt{d})$$

当总重合度 $\varepsilon_r < 4$ 时,式中：系数 $K = 0.2\left(\frac{\varepsilon_r + 4}{\varepsilon_r}\right)$；当 $\varepsilon_r \geqslant 4$ 时，$K = 0.4$。

7.4.2 精度等级的选择

齿轮精度等级的选择恰当与否,不仅影响齿轮传动质量,而且还会影响制造成本。选择齿轮精度等级的主要依据是齿轮的用途、使用要求及工作条件等。要综合考虑传递运动的精度、齿轮圆周速度的大小、传递功率的高低、润滑条件、持续工作时间的长短、制造成本和使用寿命等因素,在满足使用要求的前提下,应尽量选择较低精度等级。精度等级的选择方法有计算法和类比法,其中类比法应用最广。

类比法,即按使用要求和用途及工作条件等查表对比选择。如表 7-5 和表 7-6 分别给出了根据不同用途和不同工作条件(圆周速度及应用场合)下所应选择的精度等级。

计算法,主要用于精密齿轮传动系统。当要求传递运动准确性很高时,可按使用要求计算出所允许的回转角误差,以确定齿轮传递运动准确性的精度等级。对于高速动力齿轮,其传动平稳型和载荷分布均匀性均要求很高,可按其工作的最大转速计算圆周速度,然后再按此速度查表对照选取所需的齿轮传动平稳性的精度等级,也可按按噪声大小选用平稳性精度等级。

表 7-5　不同用途齿轮精度等级的选用

齿轮用途	精度等级	齿轮用途	精度等级	齿轮用途	精度等级
测量齿轮	3～5	轻型汽车	5～8	拖拉机、轧钢机	6～10
汽轮机减速器	3～6	载重汽车	6～9	起重机	7～10
金属切削机床	3～8	一般减速器	6～9	矿山绞车	8～10
航空发动机	3～7	机　车	6～7	企业机械	8～11

表7-6 不同工作条件下齿轮精度等级的选用

精度等级	圆周速度/($m \cdot s^{-1}$)		齿面的终加工	工作条件
	直齿	斜齿		
3级 (极精密)	≤40	≤75	特别精密的磨削和研齿。用精密滚刀或单边剃齿后大多数不经淬火的齿轮	要求特别精密的或在最平稳且无噪声的特别高速下工作的齿轮传动。特别精密结构中的齿轮,特别高速传动(透平齿轮传动),检测5~6级齿轮用的测量齿轮
4级 (特别精密)	≤35	≤70	精密磨齿;用精密滚刀和挤齿或单边剃齿后的大多数齿轮	特别精密分度机构中或在最平稳且无噪声的极高速下工作的齿轮传动。特别精密分度机构中的齿轮。高速透平传动;检测7级齿轮用的测量齿轮
5级 (高精密)	≤20	≤40	精密磨齿;大多数用精密滚刀加工,进而挤齿或剃齿的齿轮	精密分度机构中或要求极平稳且无噪声的高速工作的齿轮传动;精密机构用齿轮、透平齿轮传动;检测8级和9级齿轮用测量齿轮
6级 (高精密)	≤15	≤30	精密磨齿或剃齿	要求最高效率且无噪声的高速下平稳工作的齿轮传动或分度机构的齿轮传动;特别重要的航空、汽车齿轮,读数装置用特别精密传动的齿轮
7级 (精密)	≤10	≤15	无须热处理,仅用精确刀具加工的齿轮,淬火齿轮必须精整加工(磨齿、挤齿、衍齿等)	增速和减速用齿轮传动;金属切削机床送刀机构用齿轮;高速减速器用齿轮;航空、汽车用齿轮;读数装置用齿轮
8级 (中精密)	≤6	≤10	不磨齿,不必光整加工或对研	无须特别精密的一般机械制造用齿轮;包括在分度链中的机床传动齿轮;飞机、汽车制造业中的不重要齿轮;起重机构用齿轮;农业机械中的重要齿轮,通用减速器齿轮
9级 (较低精度)	≤2	≤4	无须特殊光整工作	用于粗糙工作的齿轮

7.4.3 齿轮检验项目的选用

选择检验项目时,应根据齿轮的规格、用途、生产规模、精度等级、齿轮加工方式、检测仪器等因素综合分析、合理选择。

1) 精度等级

齿轮精度低,机床精度可足够保证,由机床产生的误差可不检验。齿轮精度高,可选用综合性检验项目，反映全面。

2）齿轮加工方式

不同的加工方式产生不同的齿轮误差，如滚齿加工时，机床分度机构因蜗轮偏心而产生公法线长度变动偏差，而磨齿加工时则由于分度机构误差将产生齿距累积偏差，故应根据不同的加工方式采用不同的检验项目。

3）齿轮规格

直径≤400 mm的齿轮可放在固定仪器上进行检验。大尺寸齿轮一般将量具放在齿轮上进行单项检验。

4）检验目的

终结检验应选用综合性检验项目，工艺检验可选用单项检验项目以便于分析误差产生的原因。

5）生产规模和检测设备条件

单件、小批生产一般采用单项检验，大批量生产应采用综合性检验项目。选择检验项目时还应考虑工厂现有的检测仪器、设备条件及习惯检验方法等问题。

齿轮新标准没有像旧标准那样规定检验组。建议供货方根据目前齿轮生产的技术与质量控制水平、齿轮的使用要求和生产批量，在表 7－7 中选取一个检验组评定齿轮质量。

表 7－7　建议的齿轮检验组

检验组	检　验　项　目	适用等级	测　量　仪　器
1	F_p、F_α、F_β、F_r、E_{sn}或E_{bn}	3～9	齿距仪、齿形仪、渐开线检查仪、偏摆检查仪、齿向仪、齿厚卡尺或公法线千分尺
2	F_{pk}、F_p、F_α、F_β、F_r、E_{sn}或E_{bn}	3～9	齿距仪、齿形仪、渐开线检查仪、偏摆检查仪、齿向仪、齿厚卡尺或公法线千分尺
3	F''_i、F''_{pk}、E_{sn}或E_{bn}	6～9	双面啮合检查仪、齿厚卡尺或公法线千分尺
4	f_{pt}、F_r、E_{sn}或E_{bn}	10～12	齿距仪、齿跳检查仪、齿厚卡尺或公法线千分尺
5	F'_i、f'_i、F_β、E_{sn}或E_{bn}	3～6	单面啮合检查仪、齿向仪、齿厚卡尺或公法线千分尺

注：检验组 5 中 F'_i、f'_i不是国家标准规定的检验项目，只有在有协议要求时才检验。

7.4.4　齿轮坯的精度

齿轮坯的内孔、顶圆和端面常作为齿轮加工、测量和装配的基准，所以齿轮坯的加工精度对齿轮的加工、测量和安装精度影响很大。在一定条件下，用控制齿轮坯精度来保证和提高齿轮的加工精度是一项有效的技术措施。因此，国家标准对齿轮坯公差作了具体规定。表 7－8、表 7－9 是 GB/Z 18620.3—2008 推荐的基准面与安装面的公差要求。

表 7 - 8　基准面与安装面的形状公差(摘自 GB/Z 18620.3—2008)

确定轴线的基准面	公差项目		
	圆度	圆柱度	平面度
两个“短的”圆柱或圆锥形基准面	$0.04(L/b)F_\beta$ 或 $0.1F_P$ 取两者中之小值		
一个“长的”圆柱或圆锥形基准面		$0.04(L/b)F_\beta$ 或 $0.1F_P$ 取两者中的小值	
一个“短的”圆柱面和一个端面	$0.06F_P$		$0.06(D_d/b)F_\beta$

注：齿轮坯的公差应减至能经济地制造的最小值。

表 7 - 9　安装面的跳动公差(摘自 GB/Z 1820.3—2008)

确定轴线的基准面	跳动量(总的指示幅度)	
	径向	轴向
仅指圆柱或圆锥形基准面	$0.15(L/b)F_\beta$ 或 $0.3F_P$ 取两者中的大值	
一个圆柱基准面和一个端面基准面	$0.3F_P$	$0.2(D_d/b)F_\beta$

注：齿轮坏的公差应减至能经济地制造的最小值。

齿轮坯的尺寸公差(盘形齿轮基准孔尺寸公差、齿轮轴轴颈尺寸公差、顶圆直径公差)可参考表 7 - 10 查取。

表 7 - 10　齿轮坯尺寸公差

齿轮精度等级		5	6	7	8	9	10	11	12
孔	尺寸公差	IT5	IT6	IT7		IT8		IT9	
轴	尺寸公差	IT5		IT6		IT7		IT8	
顶圆直径偏差		$\pm 0.05m_n$							

7.4.5　齿轮齿面和齿轮坯基准面的表面粗糙度

齿轮齿面的表面粗糙度影响齿轮的传动精度、表面承载能力和弯曲强度。GB/Z 18620.3—2008 给出了齿轮齿面 Ra 的推荐极限值(见表 7 - 11)，可根据齿面粗糙度影响齿轮传动精度、表面承载能力和弯曲强度的实际情况，参考表 7 - 9 选取齿面粗糙度数值。

表 7 - 11　齿轮齿面表面粗糙度 Ra 的推荐极限值(摘自 GB/Z 18620.3—2008)　　单位：μm

模数/mm	精度等级											
	1	2	3	4	5	6	7	8	9	10	11	12
$m<6$					0.5	0.8	1.25	2.0	3.2	5.0	10	20
$6\leqslant m\leqslant 25$	0.04	0.08	0.16	0.32	0.63	1.00	1.6	2.5	4	6.3	12.5	25
$m>25$					0.8	1.25	2.0	3.2	5.0	8.0	16	32

齿轮坯的表面粗糙度可从表 7－12 中查取。

表 7－12 齿轮坯的表面粗糙度 *Ra* 的推荐值

<table>
<tr><th>精度等级
项目</th><th>5</th><th>6</th><th colspan="2">7</th><th>8</th><th colspan="2">9</th></tr>
<tr><td>齿面加工方法</td><td>磨齿</td><td>磨或珩齿</td><td>利或珩齿</td><td>精滚或精插</td><td>插齿或滚齿</td><td>滚齿</td><td>铣齿</td></tr>
<tr><td>齿轮基准孔</td><td>0.32～0.63</td><td>1.25</td><td colspan="3">1.25～2.5</td><td colspan="2">5</td></tr>
<tr><td>齿轮轴基准轴颈</td><td>0.32</td><td>0.63</td><td colspan="2">1.25</td><td colspan="3">2.5</td></tr>
<tr><td>齿轮基准端面</td><td>1.25～2.5</td><td colspan="4">2.5～5</td><td colspan="2">3.2～5</td></tr>
<tr><td>齿轮顶圆</td><td>1.25～2.5</td><td colspan="6">3.2～5</td></tr>
</table>

7.4.6 齿轮精度等级在图样上的标注

当齿轮的检验项目同为某一精度等级时，图样上可标注该精度等级和标准号，例如，同为 7 级精度时，可标注为：

7 GB/T 10095.1—2008 或 7 GB/T 10095.2—2008

当齿轮各检验项目的精度等级不同时，如螺旋线总偏差 F_β 为 7 级，而齿距累积总偏差 F_p 和齿廓总偏差 F_a 皆为 8 级时，可标注为：

7(F_β)、8(F_p、F_a)GB/T 10095.1—2008

齿厚偏差常用的标注方法：

(1) $s_{n}{}^{E_{sns}}_{E_{sni}}$，其中 s_n 为法向公称齿厚，E_{sns} 为齿厚上偏差，E_{sni} 为齿厚下偏差。

(2) $W_{k}{}^{E_{bns}}_{E_{bni}}$，其中 W_k 为跨 k 个齿的公法线公称长度，E_{bns} 为公法线长度上偏差，E_{bni} 为公法线长度下偏差。(对于中小齿轮通常用检查公法线长度极限偏差来代替齿厚偏差)

7.4.7 综合应用举例

一机床主轴箱传动轴上的一对直齿轮，齿数分别为 $z_1=26$ 和 $z_2=56$，齿宽分别为 $b_1=32$ mm 和 $b_2=28$ mm，模数 $m=2$，压力角 $\alpha_n=20°$，小齿轮内孔直径为 $\phi35$ mm，小齿轮转速 $n_1=1\,800$ r/min，传动轴两轴承间距离 $L=115$ mm。齿轮材料为 45 号钢，箱体材料为铸铁，单件小批生产。试对小齿轮进行精度设计，并将设计所确定的各项技术要求标注在小齿轮零件图上。

解：(1) 确定齿轮精度等级。

计算小齿轮的线速度：

$$v=\frac{\pi d n_1}{1\,000\times60}=\frac{3.14\times2\times26\times1\,800}{1\,000\times60}\approx4.9(\text{m/s})$$

该齿轮既传递运动又传递动力，参考表 7－5 和表 7－6 可确定该齿轮为 8 级精度。

则齿轮精度表示为 8 GB/T 10095.1—2008。

(2) 确定最小侧隙和计算齿厚偏差。

两齿轮啮合的中心距　$a = \dfrac{m(z_1 + z_2)}{2} = \dfrac{2 \times (26 + 56)}{2} = 82(\text{mm})$

最小侧隙

$$j_{\text{bnmin}} = \frac{2}{3}(0.06 + 0.0005a + 0.03m_n)$$
$$= \frac{2}{3}(0.06 + 0.0005 \times 82 + 0.03 \times 2) \approx 0.107(\text{mm})$$

齿厚上偏差　$E_{\text{sns}} = -\dfrac{j_{\text{bnmin}}}{2\cos\alpha_n} = -\dfrac{0.017}{\cos 20^\circ} = -0.057(\text{mm})$

根据小齿轮分度圆直径 $d_1 = mz_1 = 2 \times 26 = 60$ mm

查表 7-1 得 IT9 $= 0.074$ mm

查表 7-2 得切齿时径向进刀公差 $b_r = 1.26 \times \text{IT9} = 1.26 \times 0.074 = 0.093(\text{mm})$

查表 7-23 得径向跳动公差 $F_r = 0.043$ mm

齿厚公差

$$T_{\text{sn}} = \sqrt{F_r^2 + b_r^2} \times 2\tan\alpha_n$$
$$= \sqrt{(0.043)^2 + 0.093^2} \times \tan 20^\circ = 0.075(\text{mm})$$

齿厚下偏差　$E_{\text{sni}} = E_{\text{sns}} - T_{\text{sn}} = -0.058 - 0.075 = -0.132(\text{mm})$

对于中小齿轮通常用检查公法线长度极限偏差来代替齿厚偏差：

$$E_{\text{bns}} = E_{\text{sns}}\cos\alpha_n = -0.057 \times \cos 20^\circ = -0.054(\text{mm})$$
$$E_{\text{bni}} = E_{\text{sni}}\cos\alpha_n = -0.132 \times \cos 20^\circ = -0.124(\text{mm})$$

跨齿数 $k = \dfrac{z}{9} + 0.5 = \dfrac{26}{9} + 0.5 = 3.39$ 取 $k = 3$

公称公法线长度为 $W_{\text{kt}} = m[2.952(k - 0.5) + 0.014z] = 15.49(\text{mm})$

则公法线长度及偏差为 $15.49^{-0.054}_{-0.124}$

(3) 确定检验项目及其公差。

参考表 7-7 选择第一检验组：F_p、F_a、F_β、F_r

查表 7-15 得 $F_p = 0.053$ mm；查表 8-16 得 $F_a = 0.022$ mm

查表 7-19 得 $F_\beta = 0.024$ mm；查表 8-23 得 $F_r = 0.043$ mm

(4) 确定齿轮副精度。

① 中心距极限偏差 $\pm f_a$。

查表 7-3 得 $\pm f_a = \pm \dfrac{1}{2}\text{IT8} = \dfrac{1}{2} \times 0.054 = \pm 0.027(\text{mm})$

则中心距为 $a = 82 \pm 0.027$ mm

② 轴线平行度偏差 $f_{\sum\beta}$ 和 $f_{\sum\delta}$。

$$f_{\sum\beta} = 0.5\left(\frac{L}{b}\right)F_\beta = 0.5 \times \left(\frac{115}{32}\right) \times 0.024 = 0.043(\text{mm})$$

$$f_{\sum\delta} = 2f_{\sum\beta} = 2 \times 0.043 = 0.086(\text{mm})$$

(5) 齿坯精度。

① 齿轮内孔尺寸偏差。

由表 7-10 可知孔的尺寸偏差为 $\phi 35\text{H}7$ Ⓜ,即 $\phi 35+0.025\quad 0$ Ⓜ

② 齿顶圆直径偏差。

齿轮齿顶圆直径为

$$d_{\text{a}} = m_{\text{n}}(z+2) = 2\times(26+2) = 56(\text{mm})$$

由表 7-10 可知齿顶圆直径公差为 $\pm 0.05m_{\text{n}} = \pm 0.05\times 2 = \pm 0.10(\text{mm})$

③ 齿轮坯基准面的形位公差。

内孔圆柱度公差。由表 7-8 推荐值可知:

$$0.04\left(\frac{L}{b}\right)F_{\beta} = 0.04\times\frac{115}{32}\times 0.024 = 0.003(\text{mm})$$

$$0.1F_{\text{p}} = 0.1\times 0.053 = 0.005(\text{mm})$$

取两者中的小值,即内孔圆柱公差 $t_1 = 0.003\ \text{mm}$

齿轮端面跳动公差。由表 7-9 可得端面跳动公差:$t_2 = 0.2\left(\frac{d_{\text{a}}}{b}\right)F_{\beta} = 0.2\times\frac{56}{32}\times 0.024 = 0.008(\text{mm})$

齿顶圆径向跳动公差。由表 7-9 可得齿顶圆径向跳动公差:$t_3 = 0.3F_{\text{p}} = 0.3\times 0.053 = 0.016(\text{mm})$

④ 齿坯表面粗糙度。

查表 7-11 得齿面表面粗糙度为　$Ra = 2.0\ \mu\text{m}$

查表 7-12 得:齿坯内孔表面粗糙度为　$Ra = 1.25\ \mu\text{m}$

齿顶圆表面粗糙度为　$Ra = 3.2\ \mu\text{m}$

齿坯端面表面粗糙度为　$Ra = 2.5\ \mu\text{m}$

其余表面的粗糙度选为　$Ra = 12.5\ \mu\text{m}$

(6) 标注零件图。

将上述各项要求标注在齿轮零件图上,则得到如图 7-25 所示的小齿轮的工作图。

模数 m	3	径向综合公差 F_{i}''	0.072
齿数 z	28	公法线长度变动公差 F_{ω}	0.04
齿形角 α	20°	一齿径向综合公差 f_{i}''	0.02
变位系数 x	0	齿向公差 F_{β}	0.011
精度	8-7-7FK GB/T 10095.1—2001	公法线平均长度及其偏差(n=4)	$W=32.17^{-0.059}_{-0.119}$

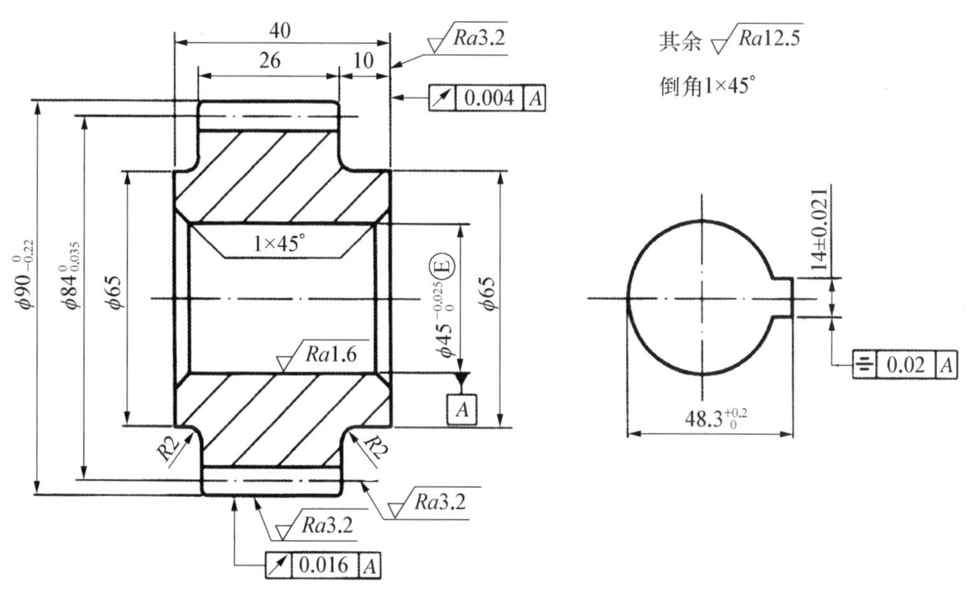

图 7－25　齿轮工作图

7.4.8　有关齿轮测量误差的其他参数

见表 7－13～7－23。

表 7－13　f_i'/k 的比值(摘自 GB/T 10095.1—2008)

分度圆直径 d/mm	法向模数 m_n/mm	精度等级/μm												
		0	1	2	3	4	5	6	7	8	9	10	11	12
$5 \leqslant d \leqslant 20$	$0.5 \leqslant m \leqslant 2$	2.4	3.4	4.8	7.0	9.5	14.0	19.0	27.0	38.0	54.0	77.0	109.0	154.0
	$2 < m \leqslant 3.5$	2.8	4.0	5.5	8.0	11.0	16.0	23.0	32.0	45.0	64.0	91.0	129.0	182.0
$20 < d \leqslant 50$	$0.5 \leqslant m \leqslant 2$	2.5	3.6	5.0	7.0	10.0	14.0	20.0	29.0	41.0	58.0	82.0	115.0	163.0
	$2 < m \leqslant 3.5$	3.0	4.2	6.0	8.5	12.0	17.0	24.0	34.0	48.0	68.0	96.0	135.0	191.0
	$3.5 < m \leqslant 6$	3.4	4.8	7.0	9.5	14.0	19.0	27.0	38.0	54.0	77.0	108.0	153.0	217.0
	$6 < m \leqslant 10$	3.9	5.5	8.0	11.0	16.0	22.0	31.0	44.0	63.0	89.0	125.0	177.0	251.0
$50 < d \leqslant 125$	$0.5 \leqslant m \leqslant 2$	2.7	3.9	5.5	8.0	11.0	16.0	22.0	31.0	44.0	62.0	88.0	124.0	176.0
	$2 < m \leqslant 3.5$	3.2	4.5	6.5	9.0	13.0	18.0	25.0	36.0	51.0	72.0	102.0	144.0	204.0
	$3.5 < m \leqslant 6$	3.6	5.0	7.0	10.0	14.0	20.0	29.0	40.0	57.0	81.0	115.0	162.0	229.0
	$6 < m \leqslant 10$	4.1	6.0	8.0	12.0	16.0	23.0	33.0	47.0	66.0	93.0	132.0	186.0	263.0
	$10 < m \leqslant 16$	4.8	7.0	9.5	14.0	19.0	27.0	38.0	54.0	77.0	109.0	154.0	218.0	308.0
	$16 < m \leqslant 25$	5.5	8.0	11.0	16.0	23.0	32.0	46.0	65.0	91.0	129.0	183.0	259.0	366.0

表 7-14　单个齿距偏差 $\pm f_{pt}$（摘自 GB/T 10095.1—2008）

分度圆直径 d/mm	模数 m/mm	精度等级/μm												
		0	1	2	3	4	5	6	7	8	9	10	11	12
$5 \leqslant d \leqslant 20$	$0.5 \leqslant m \leqslant 2$	0.8	1.2	1.7	2.3	3.3	4.7	6.5	9.5	13.0	19.0	26.0	37.0	53.0
	$2 < m \leqslant 3.5$	0.9	1.3	1.8	2.6	3.7	5.0	7.5	10.0	15.0	21.0	29.0	41.0	59.0
$20 < d \leqslant 50$	$0.5 \leqslant m \leqslant 2$	0.9	1.2	1.8	2.5	3.5	5.0	7.0	10.0	14.0	20.0	28.0	40.0	56.0
	$2 < m \leqslant 3.5$	1.0	1.4	1.9	2.7	3.9	5.5	7.5	11.0	15.0	22.0	31.0	44.0	62.0
	$3.5 < m \leqslant 6$	1.1	1.5	2.1	3.0	4.3	6.0	8.5	12.0	17.0	24.0	34.0	48.0	68.0
	$6 < m \leqslant 10$	1.2	1.7	2.5	3.5	4.9	7.0	10.0	14.0	20.0	28.0	40.0	56.0	79.0
$50 < d \leqslant 125$	$0.5 \leqslant m \leqslant 2$	0.9	1.3	1.9	2.7	3.8	5.5	7.5	11.0	15.0	21.0	30.0	43.0	61.0
	$2 < m \leqslant 3.5$	1.0	1.5	2.1	2.9	4.1	6.0	8.5	12.0	17.0	23.0	33.0	47.0	66.0
	$3.5 < m \leqslant 6$	1.1	1.6	2.3	3.2	4.6	6.5	9.0	13.0	18.0	26.0	36.0	52.0	73.0
	$6 < m \leqslant 10$	1.3	1.8	2.6	3.7	5.0	7.5	10.0	15.0	21.0	30.0	42.0	59.0	84.0
	$10 < m \leqslant 16$	1.6	2.2	3.1	4.4	6.5	9.0	13.0	18.0	25.0	35.0	50.0	71.0	100.0
	$16 < m \leqslant 25$	2.0	2.8	3.9	5.5	8.0	11.0	16.0	22.0	31.0	44.0	63.0	89.0	125.0

表 7-15　齿距累积总偏差 F_P（摘自 GB/T 10095.1—2008）

分度圆直径 d/mm	模数 m/mm	精度等级/μm												
		0	1	2	3	4	5	6	7	8	9	10	11	12
$5 \leqslant d \leqslant 20$	$0.5 \leqslant m \leqslant 2$	2.0	2.8	4.0	5.5	8.0	11.0	16.0	23.0	32.0	45.0	64.0	90.0	127.0
	$2 < m \leqslant 3.5$	2.1	2.9	4.2	6.0	8.5	12.0	17.0	23.0	33.0	47.0	65.0	94.0	133.0
$20 < d \leqslant 50$	$0.5 \leqslant m \leqslant 2$	2.5	3.6	5.0	7.0	10.0	14.0	20.0	29.0	41.0	57.0	81.0	115.0	162.0
	$2 < m \leqslant 3.5$	2.6	3.7	5.0	7.5	10.0	15.0	21.0	30.0	42.0	59.0	84.0	119.0	168.0
	$3.5 < m \leqslant 6$	2.7	3.9	5.5	7.5	11.0	15.0	22.0	31.0	44.0	62.0	87.0	123.0	174.0
	$6 < m \leqslant 10$	2.9	4.1	6.0	8.0	12.0	16.0	23.0	33.0	45.0	65.0	93.0	131.0	185.0
$50 < d \leqslant 125$	$0.5 \leqslant m \leqslant 2$	3.3	4.6	6.5	9.0	13.0	18.0	26.0	37.0	52.0	74.0	104.0	147.0	208.0
	$2 < m \leqslant 3.5$	3.3	4.7	6.5	9.5	13.0	19.0	27.0	38.0	53.0	76.0	107.0	151.0	214.0
	$3.5 < m \leqslant 6$	3.4	4.9	7.0	9.5	14.0	19.0	28.0	39.0	55.0	78.0	110.0	156.0	220.0
	$6 < m \leqslant 10$	3.6	5.0	7.0	10.0	14.0	20.0	29.0	41.0	58.0	82.0	116.0	164.0	231.0
	$10 < m \leqslant 16$	3.9	5.5	7.5	11.0	15.0	22.0	31.0	44.0	62.0	88.0	124.0	175.0	248.0
	$16 < m \leqslant 25$	4.3	6.0	8.5	12.0	17.0	24.0	34.0	48.0	68.0	96.0	136.0	193.0	273.0

表 7－16　齿廓总偏差 F_a 的允许值

分度圆直径 d/mm	模数 m/mm	精度等级/μm												
		0	1	2	3	4	5	6	7	8	9	10	11	12
$5 \leqslant d \leqslant 20$	$0.5 \leqslant m \leqslant 2$	0.8	1.1	1.6	2.3	3.2	4.5	6.5	9.0	13.0	18.0	26.0	37.0	52.0
	$2 < m \leqslant 3.5$	1.2	1.7	2.3	3.3	4.7	6.5	9.5	13.0	19.0	26.0	37.0	53.0	75.0
$20 < d \leqslant 50$	$0.5 \leqslant m \leqslant 2$	0.9	1.3	1.8	2.6	3.6	5.0	7.5	10.0	15.0	21.0	29.0	41.0	58.0
	$2 < m \leqslant 3.5$	1.3	1.8	2.5	3.6	5.0	7.0	10.0	14.0	20.0	29.0	40.0	57.0	81.0
	$3.5 < m \leqslant 6$	1.6	2.2	3.1	4.4	6.0	9.0	12.0	18.0	25.0	35.0	50.0	70.0	99.0
	$6 < m \leqslant 10$	1.9	2.7	3.8	5.5	7.5	11.0	15.0	22.0	31.0	43.0	61.0	87.0	123.0
$50 < d \leqslant 125$	$0.5 \leqslant m \leqslant 2$	1.0	1.5	2.1	2.9	4.1	6.0	8.5	12.0	17.0	23.0	33.0	47.0	66.0
	$2 < m \leqslant 3.5$	1.4	2.0	2.8	3.9	5.5	8.0	11.0	16.0	22.0	31.0	44.0	63.0	89.0
	$3.5 < m \leqslant 6$	1.7	2.4	3.4	4.8	6.5	9.5	13.0	19.0	27.0	38.0	54.0	76.0	108.0
	$6 < m \leqslant 10$	2.0	2.9	4.1	6.0	8.0	12.0	16.0	23.0	33.0	46.0	65.0	92.0	131.0
	$10 < m \leqslant 16$	2.5	3.5	5.0	7.0	10.0	14.0	20.0	28.0	40.0	56.0	79.0	112.0	159.0
	$16 < m \leqslant 25$	3.0	4.2	6.0	8.5	12.0	17.0	24.0	34.0	48.0	68.0	96.0	136.0	192.0

表 7－17　齿廓形状偏差 f_{fa} 的允许值(摘自 GB/T 10095.1—2008)

分度圆直径 d/mm	模数 m/mm	精度等级/μm												
		0	1	2	3	4	5	6	7	8	9	10	11	12
$5 \leqslant d \leqslant 20$	$0.5 \leqslant m \leqslant 2$	0.6	0.9	1.3	1.8	2.5	3.5	5.0	7.0	10.0	14.0	20.0	28.0	40.0
	$2 < m \leqslant 3.5$	0.9	1.3	1.8	2.6	3.6	5.0	7.0	10.0	14.0	20.0	29.0	41.0	58.0
$20 < d \leqslant 50$	$0.5 \leqslant m \leqslant 2$	0.7	1.0	1.4	2.0	2.8	4.0	5.5	8.0	11.0	16.0	22.0	32.0	45.0
	$2 < m \leqslant 3.5$	1.0	1.4	2.0	2.8	3.9	5.5	8.0	11.0	16.0	22.0	31.0	44.0	62.0
	$3.5 < m \leqslant 6$	1.2	1.7	2.4	3.4	4.8	7.0	9.5	14.0	19.0	27.0	39.0	54.0	77.0
	$6 < m \leqslant 10$	1.5	2.1	3.0	4.2	6.0	8.5	12.0	17.0	24.0	34.0	48.0	67.0	95.0
$50 < d \leqslant 125$	$0.5 \leqslant m \leqslant 2$	0.8	1.1	1.6	2.3	3.2	4.5	6.5	9.0	13.0	18.0	26.0	36.0	51.0
	$2 < m \leqslant 3.5$	1.1	1.5	2.1	3.0	4.3	6.0	8.5	12.0	17.0	24.0	34.0	49.0	69.0
	$3.5 < m \leqslant 6$	1.3	1.8	2.6	3.7	5.0	7.5	10.0	15.0	21.0	29.0	42.0	59.0	83.0
	$6 < m \leqslant 10$	1.6	2.2	3.2	4.5	6.5	9.0	13.0	18.0	25.0	36.0	51.0	72.0	101.0
	$10 < m \leqslant 16$	1.9	2.7	3.9	5.5	7.5	11.0	15.0	22.0	31.0	44.0	62.0	87.0	123.0
	$16 < m \leqslant 25$	2.3	3.3	4.7	6.5	9.5	13.0	19.0	26.0	37.0	53.0	75.0	106.0	149.0

表 7－18　齿廓倾斜偏差±$f_{H\alpha}$的允许值(摘自 GB/T 10095.1—2008)

分度圆直径 d/mm	模数 m/mm	精度等级/μm												
		0	1	2	3	4	5	6	7	8	9	10	11	12
$5\leqslant d\leqslant 20$	$0.5\leqslant m\leqslant 2$	0.5	0.7	1.0	1.5	2.1	2.9	4.2	6.0	8.5	12.0	17.0	24.0	33.0
	$2<m\leqslant 3.5$	0.7	1.0	1.5	2.1	3.0	4.2	6.0	8.5	12.0	17.0	24.0	34.0	47.0
$20<d\leqslant 50$	$0.5\leqslant m\leqslant 2$	0.6	0.8	1.2	1.6	2.3	3.3	4.5	6.5	9.5	13.0	19.0	26.0	37.0
	$2<m\leqslant 3.5$	0.8	1.1	1.6	2.3	3.2	4.5	6.5	9.0	13.0	18.0	26.0	36.0	51.0
	$3.5<m\leqslant 6$	1.0	1.4	2.0	2.8	3.9	5.5	8.0	11.0	15.0	22.0	32.0	45.0	63.0
	$6<m\leqslant 10$	1.2	1.7	2.4	3.4	4.8	7.0	9.5	14.0	19.0	27.0	39.0	55.0	78.0
$50<d\leqslant 125$	$0.5\leqslant m\leqslant 2$	0.7	0.9	1.3	1.9	2.6	3.7	5.5	7.5	11.0	15.0	21.0	30.0	42.0
	$2<m\leqslant 3.5$	0.9	1.2	1.8	2.5	3.5	5.0	7.0	10.0	14.0	20.0	28.0	40.0	57.0
	$3.5<m\leqslant 6$	1.1	1.5	2.1	3.0	4.3	6.0	8.5	12.0	17.0	24.0	34.0	48.0	68.0
	$6<m\leqslant 10$	1.3	1.8	2.6	3.7	5.0	7.5	10.0	15.0	21.0	29.0	41.0	58.0	83.0
	$10<m\leqslant 16$	1.6	2.2	3.1	4.4	6.5	9.0	13.0	18.0	25.0	35.0	50.0	71.0	100.0
	$16<m\leqslant 25$	1.9	2.7	3.8	5.5	7.5	11.0	15.0	21.0	30.0	43.0	60.0	86.0	121.0

表 7－19　螺旋线总偏差 F_β(摘自 GB/T 10095.1—2008)

分度圆直径 d/mm	齿宽 b/mm	精度等级/μm												
		0	1	2	3	4	5	6	7	8	9	10	11	12
$5\leqslant d\leqslant 20$	$4\leqslant b\leqslant 10$	1.1	1.5	2.2	3.1	4.3	6.0	8.5	12.0	17.0	24.0	35.0	49.0	69.0
	$10\leqslant b\leqslant 20$	1.2	1.7	2.4	3.4	4.9	7.0	9.5	14.0	19.0	28.0	39.0	55.0	78.0
	$20\leqslant b\leqslant 40$	1.4	2.0	2.8	3.9	5.5	8.0	11.0	16.0	22.0	31.0	45.0	63.0	89.0
	$40\leqslant b\leqslant 80$	1.6	2.3	3.3	4.6	6.5	9.5	13.0	19.0	26.0	37.0	52.0	74.0	105.0
$20<d\leqslant 50$	$4\leqslant b\leqslant 10$	1.1	1.6	2.2	3.2	4.5	6.5	9.0	13.0	18.0	25.0	36.0	51.0	72.0
	$10\leqslant b\leqslant 20$	1.3	1.8	2.5	3.6	5.0	7.0	10.0	14.0	20.0	29.0	40.0	57.0	81.0
	$20\leqslant b\leqslant 40$	1.4	2.0	2.9	4.1	5.5	8.0	11.0	16.0	23.0	32.0	46.0	65.0	92.0
	$40\leqslant b\leqslant 80$	1.7	2.4	3.4	4.8	6.5	9.5	13.0	19.0	27.0	38.0	54.0	76.0	107.0
	$80\leqslant b\leqslant 160$	2.0	2.9	4.1	5.5	8.0	11.0	16.0	23.0	32.0	46.0	65.0	92.0	130.0
$50<d\leqslant 125$	$4\leqslant b\leqslant 10$	1.2	1.7	2.4	3.3	4.7	6.5	9.5	13.0	19.0	27.0	38.0	53.0	76.0
	$10\leqslant b\leqslant 20$	1.3	1.9	2.6	3.7	5.5	7.5	11.0	15.0	21.0	30.0	42.0	60.0	84.0
	$20\leqslant b\leqslant 40$	1.5	2.1	3.0	4.2	6.0	8.5	12.0	17.0	24.0	34.0	48.0	68.0	95.0
	$40\leqslant b\leqslant 80$	1.7	2.5	3.5	4.9	7.0	10.0	14.0	20.0	28.0	39.0	56.0	79.0	111.0
	$80\leqslant b\leqslant 160$	2.1	2.9	4.2	6.0	8.5	12.0	17.0	24.0	33.0	47.0	67.0	94.0	133.0
	$160\leqslant b\leqslant 250$	2.5	3.5	4.9	7.0	10.0	14.0	20.0	28.0	40.0	56.0	79.0	112.0	158.0
	$250\leqslant b\leqslant 400$	2.9	4.1	6.0	8.0	12.0	16.0	23.0	33.0	46.0	65.0	92.0	130.0	184.0

表 7-20　螺旋线形状偏差 $f_{f\beta}$ 和螺旋线倾斜偏差 $\pm F_{H\beta}$（摘自 GB/T 10095.1—2008）

分度圆直径 d/mm	齿宽 b/mm	精度等级/μm												
		0	1	2	3	4	5	6	7	8	9	10	11	12
$5 \leqslant d \leqslant 20$	$4 \leqslant b \leqslant 10$	0.8	1.1	1.5	2.2	3.1	4.4	6.0	8.5	12.0	17.0	25.0	35.0	49.0
	$10 \leqslant b \leqslant 20$	0.9	1.2	1.7	2.5	3.5	4.9	7.0	10.0	14.0	20.0	28.0	39.0	55.0
	$20 \leqslant b \leqslant 40$	1.0	1.4	2.0	2.8	4.0	5.5	8.0	11.0	16.0	22.0	32.0	45.0	64.0
	$40 \leqslant b \leqslant 80$	1.2	1.7	2.3	3.3	4.7	6.5	9.5	13.0	19.0	26.0	37.0	53.0	75.0
$20 < d \leqslant 50$	$4 \leqslant b \leqslant 10$	0.8	1.1	1.6	2.3	3.2	4.5	6.5	9.0	13.0	18.0	26.0	36.0	51.0
	$10 \leqslant b \leqslant 20$	0.9	1.3	1.8	2.5	3.6	5.0	7.0	10.0	14.0	20.0	29.0	41.0	58.0
	$20 \leqslant b \leqslant 40$	1.0	1.4	2.0	2.9	4.1	6.0	8.0	12.0	16.0	23.0	33.0	46.0	65.0
	$40 \leqslant b \leqslant 80$	1.2	1.7	2.4	3.4	4.8	7.0	9.5	14.0	19.0	27.0	38.0	51.0	77.0
	$80 \leqslant b \leqslant 160$	1.4	2.0	2.9	4.1	6.0	8.0	12.0	16.0	23.0	33.0	46.0	65.0	93.0
$50 < d \leqslant 125$	$4 \leqslant b \leqslant 10$	0.8	1.2	1.7	2.4	3.4	4.8	6.5	9.5	13.0	19.0	27.0	38.0	54.0
	$10 \leqslant b \leqslant 20$	0.9	1.3	1.9	2.7	3.8	5.5	7.5	11.0	15.0	21.0	30.0	43.0	60.0
	$20 \leqslant b \leqslant 40$	1.1	1.5	2.1	3.0	4.3	6.0	8.5	12.0	17.0	24.0	34.0	48.0	68.0
	$40 \leqslant b \leqslant 80$	1.2	1.8	2.5	3.5	5.0	7.0	10.0	14.0	20.0	28.0	40.0	56.0	79.0
	$80 \leqslant b \leqslant 160$	1.5	2.1	3.0	4.2	6.0	8.5	12.0	17.0	24.0	34.0	48.0	67.0	95.0
	$160 \leqslant b \leqslant 250$	1.8	2.5	3.5	5.0	7.0	10.0	14.0	20.0	28.0	40.0	56.0	80.0	113.0
	$250 \leqslant b \leqslant 400$	2.1	2.9	4.1	6.0	8.0	12.0	16.0	23.0	33.0	46.0	66.0	93.0	132.0

表 7-21　径向综合总偏差 F_i''（摘自 GB/T 10095.2—2008）

分度圆直径 d/mm	法向模数 m_n/mm	精度等级/μm								
		4	5	6	7	8	9	10	11	12
$5 \leqslant d \leqslant 20$	$0.2 \leqslant m_n \leqslant 0.5$	7.5	11	15	21	30	42	60	85	120
	$0.5 < m_n \leqslant 0.8$	8.0	12	16	23	33	46	66	96	131
	$0.8 < m_n \leqslant 1.0$	9.0	12	18	25	35	50	70	100	141
	$1.0 < m_n \leqslant 1.5$	10	14	19	27	38	54	76	108	153
	$1.5 < m_n \leqslant 2.5$	11	16	22	32	45	63	89	126	179
	$2.5 < m_n \leqslant 4.0$	14	20	28	39	56	79	112	158	223
$20 \leqslant d \leqslant 50$	$0.2 \leqslant m_n \leqslant 0.5$	9.0	13	19	26	37	52	74	105	148
	$0.5 < m_n \leqslant 0.8$	10	14	20	28	40	56	80	113	160
	$0.8 < m_n \leqslant 1.0$	11	15	21	30	42	60	85	120	169
	$1.0 < m_n \leqslant 1.5$	11	16	23	32	45	64	91	128	181
	$1.5 < m_n \leqslant 2.5$	13	18	26	37	52	73	103	146	207

续 表

分度圆直径 d/mm	法向模数 m_n/mm	精度等级/μm								
		4	5	6	7	8	9	10	11	12
$20 \leqslant d \leqslant 50$	$2.5 < m_n \leqslant 4.0$	16	22	31	44	63	89	126	178	251
	$4.0 < m_n \leqslant 6.0$	20	28	39	56	79	111	157	222	314
	$6.0 < m_n \leqslant 10.0$	26	37	52	74	104	147	209	295	417
$50 \leqslant d \leqslant 125$	$0.2 \leqslant m_n \leqslant 0.5$	12	16	23	33	46	66	93	131	185
	$0.5 < m_n \leqslant 0.8$	12	17	25	35	49	70	98	139	197
	$0.8 < m_n \leqslant 1.0$	13	18	26	36	52	73	103	146	206
	$1.0 < m_n \leqslant 1.5$	14	19	27	39	55	77	109	154	218
	$1.5 < m_n \leqslant 2.5$	15	22	31	43	61	85	122	173	244
	$2.5 < m_n \leqslant 4.0$	18	25	36	51	72	102	144	204	288
	$4.0 < m_n \leqslant 6.0$	22	31	44	62	88	124	176	248	351
	$6.0 < m_n \leqslant 10.0$	28	40	57	80	114	161	227	321	454

表 7-22　一齿径向综合偏差 f_i''(摘自 GB/T 10095.2—2008)

分度圆直径 d/mm	法向模数 m_n/mm	精度等级/μm								
		4	5	6	7	8	9	10	11	12
$5 \leqslant d \leqslant 20$	$0.2 \leqslant m_n \leqslant 0.5$	1.0	2.0	2.5	3.5	5.0	7.0	10	14	20
	$0.5 < m_n \leqslant 0.8$	2.0	2.5	4.0	5.5	7.5	11	15	22	31
	$0.8 < m_n \leqslant 1.0$	2.5	3.5	5.0	7.0	10	14	20	28	39
	$1.0 < m_n \leqslant 1.5$	3.0	4.5	6.5	9.0	13	18	25	36	50
	$1.5 < m_n \leqslant 2.5$	4.5	6.5	9.5	13	19	26	37	53	74
	$2.5 < m_n \leqslant 4.0$	70	10	14	20	29	41	58	82	115
$20 \leqslant d \leqslant 50$	$0.2 \leqslant m_n \leqslant 0.5$	1.5	2.0	2.5	3.5	5.0	7.0	10	14	20
	$0.5 < m_n \leqslant 0.8$	2.0	2.5	4.0	5.5	7.5	11	15	22	31
	$0.8 < m_n \leqslant 1.0$	2.5	3.5	5.0	7.0	10	14	20	28	40
	$1.0 < m_n \leqslant 1.5$	3.0	4.5	6.5	9.0	13	19	26	37	53
	$1.5 < m_n \leqslant 2.5$	4.5	6.5	9.5	13	19	26	37	53	75
	$2.5 < m_n \leqslant 4.0$	7.0	10	14	20	29	41	58	82	116
	$4.0 < m_n \leqslant 6.0$	11	15	22	31	43	61	87	123	174
	$6.0 < m_n \leqslant 10.0$	17	24	34	48	67	95	135	190	269
$50 \leqslant d \leqslant 125$	$0.2 \leqslant m_n \leqslant 0.5$	1.5	2.0	2.5	3.5	5.0	7.5	10	15	21
	$0.5 < m_n \leqslant 0.8$	2.0	3.0	4.0	5.5	8.0	11	16	22	31

续　表

分度圆直径 d/mm	法向模数 m_n/mm	精度等级/μm								
		4	5	6	7	8	9	10	11	12
$50 \leqslant d \leqslant 125$	$0.8 < m_n \leqslant 1.0$	2.5	3.5	5.0	7.0	10	14	20	28	40
	$1.0 < m_n \leqslant 1.5$	3.0	4.5	6.5	9.0	13	18	26	36	51
	$1.5 < m_n \leqslant 2.5$	4.5	6.5	9.5	13	19	26	37	53	75
	$2.5 < m_n \leqslant 4.0$	7.0	10	14	20	29	41	58	82	116
	$4.0 < m_n \leqslant 6.0$	11	15	22	31	44	62	87	123	174
	$6.0 < m_n \leqslant 10.0$	17	24	34	48	67	95	135	191	269

表 7-23　径向跳动公差 F_r(摘自 GB/T 10095.2—2008)

分度圆直径 d/mm	法向模数 m_n/mm	精度等级/μm												
		0	1	2	3	4	5	6	7	8	9	10	11	12
$5 \leqslant d \leqslant 20$	$0.5 \leqslant m \leqslant 2$	1.5	2.5	3.0	4.5	6.5	9.0	13	18	25	36	51	72	102
	$2 < m \leqslant 3.5$	1.5	2.5	3.5	4.5	6.5	9.5	13	19	27	38	53	75	106
$20 < d \leqslant 50$	$0.5 \leqslant m \leqslant 2$	2.0	3.0	4.0	5.5	8.0	11	16	23	32	46	65	92	130
	$2 < m \leqslant 3.5$	2.0	3.0	4.0	6.0	8.5	12	17	24	34	47	67	95	134
	$3.5 < m \leqslant 6$	2.0	3.0	4.5	6.0	8.5	12	17	25	35	49	70	99	139
	$6 < m \leqslant 10$	2.5	3.5	4.5	6.5	9.5	13	19	26	37	52	74	105	148
$50 < d \leqslant 125$	$0.5 \leqslant m \leqslant 2$	2.5	3.5	5.0	7.5	10	15	21	29	42	59	83	118	167
	$2 < m \leqslant 3.5$	2.5	4.0	5.5	7.5	11	15	21	30	43	61	86	121	171
	$3.5 < m \leqslant 6$	3.0	4.0	5.5	8.0	11	16	22	31	44	62	88	125	176
	$6 < m \leqslant 10$	3.0	4.0	6.0	8.0	12	16	23	33	46	65	92	131	185
	$10 < m \leqslant 16$	3.0	4.5	6.0	9.0	12	18	25	35	50	70	99	140	198
	$16 < m \leqslant 25$	3.5	5.0	7.0	9.5	14	19	27	39	55	77	109	154	218

第 8 章　键和花键的公差配合及测量

【本章学习目标】

★ 掌握平键连接的结构及配合精度设计;

★ 掌握花键连接的结构及配合精度设计;

★ 了解平键与花键的检测方法及常用器具。

【本章教学要点】

知识要点	能力要求	相关知识
平键连接的结构及配合精度设计	了解平键连接的结构和主要几何参数,进行平键连接公差与配合的正确选用与标注	键连接的分类及用途
掌握花键连接的结构及配合精度设计	了解花键连接的结构和主要几何参数,进行花键连接公差与配合的正确选用与标注	花键连接相比平键连接的优势
平键与花键的检测方法及常用器具	了解平键与花键的检测方法及常用器具	其他键连接的检测方法及常用器具

8.1　概述

8.1.1　键连接的用途

键连接是机械产品中普遍应用的结合方式之一,它常用于轴与轴上零件(如齿轮、皮带轮、手轮和联轴节等)之间的可拆连接,以传递扭矩,有时也用作轴上传动件的导向。

8.1.2　键连接的分类

键连接可分为单键连接和花键连接两大类。单键种类较多,按其结构形状不同分为平键、半圆键和楔键。平键又可分为普通平键、导向平键和滑键。普通平键用于轮毂与轴间无相对滑动的静连接,其主要失效形式为工作面被压溃,设计时应校核挤压强度;导向平键和滑键用于动连接,其主要失效形式为磨损,设计时应校核其耐磨强度。半圆键的工作面为两侧面，其主要优点为键槽加工方便。楔键又可分为普通楔键和钩头楔键，楔键的工作面是上下面，既可传递转矩，又可承受单向轴向载荷，但容易破坏轴和轮毂的对中性，其主要失效形式是压溃。同一连接处使用两个平键，应错过 180°布置；采用两个楔键时，要错开 120°；采用两个半圆键时，则应布置在一条直线上。

花键按其键齿形状分为矩形花键和渐开线花键两种。

键的材料通常采用中碳钢。

因平键和矩形花键在机械产品中应用比较广泛，所以本章只讨论平键和矩形花键的公差配合及检测。

8.2 平键连接的公差与配合

8.2.1 平键连接的结构和主要几何参数

平键连接通过键的侧面与轴槽和轮毂槽的侧面相互接触来传递扭矩。键的上表面和轮毂槽间留有一定的间隙，其结构如图 8-1 所示。在设计平键连接时，其剖面尺寸通常是根据轴径 d 确定，长度尺寸主要是根据轮毂长度确定(见表 8-1)。

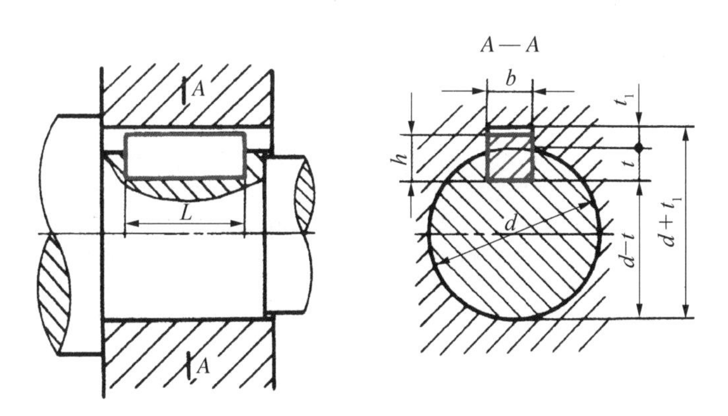

图 8-1 平键连接的几何参数

b—键和键槽的宽度；L—键的长度；h—键的高度；t—轴键槽深度；t_1—轮毂键槽深度；d—轴和轮毂公称直径

表 8-1 平键连接的配合种类及应用

连接形式	尺寸 b 的公差带			应　　用
	键	轴槽	轮毂槽	
松连接	h8	H9	D10	键在轴上及轮毂中均能滑动，主要用于导向平键，轮毂可在轴上移动
正常连接		N9	JS9	键在轴槽中和轮毂槽中均固定，用于载荷不大的场合
紧密连接		P9	P9	键在轴槽中和轮毂槽中均牢固地固定，比正常键连接的配合更紧。用于载荷较大、有冲击和双向传递转矩的场合

8.2.2 平键连接的公差与配合

在平键连接中，键宽和键槽宽 b 是配合尺寸。由于平键为标准件，是平键结合中的“轴”而轴槽和轮毂槽是平键结合中的“孔”，所以键和键槽宽 b 的配合采用基轴制配合。国家标准 GB/T 1095—2003《平键 键槽的剖面尺寸》对轴槽和轮毂槽宽度各规定了三种公差带，构成三组配合，以满足各种不同用途的需要。键宽与键槽宽 b 的公差带如图 8-2 所示，三组配合的应用场合见表 8-1。

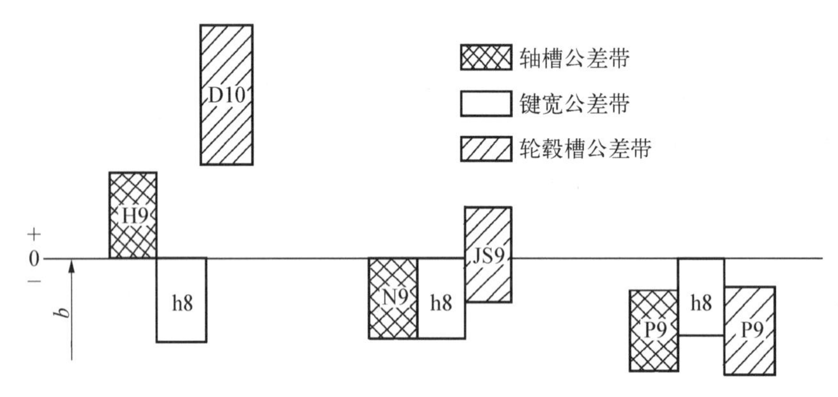

图 8-2 平键连接配合类型

平键连接中键槽和键的公差见表 8-2 和表 8-3。其他非配合尺寸中，键长和轴槽长的公差分别采用 h14 和 H14，键高的公差采用 h11。

表 8-2 普通平键键槽的尺寸与公差(摘自 GB/T 1095—2003)　　单位：mm

轴	键	键槽									
公称尺寸 d	键尺寸 $b \times h$	宽度 b						深度			
		基本尺寸	极限偏差					轴 t		毂 t_1	
			松连接		正常连接		紧密连接				
			轴 H9	毂 D10	轴 N9	毂 JS9	轴和毂 P9	基本尺寸	极限偏差	基本尺寸	极限偏差
6～8	2×2	2	+0.025 0	+0.060 +0.020	−0.004 −0.029	±0.012 5	−0.006 −0.031	1.2	+0.1 0	1.0	+0.1 0
>8～10	3×3	3						1.8		1.4	
>10～12	4×4	4	+0.030 0	+0.078 +0.030	0 −0.030	±0.015	−0.012 −0.042	2.5		1.8	
>12～17	5×5	5						3.0		2.3	
>17～22	6×6	6						3.5		2.8	
>22～30	8×7	8	+0.036 0	+0.098 +0.040	0 −0.036	±0.018	−0.015 −0.051	4.0	+0.2 0	3.3	+0.2 0
>30～38	10×8	10						5.0		3.3	

续　表

轴	键	键槽									
		宽度 b						深度			
			极限偏差					轴 t		毂 t_1	
公称尺寸 d	键尺寸 $b \times h$	基本尺寸	松连接		正常连接		紧密连接				
			轴 H9	毂 D10	轴 N9	毂 JS9	轴和毂 P9	基本尺寸	极限偏差	基本尺寸	极限偏差
>38～44	12×8	12	+0.043 0	+0.120 +0.050	0 −0.043	±0.021 5	−0.018 −0.061	5.0	+0.2 0	3.3	+0.2 0
>44～50	14×9	14						5.5		3.8	
>50～58	16×9	16						6.0		4.3	
>58～65	18×11	18						7.0		4.4	
>65～75	20×12	20	+0.052 0	+0.149 +0.065	0 −0.052	±0.026	−0.022 −0.074	7.5		4.9	
>75～85	22×14	22						9.0		5.4	

注：$(d-t)$和$(d-t_1)$两组尺寸的极限偏差按相应的 t 和 t_1 的极限偏差选取，但$(d-t)$的极限偏差应取负号。

表 8－3　普通型平键公差(摘自 GB/T 1096—2003)　　　单位：mm

b	基本尺寸	8	10	12	14	16	18	20	22	25	28
	极限偏差 h8	0 −0.022		0 −0.027				0 −0.033			
h	基本尺寸	7	8	8	9	10	11	12	14	16	
	极限偏差矩形 h11	0 −0.090					0 −0.110				

8.2.3　平键连接公差与配合的选用与标注

平键连接的公差与配合的选用，主要是根据使用要求和应用场合确定其配合的种类。

(1) 对于导向平键应选用较松键连接，因为在这种结合方式中，由于形位误差的影响，使键(h8)与轴槽(H9)的配合实际上为不可动连接，而键与轮毂槽(D10)的配合间隙较大，因此，轮毂可以相对轴移动。

(2) 对于承受重载荷、冲击载荷或双向扭矩的情况，应选用较紧键连接，因为这时键(h8)与键槽(P9)的配合较紧，再加上形位误差的影响，使之结合紧密、可靠。

(3) 对于承受一般载荷，考虑拆装方便，应选用一般键连接。

选用平键连接时，还应考虑其配合表面的形位误差和表面粗糙度的影响。

为保证键侧与键槽之间有足够的接触面积和避免装配困难，国标还规定了轴槽和轮毂槽对轴线的对称度公差。对称度公差按 GB/T 1184—1996《形状和位置公差　未注公差值》确定，一般取7～9级。

当平键的长 L 与键宽 b 之比大于或等于8时，键的两工作侧面在长度方向上的平行度应按GB/T 1184—1996的规定选取：① 当 $b \leqslant 6$ mm时，公差等级取7级；② 当 $b \geqslant 8 \sim 36$ mm时，公差等级取6级；③ 当 $b \geqslant 40$ mm时，公差等级取5级。

轴槽和轮毂槽的两个工作侧面为配合表面，其表面粗糙度 Ra 值一般取1.6～3.2 μm。槽底面等为非配合表面，其表面粗糙度 Ra 值取6.3～12.5 μm。

轴键槽和轮毂键槽的剖面尺寸、形位公差及表面粗糙度要求在图样上的标注如图8-3所示。

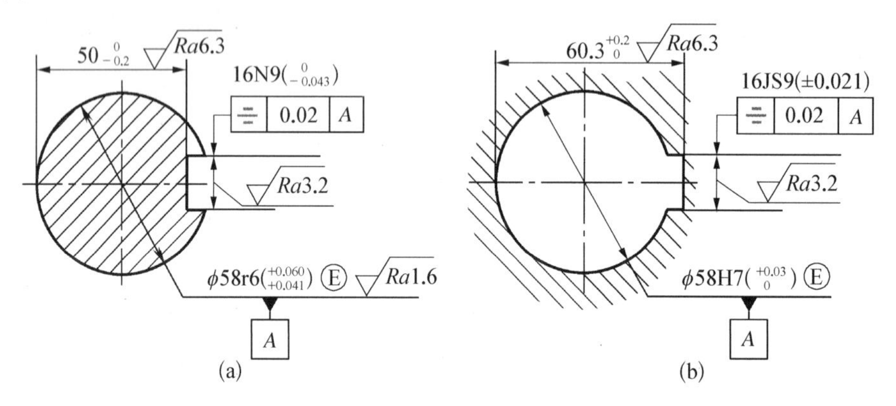

图8-3 键槽标注示例

(a) 轴键槽 (b) 轮毂键槽

8.3 矩形花键连接的公差与配合

当要求传递较大的转矩且定心精度也要求较高时，单键连接不能满足要求，需采用花键连接。花键连接由外花键（花键轴）与内花键（花键孔）构成，可用作固定连接，也可用作滑动连接。

与平键连接相比，花键连接具有定心精度高、导向性好、轴和轮毂上承受的负荷分布比较均匀、传递的转矩较大，而且强度高，连接更可靠等优点，但所需成本较高。

花键有矩形花键和渐开线花键两种，其中渐开线花键适用于载荷大，定心精度要求高，尺寸较大的场合，压力角为45°的渐开线花键用于载荷不大的薄壁零件连接。渐开线花键采用齿廓定心。矩形花键采用小径定心，应用较广。

8.3.1 矩形花键的主要几何参数和定心方式

国标GB/T 1144—2001《矩形花键尺寸、公差和检验》规定了矩形花键的基本尺寸为大径 D、小径 d 和键（槽）宽 B，其结构及尺寸如图8-4所示。

花键连接的主要使用要求是保证内、外花键具有较高的同轴度，以及键侧面与键槽侧面接触均匀，并能传递一定的扭矩。对要求轴向滑动的连接，还应保证导向精度。为此，必须保证具有一定的配合性质。

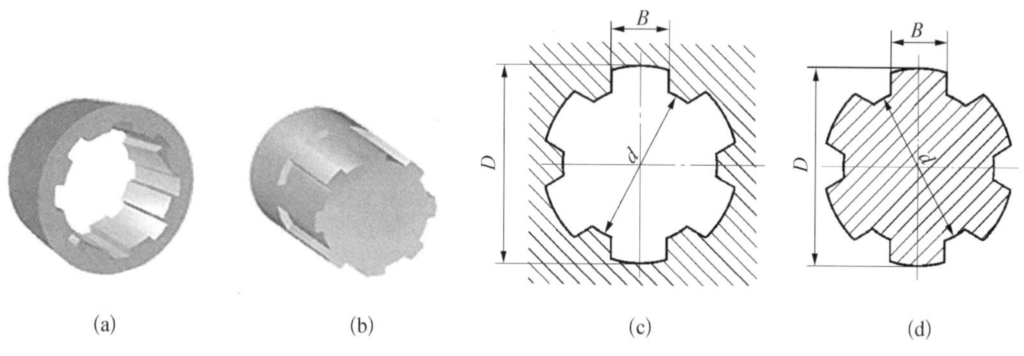

图 8-4　矩形花键的结构及基本尺寸

(a)内花键　(b) 外花键　(c) 内花键剖面尺寸　(d) 外花键剖面尺寸

矩形花键连接有三个结合面，即大径结合面、小径结合面和键侧结合面，只能在这三个结合面中选取一个为主，来确定内、外花键的配合性质。确定配合性质的结合面称为定心表面。理论上每个结合面都可作为定心表面，所以花键连接有三种定心方式：小径 d 定心、大径 D 定心和键(槽)宽 B 定心，如图 8-5 所示。国标 GB/T 1144—2001 规定矩形花键采用小径定心。对定心直径(小径 d)有较高的精度要求，对非定心直径(即大径 D)的精度要求则较低，且有较大的间隙。但对非定心的键和键槽侧面也要求有足够的精度，因为它们要传递扭矩和起导向作用。

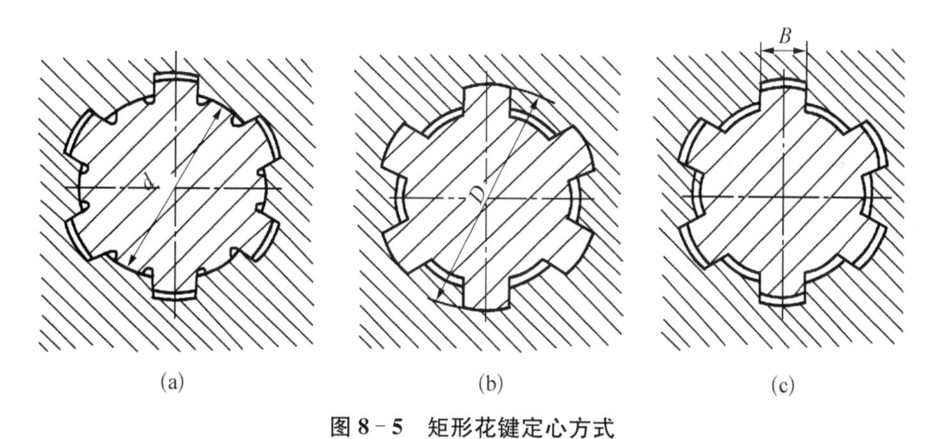

图 8-5　矩形花键定心方式

(a) 小径定心　(b) 大径定心　(c) 键侧定心

矩形花键连接以小径定心，这不仅减少了定心种类，而且经热处理后的内、外花键的小径可采用内圆磨及成形磨精加工，可获得较高的加工精度和定心精度。

8.3.2　矩形花键连接的公差与配合

为了减少加工和检验内花键用花键拉刀和花键量规的规格和数量，有利于拉刀和量具的专业化生产，GB/T 1144—2001 规定矩形花键配合采用基孔制，即内花键 d、D 和 B 的基本偏差不变，依靠改变外花键 d、D 和 B 的基本偏差，获得不同松紧的配合。

矩形花键的公差与配合分为两种情况：一种为一般用途矩形花键；另一种为精密传动用矩形花键。其内、外花键的尺寸公差带见表 8-4。

表 8-4 矩形花键的尺寸公差带(摘自 GB/T 1144—2001)

<table>
<tr><th rowspan="3">用　途</th><th colspan="4">内　花　键</th><th colspan="3">外　花　键</th><th rowspan="3">装配形式</th></tr>
<tr><th rowspan="2">小径 d</th><th rowspan="2">大径 D</th><th colspan="2">键宽 B</th><th rowspan="2">小径 d</th><th rowspan="2">大径 D</th><th rowspan="2">键宽 B</th></tr>
<tr><th>拉削后
不热处理</th><th>拉削后
热处理</th></tr>
<tr><td rowspan="3">一般用</td><td rowspan="3">H7</td><td rowspan="9">H10</td><td rowspan="3">H9</td><td rowspan="3">H11</td><td>f7</td><td rowspan="9">a11</td><td>d11</td><td>滑动</td></tr>
<tr><td>g7</td><td>f9</td><td>紧滑动</td></tr>
<tr><td>h7</td><td>h10</td><td>固定</td></tr>
<tr><td rowspan="6">精密传动用</td><td rowspan="3">H5</td><td colspan="2" rowspan="6">H7、H9</td><td>f5</td><td>d8</td><td>滑动</td></tr>
<tr><td>g5</td><td>f7</td><td>紧滑动</td></tr>
<tr><td>h5</td><td>h8</td><td>固定</td></tr>
<tr><td rowspan="3">H6</td><td>f6</td><td>d8</td><td>滑动</td></tr>
<tr><td>g6</td><td>f7</td><td>紧滑动</td></tr>
<tr><td>h6</td><td>h8</td><td>固定</td></tr>
</table>

注：① 精密传动用内花键，当需要控制键侧配合间隙时，槽宽可选 H7，一般情况下可选 H9。
② d 为 H6、H7 的内花键，允许与高一级的外花键配合。

国家标准规定矩形花键的装配形式分为滑动、紧滑动和固定连接三种。前两种连接方式用于内、外花键之间工作时要求相对移动的情况，而固定连接用于内、外花键之间无轴向相对移动的情况。由于形位误差的影响，矩形花键各结合面的配合均比预定的要紧。

8.3.3 矩形花键的形位公差

矩形内、外花键是具有复杂表面的结合件，并且键长与键宽的比值较大，形位误差是影响花键连接质量的重要因素，因而对其形位误差要加以控制。规定如下：

(1) 小径 d 的尺寸公差与形位公差的关系，必须采用包容要求。即当小径 d 的实际尺寸处于最大实体状态时，它必须具有理想形状，只有当小径 d 的实际尺寸偏离最大实体状态时，才允许有形状误差。

(2) 键槽和键侧面对定心轴线的位置度公差，应遵守最大实体要求。花键的位置度公差综合控制花键各键之间的角位置、各键对轴线的对称度误差，以及各键对轴线的平行度误差等。位置度公差的标注方式如图 8-6 所示，位置度公差见表 8-5 所示。

表 8-5 矩形花键位置度公差(摘自 GB/T 1144—2001)　　单位：mm

<table>
<tr><th colspan="2" rowspan="2">键槽宽或键宽 B</th><th>3</th><th>3.5～6</th><th>7～10</th><th>12～18</th></tr>
<tr><th colspan="4">位置度公差 t_1</th></tr>
<tr><td colspan="2">键槽宽</td><td>0.010</td><td>0.015</td><td>0.020</td><td>0.025</td></tr>
<tr><td rowspan="2">键宽</td><td>滑动、固定</td><td>0.010</td><td>0.015</td><td>0.020</td><td>0.025</td></tr>
<tr><td>紧滑动</td><td>0.006</td><td>0.010</td><td>0.013</td><td>0.016</td></tr>
</table>

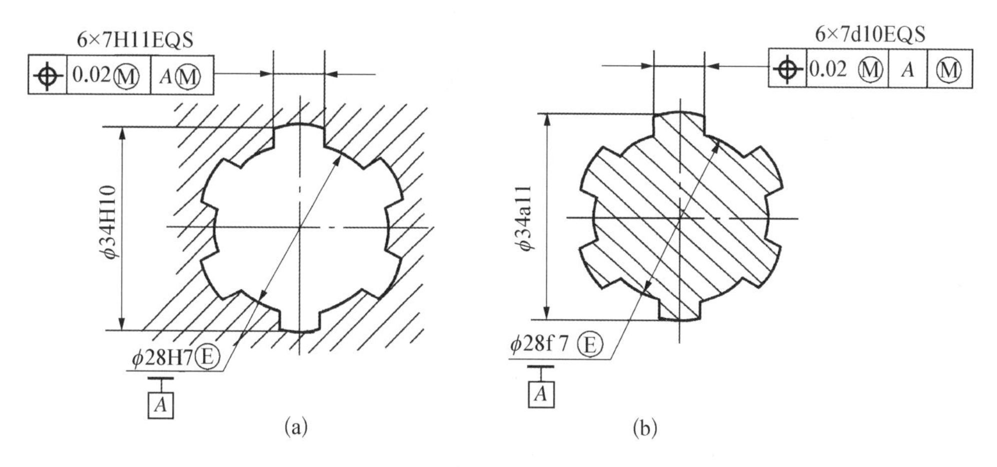

图 8-6　花键位置度公差标注

(a) 内花键　(b) 外花键

(3) 采用单项测量时，应分别规定键(键槽)两侧面的中心平面对定心轴线的对称度和等分度公差，并采用独立原则。花键对称度标注如图 8-7 所示，对称度公差值见表 8-6。

国家标准规定，花键的等分度公差等于花键的对称度公差值。

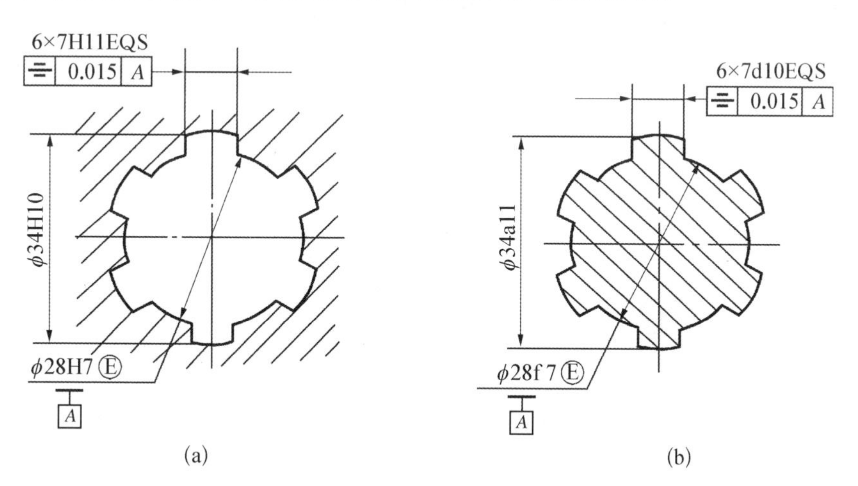

图 8-7　花键对称度公差标注

(a) 内花键　(b) 外花键

表 8-6　矩形花键对称度公差(摘自 GB/T 1144—2001)　　**单位：mm**

键槽宽或键宽 B	3	3.5～6	7～10	12～18
一般用	0.010	0.012	0.015	0.018
精密传动用	0.006	0.008	0.009	0.011

注：矩形花键的等分度公差与键宽的对称度公差相同。

8.3.4　矩形花键表面粗糙度要求

矩形花键表面粗糙度要求如表 8-7 所示。

表 8-7 矩形花键表面粗糙度推荐值

加工表面	内 花 键	外 花 键
	Ra 不大于/μm	
小 径	1.6	0.8
大 径	6.3	3.2
键 侧	6.3	1.6

8.3.5 矩形花键的图样标注

矩形花键在图样上的标注，按顺序包括以下内容：键数 N、小径 d、大径 D、键宽 B、基本尺寸及配合公差代号和标准号。

例如：花键键数 $N=8$，小径 $d=23\dfrac{\text{H7}}{\text{f7}}$，大径 $D=28\dfrac{\text{H10}}{\text{a11}}$，键宽 $B=6\dfrac{\text{H11}}{\text{d10}}$，其花键标注方法如图 8-8 所示。

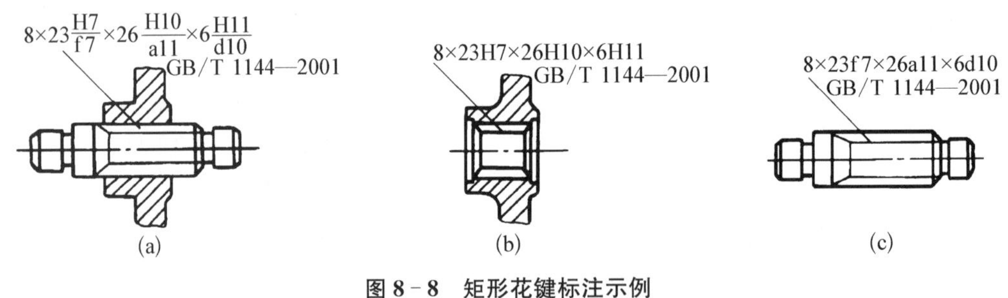

图 8-8 矩形花键标注示例

(a) 花键副 (b) 内花键 (c) 外花键

8.4 平键和矩形花键的检测

8.4.1 平键的检测

平键的检测主要包括键和键槽的尺寸误差检测、键槽的对称度误差检测和表面粗糙度检测。

平键和键槽的尺寸检测比较简单，在单件小批生产中，常采用游标卡尺、千分尺等通用量具来测量。

键槽的形位公差，特别是键槽对其轴线的对称度误差，经常会造成装配困难，严重影响键连接的质量。在单件小批量生产中，对称度误差可用百分表、千分表、表架、V 形块、平板等，按照 GB/T 1958—2004《产品几何量技术规范(GPS)形状和位置误差 检测规定》中推荐的对称度检测方案进行检测，如图 8-9 所示。在键槽中塞入定位块(或量块)，调整被测零件使定位块与平板平行，在键槽长度两端的径向截面内测量定位块至平板的距离。再将被测零件旋转 180°后重复上述测量，得到两径向测量截面内的距离差之半 Δ_1 和 Δ_2（注：绝对值大者为 Δ_1，小者为 Δ_2），键槽对称度误差按下式计算：

$$f=\frac{2\Delta_2 h+d(\Delta_1-\Delta_2)}{d-h} \tag{8-1}$$

式中：d——轴的直径；

h——轴键槽深度。

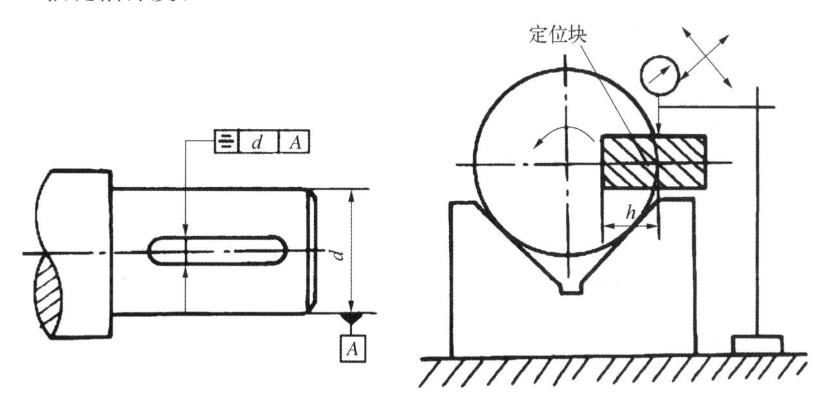

图 8-9　键槽对称度误差检测

在成批大量生产中，键槽尺寸及其对轴线的对称度误差常使用塞规检验，如图 8-10 所示。图中(a)、(b)、(c)所示三种量规为检验键槽尺寸误差的极限量规，具有通端和止端。图中(d)、(e)所示两种量规为检验键槽形位误差的综合量规，只有通端，通过为合格。

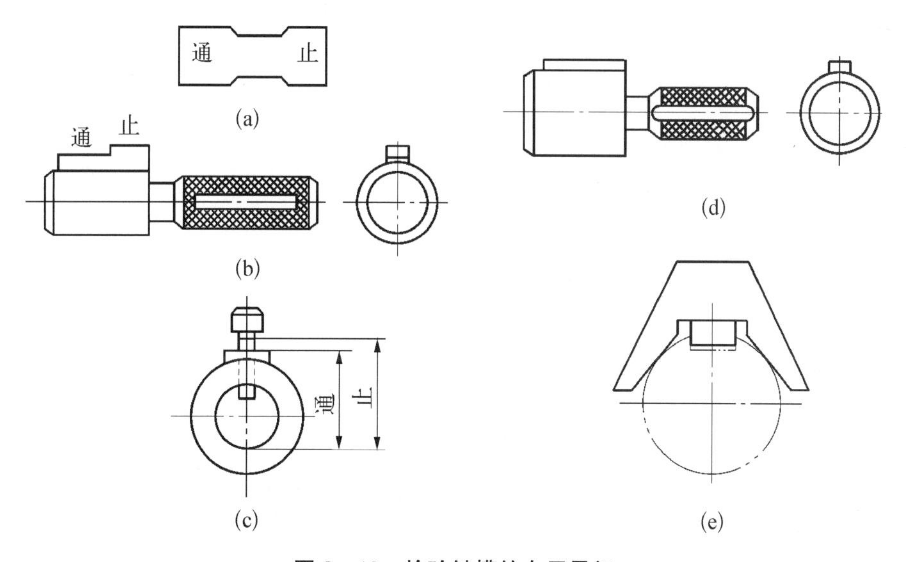

图 8-10　检验键槽的专用量规

(a) 检验键槽宽的量规　(b) 检验轮毂槽深的塞规
(c) 检验轴槽深的量规　(d) 检验轮毂槽对称度的量规　(e) 检验轴槽对称度的量规

8.4.2 花键的检测

花键的检测分单项检测和综合检测两种形式。

对单件小批量生产的内、外花键，可用通用量具按独立原则对尺寸 d、D 和 B 进行尺寸误差单项测量，对键(键槽)的对称度及等分度分别进行几何误差测量。

对大批量生产的内、外花键，可采用综合量规进行检测，以保证配合要求和安装要求。

综合量规用于控制被测花键的最大实体边界，即综合检验小径、大径及键(槽)宽的关联作用尺寸，使其控制在最大实体边界内。然后再用单项止端量规分别检验尺寸 d、D 和 B 的最小实体尺寸。检验时，综合量规能通过工件，单项止规通不过工件，则工件合格。

综合量规的形状与被检测花键相对应，检验花键孔用综合塞规，检验花键轴用综合环规，如图 8-11 所示。

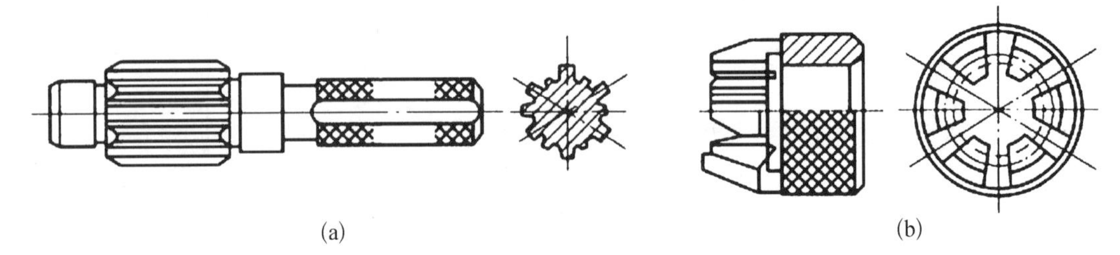

图 8-11　矩形花键综合量规

(a) 花键塞规　(b) 花键环规

第9章　滚动轴承的公差与配合

【本章学习目标】

★ 正确选择滚动轴承的精度等级；

★ 正确选择与滚动轴承相关配合。

【本章教学要点】

知识要点	能力要求	相关知识
滚动轴承的精度等级及其应用	了解滚动轴承的精度等级及选择原则，能够正确选择其精度等级	
滚动轴承与轴和外壳孔的配合及选择	了解滚动轴承配合的要求及其特点、配合公差带、配合的标注，能够合理选择滚动轴承配合的类型	

9.1　概述

滚动轴承是机械制造业中应用极为广泛的一种标准部件，在机器中起支承作用，并以滚动代替滑动，以减小运动副的摩擦及其磨损。滚动轴承的结构如图9-1所示，由内圈、外圈、滚动体和保持架组成。其外圈的外径 D 与外壳孔配合，内圈的内径 d 与轴颈配合，属于典型的光滑圆柱配合。

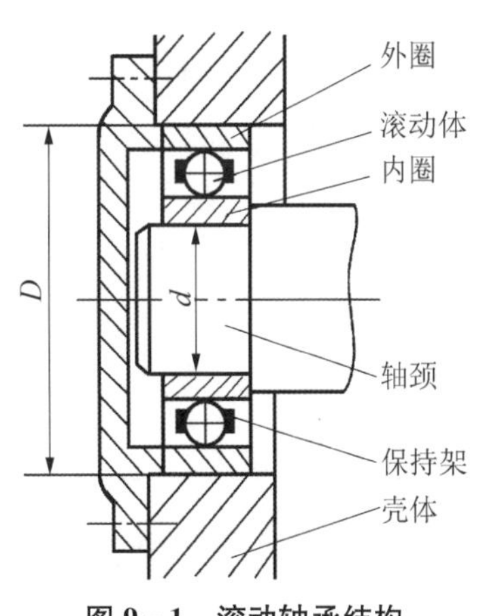

图9-1　滚动轴承结构

滚动轴承按所能承受的主要负荷的方向可分为承受径向负荷的向心轴承、同时承受径向和轴向负荷的向心推力轴承和仅承受轴向负荷的推力轴承等，如图9-2所示；按轴承滚动体的形状分为球轴承、滚子轴承和滚针轴承等。

滚动轴承的工作性能和使用寿命不仅取决于轴承本身的制造精度，还与滚动轴承相配合的轴颈和外壳孔的尺寸公差、几何公差和表面粗糙度以及安装正确与否等因素有关。

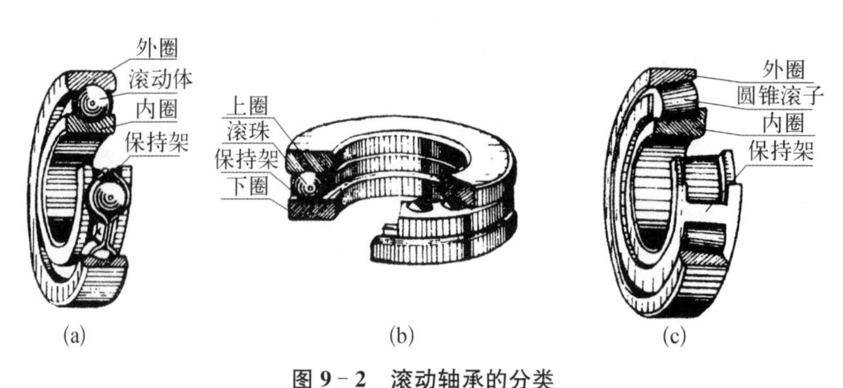

图 9-2 滚动轴承的分类

(a) 向心轴承 (b) 推力轴承 (c) 向心推力轴承

由于滚动轴承的结构和功能要求有自己的特点，其公差配合与一般光滑圆柱体的公差配合不同。因此，国家标准对滚动轴承的尺寸公差、旋转精度及与滚动轴承相配合的外壳孔和轴颈的尺寸公差、几何公差和表面粗糙度等都作出了具体规定。

9.2 滚动轴承的精度等级及其应用

滚动轴承的精度等级是按其外形尺寸公差(外圈外径、内圈内径、宽度的尺寸精度)和旋转精度分级的。根据国标 GB/T 307.3—2005《滚动轴承 通用技术规则》规定，向心轴承的公差等级，由低到高依次为：0、6、5、4、2 五个等级；圆锥滚子轴承的公差等级分为：0、6x、5、4、2 五个等级；推力轴承公差等级分为 0、6、5、4 四个等级。

滚动轴承精度等级的选择主要依据有两点：一是对轴承部件提出的旋转精度要求，如径向跳动和轴向跳动值；二是转速的高低，转速高时，由于与轴承结合的旋转轴(或外壳)可能随轴承的跳动而跳动，势必造成旋转不平稳，产生振动和噪声。因此，转速高的，应选用精度等级高的滚动轴承。此外，为保证主轴部件有较高的精度，可以采用不同等级的搭配方式。例如，机床主轴的后支承比前支承用的滚动轴承低一级，即后轴承内圈的径向跳动值要比前轴承的稍大些。滚动轴承的各级精度的应用范围可参见表 9-1。

表 9-1 滚动轴承各级精度的应用范围

轴承公差等级	应 用 示 例
0 级(普通级)	广泛用于旋转精度和运转平稳性要求不高的一般旋转机构中，如普通机床的变速机构、进给机构，汽车、拖拉机的变速机构，普通减速器、水泵及农业机械等通用机械的旋转机构
6 级、6x 级(中级) 5 级(较高级)	多用于旋转精度和运转平稳性要求较高或转速较高的旋转机构中，如普通机床主轴轴系(前支承采用 5 级，后支承采用 6 级)和比较精密的仪器、仪表、机械的旋转结构

续　表

轴承公差等级	应　用　示　例
4 级(高级)	多用于转速很高或旋转精度要求很高的机床和机器的旋转机构中,如高精度磨床和车床、精密螺纹车床和齿轮磨床等的主轴轴系
2 级(精密级)	多用于精密机械的旋转机构中,如精密坐标镗床、高精度齿轮磨床和数控机床等的主轴轴系

9.3　滚动轴承与轴和外壳孔的配合及选择

9.3.1　配合的要求及其特点

滚动轴承在使用时的要求,除了在结构和材料上要有良好的工作性能外,轴承和与其配合的轴颈、外壳孔也要达到较高的配合精度和旋转精度。为了保证配合精度,就要控制轴承的基本尺寸(D 或 d)的精度,必须控制轴颈和外壳孔的跳动误差,以控制轴承内圈、轴对轴承外圈和外壳相对转动时摆动的程度。

由于滚动轴承是标准部件,它的内、外圈与轴颈和外壳孔的配合表面无须再加工。所以滚动轴承内圈与轴精的配合及滚动轴承外圈与外壳孔的配合为完全互换,以便于在机器上安装或更新轴承。考虑到降低加工成本,对滚动轴承内部四个组成部分之间的配合采用不完全互换,分组装配。

为了便于互换和大量生产,轴承内圈与轴颈的配合按基孔制,轴承外圈与外壳孔的配合按基轴制配合。

通常情况下,滚动轴承的内圈是随轴一起旋转的,为防止内圈和轴颈配合表面间发生相对运动产生磨损,轴承内圈与轴颈配合要有适当的过盈量,但过盈量不能太大,以保证拆卸方便及内圈材料不因产生过大的应力而变形和破坏。为了保证既要传递扭矩,又能拆卸的要求,国标 GB/T 307.1—2005《滚动轴承向心轴承公差》规定,各公差等级的滚动轴承内圈基准孔公差带位于以公称直径 d 为零线的下方,即上偏差为零,下偏差为负值,如图 9-3 所示。

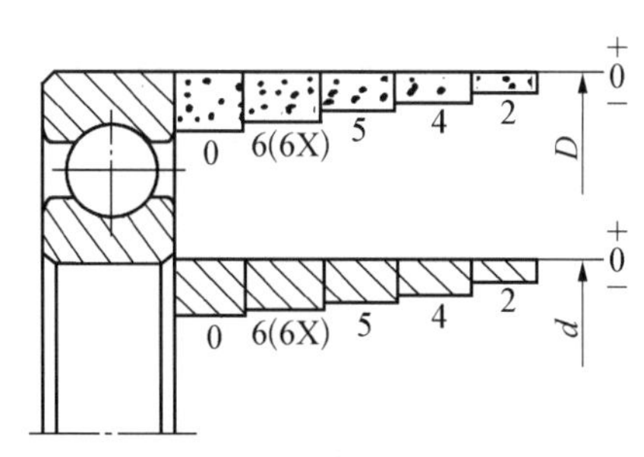

图 9-3　滚动轴承内、外圈公差带

滚动轴承的外圈安装在外壳孔中不旋转,国标规定轴承外圈的公差带分布于以其公称直径 D 为零线的下方,即上偏差为零,下偏差为负值,见图 9-3。

9.3.2　与滚动轴承配合的轴颈及外壳孔的公差带

当选定了滚动轴承的种类和精度后,轴承内圈和轴颈、外圈和壳体孔的配合性质,需由轴颈和外壳孔的公差带决定,即轴承配合的选择就是确定与其配合的轴颈及外壳孔的公差带的种类。国家标准 GB/T 275—1993《滚动轴承与轴颈和外壳孔的配合》所规定的轴颈和外壳孔的公差带如图 9-4 所示。其适用场合如下：

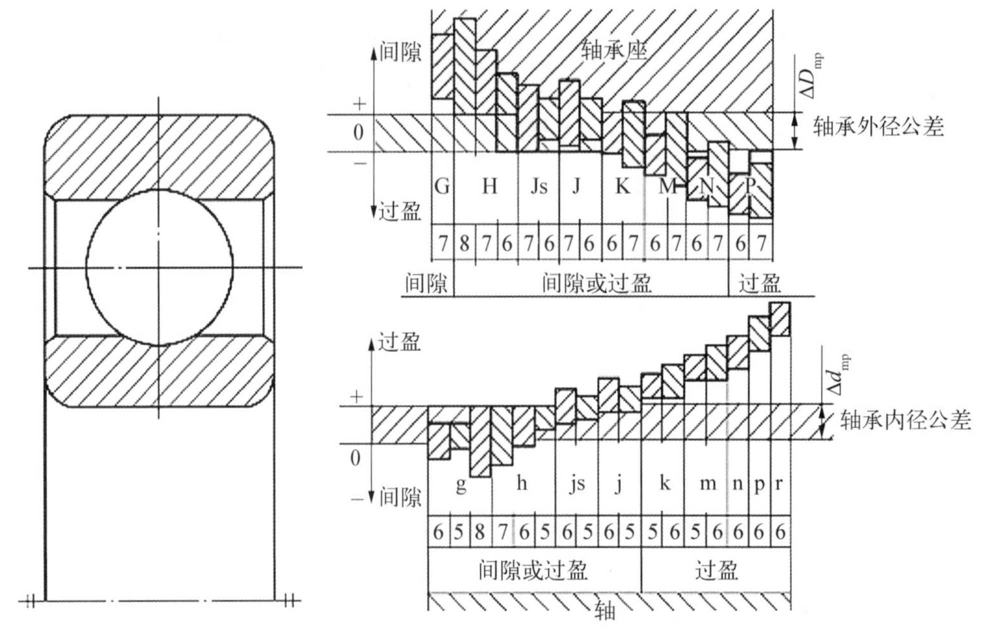

图 9-4　轴颈、外壳孔的公差带

① 轴承的外形尺寸：公称内径 $d \leqslant 500$ mm，公称外径 $D \leqslant 500$ mm。

② 轴承的精度等级为 0 级和 6(6x)级。

③ 轴承的游隙为基本径向游隙。

④ 轴为实心或厚壁钢制轴。

⑤ 外壳为铸钢或铸铁制件。

9.3.3　滚动轴承配合的选择及标注

滚动轴承配合选择的是否正确合理，对能否充分发挥轴承的技术性能，保证机器正常运转，提高机械效率，延长使用寿命都具有极重要的意义。因此，在选用轴承配合时要综合考虑下列因素：作用在轴承上负荷的类型、大小、轴承的类型和尺寸，工作条件，轴和外孔材料以及轴承装拆的要求等，采用类比法或计算法，合理选择配合类型。

1）轴承承受的负荷类型

轴承转动时，根据作用于轴承上合成径向负荷相对套圈（轴承内圈和外圈的统称）的旋转情况，可将所受负荷分为局部负荷、循环负荷和摆动负荷三类。轴承套圈承受的负荷类型不同，该套圈与轴颈或外壳孔的配合的松紧程度也应不同。

（1）局部负荷（定向负荷）：作用于轴承上的合成径向负荷与套圈相对静止，即负荷方向始终不变地作用在套圈滚道的局部区域上，这种负荷称为局部负荷。如图 9-5(a)所示的外圈和图 9-5(b)所示的内圈。

承受这类负荷的轴承与壳体孔或轴颈的配合，一般选较松的过渡配合，或较小的间隙配合，以便在滚动体摩擦力矩的作用下，使套圈有可能产生少许转动，从而改变受力状态，使滚道磨损均匀，延长轴承的使用寿命。

(2) 循环负荷(旋转负荷)：作用于轴承上的合成径向负荷与套圈相对旋转，即合成负荷方向依次作用在套圈滚道的整个圆周上，这种负荷称为循环负荷，如图 9－5(a)所示的内圈和图 9－5(b)所示的外圈。

承受循环负荷的套圈与轴颈或壳体孔的配合，应选用过盈配合或较紧的过渡配合，以避免它们之间产生相对滑动，从而实现套圈滚道均匀磨损。

(3) 摆动负荷：作用于轴承上的合成径向负荷与套圈在一定区域内相对摆动，即合成负荷向量按一定规律变化，往复作用在套圈滚道的局部圆周上，这种负荷称为摆动负荷。如图 9－5(c)所示的外圈、图 9－5(d)所示的内圈。

承受摆动负荷的套圈，其配合要求与承受循环负荷时相同或略松些，以提高轴承的使用寿命。

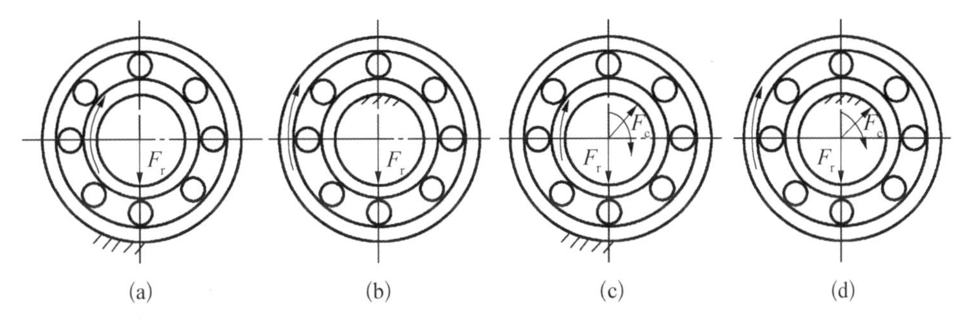

图 9－5　轴承承受的负荷类型

(a) 内圈—循环负荷　外圈—局部负荷　(b) 内圈—局部负荷　外圈—循环负荷
(c) 内圈—循环负荷　外圈—摆动负荷　(d) 内圈—摆动负荷　外圈—循环负荷

2) 负荷的大小

滚动轴承与轴颈或外壳孔配合的最小过盈，取决于轴承所承受的负荷的大小，国家标准 GB/T 275—1993 根据当量径向动负荷 Pr 与轴承产品样本中规定的额定动负荷 Cr 的关系，将当量径向动负荷 Pr 分为轻负荷、正常负荷和重负荷三种类型，见表 9－2。轴承在重负荷和冲击负荷的作用下，套圈容易产生变形，使配合受力不均匀，引起配合松动。因此，负荷愈大，过盈量应选得愈大，且承受变化的负荷应比承受平稳的负荷选用较紧的配合。

表 9－2　当量径向动负荷 Pr 的类型

负荷类型	P_r 值的大小		
	球　轴　承	滚子轴承(圆锥轴承除外)	圆锥滚子轴承
轻负荷	$P_r \leqslant 0.07C_r$	$P_r \leqslant 0.08C_r$	$P_r \leqslant 0.13C_r$
正常负荷	$0.07C_r < P_r \leqslant 0.15C_r$	$0.08C_r < P_r \leqslant 0.18C_r$	$0.13C_r < P_r \leqslant 0.26C_r$
重负荷	$>0.15C_r$	$>0.18C_r$	$>0.26C_r$

3）轴承径向游隙

按 GB/T 4604—2006《滚动轴承　径向游隙》规定，向心轴承的径向游隙共分为五组：2 组、0 组、3 组、4 组、5 组，游隙的大小依次由小到大，其中 0 组为基本游隙组，应优先选用。

轴承径向游隙过大，会引起旋转轴较大的径向跳动和轴向窜动，产生较大的振动和噪声；而径向游隙过小，尤其是轴承与轴颈或外壳孔采用过盈配合时，则会使轴承滚动体与套圈间产生较大的接触应力，引起轴承的摩擦发热，以致降低轴承寿命。因此，轴承径向游隙的大小应适度。

具有 0 组游隙的轴承，在常温状态的一般条件下工作时，它与轴颈、外壳孔配合的过盈应适中。若轴承具有的游隙比 0 组游隙大，配合的过盈量应增大；游隙比 0 组游隙小的轴承，配合的过盈量应减小。

4）轴承的工作条件

主要应考虑轴承的工作温度、旋转精度和旋转速度对配合的影响。

（1）工作温度的影响。

轴承工作时，由于摩擦发热和其他热源影响，使轴承套圈的温度经常高于与其结合零件的温度。因此轴承内圈因热膨胀而与轴颈的配合可能松动，外圈因热膨胀而与外壳孔的配合可能变紧。所以在选择配合时，必须考虑温度的影响，当轴承工作温度高于 100℃时，应对所选的配合适当修正。

（2）旋转精度和旋转速度的影响。

对于承受负荷较大且要求较高旋转精度的轴承，为了消除弹性变形和振动的影响，应避免采用间隙配合，但也不宜过紧。而对一些精密机床的轻负荷轴承，为了避免外壳孔和轴颈的形状误差对轴承精度的影响，常采用有间隙的配合。在其他条件相同的情况下，轴承的旋转速度愈高，配合应该愈紧。

5）轴和外壳孔的结构与材料

剖分式外壳孔与轴承外圈宜采用较松的配合，以免外圈产生椭圆变形；薄壁外壳或空心轴与轴承套圈的配合应比厚壁外壳或实心轴与轴承套圈的配合紧一些，以保证轴承工作有足够的支承刚度和强度。

6）轴承的安装与拆卸

考虑轴承安装与拆卸方便，宜采用较松的配合。如要求装卸方便，而又需紧配合时，可采用分离型轴承，或内圈带锥孔、带紧定套和退卸套的轴承。

除上述因素外，还应考虑：当要求轴承的内圈或外圈能沿轴向移动时，该内圈与轴颈或外圈与外壳孔的配合，应选择较松的配合。滚动轴承的尺寸愈大，选取的配合应愈紧。轴颈和外壳孔的尺寸公差等级应与轴承的精度等级相协调。

滚动轴承与轴颈和外壳孔配合的选用方法有类比法和计算法，在实际生产中通常采用类比法。可参考表 9－3、表 9－4、表 9－5 和表 9－6，按照表列条件进行选择。

在装配图上，滚动轴承内圈内径与轴颈的配合只标注轴颈的公差带代号，滚动轴承外圈外径与外壳孔的配合只标注外壳孔的公差带代号。

表 9-3　向心轴承和轴的配合　轴公差带代号(摘自 GB/T 275—1993)

运转状态		负荷状态	深沟球轴承、调心球轴承和角接触球轴承	圆柱滚子轴承和圆锥滚子轴承	调心滚子轴承	公差带
说　明	举　例		轴承公称内径/mm			
旋转的内圈负荷及摆动负荷	一般通用机械、电动机、机床主轴、泵、内燃机、正齿轮传动装置箱、铁路机车车辆轴、破碎机等	轻负荷	≤18 >18~100 >100~200 …	… ≤40 >40~140 >140~200	… ≤40 >40~100 >100~200	h5 J6① k6① m6①
旋转的内圈负荷及摆动负荷	一般通用机械、电动机、机床主轴、泵、内燃机、正齿轮传动装置箱、铁路机车车辆轴、破碎机等	正常负荷	≤18 >18~100 >100~140 >140~200 >200~280 … …	… ≤40 >40~100 >100~140 >140~200 >200~400 …	… ≤40 >40~65 >65~100 >100~140 >140~280 >280~500	j5　js5 k5② m5② m6 n6 p6 r6
		重负荷		>50~140 >140~200 >200 …	>50~100 >100~140 >140~200 >200	n6 p6③ r6 r7
固定的内圈负荷	静止轴上的各种轮子，张紧轮绳轮、振动筛、惯性振动器	所有负荷	所有尺寸			f6 g6① h6 j6
仅有轴向负荷		所有尺寸				j6、js6

注：① 凡对精度有较高要求的场合应用 j5、k5…代替 j6、k6…
　　② 圆锥滚子轴承、角接触球轴承配合对游隙影响不大，可用 k6、m6 代替 k5、m5。
　　③ 重负荷下轴承游隙应选大于 0 组。

表 9-4　向心轴承和外壳的配合　孔公差带代号(摘自 GB/T 275—1993)

运转状态		负荷状态	其他状况	公差带①	
说明	举例			球轴承	滚子轴承
固定的外圈负荷	一般机械、铁路机车车辆轴箱、电动机、泵、曲轴主轴承	轻、正常、重	轴向易移动，可采用剖分式外壳	H7、G7②	
		冲击	轴向能移动，可采用整体或剖分式外壳	J7、JS7	
摆动负荷		轻、正常			
		正常、重	轴向不移动，采用整体式外壳	K7	
		冲击		M7	
旋转的外圈负荷	张紧滑轮、轮毂轴承	轻		J7	K7
		正常		K7、M7	M7、N7
		重		—	N7、P7

注：① 并列公差带随尺寸的增大从左至右选择，对旋转精度有较高要求时，可相应提高一个公差等级。
　　② 不适用于剖分式外壳。

表 9-5　推力轴承和轴的配合　孔公差带代号(摘自 GB/T 275—1993)

运转状态	负荷状态	推力球和推力滚子轴承	推力调心滚子轴承②	公差带
		轴承公称内径/mm		
仅有轴向负荷		所有尺寸		j6、js6
固定的轴圈负荷	径向和轴向联合负荷	— —	≤250 >250	j6 js6
旋转的轴圈负荷或摆动负荷	径向和轴向联合负荷	— — —	≤200 >200～400 >400	k6① m6 n6

注：① 要求较小过盈时，可分别用 j6、k6、m6 代替 k6、m6、n6；
② 也包括推力圆锥滚子轴承、推力角接触球轴承。

表 9-6　推力轴承和外壳的配合　孔公差带代号(摘自 GB/T 275—1993)

运转状态	负荷状态	轴承类型	公差带	备　注
仅有轴向负荷		推力球轴承	H8	
仅有轴向负荷		推力圆柱、圆锥滚子轴承	H7	
仅有轴向负荷		推力调心滚子轴承		外壳孔与座圈间隙为 $0.001D$（D 为轴承公称外径）
固定的座圈负荷	径向和轴向联合负荷	推力角接触球轴承、推力调心滚子轴承、推力圆锥滚子轴承	H7	
旋转的座圈负荷或摆动负荷	径向和轴向联合负荷	推力角接触球轴承、推力调心滚子轴承、推力圆锥滚子轴承	K7	普遍使用条件
旋转的座圈负荷或摆动负荷	径向和轴向联合负荷	推力角接触球轴承、推力调心滚子轴承、推力圆锥滚子轴承	M7	有较大径向负荷时

9.3.4　轴颈和外壳孔的几何公差与表面粗糙度

为了保证轴承能正常运转，除了正确地选择轴承与轴颈和外壳孔的配合以外，还应对轴颈及外壳孔的配合表面形位误差及表面粗糙度提出要求。国家标准 GB/T 275—1993 规定了与轴承配合的轴颈和外壳孔的几何公差及表面粗糙度参考值，见表 9-7 和表 9-8。与滚动轴承配合的轴颈和外壳孔，除了采用包容要求外，还应规定更严格的圆柱度公差。主要是因为滚动轴承内外圈均为薄壁零件，其变形要通过具有正确几何形状的刚性轴和外壳孔来矫正，目的是保证轴承的正常工作。

9.3.5　滚动轴承配合选用举例

例 9-1　现有一直齿圆柱齿轮减速器，见图 9-6(a)所示为输出轴轴颈的部分装配图。已知轴的转速 $n=90$ r/mi，轴承尺寸为内径 55 mm，外径 100 mm，轴承的额定动负荷 Cr=33 354 N，轴承承受的当量径向负荷 $Pr=883$ N。试用类比法确定颈和外壳孔的公差带代号，并确定孔、轴的几何公差值和表面粗糙度值，将它们分别标注在装配图和零件图上。

表 9-7　轴颈和外壳孔几何公差值(摘自 GB/T 275—1993)

公称尺寸/mm	圆柱度				端面圆跳动			
	轴颈		外壳孔		轴肩		外壳孔肩	
	轴承精度等级							
	0	6(6X)	0	6(6X)	0	6(6X)	0	6(6X)
	公差值/μm							
≤6	2.5	1.5	4	2.5	5	3	8	5
>6～10	2.5	1.5	4	2.5	6	4	10	6
>10～18	3.0	2.0	5	3.0	8	5	12	8
>18～30	4.0	2.5	6	4.0	10	6	15	10
>30～50	4.0	2.5	7	4.0	12	8	20	12
>50～80	5.0	3.0	8	5.0	15	10	25	15
>80～120	6.0	4.0	10	6.0	15	10	25	15
>120～180	8.0	5.0	12	8.0	20	12	30	20
>180～250	10.0	7.0	14	10.0	20	12	30	20
>250～315	12.0	8.0	16	12.0	25	15	40	25
>315～400	13.0	9.0	18	13.0	25	15	40	25
>400～500	15.0	10.0	20	15.0	25	15	40	25

表 9-8　配合面的表面粗糙度(摘自 GB/T 275—1993)

公称尺寸/mm	轴颈和外壳孔配合面直径的标准公差等级								
	IT7			IT6			IT5		
	表面粗糙度参数值/μm								
	Rz	*Ra*		*Rz*	*Ra*		*Rz*	*Ra*	
		磨	车		磨	车		磨	车
≤80	10	1.6	3.2	6.3	0.8	1.6	4	0.4	0.8
>80～500	16	1.6	3.2	10	1.6	3.2	6.3	0.8	1.6
端面	25	3.2	6.3	25	3.2	6.3	10	1.6	3.2

解：

(1) 减速器属于一般机械，轴的转速不高，所以选用 0 级轴承。

(2) 按给定条件，可求得 $Pr/Cr=0.026$，由表 9-2 可知属于轻负荷。

(3) 该轴承承受定向载荷的作用，内圈与轴一起旋转，外圈安装在剖分式壳体中，不旋转。因此，该轴承内圈相对于负荷方向旋转，查表 9-3 选轴颈公差带 ϕ55j6(基孔制配合)。外圈相对于负荷静止，查表 9-4 选外壳孔公差带为 ϕ100H7(基轴制配合)。

(4) 查表 9-7 得圆柱度公差值：轴颈为 5.0 μm，外壳孔为 10 μm。

端面圆跳动公差值：轴肩为 15 μm。

(5) 按表 9-8 选取轴颈和外壳孔的表面粗糙度参数值：轴颈 $Ra\leqslant 0.8$ μm，外壳孔

$Ra \leqslant 1.6\ \mu m$，轴肩端面 $Ra \leqslant 3.2\ \mu m$。

（6）将确定好的上述公差值标注在图样上，如图 9－6 所示。

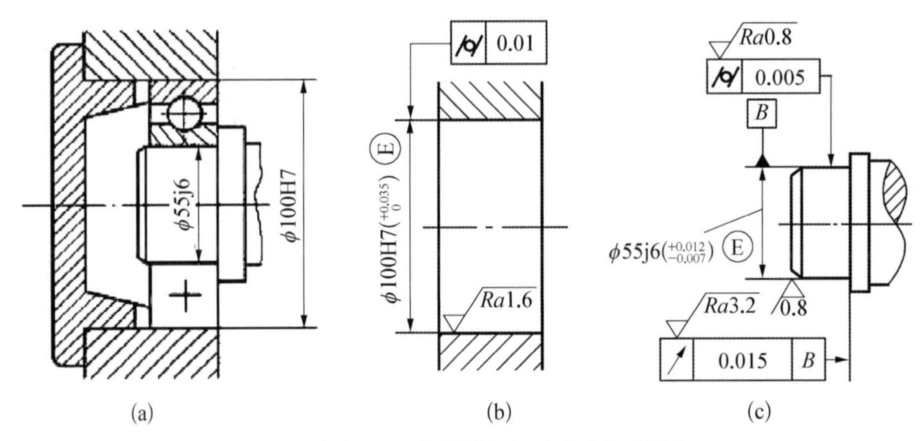

图 9－6　与轴承配合的轴颈和外壳孔的公差标注

（a）输出轴部分装配图　（b）外壳孔　（c）轴颈

第 10 章　机械零件精度设计实例

【本章学习目标】

★ 掌握减速器工作轴的精度设计方法及流程；

★ 掌握齿轮的精度设计方法及流程；

★ 掌握箱体的精度设计方法及流程。

【本章教学要点】

知识要点	能力要求	相关知识
减速器工作轴的精度设计方法及流程	从尺寸精度、几何精度和表面粗糙度等方面对减速器工作轴进行综合设计	尺寸精度、几何精度、表面粗糙度标准
齿轮的精度设计方法及流程	从尺寸精度、几何精度和表面粗糙度等方面对齿轮进行综合设计	尺寸精度、几何精度、表面粗糙度标准
掌握箱体的精度设计方法及流程	从尺寸精度、几何精度和表面粗糙度等方面对箱体进行综合设计	尺寸精度、几何精度、表面粗糙度标准

【导入检测任务】

本章分别对减速器工作轴(a)、齿轮轴(b)、箱体(c)进行精度设计，请同学们主要从以下几方面进行学习：

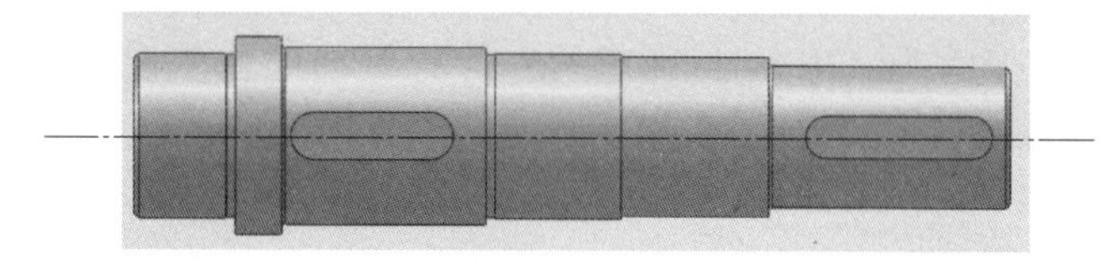

(a) 工作轴

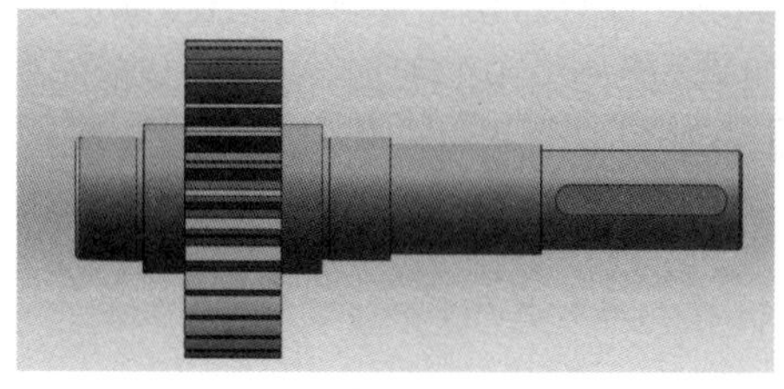

(b) 齿轮轴

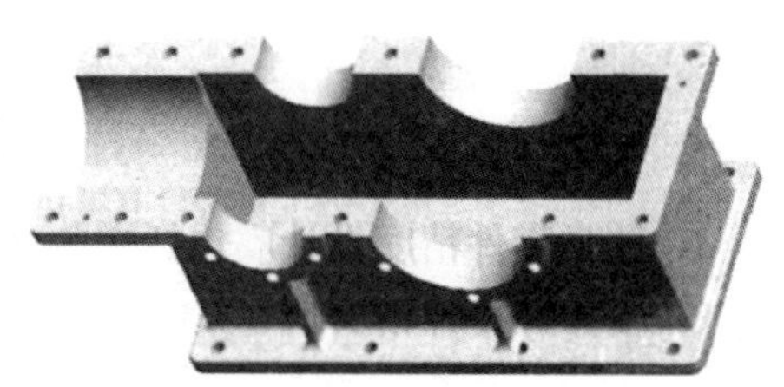

(c) 箱体

(1) 分析图纸,搞清楚零件的精度要求;

(2) 对零件进行综合设计。

10.1 机械精度设计概述

零件的精度设计是整体精度设计的基础,需要根据给定的整机精度,确定出各个组成零件的精度。影响零件精度的最基本因素是零件的尺寸、形状、方向和位置以及表面粗糙度,因而,精度设计的主要内容包括尺寸公差、几何公差、表面质量等几个方面的选择与设计。

几何精度设计的方法主要有:计算法、试验法和类比法。

10.1.1 计算法

计算法就是零件要素的精度通过计算来确定,只适用于某些特定的场合,往往还需要根据多种因素进行调整。

例如:根据液体润滑理论计算确定滑动轴承的最小间隙;根据弹性变形理论计算确定圆柱结合的过盈;根据机构精度理论和概率设计方法计算确定传动系统中各传动件的精度等。

10.1.2 试验法

试验法就是先根据一定条件,初步确定零件要素的精度,并按此进行试制。再将试制产品在规定的使用条件下运转,同时,对其各项技术性能指标进行监测,并与预定的功能要求相比较,根据比较结果再对原设计进行确认或修改。经过反复试验和修改,就可以最终确定满足功能要求的合理设计。

试验法的设计周期比较长且费用较高,因此,主要用于新产品设计中个别重要要素的精度设计。

迄今为止,几何精度设计仍处于以类比法设计为主的阶段。大多数要素的几何精度都是采用类比的方法凭实际工作经验确定的。计算机辅助公差设计(CAT)的研究还刚刚开始,要使计算机辅助公差设计进入实用化,还需进一步研究。

10.1.3 类比法

类比法就是与经过实际使用证明合理的类似产品上的相应要素相比较,确定所设计零件几何要素的精度。类比法是大多数零件要素精度设计采用的方法,类比法又称经验法。

10.2 轴类零件的精度设计

轴类零件一般都是回转体,因此,主要是设计直径尺寸和轴向长度尺寸。设计直径尺寸时，应特别注意有配合关系的部位，当有几处部位直径相同时，都应逐一设计并注明，不得省略。即使是圆角和倒角也应标注无遗，或者在技术要求中说明。标注长度尺寸时，既要考虑零件尺寸的精度要求，又要符合机械加工的工艺过程，不致给机械加工造成困难或给操作者带来不便。因此，需要考虑基准面和尺寸链问题。

轴类零件的表面加工主要在车床上进行，因此，轴向尺寸的设计与标注形式和选定的定位基准面也必须与车削加工过程相适应。现以图 10-1 所示的轴为例，说明如何选择基准面和设计标注轴向尺寸。

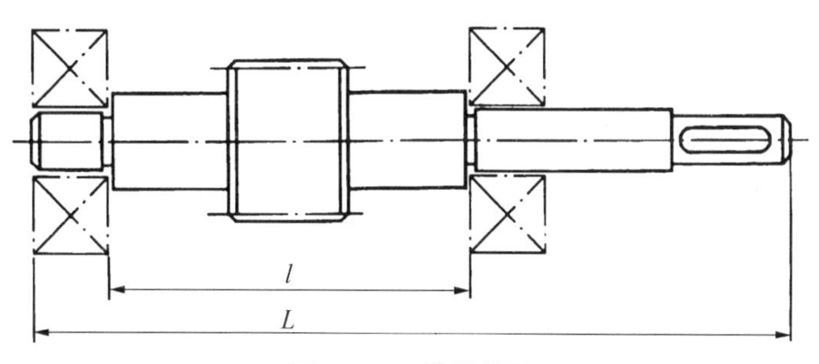

图 10-1 轴类件图

从图中分析其装配关系可知，与两轴承端面接触的两轴肩之间的距离 a 对尺寸精度有一定的要求，而外形长度 A 和其余各轴段长度可按自由尺寸公差加工。如果轴向尺寸采用图 10-2(a)所示，都是以轴的一端面做基准的设计与标注方式，则形成并列的尺寸组。这种标注方式从图样上看，虽然也能确定各轴段的长度，但却与轴的实际加工过程不相符(因为一般车削加工需要调头装夹两次，分别加工出中部较大直径两侧的各轴端面直径)。因而，加工时测量不便，同时也降低了尺寸 l 的精度(因这时要由尺寸 L_2 和 L_5 共同确定尺寸 l 的精度)。改为如图 10-2(b)所示，逐段标注轴的各段长度，则形成串联式的尺寸链。

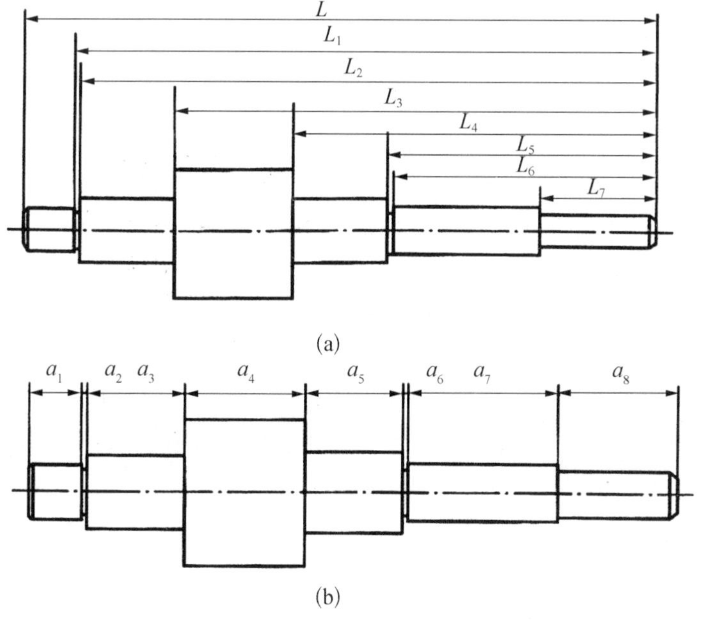

图 10-2 轴向尺寸的不合理设计与标注

由于这种标注，各尺寸线首尾相接，即前一尺寸线的终止处是后一尺寸线的基准。这样，实际加工的结果，只有当每一尺寸都精确时，才能使各轴段的长度之和保持一定，并使各轴段的相对位置符合设计要求。由此，可以知道，图 10－2 所示的两种设计与标注方式都不合理。

为了使轴的轴向长度尺寸设计标注比较合理，设计者应对轴的车削过程有所了解，但车削过程与机床类型有关。故设计标注轴向尺寸时，首先应根据零件的批量确定机床类型。

图 10－3 所示，为按小批量生产采用普通车床加工时轴向尺寸的设计与标注方式。

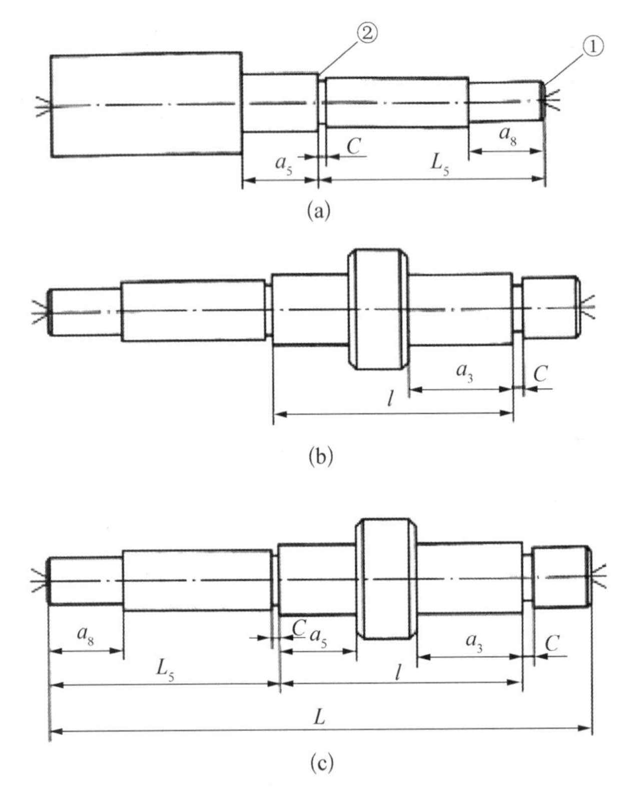

图 10－3　轴的车削过程及轴向尺寸的设计与标注

图 10－3(a)表示按轴总长 L 截取直径稍大于最大直径的一段棒料，先打好两端面的中心孔，并以此为基准从右端开始车削，由于与两轴承端面相靠的轴肩之间距离有精度要求，故应车出 L_5，然后以端面①和轴肩②为基准，依次车出两轴段长度 a_5 和 a_8，并切槽和倒角。

调头重新装夹后[见图 10－3(b)]，先车出最大直径，再以轴肩②为基准量出尺寸 l；定出另一轴肩的位置，从而车出轴段 a_3 和安装轴承处的轴颈。

完整的轴向尺寸设计与标注方式，如图 10－3(c)所示。

10.2.1　尺寸公差的确定

轴类零件有以下各处需要设计与标注尺寸公差，即选择确定其公差值，一般采用类比法确定。

(1) 配合部分的公差。安装传动零件(齿轮、涡轮、带轮、链轮等)、轴承以及其他回转件与密封处轴的直径公差,公差值按装配图中选定的配合性质从公差配合表中选择确定。

(2) 键槽的尺寸公差。键槽的宽度和深度的极限偏差按键连接标准规定选择确定。为了检验方便,键槽深度一般标注尺寸 $d-t$ 极限偏差(此时极限偏差取负值)。

(3) 轴的长度公差。在减速器中一般不作尺寸链的计算,可以不必设计确定长度公差。一般采用自由公差,按 h12,h13 或 H12,H13 确定。

10.2.2　几何公差的确定

各重要表面的形状公差和位置公差。根据传动精度和工作条件等,可确定以下各处的几何公差:

(1) 配合表面的圆柱度。与滚动轴承或齿轮(涡轮)等配合的表面,其圆柱度公差约为轴直径公差的 1/2;与联轴器和带轮等配合的表面,其圆柱度公差约为轴直径公差的 60%~70%。

(2) 配合表面的径向跳动公差。轴与齿轮,蜗轮轮毂的配合部位相对滚动轴承配合部位的径向跳动公差可按表 10-1 确定。

表 10-1　轴与齿轮、蜗轮配合部位的径向跳动度

齿轮精度等级或运动精度等级		6	7,8	9
轴在安装轮毂部位的径向跳动度	圆柱齿轮和圆锥齿轮	2IT3	2IT4	2IT5
	蜗杆、蜗轮	—	2IT5	2IT6

注:IT 为轴配合部分的标准公差值(见尺寸公差表)。

轴与两滚动轴承的配合部位的径向跳动度,其公差值:对球轴承为 IT6,对滚子轴承为 IT5。轴与橡胶油封接触部位的径向跳动度:轴转速 $n \leqslant 500$ r/min,取 0.1 mm;$n > 500 \sim 1\,000$ r/min,取 0.07 mm;轴转速 $n > 1\,000 \sim 1\,500$ r/min,取 0.05 mm;$n > 1\,500 \sim 3\,000$ r/min,取 0.02 mm。

轴与联轴器、带轮的配合部位相对滚动轴承配合部位的径向跳动度可按表 10-2 确定。

表 10-2　轴与联轴器带轮配合部位的径向跳动度

转速/r/min	300	600	1 000	1 500	3 000
径向跳动度/mm	0.08	0.04	0.024	0.016	0.008

(3) 轴肩的端面跳动公差。与滚动轴承端面接触:对球轴承取(1~2)IT5;对滚子轴承取(1~2)IT4。与齿轮、蜗轮轮毂端面接触:当轮毂宽度 l 与配合直径 d 的比值<0.8 时,可按表 10-3 确定端面跳动度;当比值 $l/d \geqslant 0.8$ 时,可不标注端面跳动度。

表 10-3　轴与齿轮、蜗轮轮毂端面接触处的轴肩端面跳动度

精度等级或接触精度等级	6	7,8	9
轴肩的端面跳动度	2IT3	2IT4	2IT5

(4) 平键键槽两侧面相对轴线的平行度和对称度。平行度公差约为轴槽宽度公差的1/2;对称度公差约为轴槽宽公差的 2 倍。

(5) 轴的尺寸公差和几何公差设计与标注示意图。图 10-4 为轴的尺寸公差和几何公差设计与标注指示图。表 10-4 归纳了轴上应设计与标注的几何公差项目及其对工作性能的影响。

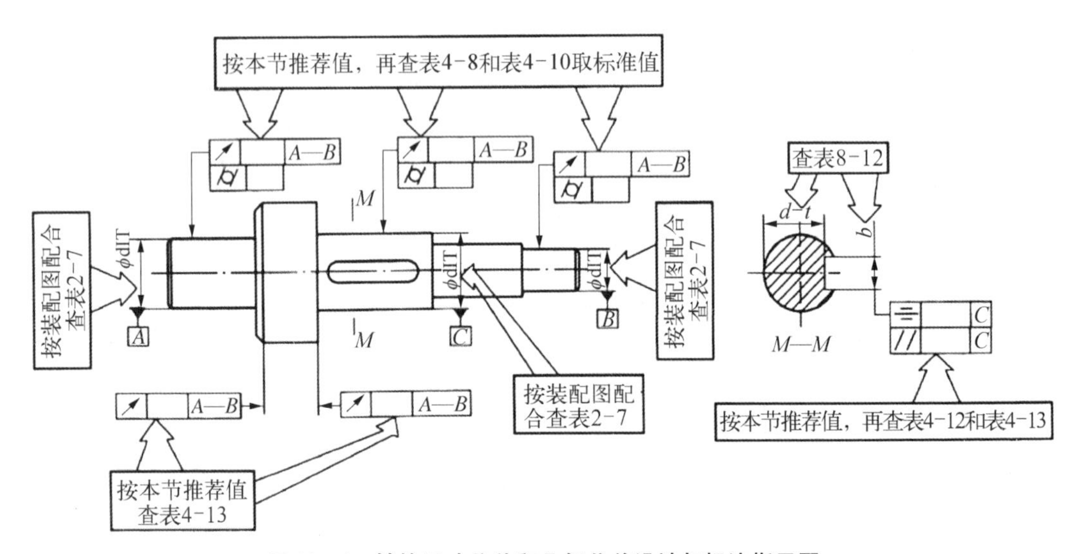

图 10-4　轴的尺寸公差和几何公差设计与标注指示图

10.2.3　表面粗糙度的确定

轴的各个表面都需要进行加工,其表面粗糙度数值可按表 10-5 推荐值的确定,或查其他手册。

表 10-4　轴的几何公差推荐项目

内　容	项　　目	符号	对工作性能的影响
形状公差	与传动零件相配合表面的: 圆度 圆柱度 与轴承相配合表面的: 圆度 圆柱度	○ ⌭	影响传动零件与轴配合的松紧及对中性 影响轴承与轴配合的松紧及对中性

续　表

内　容	项　　目	符号	对工作性能的影响
位置公差	齿轮和轴承的定位端面相对应配合表面的： 端面圆跳动 同轴度 全跳动	↗ ◎ ⌰	影响齿轮和轴承的定位及其承载的均匀性
跳动公差	与传动零件相配合的表面以及与轴承相配合的表面相对于基准轴线的径向圆跳动或全跳动	↗ ⌰	影响传动零件和轴承的运转偏心
位置公差	键槽相对轴中心线的： 对称度 平行度 (要求不高时不注)	⌯ //	影响键承载的均匀性及装拆的难易

注：按以上推荐确定的几何公差数值，应圆整至相应的标准公差值。

表 10－5　推荐用的轴加工表面粗糙度数值

<table>
<tr><th>加 工 表 面</th><th colspan="5">表面粗糙度值 $Ra/\mu m$</th></tr>
<tr><td>与传动件及联轴器等轮毂相配合的表面</td><td colspan="5">1.6～0.4</td></tr>
<tr><td>与普通精度等级轴承相配合的表面</td><td colspan="5">0.8(当轴承内径 $d \leqslant 80$ mm)
1.6(当轴承内径 $d > 80$ mm)</td></tr>
<tr><td>与传动件及联轴器相配合的轴肩表面</td><td colspan="5">3.2～1.6</td></tr>
<tr><td>与滚动轴承相配合的轴肩表面</td><td colspan="5">1.6</td></tr>
<tr><td>平键键槽</td><td colspan="5">3.2～1.6(工作面)，1.6(非工作面)</td></tr>
<tr><td rowspan="4">与轴承密封装置相接触的表面</td><td colspan="2">毡封油圈</td><td colspan="2">橡胶油封</td><td>间隙或迷宫式</td></tr>
<tr><td colspan="4">与轴接触处的圆周速度/cm/s</td><td rowspan="3">3.2～1.6</td></tr>
<tr><td>≤3</td><td colspan="2">>3～5</td><td>>5～10</td></tr>
<tr><td>3.2～1.6</td><td colspan="2">0.8～0.4</td><td>0.4～0.2</td></tr>
<tr><td>螺纹牙型表面</td><td colspan="5">0.8(精密精度螺纹)，1.6(中等精度螺纹)</td></tr>
<tr><td>其他表面</td><td colspan="5">6.3～3.2(工作面)，9.5～6.3(非工作面)</td></tr>
</table>

10.2.4　轴类零件精度设计与标注实例

图 10－5 所示为轴的工作图示例，为了使图上表示的内容层次分明，便于辨认和查找，对于不同的内容应分别划区标注，例如在轴的主视图下方集中标注轴向尺寸和代表基准的符号，如图 10－5 中的 A、B、C；在轴向主视图上方可标注几何公差以及表面粗糙度

和需作特殊检验部位的引出线等。

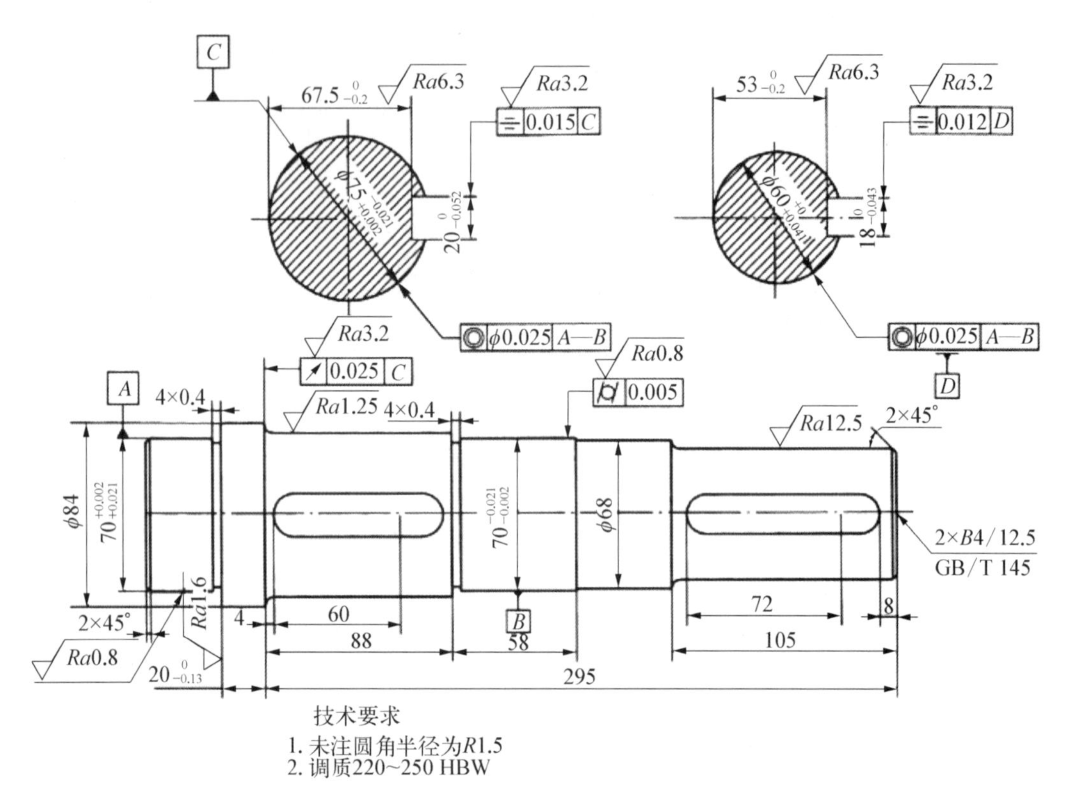

图 10－5　轴精度设计与标注实例

10.3　齿轮类零件精度设计

齿轮类零件包括齿轮、蜗杆和蜗轮等。齿轮类零件精度设计包括齿轮啮合精度设计与齿坯精度设计两部分。

10.3.1　齿坯精度设计

为了保证齿轮加工的精度和有关参数的测量，基准面要优先规定其尺寸和几何公差。齿轮的轴孔和端面既是工艺基准也是测量和安装的基准。齿轮的齿顶圆作为测量基准时有两种情况，一是加工时用齿顶圆定位或找正，此时需要控制齿顶圆的径向跳动；另一种情况是用齿顶圆定位检验齿厚或基节尺寸公差。此时要控制齿顶圆公差和径向跳动。

齿轮基准面的尺寸公差和几何公差的项目与相应数值都与传动的工作条件有关，通常按齿轮精度等级确定其公差值。齿坯上需设计的各处尺寸公差和几何公差项目见表10－6。

表 10－6　齿坯精度设计项目表

种　　类	项 目 名 称	处　理　方　法
尺寸公差	齿顶圆直径的极限偏差	其值可查表确定
	轴孔或齿轮轴轴颈的公差	其值可查表确定
	键槽宽度 b 的极限偏差和尺寸 $(d-t)$ 的极限偏差	其值可查表确定
几何公差	齿轮齿顶圆的径向跳动度公差	其值可查表确定
	齿轮端面的跳动度公差	其值可查表确定
	齿轮轴孔的圆柱度公差	其值约为轴孔直径尺寸公差的 30%，并圆整到标准几何公差值
	键槽的对称度公差	其值可取轮毂键槽宽度公差的 2 倍；键槽的平行度公差，其值可取轮毂键槽宽度公差的 50%。以上所取的公差值均应圆整到标准几何公差值

10.3.2　齿轮啮合精度设计

圆柱齿轮啮合特性表应分别列入的基本参数有齿轮、模数、齿形角、径向变位系数等，还应列出齿轮精度等级以及齿轮检验项目，评定单个齿轮的加工精度的检验项目有齿距偏差、齿廓总偏差、螺旋线总偏差及齿厚偏差，检验项目选择与齿轮的精度等级和测量仪器有关。

10.3.3　齿轮精度设计实例

某通用减速器中有一对直齿圆柱齿轮副，模数 $m=4$ mm，小齿轮 $z_1=30$，齿宽 $b_1=40$ mm，大齿轮的齿数 $z_2=96$，齿宽 $b_2=40$ mm，齿形角 $\alpha=20°$。两齿轮的材料为 45 钢，箱体材料为 HT200，其线胀系数分别为 $\alpha_{齿}=11.5\times10^{-6}\,1/℃$，$\alpha_{箱}=10.5\times10^{-6}\,1/℃$，其中齿轮工作温度为 $t_{齿}=60℃$，箱体工作温度 $t_{箱}=30℃$，采用喷油润滑，传递最大功率 7.5 kW，转速 $n=1\,280$ r/min，小批量生产，试确定其精度等级、检验项目及齿坯公差，并绘制齿轮工作图。

解：

(1) 确定精度等级。根据齿轮圆周速度、使用要求等确定齿轮的精度等级。圆周速度 v 为

$$v=\pi dn/(1\,000\times60)=[\pi\times4\times30\times1\,280/(1\,000\times60)]\text{m/s}=8.04\text{ m/s}$$

一般减速器对齿轮传递运动准确性的要求也不高，故根据以上两方面的情况，选取齿轮精度等级为 8 级。故该齿轮的精度等级标注应为 8GB/T 10095.1—2008。

(2) 确定齿厚偏差：

① 计算最小极限侧隙：

$$j_{n\min}=j_{n1}+j_{n2}$$

$$
\begin{aligned}
j_{n1} &= \alpha(\alpha_{齿}\,\Delta t_{齿} + \alpha_{箱}\,\Delta t_{箱})2\sin\alpha \\
&= [4\times(30+96)/2]\times[11.5\times10^{-6}\times(60-20) \\
&\quad -10.5\times10^{-6}\times(30-20)]\times 2\sin 20^\circ\ \mu\text{m} \\
&= 61\ \mu\text{m}
\end{aligned}
$$

由于 $v < 10$ m/s，所以

$$j_{n2} = 10m_n = (10\times4)\mu\text{m} = 40\ \mu\text{m}$$

于是
$$j_{nmin} = (61+40)\mu\text{m} = 101\ \mu\text{m}$$

② 计算齿轮齿厚上偏差：

查表得
$$f_{pb1} = 16\ \mu\text{m},\ f_{pb2} = 18\ \mu\text{m}$$

查表得 $F_\beta = 24\ \mu\text{m},\ f_{\sum\delta} = F_\beta = 24\ \mu\text{m},\ f_{\sum\beta} = \dfrac{1}{2}F_\beta = 12\ \mu\text{m}$

补偿齿轮制造与安装误差引起的侧隙减小量：

$$
\begin{aligned}
j_n &= \sqrt{f_{pb1}^2 + f_{pb2}^2 + 2.104\times F_\beta^2} \\
&= \sqrt{16^2+18^2+2.104\times24^2}\ \mu\text{m} = 42.33\ \mu\text{m}
\end{aligned}
$$

查表得
$$f_n = \frac{1}{2}\text{IT8} = \frac{1}{2}\times 81\ \mu\text{m} = 40.5\ \mu\text{m}$$

齿厚上偏差 E_{sns}：

$$
\begin{aligned}
E_{sns} &= -\left(f_a\tan\alpha_n + \frac{j_{nmin}+j_n}{2\cos\alpha_n}\right) \\
&= -\left(40.5\tan 20^\circ + \frac{101+42.33}{2\cos 20^\circ}\right)\mu\text{m} = -91\ \mu\text{m}
\end{aligned}
$$

设两啮合齿轮的齿厚上偏差相等，即

$$E_{sns1} = E_{sns2} = -91\ \mu\text{m}$$

③ 计算齿轮齿厚下偏差：

齿厚的下偏差 $E_{si1} = E_{ss1} - T_{s1},\ E_{si2} = E_{ss2} - T_{s2}$

齿厚公差
$$T_{sn} = \sqrt{F_r^2 + b_r^2}\,2\tan\alpha_n$$

查表得 $F_r = 44\ \mu\text{m}$，且

$$b_r = 1.26\text{IT9} = 1.26\times 87\ \mu\text{m} = 109.62\ \mu\text{m}$$

$$T_{sn} = (\sqrt{44^2+109.62^2}\times 2\tan 20^\circ)\mu\text{m} = 86\ \mu\text{m}$$

则
$$E_{sni1} = E_{sns1} - T_{sn} = (-91-86)\mu\text{m} = -177\ \mu\text{m}$$

故小齿轮为 8GB/T 10095.1—2008 或 8GB/T 10095.2—2008。

(3) 选择检验项目及其公差值。本减速器齿轮属于中等精度，齿廓尺寸不大，生产规模为小批量生产。

① 单个齿距偏差的极限偏差 $\pm f_{\mathrm{ptw}}$：

查表确定　　　　　　　　$f_{\mathrm{pt1w}}=\pm 18\ \mu\mathrm{m}$

② 齿距累计总偏差 F_{p}：

查表得　　　　　　　　　$F_{\mathrm{p}}=55\ \mu\mathrm{m}$

③ 齿廓总偏差 F_{α}：

查表得　　　　　　　　　$F_{\alpha}=27\ \mu\mathrm{m}$

(4) 齿坯技术要求。查表可得：齿轮轴的尺寸公差和几何公差，顶圆直径公差，齿坯基准面径向跳动和端面圆跳动，齿轮各面的表面粗糙度的推荐值。

(5) 绘制齿轮工作图。将选取的齿轮精度等级、尺厚偏差代号、检验项目及公差、极限偏差和齿坯技术条件等标注在齿轮的工作图上，如图 10－6 所示。

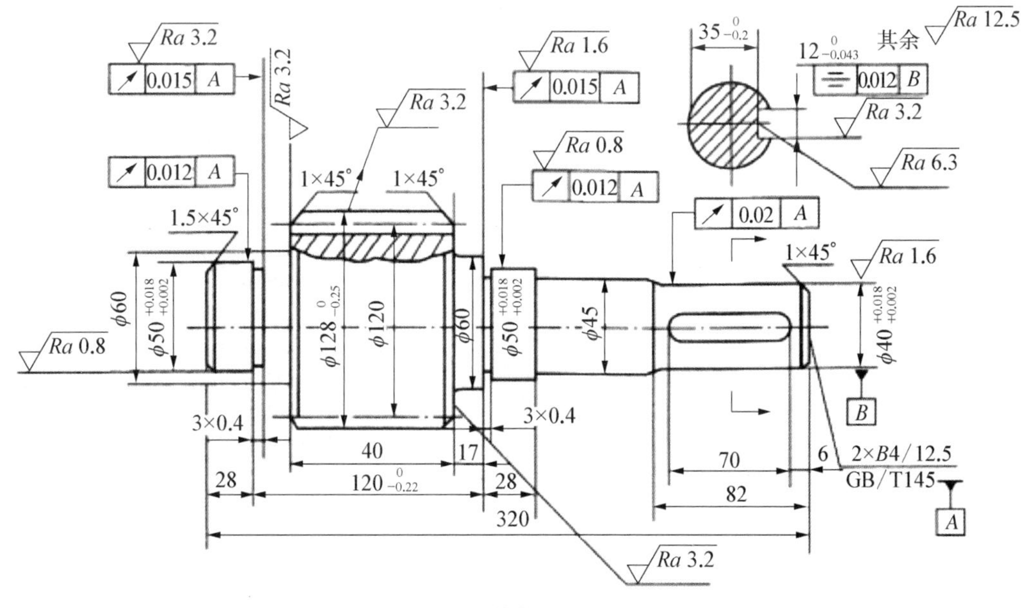

模数m=4　　　　　　　　　　　基节极限偏差 $\pm f$=±0.016

齿数z=30　　　　　　　　　　　螺旋线总偏差 F_{β}=0.024

齿形角a=20°　　　　　　　　　　单个齿距偏差 f=±0.018

精度等级 8 GB/T 10095.1—2008　　齿距累积总偏差 F_{pl}=0.055

齿圈径向跳动公差 F_{r}=0.044　　齿廓总偏差 F_{a}=0.027

技术要求

1. 未注圆角半径R1.5；
2. 调质 220～250 HBW

图 10－6　小齿轮工作图

10.4 箱体类零件精度设计实例

一般在机械产品的设计过程中,需要进行以下三方面的分析计算:

(1) 运动分析与计算。根据机器或机构应实现的运动,由运动学原理,确定机器或机构的合理的传动系统,选择合适的机构或元件,以保证实现预定的动作,满足机器或机构的运动方面的要求。

(2) 强度的分析与计算。根据强度、刚度等方面的要求,决定各个零件的合理的公称尺寸,进行合理的结构设计,使其在工作时能承受规定的负荷,达到强度和刚度方面的要求。

(3) 几何精度的分析与计算。零件公称尺寸确定后,还需要进行精度计算,以决定产品各个部件的装配精度以及零件的几何参数和公差。

需要指出的是,以上三个方面,在设计过程中,是缺一不可的。本节主要讨论的是壳体类零件机械精度的选用实例。

10.4.1 油缸体精度设计实例

下面是某油缸体零件,完成的精度设计如图 10-7 所示,三维实体图如图 10-8 所示。考虑油缸结构特点、制造工艺和检测方法等因素进行设计说明如下:

(1) ϕ76H7 孔采用包容原则,要求油缸孔的形状误差不得超过尺寸公差,以保证与柱塞的配合性能和密封性。

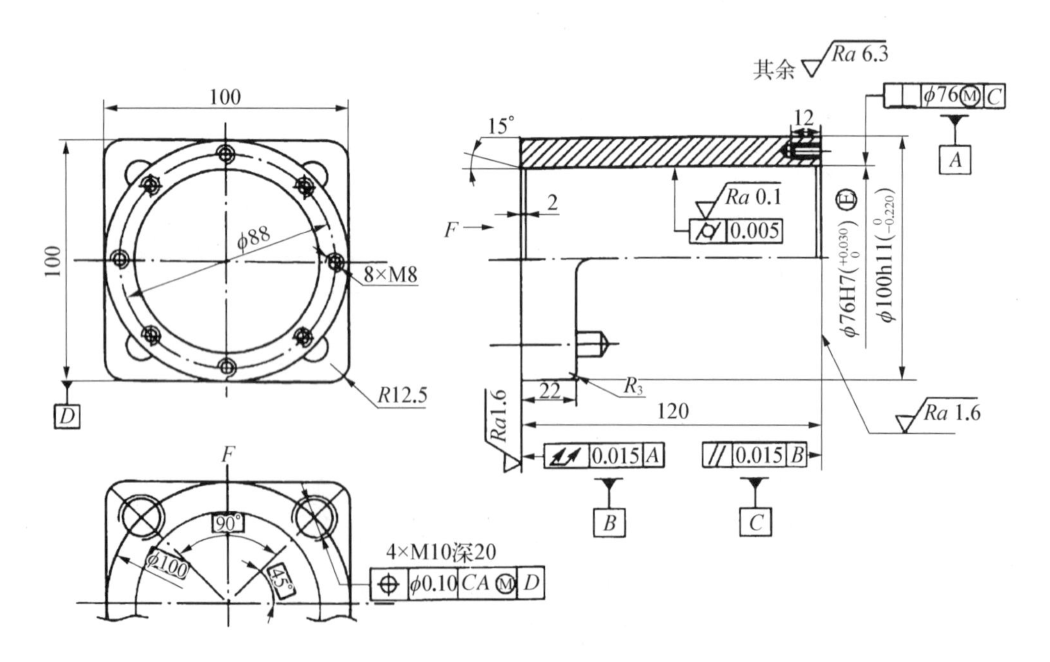

图 10-7 油缸体零件图

(2) ϕ76H7Z 采用圆柱度公差 0.000 5 mm，以保证圆柱面的圆度和素线直线度精度，使与柱塞接触均匀，密封性好和柱塞运动的平稳性。由于尺寸公差和包容要求还不能保证达到应有的圆柱度要求，所以进一步提出高精度的圆柱度要求，其圆柱度公差值 0.005 mm 远小于尺寸公差值 0.03 mm。

图 10－8　油缸体三维实体图

(3) 零几何公差要求，在此就是关联要素遵守包容要求。当孔处于最大实体状态时，孔的轴线对基准平面 C（油缸右端面）的垂直度公差为零，当孔偏离最大实体状态到达最小实体状态时，垂直度公差可增大到 0.03 mm（等于尺寸公差值），它能使柱塞移动具有一定的导向精度。

(4) 右端面 C 对左端面 B 的平行度公差 0.015 mm，以保证两端面与装配零件紧密结合。

(5) 左端面全跳动公差 0.015 mm，主要控制左端面对孔轴线的垂直度误差，由于端面全跳动误差比垂直度误差的检查方法简便，所以采用了端面全跳动公差。

(6) 螺钉孔的位置度公差 ϕ0.10 mm 是保证螺孔间距的位置误差，以保证螺钉的可装配性。第一基准 C，以保证螺孔首先垂直于右端面 C；第二基准 A，以保证螺孔与油缸孔平行，由于螺钉的可装配性与油缸 ϕ76H7 孔的尺寸大小有关，故采用了最大实体原则。即当油缸孔为最大实体状态 ϕ76 时，位置度公差为 ϕ0.10 mm，当油缸孔偏离最大实体尺寸时，螺孔轴线在保证垂直于基准平面 B 的情况下，允许成组移动，其移动量为尺寸公差给予的补偿值。

10.4.2　拨动叉几何精度设计实例

拨动叉几何公差，具体精度设计如图 10－9 所示，三维实体图如图 10－10 所示：

设计说明：

(1) 垂直度公差 ϕ0.012 mm，因为 ϕ110H6 孔是拨动叉的安装基准孔，为保证拨动叉的方向不偏斜，并作为孔 ϕ110H6 的工艺基准，所以注出 ϕ110H6 孔轴线对基准面 A 的垂直度要求。

(2) 上平面对基准面 A 的平行度公差 0.015 mm 是为了保证拨动叉两平面装入零件槽内的可装配性。

(3) 同轴度公差 ϕ0.03 mm，为保证阶梯轴装入拨动叉与两孔具有相同的配合性质。

(4) 线轮廓度公差 0.02 mm 和 0.04 mm 是保证从动件具有平稳运动规律和移动的位置，所以，这两项线轮廓度公差不仅控制直线和曲线的形状误差，同时由于有“三基面”，故它又是位置公差，可以控制从动件的移动距离。

(5) 由于孔 ϕ110 为拨动叉的安装基准孔，且为变速机构中零件，考虑匹配性，选择尺寸精度为 ϕ110H6，其表面粗糙度为 Ra 为 0.8 μm。同理，孔 ϕ50 尺寸精度为 ϕ50H6，其表面粗糙度为 Ra 为 0.8 μm。

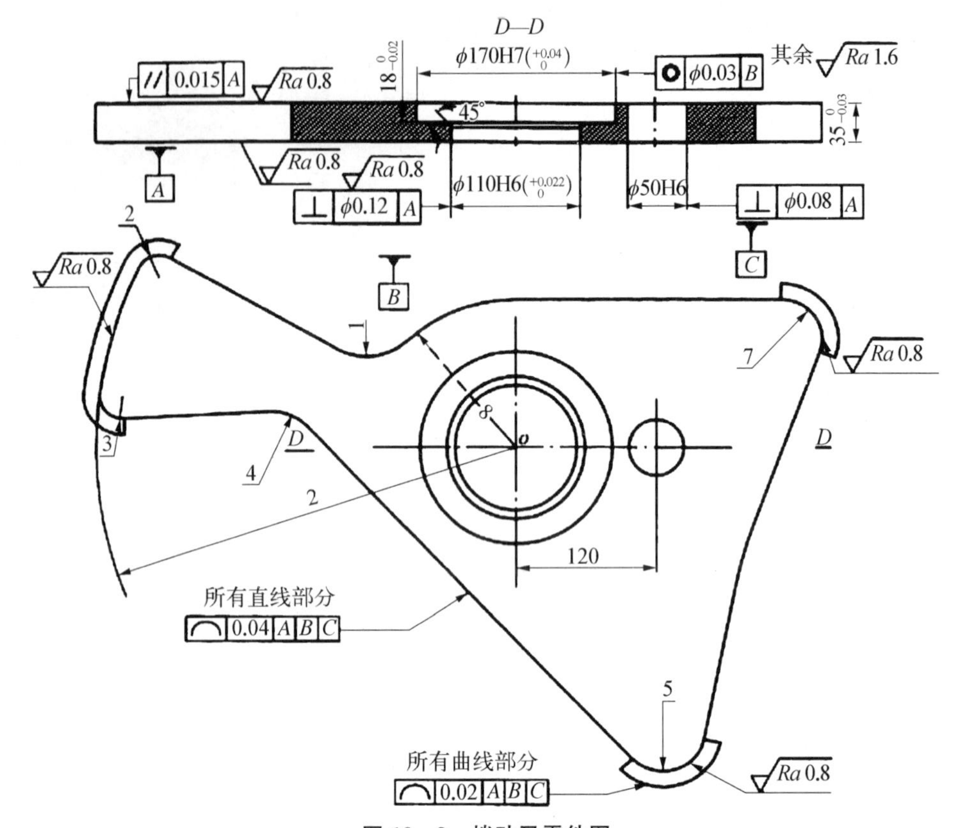

图 10－9　拨动叉零件图

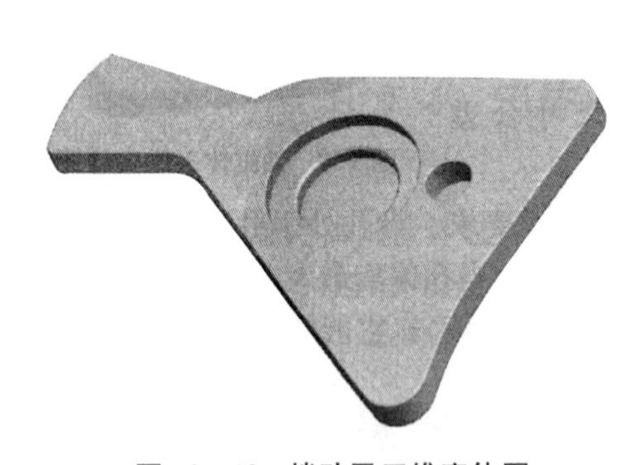

图 10－10　拨动叉三维实体图

(6) 孔 φ170 为连接零件用孔，比孔 φ110 的精度低，可以降低一个精度等级，选取为 φ170H7。

(7) 拨动叉上下表面、与其他零件配合面处表面粗糙度为 Ra 为 0.8 μm，其余表面表面粗糙度为 Ra 为 1.6 μm。

10.4.3　减速箱体几何精度设计实例

减速器箱体是典型的箱体类零件，我们选取装有一对斜齿轮和一对锥齿轮的减速箱体为例，三维实体如图 10－11 所示，精度设计具体情况如图 10－12 所示。

设计说明：

(1) 箱体上表明规定平面度公差 0.06 mm 是为了使箱体上表面与箱盖结合具有较好连接效果与密封效果，同时，使各孔轴线与箱体的上表面获得共面。

(2) Ⅰ～Ⅴ各孔轴线的位置度公差 0.3 mm，并规定箱体上表面为基准面，以保证各孔轴线共面在箱体的上表面上。

(3) Ⅰ～Ⅱ孔和Ⅲ～Ⅳ孔，以及Ⅴ孔的圆度公差是保证各孔与轴瓦（或传动轴的轴颈）的配合性质。

（4）Ⅰ孔和Ⅱ孔的同轴度要求，Ⅲ孔和Ⅳ孔的同轴度要求，是为了保证齿轮传动啮合精度要求。

（5）公共轴线 B 与 A 的平行度公差要求，是为了保证一对斜齿轮的啮合接触精度。

（6）Ⅴ孔轴线对公共轴线的位置度公差 $\phi 0.1$ mm，它主要是保证Ⅴ孔轴线对公共轴线 A 的垂直度要求，以保证一对锥齿轮的接触精度和正常啮合。

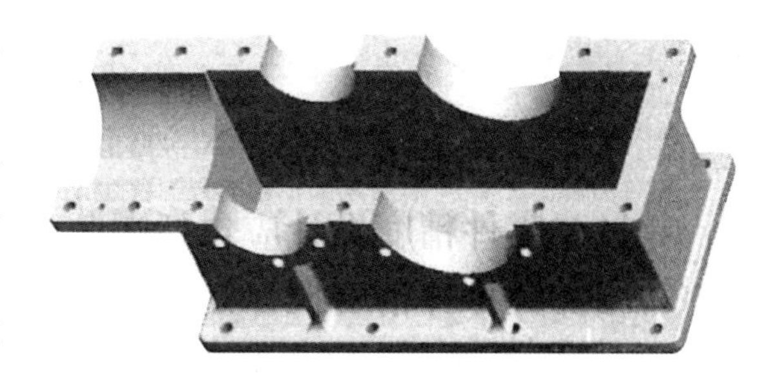

图 10.11　箱体三维实体图

（7）各孔都给出素线平行度公差要求，实际上是控制各孔在轴向上的形状误差，主要防止各孔产生锥度误差。

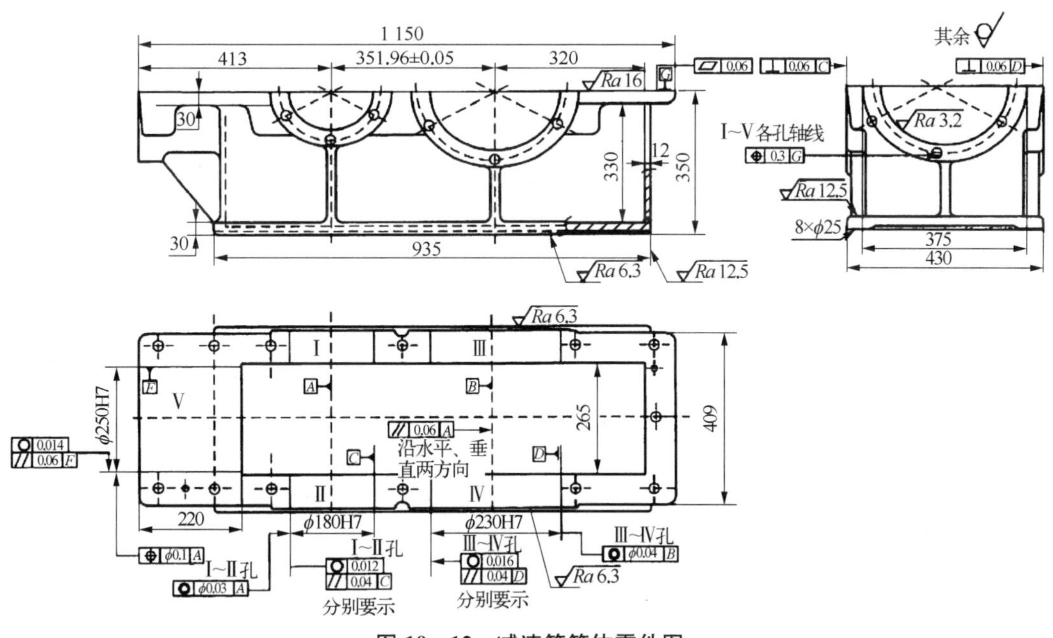

图 10－12　减速箱箱体零件图

（8）箱体侧面各凸缘上的螺钉孔，以及箱体上平面的螺栓孔，它们的位置可用尺寸公差控制，也可以用位置度公差控制。如果工厂批量生产减速箱体，应采用位置度公差控制各螺孔的位置误差。

参考文献

[1] 郭黎滨,张忠林,王玉甲. 先进制造技术[M]. 哈尔滨：哈尔滨工程大学出版社,2009.
[2] 张莉,翟爱霞,程艳. 公差配合与测量[M]. 北京：化学工业出版社,2011.
[3] 朱超. 公差配合与技术测量[M]. 北京：机械工业出版社,2011.
[4] 李蓓智. 互换性与技术测量[M]. 武汉：华中科技大学出版社,2011.
[5] 廖念钊. 互换性与技术测量[M]. 北京：中国质检出版社,2012.
[6] 王伯平. 互换性与测量技术基础[M]. 北京：机械工业出版社,2013.
[7] 赵树忠. 互换性与测量技术[M]. 北京：科学出版社,2013.
[8] 吴清. 公差配合与检测[M]. 北京：清华大学出版社,2013.
[9] 徐茂功. 公差配合与技术测量[M]. 北京：机械工业出版社,2014.
[10] 张铁,李旻. 互换性与测量技术[M]. 北京：清华大学出版社,2010.
[11] 李舒燕. 公差与配合[M]. 哈尔滨：哈尔滨工程大学出版社,2007.
[12] 魏斯亮,李时骏. 互换性与技术测量[M]. 北京：北京理工大学出版社,2014.
[13] 吴志清,申海霞. 公差测量与配合[M]. 北京：北京师范大学出版社,2011.
[14] 宋晶,张小亚. 公差配合与技术测量[M]. 北京：人民邮电出版社,2013.
[15] 南秀蓉. 公差与测量技术[M]. 北京：国防工业出版社,2010.
[16] 南秀蓉,马素玲. 公差配合与测量技术[M]. 北京：中国林业出版社,2007.
[17] 赵岩铁,王立波. 公差配合与技术测量[M]. 北京：北京航空航天大学出版社,2015.
[18] 何卫东. 互换性与测量技术基础[M]. 北京：北京理工大学出版社,2014.